中国科学院科学出版基金资助出版

电力系统稳定分析直接法

——理论基础、BCU方法论及其应用

江晓东　江宁强　吴　浩　王　蕾　房晟辰　著

科学出版社

北　京

内 容 简 介

　　直接法的研究历史已长达 60 多年，很多研究者和用户仍然认为它在电力系统应用中还是不实用的。事实上，直接法必须克服一些局限才能成为一个实用的工具。本书在系统全面地介绍了直接法的理论基础之上，发展了综合 BCU 方法体系。本书汇集了作者及其课题组多年来在电力系统暂态稳定分析方法的研究成果，全书共 25 章，从直接法的基础理论知识开始，引入 BCU 系列方法以及群 BCU 法的理论基础，并从理论和实际应用角度证明了该方法的有效性，表明了理论分析可以为解决实际问题发展可靠而高效的求解方法。本书可作为高校电气工程专业教材和从事该领域研究工作的本科生、研究生和教师阅读参考，也可供从事电力系统规划、运行、控制及管理工作的工程技术人员学习使用。

图书在版编目(CIP)数据

电力系统稳定分析直接法：理论基础、BCU 方法论及其应用/江晓东等著. —北京：科学出版社，2016.6
　　ISBN 978-7-03-048347-8

Ⅰ.①电…　Ⅱ.①江…　Ⅲ.①电力系统稳定-稳定分析　Ⅳ.①TM712

中国版本图书馆 CIP 数据核字(2016)第 111597 号

责任编辑：范运年 / 责任校对：郭瑞芝
责任印制：张　倩 / 封面设计：铭轩堂

科 学 出 版 社 出版
北京东黄城根北街 16 号
邮政编码：100717
http://www.sciencep.com

北京佳信达欣艺术印刷有限公司印刷
科学出版社发行　各地新华书店经销

＊

2016 年 6 月第 一 版　　开本：720×1000 1/16
2016 年 6 月第一次印刷　　印张：27 1/4
字数：550 000
定价：168.00 元
(如有印装质量问题，我社负责调换)

序

对现代社会而言,电力系统失稳是不可接受的。实际上,近年来北美和欧洲发生的几次大规模停电事故表明,电力供应中断、电网传输阻塞或停电事故严重影响了社会和经济活动的正常进行。目前,世界各地的电力部门常用的稳定分析程序大多是采用对电力系统稳定模型的逐步数值积分来模拟系统的动态行为。这种离线方式不能对当前的运行环境进行处理,因此,急需对时刻变化的全系统状态进行在线的评估。

暂态稳定分析从离线方式转为在线方式具有若干显著的优势和潜在的应用。然而这种转换是一项极具挑战的任务,需要在量测系统、分析工具、计算方法及控制策略等领域取得突破。基于能量函数的直接法(简称直接法)是一种使用能量函数的暂态稳定分析工具,与时域仿真方法不同的是,它具有若干独特的优势,如直接法不需要对故障后的电力系统进行费时的数值积分就能够判断系统的稳定性。除了计算速度快之外,直接法还能为提高电力系统稳定性的预防控制及增强控制提供有用的信息。

直接法的发展已经有 60 余年的历史。尽管取得了长足的发展,但很多研究人员和用户仍认为该方法并不实用。为使其成为实用化工具,直接法还需要克服若干难题和局限。本书致力于解决这些难题,克服这些局限。

本书的主要目的是讲解直接法的完整理论基础,并发展综合 BCU 方法论及其理论基础。能量函数理论是李雅普诺夫函数理论的延伸,本书提出了为通用电力系统暂态稳定模型构造数值能量函数的一般步骤。笔者认为,解决实际中的难题,需要深入理解相应的理论基础,并结合实际问题中的特性,才能开发出有效的方法。

本书共 25 个章节,可分为如下几类。

通过以下几个阶段的研究和发展,可使直接法取得丰富而实际的应用。

阶段 1   理论基础的发展;

阶段 2   方法论的发展;

阶段 3   方法论的可靠数值方法的发展;

阶段 4   软件实现与评估;

阶段 5   工业用户互动;

阶段 6   实际系统安装。

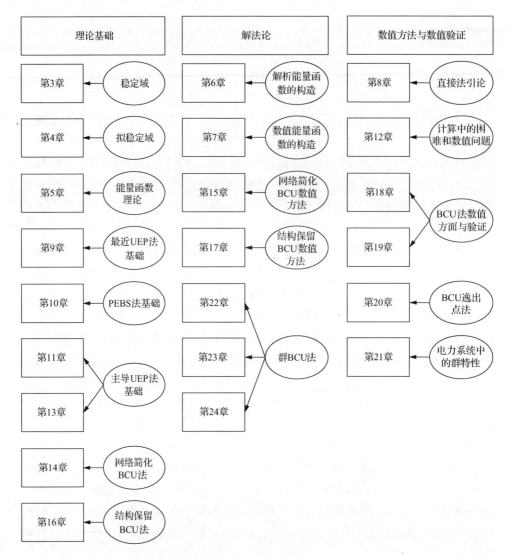

图 0-1　本书结构框架图

　　前三个阶段适合在大学和研究机构中进行,后四个阶段更适合在商业机构中进行。本书着墨于前两个阶段,并对第三阶段略加介绍。本书后卷将对第 3～第 6 阶段进行探究。

江晓东

Ithaca,New York

May 2015

目　　录

序

第1章　概述 ………………………………………………………………… 1

　1.1　引言 …………………………………………………………………… 1

　1.2　运行环境的变化趋势 ………………………………………………… 2

　1.3　在线暂态稳定评估 …………………………………………………… 3

　1.4　对新工具的要求 ……………………………………………………… 5

　1.5　直接法:局限与挑战 ………………………………………………… 5

　1.6　本书的目的 …………………………………………………………… 7

第2章　系统建模与稳定性问题 ………………………………………… 10

　2.1　引言 …………………………………………………………………… 10

　2.2　电力系统的稳定性问题 ……………………………………………… 11

　2.3　模型结构与参数 ……………………………………………………… 15

　2.4　基于测量的建模方法 ………………………………………………… 16

　2.5　电力系统的稳定性问题 ……………………………………………… 18

　2.6　稳定性分析方法 ……………………………………………………… 19

　2.7　本章小结 ……………………………………………………………… 21

第3章　非线性动力系统的李雅普诺夫稳定与稳定域 ……………… 22

　3.1　引言 …………………………………………………………………… 22

　3.2　平衡点与李雅普诺夫稳定性 ………………………………………… 22

　3.3　李雅普诺夫函数理论 ………………………………………………… 25

　3.4　稳定流形与不稳定流形 ……………………………………………… 26

　3.5　稳定域 ………………………………………………………………… 29

　3.6　稳定边界的局部性质 ………………………………………………… 30

　3.7　稳定边界的全局特性 ………………………………………………… 34

　3.8　确定稳定边界的算法 ………………………………………………… 35

　3.9　本章小结 ……………………………………………………………… 40

第4章　拟稳定域:分析与刻画 ………………………………………… 41

　4.1　引言 …………………………………………………………………… 41

　4.2　拟稳定域 ……………………………………………………………… 41

　4.3　拟稳定域的特性 ……………………………………………………… 46

4.4 本章小结 ··· 48

第 5 章 能量函数理论与直接法 ··· 49

5.1 引言 ··· 49

5.2 能量函数 ·· 50

5.3 能量函数理论 ·· 52

5.4 用能量函数进行稳定域估计 ·· 56

5.5 稳定域估计的最佳方法 ··· 59

5.6 拟稳定域与能量函数 ·· 61

5.7 本章小结 ·· 64

第 6 章 暂态稳定模型解析能量函数的构造 ······································ 65

6.1 引言 ··· 65

6.2 无损网络简化模型的能量函数 ··· 66

6.3 无损结构保留模型的能量函数 ··· 67

6.4 有损耗模型能量函数的不存在性 ·· 73

6.5 局部能量函数的存在性 ··· 75

6.6 本章小结 ·· 76

第 7 章 有损耗暂态稳定模型数值能量函数的构造 ···························· 77

7.1 引言 ··· 77

7.2 两步法 ·· 77

7.3 基于首次积分的方法 ·· 80

7.3.1 与摇摆方程相关的能量函数 ·· 82

7.3.2 与潮流方程相关的能量函数 ·· 83

7.3.3 与转子电路方程相关的能量函数 ···································· 84

7.4 数值病态问题 ·· 87

7.5 近似方法的数值评价 ·· 91

7.6 多步梯形法 ··· 92

7.7 关于修正的数值能量函数 ··· 96

7.8 本章小结 ·· 96

第 8 章 稳定分析的直接法 ·· 98

8.1 引言 ··· 98

8.2 一个简单系统 ·· 99

8.3 最近 UEP 法 ·· 100

8.4 主导 UEP 法 ·· 102

8.5 PEBS 法 ·· 103

8.6 本章小结 ··· 104

第 9 章　最近不稳定平衡点法的理论基础 ···················· 107
　9.1　引言 ·· 107
　9.2　结构保留模型 ······························ 107
　9.3　最近不稳定平衡点 ·························· 109
　9.4　最近 UEP 的性质 ·························· 111
　9.5　最近 UEP 法 ······························ 112
　9.6　改进的最近 UEP 法 ······················ 113
　9.7　最近 UEP 的鲁棒性 ······················ 117
　9.8　数值研究 ·································· 120
　9.9　本章小结 ·································· 122

第 10 章　势能界面法基础 ···················· 124
　10.1　引言 ······································ 124
　10.2　PEBS 法的步骤 ·························· 124
　10.3　原模型与降阶模型 ······················ 126
　10.4　广义梯度系统 ·························· 129
　10.5　一类二阶动力系统 ······················ 132
　10.6　原模型与构造模型的关系 ················ 135
　10.7　PEBS 法分析 ·························· 138
　10.8　本章小结 ······························ 148

第 11 章　主导不稳定平衡点法的理论部分 ···· 149
　11.1　引言 ································ 149
　11.2　主导 UEP ···························· 149
　11.3　存在性与唯一性 ······················ 151
　11.4　主导 UEP 法 ·························· 152
　11.5　主导 UEP 法分析 ······················ 155
　11.6　数值算例 ···························· 160
　11.7　动态特性和几何特征 ·················· 163
　11.8　本章小结 ···························· 164

第 12 章　主导不稳定平衡点法的计算部分 ···· 166
　12.1　引言 ································ 166
　12.2　计算上的挑战 ························ 166
　12.3　有约束非线性方程组的平衡点 ·········· 168
　　12.3.1　转子运动方程 ···················· 168
　　12.3.2　发电机电气方程 ·················· 168
　　12.3.3　励磁系统和电力系统稳定器 ········ 169

　　　　12.3.4　网络方程 ·· 169

　　　　12.3.5　平衡点方程 ·· 169

　　12.4　平衡点数值计算技术 ··· 170

　　12.5　平衡点的收敛域 ·· 171

　　12.6　计算主导 UEP 的概念方法 ······································· 173

　　12.7　数值研究 ·· 175

　　12.8　本章小结 ·· 181

第 13 章　结构保留暂态稳定模型主导不稳定平衡点法基础 ················· 182

　　13.1　引言 ·· 182

　　13.2　系统模型 ·· 183

　　13.3　稳定域 ·· 184

　　13.4　奇异摄动法 ·· 185

　　13.5　结构保留模型的能量函数 ·· 186

　　13.6　DAE 系统的主导 UEP ··· 188

　　13.7　DAE 系统的主导 UEP 法 ··· 189

　　13.8　数值研究 ·· 191

　　13.9　本章小结 ·· 198

第 14 章　网络简化 BCU 法及其理论基础 ······························· 199

　　14.1　引言 ·· 199

　　14.2　降阶模型 ·· 200

　　14.3　分析结论 ·· 201

　　14.4　静态关系和动态关系 ·· 207

　　14.5　动态特性 ·· 208

　　14.6　网络简化 BCU 的概念方法 ··· 211

　　14.7　本章小结 ·· 213

第 15 章　网络简化 BCU 的数值方法 ··································· 214

　　15.1　引言 ·· 214

　　15.2　逸出点的计算 ·· 215

　　15.3　稳定边界跟踪技术 ·· 217

　　15.4　保障方案 ·· 220

　　15.5　示例 ·· 221

　　15.6　数值算例 ·· 227

　　15.7　IEEE 测试系统 ·· 231

　　15.8　本章小结 ·· 235

第 16 章　结构保留 BCU 法及其理论基础·····································236
16.1　引言·····································236
16.2　降阶模型·····································236
16.3　静态性质和动态性质·····································241
16.4　分析结论·····································242
16.5　静态和动态联系的整合·····································246
16.6　动态性质·····································247
16.7　结构保留 BCU 的概念方法·····································248
16.8　本章小结·····································251

第 17 章　结构保留 BCU 的数值方法·····································252
17.1　引言·····································252
17.2　计算方面的考虑·····································256
17.3　逸出点检测的数值方法·····································256
17.4　MGP 的计算·····································258
17.5　平衡点的计算·····································259
　　17.5.1　转子运动方程·····································259
　　17.5.2　发电机电气动态方程·····································259
　　17.5.3　励磁系统和 PSS·····································259
　　17.5.4　网络方程·····································260
　　17.5.5　平衡点·····································260
17.6　数值算例·····································264
17.7　大规模测试系统·····································273
17.8　本章小结·····································275

第 18 章　从稳定边界角度出发的 BCU 法数值研究·····································277
18.1　引言·····································277
18.2　网络简化模型的稳定边界·····································278
18.3　结构保留模型·····································284
18.4　主导 UEP 的一个动态性质·····································288
18.5　本章小结·····································292

第 19 章　BCU 法横截性条件的研究·····································293
19.1　引言·····································293
19.2　参数研究·····································294
19.3　稳定边界性质的分析研究·····································299
19.4　双机无限大母线系统·····································301
19.5　数值研究·····································308

19.6　本章小结 ……………………………………………………… 311

第 20 章　BCU-逸出点法 ……………………………………………… 312

20.1　引言 …………………………………………………………… 312

20.2　稳定边界性质 ………………………………………………… 312

20.2.1　稳定边界性质的验证方案 ………………………… 314

20.2.2　稳定边界性质与系统阻尼 ………………………… 317

20.3　BCU-逸出点的计算 …………………………………………… 320

20.4　BCU-逸出点和临界能量 ……………………………………… 322

20.5　BCU-逸出点法 ………………………………………………… 323

20.6　本章小结 ……………………………………………………… 326

第 21 章　电力系统事故的群特性 ………………………………… 327

21.1　引言 …………………………………………………………… 327

21.2　同调事故群 …………………………………………………… 328

21.3　同调事故群的识别 …………………………………………… 329

21.4　静态群性质 …………………………………………………… 330

21.5　动态群特性 …………………………………………………… 340

21.6　本章小结 ……………………………………………………… 341

第 22 章　群 BCU-逸出点法 ……………………………………… 343

22.1　引言 …………………………………………………………… 343

22.2　基于群的验证方案 …………………………………………… 343

22.3　线性和非线性关系 …………………………………………… 345

22.4　群 BCU-逸出点法 ……………………………………………… 352

22.5　数值研究 ……………………………………………………… 354

22.6　本章小结 ……………………………………………………… 360

第 23 章　群 BCU-CUEP 法 ……………………………………… 361

23.1　引言 …………………………………………………………… 361

23.2　计算主导 UEP 的正确方法 ………………………………… 362

23.3　群 BCU-CUEP 法 ……………………………………………… 363

23.4　数值研究 ……………………………………………………… 366

23.5　本章小结 ……………………………………………………… 368

第 24 章　群 BCU 法 ……………………………………………… 370

24.1　引言 …………………………………………………………… 370

24.2　用于计算准确临界能量的群 BCU 法 ……………………… 370

24.3　用于计算 CUEP 的群 BCU 法 ……………………………… 374

24.4　数值研究 ……………………………………………………… 378

24.5　本章小结 ·· 384

第 25 章　远景和未来方向展望 ······························· 385

25.1　目前的进展 ·· 385

25.2　在线动态事故筛选 ·· 387

25.3　建模的改进 ·· 389

25.4　同步相量测量装置辅助的 ATC 在线计算 ···················· 389

25.5　新的应用 ·· 392

25.6　本章小结 ·· 393

参考文献 ·· 394

附录 ·· 408

A1.1　数学基础 ··· 408

A1.2　第 9 章定理证明 ··· 409

A1.3　第 10 章定理证明 ·· 414

致谢 ·· 422

第1章 概　　述

1.1　引　　言

对现代社会而言,电力系统失稳是不能接受的。实际上,近来北美和欧洲发生的几次主要的停电事故表明,电力供应中断、电网传输阻塞或大停电严重影响了社会和经济活动的正常进行。例如,1996年8月西海岸输电系统发生的连锁故障造成了1200万名用户长达8小时的停电事故,损失估计20亿美元。1998年6月,受输电系统约束的影响,中西部电力批发市场崩溃,导致电价从均价30美元/(兆瓦·时)涨至峰值高达1万美元/(兆瓦·时)。1999年和2000年夏也出现过类似的电价飙升的情况。2003年的东北部大停电使5000万名用户失去电力供应,经济损失估计为60亿美元。据某研究机构统计,全球范围内每年因电力故障和波动造成的损失为1190亿~1880亿美元。由此可见,电力故障和中断会给社会经济带来严重影响。

随着电网负荷需求的稳步增长,输电网载荷不断加重,世界上许多电力系统的运行状态更加接近其稳定极限。由于建购的新输电、发电设备有限,同时电网开放使用有新的监管要求,此外还需要考虑环境因素,这些都迫使输电网络承担着超过其设计水平的电力负荷。运行安全裕度减小这一问题还与其他各种因素掺杂在一起,如:①电力交换大宗交易数额增加的同时,非统调发电机(non-utility generator)也越来越多;②发电机的安装使用朝着大出力、低惯量和高短路比的方向发展;③可再生能源的使用量不断增加。在这种情况下,任何超出电力系统动态安全极限的状态都将给系统整体带来严重后果。

电力系统不断承受两种扰动,即事件扰动(故障)和负荷波动。雷电、大风、继保装置误动、绝缘失效、大负荷的突变,或者多种因素共同作用往往会引发短路,事件扰动(故障)是由短路故障而导致的发电元件成输电元件(线路、变压器和变电站)的缺失。事件扰动往往因为继电保护元件或断路器动作而导致电网结构发生变化。它们表现为继电保护动作后单个设备(或元件)停运或多个设备(或元件)同时停运。负荷波动是指母线上负荷需求量的变化,和/或母线之间交换功率的变化。负荷波动前后电网的结构可能保持不变。电力系统在规划和运行中都要求能够承受某些特定的扰动。北美电力可靠性委员会将安全性定义为,电力系统受到严重扰动时防止发生连锁故障的能力。个别可靠性委员会还设立了自身系统能够承受的且不会引发连锁故障的扰动类型。

电力系统规划和运行中的一项主要工作是校验预想事故集对电力系统动态行为(如稳定性等方面)的影响。电力系统稳定性关注的是电力系统经受扰动后,能否达到一个可接受的稳定状态(运行状态)的能力。在运行阶段,电力系统稳定分析在确定系统运行极限和运行指导中发挥着重要作用。在规划阶段,电力系统稳定分析能够评定是否需要额外添加设备以及确定这些控制设备的安装位置,以提高系统的静态稳定性和动态安全性。稳定性分析还用于校验继保整定值和设置控制设备参数。稳定分析的结果为系统规划及运行的重要方针与决策提供依据和帮助。

暂态稳定问题是电力系统稳定问题中的一类。对于依靠远距离、大功率传输的地区而言(如美国西部互联系统中的大部分地区,连接安大略—纽约地区和曼尼托巴-明尼苏达地区的 Hydro-Quebec 电力系统,以及中国和巴西的一些地区),暂态稳定是主要的运行约束。目前的趋势是,各互联系统中的许多部分都将越来越受到暂态稳定极限的影响。这种变化使得事件扰动与负荷扰动对稳定性的不利影响都有所增加。因此,迫切需要开发出有力的分析工具,能够及时准确地检查系统稳定性,并提供必要的预防性及增强性控制措施。

1.2　运行环境的变化趋势

日益老化的电网,容易受到各种扰动的影响。电网中的许多变压器已经接近或者超过了其设计寿命;有些输电网络常常得不到足够的资金进行建设和维护,却经常超负载运行,这使得已经脆弱的电网一直以接近于其极限的状态运行。此外,风力发电等可再生能源所催生的分布式发电机组给系统运行环境带来了更多挑战。众所周知,这些小规模的分布式发电系统对系统的稳定性更加令人担忧。因此,在这种运行状态下,运行人员更难以通过一个预想事故列表来得到与各种运行条件相对应的运行极限值。

目前,多数的能量管理系统周期性的在线进行电力系统静态安全性评估(static security assessment, SSA)和控制,以保证电力系统能够承受一组预想事故的扰动。评估包括选择一组预想事故,评估系统对这些事故的响应。现代的能量控制中心使用各种软件包进行安全评估和控制。这些软件包几乎只是基于静态分析进行综合性的在线安全评估和控制,这使它们仅适用于 SSA 和控制,而不适用于在线的暂态稳定评估(transient stability analysis, TSA)。离线的暂态稳定分析是在假定的运行条件下进行的。一般地,研究中的评估时间取决于假定的运行状态个数和每种事故所需研究的动态过程的时间长度,通常可能长至数小时,甚至数天。这种离线的处理方式不能够应对当前的运行环境,在系统状态不断变化的状况下,迫切需要能够及时应对系统快速变化的在线评估方法。

能量管理系统中缺少在线的 TSA 会导致严重后果。事实上，任何动态安全极限的越界都会对整个电力系统，乃至社会造成深远影响。从经济角度来看，一次电力系统停电事故的代价非常巨大。在线的动态安全评估是避免系统动态安全极限越界的重要工具。可以说，系统负荷越重，就越需要在线的动态安全分析工具。

在线的暂态稳定分析相比离线分析模式具有显著的优点和潜在的应用价值。首先，离线分析往往假定系统是在最恶劣的情况下运行的，如果根据实际的系统结构和运行状态进行动态安全评估，系统运行所需的稳定裕度可以减小 10% 或更多。目前，环境迫使电力系统在接近稳定边界的低裕度状态下运行，这种在线能力就显得尤为重要。其次，离线分析需要处理的预想事故数量非常大，而在线分析只需要对那些与实际运行条件相关的事故进行评估，由此可以更精确地确定稳定裕度，使得电网不同区域间能够传输更多电能。与离线分析模式相比，在线分析所需资源较少并且能更准确地确定稳定裕度，可以将节余的人力资源用于其他重要工作。

1.3　在线暂态稳定评估

在线 TSA 向调度员提供系统稳定的关键信息，包括：①当前运行状态下，一组给定事故的 TSA。②暂态稳定约束下，关键断面（key interface）处的（电力）传输极限。一个 TSA 周期从系统获得所有必须的数据开始，到系统准备进入下一周期时结束。通常一个完整的在线 TSA 周期是分钟级的，如 5 分钟。事故列表中的事故数目取决于电力系统的规模与系统状态。据估计，一个 15000 条母线的大型电力系统，其事故列表的事故数量在 2000～3000。事故类型主要包括主保护切除的三相短路故障和后备保护切除的单相接地故障。

一个在线 TSA 周期开始以后，预想事故列表以及来自状态估计与拓扑分析等信息交由 TSA 程序进行分析。TSA 的基本功能是从事故列表中识别出失稳故障。如果在一种运行状态下，其事故集中且没有不稳定事故，则称其为暂态稳定的；否则称为暂态不稳定的。然而，在线进行 TSA 是非常具有挑战性的。

人们已充分认识到要采用这样的策略：首先，采用有效的筛选方法来滤除大量的稳定事故，筛选出临界事故和潜在的不稳定事故；其次，只对潜在的不稳定事故进行详细仿真。这种策略在线静态稳定评估中已经成功得到了应用。正是由于能够从数百个事故中筛选出几十个临界事故，在线 SSA 才能够得以实现。这种策略也可应用于在线 TSA。给定一个预想事故集，该策略将在线 TSA 分成两个评估阶段（Chadalavada et al.，1997；Chiang et al.，1997）：

阶段 1　对动态事故进行筛选，快速从事故列表中剔除确定稳定的事故。

阶段2 对阶段1中保留的每个事故进行详细的动态评估。

动态事故筛选是在线 TSA 的一项基本功能。在线 TSA 系统整体的计算速度很大程度上取决于动态事故筛选的效率。筛选的目的是识别出确定稳定的事故,避免对这类事故做进一步的稳定分析。正是由于对稳定事故的明确分类,TSA 的速度才能够得到大幅提升。那些有待确定的事故,以及被识别为临界稳定或不稳定的事故交由时域暂态稳定仿真程序做进一步的稳定性分析。

在线 TSA 能精确地确定系统在暂态稳定约束下的传输容量。这种精确计算传输容量的能力可以使得发电成本较低的远方机组能够通过经济调度将电能输送到负荷中心。假设某电力系统包含一台发电成本低的远方机组,如一台水电机组,发电成本是 2 美元/(兆瓦·时);和一台发电成本较高的本地机组,发电成本为 5 美元/(兆瓦·时)。它们给 2500 兆瓦的负荷中心供电(图 1.1)。根据离线分析,远方机组到负荷中心的输电容量为 2105 兆瓦。预留 5% 的稳定裕度,则远方机组的出力为 2000 兆瓦。本地机组须向负荷中心提供 500 兆瓦以满足负荷需要。另一方面,根据在线 TSA 给出的远方机组到负荷中心的实际传输能力为 2526 兆瓦,而不是 2105 兆瓦。同样预留 5% 的稳定裕度,远方机组的出力可设为 2400 兆瓦,这时为满足负荷需求,本地机组的出力为 100 兆瓦。将这两种基于不同传输能力计算结果的有功功率输送方案进行比较,发电成本的差异为 1200 美元/时,即 28800 美元/天。可见,即便是 2500 兆瓦这样相对较小的负荷,在线 TSA 也能节省开支合计大约 1050 万美元/年。我们知道实际电力系统未必和这个假设的系统一样,但这个例子足以说明在线 TSA 在经济角度具有显著优势。

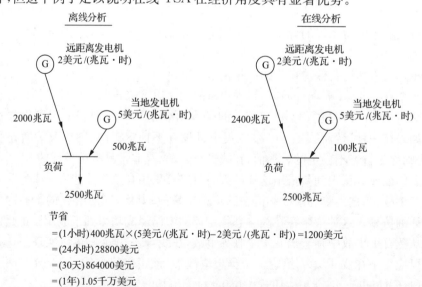

图 1.1 假想电力系统与经济效益分析

1.4　对新工具的要求

目前,实际应用的稳定性分析软件大多是通过对电力系统的稳定模型进行逐步数值积分,以实现对系统动态行为的仿真。采用时域仿真进行稳定性分析的方法具有很长的历史。故障后系统的稳定性分析是根据仿真故障后的轨迹进行评定的。故障后系统的典型仿真时间是 10s;当考虑多摆失稳时,可能长于 15s 或 20s,这使得这种传统时域仿真方法非常耗时。

传统的时域仿真法存在一些不足。首先,它需要做大量耗时的计算,因此不适合在线应用;其次,当系统被判别为不稳定时,怎样进行预防性控制,以及当系统被判别为处于临界稳定状态时,怎样进行增强性控制,时域仿真都不能提供这方面的信息;最后,时域仿真也不能提供有关系统稳定程度(当系统稳定时)或不稳定程度(当系统不稳定时)的信息。而上述这些信息对电力系统规划和运行是非常重要的。

从计算角度看,在线 TSA 需要求解一个由一组非线性微分方程和一组与 SSA 有关的非线性代数方程共同组成的数学模型。对于一个 14000 条母线的电力系统暂态稳定模型,评估一个动态事故下的系统稳定性需要求解一组 15000 个微分方程和 40000 个非线性代数方程,计算时间为 10~20s。在线 TSA 要求每隔 5~10 分,利用在线数据和系统状态估计的结果,对数百个甚至数千个事故进行分析,因而传统的时域仿真方法不能满足这样的要求。

在线 TSA 的计算量大致比在线 SSA 多 3 个数量级。这就是为什么在能量管理系统中 TSA 一直采用离线计算,而未能实现在线应用的原因。扩展能量管理系统的功能,加入在线 TSA 和控制是一项具有挑战性的工作,要求在测量技术、分析工具、计算方法及控制方法等多方面取得突破。

1.5　直接法:局限与挑战

另一种暂态稳定分析方法借助于能量函数,称之为直接法或基于能量函数的直接法。它最初是由 Magnusson(1947)于 20 世纪 40 年代末提出的,Aylett(1958)在 20 世纪 50 年代进行了研究。直接法的研究历史已长达 60 多年,然而近年来才被实际应用于暂态稳定分析。直接法不需要对(故障后)系统进行耗时的时域数值积分就能够直接确定系统的暂态稳定性。除了速度快以外,直接法还可以提供系统稳定程度的量度。当需要对不同的网络结构进行比较,或者需要快速计算暂态稳定约束下的系统运行极限时,其能够对系统稳定程度进行量度,这使直接法具有独特的优势。直接法的另一个优点是当系统被判定为不稳定时,可提供有效的预防控制信息；或者当系统处于临界稳定状态时可提供增强控制的信息。

尽管基于能量函数的直接法在过去的几十年里取得了重大进展，然而很多研究者和用户仍然认为它在电力系统中还不实用。事实上，直接法还必须克服一些局限才能成为一个实用的工具。

从分析的观点来看，直接法最初是为自治的故障后电力系统发展而来的。因此将直接法实际应用到电力系统暂态稳定分析中会遇到一些难题，其中有些难题是方法自身所固有的问题，另外一些则涉及该方法在电力系统模型中的适用性，可以将这些难题可以做以下分类。

(1) 按面临的挑战：①建模方面的难题；②功能方面的难题；③可靠性方面的难题。

(2) 按受到的局限：①场景局限；②条件局限；③准确度局限。

建模方面的难题源自要分析的(故障后)暂态稳定模型需要存在一个能量函数。可是问题在于并非每一个(故障后)暂态稳定模型都存在能量函数，因而直接法使用的是简化后的暂态稳定模型。过去直接法的主要缺点是需要对模型进行较多的简化才能够取得能量函数。最近，这方面的工作取得了很大的进展。这个方向上的最新进展是复杂电力系统模型数值能量函数的构造方法。本书第 6 章和第 7 章将讨论这一课题。

功能方面的难题是指直接法只能用于分析纯粹由微分方程组描述的电力系统的首摆稳定性。近期在主导不稳定平衡点(controlling UEP 或 CUEP)法方面的工作已经将首摆稳定性拓展到多摆稳定性。此外，主导 UEP 法可用于由微分和代数方程组共同描述的电力系统暂态稳定详细模型中。本书第 11～13 章将讨论这一课题。

可靠性方面的难题与所研究的各个事故的主导 UEP 算法的可靠性有关。本书将从理论上证明，与故障中轨迹对应的主导 UEP 的存在性和唯一性。此外，主导 UEP 与稳定性评估中直接法所使用的能量函数无关。因此，构造能量函数与主导 UEP 的计算并不相关。在计算方面，主导 UEP 的计算难度很大。第 12 章中列出有关主导 UEP 计算的问题，并主要讨论与之相关的 7 个问题。这些问题曾让人质疑直接计算原系统稳定模型主导 UEP 这一做法的正确性。相关的分析解释了先前文献中的一些方法不能计算出主导 UEP 的原因，分析结果表明理论工作能够为解决实际问题发展而做出重大贡献。

场景局限是指直接法要求故障后系统的初始状态已知，并且故障后系统是自治的。这是由于直接法需要用到初始状态，所以必须对故障中的系统进行数值积分。因此，所研究的故障后系统的初态只能通过时域方法得到，而不能事先获得。另一方面，要求故障后系统自治，就是要求系统的故障顺序必须是事先确定的。目前，故障后系统必须是自治的动力系统这一限制条件已经被部分地去除了。特别是故障后系统不必是一个"纯粹"的自治系统,它可以由一系列的自治动力系统构成。

条件局限是指故障后系统分析所需的有关条件:故障后系统的稳定平衡点(SEP)必须存在,并且故障前系统的 SEP 必须位于故障后系统 SEP 稳定域内。这个局限性是直接法的理论基础所固有的。一般而言,在稳定事故中这些条件都能够满足,但在不稳定的事故中却有可能无法满足。从应用的角度看,条件局限并不重要,直接法能够克服这一局限。

准确度局限源于这样一个事实,就是对一般的电力系统暂态稳定模型而言,能量函数的解析形式并不存在。就准确性而言,大量研究结果表明,主导 UEP 法配合适当的数值能量函数能够得到准确的稳定性估计。数值能量函数在直接法中很实用。本书将给出构造准确的数值能量函数的方法和过程。

上述的分析对开发可靠计算主导 UEP 的数值方法具有以下三点启示。

(1) 开发计算主导 UEP 的数值方法时应考虑这些计算上的问题。

(2) 不使用时域的迭代方法不可能直接计算出系统稳定模型的主导 UEP。

(3) 不使用时域迭代方法,有可能直接计算出一个降阶的电力系统稳定模型的主导 UEP。

本书中,作者利用电力系统稳定模型的特性,发展出相关的稳定性理论,并结合对其在物理、数学上的一些见解,开发出一套高效的主导 UEP 算法。本书第14～17 章将详细讨论一种寻找主导 UEP 的系统性方法,称为基于稳定域边界的主导不稳定平衡点法(boundary of stability based controlling unstable equilibrium point method,BCU)。BCU 法不是直接计算电力系统稳定模型(原始模型)的主导 UEP,而是计算一个降阶模型的主导 UEP,并建立了降阶模型主导 UEP 与原模型主导 UEP 之间的关联。本书第 14～24 章将提出一组 BCU 法,即 BCU 法、BCU-逸出点法、群 BCU-逸出点法、群 BCU-CUEP 法、群 BCU 法。

本书还将说明如何通过探索电力系统动态模型的特殊性质,并结合针对该模型的物理和数学上的一些知识来开发算法。例如,本书中将介绍电力系统事故中的群性质是如何被发现的,以及结合群性质开发出的群 BCU 法。基于群性质的研究使得同调事故(coherent contingency)的主导 UEP 的计算量大大减小,并开发出针对不稳定事故的预防控制,以及针对临界事故的增强控制措施。

1.6　本书的目的

本书的主要目的是给出直接法的深入理论基础,并在此基础上开发出 BCU 法。BCU 法目前已经能可靠计算出主导 UEP,以及准确的临界值,这些正是主导 UEP 法所需的基本信息。此外,作为李雅普诺夫函数理论的扩展,本书还给出了深入的能量函数理论,并提出了电力系统暂态稳定模型的数值能量函数的一般构造方法。

作者认为,通过透彻的基础理论工作,详细地探究实际问题的特性,才能够开发出有效的解决实际问题的方法。本书既包含了直接法完整的理论基础,又涵盖了 BCU 法求解的整套方法。

本书共 25 章,第 1 章为概述,第 2 章为系统建模与稳定性问题,其余章节共分六大部分(图 1.2)。

(1) 稳定域理论。本部分共包含两章。第 3 章为非线性动力系统的李雅普诺夫稳定与稳定域;第 4 章为拟稳定域:分析与刻画。

(2) 能量函数:理论与构造。本部分共三章。第 5 章为能量函数理论与直接法;第 6 章为暂态稳定模型解析能量函数的构造;第 7 章为有损耗暂态稳定模型数值能量函数的构造。

(3) 直接法:引言和基础。本部分共三章。第 8 章为稳定分析的直接法;第 9 章为最近不稳定平衡点法的理论基础;第 10 章为势能界面法基础。

(4) 主导 BCU 方法:理论基础与计算。本部分共三章。第 11 章为主导不稳定平衡点法的理论部分;第 12 章为主导不稳定平衡点方法的计算部分;第 13 章为结构保留暂态稳定模型的主导不稳定平衡点方法基础。

(5) BCU 法:方法论与理论基础。本部分共七章。第 14 章为网络简化 BCU 法及其理论基础;第 15 章为网络简化 BCU 的数值方法;第 16 章为结构保留 BCU 法及其理论基础;第 17 章为结构保留 BCU 的数值方法;第 18 章为从稳定边界角度出发的 BCU 法数值研究;第 19 章为 BCU 法横截性条件的研究;第 20 章为 BCU-逸出点法。

(6) 群 BCU 方法:群特性及方法论。本部分共五章。第 21 章为电力系统事故的群特性;第 22 章为群 BCU-逸出点法;第 23 章为群 BCU-CUEP 法;第 24 章为群 BCU 法;第 25 章为远景和未来方向展望。

归纳起来,本书针对直接法在大规模电力系统暂态稳定分析中的应用,发展了下列理论及计算方法,具体内容为:①给出了直接法,尤其是主导 UEP 法的一般理论框架;②发展了一套完整的主导 UEP 法、PEBS 法和最近 UEP 法的深入理论基础;③提出了 BCU 法,包括网络化简 BCU 法和结构保留 BCU 法;④提出了网络化简 BCU 法和结构保留 BCU 法的理论基础;⑤提出了网络化简 BCU 法和结构保留 BCU 法的数值实现方法;⑥证明了运用原系统模型与降阶系统模型稳定边界的数值 BCU 法的计算过程;⑦进行了 BCU 法横截性条件的研究,并建立了横截性条件与边界条件的联系;⑧提出了 BCU-逸出点法;⑨发展了电力系统事故的群特性;⑩研究了电力系统同调事故的静态与动态群特性;⑪开发了群 BCU 逸出点法和群 BCU-主导 UEP 法;⑫开发了群 BCU 方法论,包括群 BCU-逸出点法、群 BCU-主导 UEP 法和群 BCU 法。

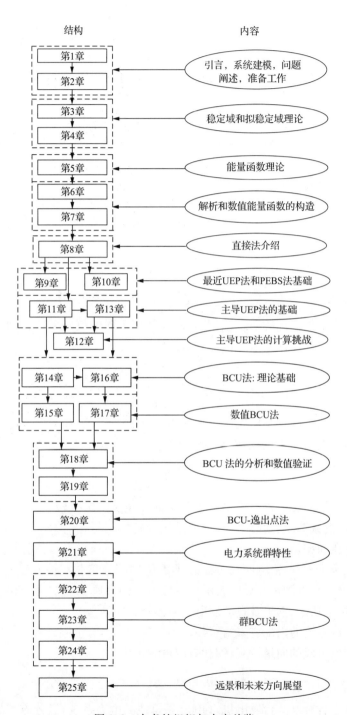

图 1.2　本书的组织与内容总览

第 2 章 系统建模与稳定性问题

电力系统本质上是非线性的,其非线性行为难以预测,原因是:①系统规模庞大;②系统中的非线性因素;③系统内部之间的动态相互作用;④元件建模的复杂性。这些复杂因素迫使电力系统工程人员按照建模、仿真、分析和实证的步骤来分析电力系统的复杂行为。

2.1 引 言

计算电力系统对扰动的动态响应的完整模型包含一组一阶微分方程:

$$\dot{x} = f(x, y, u) \tag{2.1}$$

用于描述各个元件内部的动态,如发电机及其相关联的控制系统、某些负荷,以及其他动态模型元件。模型中还包含一组代数方程:

$$0 = g(x, y, u) \tag{2.2}$$

用于描述输电系统(动态元件之间的相互连接)和无源元件的内部静态特性(如静态负荷、并联电容、固定变比变压器和调相机)。微分方程式(2.1)描述了发电机转子角度和角速度的动态过程,以及发电机中的磁链特性;发电机控制系统的响应,如励磁系统、电压调节器、透平机、调速器和锅炉等;动态设备如静止无功补偿器(static var compensator, SVC),直流输电线路及其控制系统;以及如感应电机等动态建模的负荷动态过程。典型的状态变量 x 包括发电机转子角度、发电机速度偏差(转速)、机械功率、励磁电压、电力系统稳定器信号、各种控制系统内部变量、负荷节点电压和相角(若这些节点上使用的是动态负荷模型)。代数方程式(2.2)由各发电机定子方程、输电网及负荷的网络方程、定子变量反馈方程组成。在动态仿真中,各地方配电网常常集中表示。微分方程的激励函数 u 为外部节点的电压幅值、发电机电功率、锅炉及自动发电控制系统等的信号。

某些控制系统的内部变量由于物理饱和效应而具有上限。令 z 为这些含有约束的状态变量组成的向量,那么饱和效应可表示为

$$0 < z(t) \leqslant \bar{z} \tag{2.3}$$

对于一个含有 900 台发电机,14000 条母线的电力系统,微分方程的个数很容易就达到 20000 个,非线性代数方程的个数也很容易就会达到 32000 个。其中,微

分方程式(2.1)往往是松散耦合的(Kundur, 1994; Stott, 1979; Tanaka et al.,
1994)。

2.2　电力系统的稳定性问题

电力系统自身不断地承受着两种扰动,即事件扰动(事故)和负荷扰动
(Anderson and Fouad, 2003; Balu et al., 1992)。事件扰动包括由短路引起的发电
元件和输电元件(线路、变压器和变电站)的切除,短路往往是由雷电、大风、继保装
置误动、绝缘失效或这些事件的组合引起的。事件扰动往往导致电网结构的变化。
负荷扰动包括大的负荷突变和负荷需求的随机波动。负荷扰动前后电网的结构通
常是保持不变的。

为保护电力系统免受扰动的损害,系统中按一定策略配置了继电保护装置,这
些装置能够检测故障(扰动),并在必要时触发断路器断开以隔离故障。这些继保
装置用来检测线路和设备的故障,以及其他不正常或危险的电力系统状态,以触发
适当的控制动作。由于这些保护装置的动作,发生事件扰动的电力系统网络变化
具有三个阶段,即故障前、故障中和故障后(表 2.1)。

表 2.1　电力系统稳定问题中故障前、故障中和故障后阶段的时间演化、系统演化、
物理机理与数学描述

物理机理	系统运行于一个 SEP 附近	系统中出现故障触发继电器响应及断路器动作	故障在断路器动作之后清除
系统演化及时间演化	故障前系统 $t < t_0$	故障中系统 $t_0 \leqslant t \leqslant t_{cl}$	故障后系统 $t > t_{cl}$
数学描述	$(x(t), y(t)), (x_s, y_s)$	$\begin{cases} \dot{x} = f_F^1(x, y) \\ 0 = g_F^1(x, y) \\ t_0 \leqslant t \leqslant t_{F,1} \end{cases}$ $\vdots$ $\begin{cases} \dot{x} = f_F^k(x, y) \\ 0 = g_F^k(x, y) \\ t_{F,k-1} \leqslant t \leqslant t_{cl} \end{cases}$	$\dot{x} = f(x, y)$ $0 = g(x, y)$

故障前系统处于稳定状态,当出现事件扰动时,系统转入故障中状态,直到保
护动作清除故障。更正式地说,系统在故障前阶段处于一个已知的 SEP(stable
equilibrium point),记作 (x_s^{pre}, y_s^{pre})。在某一时刻 t_0,系统发生了一个故障(一个事
件扰动),由于继保和断路器动作导致网络结构发生了改变。假设故障持续时间为
时间段 $[t_0, t_{cl}]$,在这段时间内故障中系统用下面的微分代数方程组(differential-

algebraic equation,DAE)表示(为论述方便,以下不考虑饱和效应 $0 < z(t) \leqslant \bar{z}$ 的影响):

$$\dot{x} = f_F(x,y), \quad t_0 \leqslant t < t_{cl}$$
$$0 = g_F(x,y) \tag{2.4}$$

式中,$x(t)$ 为系统在 t 时刻的状态变量向量。有时故障中系统可能包含多次继电保护和断路器动作,这时故障中系统用多组 DAE 方程来描述:

$$\dot{x} = f_F^1(x,y), \quad t_0 \leqslant t \leqslant t_{F,1}$$
$$0 = g_F^1(x,y),$$
$$\dot{x} = f_F^2(x,y), \quad t_{F,1} \leqslant t \leqslant t_{F,2}$$
$$0 = g_F^2(x,y),$$
$$\vdots \tag{2.5}$$
$$\dot{x} = f_F^k(x,y), \quad t_{F,k} \leqslant t \leqslant t_{cl}$$
$$0 = g_F^k(x,y)$$

DAE 方程组的数量与继电保护和断路器动作次数相同。每一组方程描述了由于继电保护和断路器的一次动作的系统动态。假设 t_{cl} 时刻故障清除,并且此后不再有继电保护和断路器动作,这时系统称为故障后系统,且此后的系统动态描述为

$$\dot{x} = f_{PF}(x,y), \quad t_{cl} \leqslant t < \infty$$
$$0 = g_{PF}(x,y) \tag{2.6}$$

故障后系统的网络结构可能与故障前网络结构相同,也可能不同。用符号 $z(t_{cl}) = [x(t_{cl}),y(t_{cl})]$ 来表示切换时刻 t_d 的故障中状态。事件扰动后的系统轨迹是式(2.6)的解,其初值为 $z(t_{cl}^+) = [x(t_{cl}^+),y(t_{cl}^+)]$,故障后时间为 $t_{cl} \leqslant t < t_\infty$。

　　由于故障所造成的电力系统稳定性的基本问题可以概括为:给定故障前的 SEP 和故障中系统,故障后系统的轨迹最终能否到达一个可以接受的稳定状态。评估电力系统稳定性的一个直接方法是通过数值仿真得到系统轨迹,然后检验故障后轨迹最终是否能到达一个可接受的稳态。图 2.1 和图 2.2 给出了一个大型电力系统的暂态仿真轨迹。仿真轨迹包括扰动前轨迹(一个 SEP)、故障中轨迹和扰动后(即故障后)轨迹。仿真的故障后轨迹最终稳定在故障后的 SEP。

　　事故后电力系统的动态行为可能相当复杂。这是因为电力系统是由大量相互作用的元件(设备及控制装置)组成的,在很宽的时间尺度上才能表现出非线性动态特征,如励磁系统时间常数与调速器时间常数几乎相差几个数量级。这种物理上的差异使得基本的微分方程包含时间尺度迥异的变量。扰动后的动态行为在不同程度上影响系统的所有元件。例如,输电线路上的短路会触发断路器动作以隔

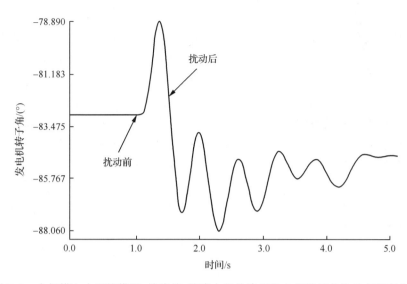

图 2.1　大规模电力系统模型,故障前、故障中和故障后发电机转子角的动态仿真曲线

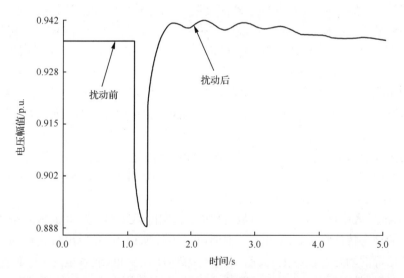

图 2.2　大规模电力系统故障前、故障中和故障后,发电机电压的动态仿真曲线
故障中,电压幅值下降到 0.888p.u.

离故障,这会引起发电机转速、母线电压及线路潮流的变化。受元件特性的影响,电压变化会引起发电机励磁系统的 ULTC、SVC 和低压保护继电器动作,同样会使与电压相关的负荷发生变化。其间,转速的变化会引起原动机调速器、低频继保以及与频率相关的负荷动作,而潮流变化会激发发电控制及 ULTC 移相器动作。通过探讨各个元件受影响的程度,可以确定动态行为仿真中采用哪种模型更为恰当。

在传统的电力系统分析中常使用能够把握所研究现象本质的最简单的系统模型。例如,如果一个系统元件或控制设备的响应时间尺度与所考虑的研究时间相比很小或者很大时,它的作用就可以忽略。这些元件的影响大致可以这样考虑:如果一个系统元件或控制设备的响应时间尺度与所考虑的研究时间相比很小,则它的动态特性可看做转瞬即逝。同样,当其响应时间尺度与所考虑的研究时间相比很大时,它的动态行为可看做是恒定不变的。由于完整的大规模电力系统的模型极其复杂,这种方法必定是可以接受的(Kundur,1994;Stott,1979;Tanaka et al.,1994)。

按照时间尺度的不同,电力系统稳定模型被分为三类:①短期稳定模型(主要描述机电暂态),暂态稳定分析正是以此模型为基础;②中期稳定模型;③长期稳定模型,这是长期稳定分析的基础。这种电力系统模型的分类方法是以各元件或控制设备在整个系统动态特性中不同时间尺度的参与程度为基础的(Cate et al.,1984;Kundur,1994)。这三类模型在数学上都是形如式(2.1)和式(2.2)的微分代数方程组,但状态变量不尽相同。状态变量不同的模型中,时间常数也是不同的。但中期模型与长期模型之间的界限比较模糊。与暂态稳定分析相比,中期与长期动态行为只是在最近才开始研究的(Chow,1982;Kundur,1994;Stott et al.,1979;Stubbe et al.,1989;Tanaka et al.,1994)。

功角稳定研究中,机电振荡的时间跨度一般是从几秒到几十秒。励磁系统、自动电压调节器、SVC、低频减载和低电压减载的动态特性都是在这种时间尺度内出现的。这种动态称为暂态(短期),其时间长度为 10s 量级。把"暂态"这个形容词加在功角稳定前面,就构成了名词"暂态功角稳定",这时在仿真中使用电力系统暂态(短期)模型。与此相似,把"暂态"这个形容词加在电压稳定前面,就构成了名词"暂态电压稳定",这时在电压稳定分析中使用电力系统短期模型。暂态过程消退以后,系统进入中期过程,一般为数分钟,在此期间,ULTC、发电机励磁限幅环节及负荷的动态特性将会显现出来。中期以后为长期行为,开始出现透平机和原动机调节器等的动态特性。把"长期"这个形容词加在功角(或者电压)稳定前面,就构成了名词"长期功角(或电压)稳定",这时仿真中使用电力系统长期模型。

暂态稳定分析中假定输电网络只有一个频率,但是发电机的转速并不相同。发电机模型非常详细,其时间常数与长期稳定模型相比小得多。粗略地讲,暂态稳定模型反映的是快变的电气元件、功角和频率,而长期模型是在假定快变的电气暂态过程已经衰减完毕的前提下,考虑如何表示功率平衡的缓慢振荡(Kundur,1994;Tanaka et al.,1994)。

2.3　模型结构与参数

稳定性分析的准确性对电力系统规划、设计和运行有重大影响。准确的稳定性分析对电网输电容量的精确计算是十分必要的。然而稳定性分析的准确性在很大程度上取决于描述系统动态行为的模型是否准确(这里的系统模型是指模型结构及其相关参数值)。准确的系统模型是对复杂电力系统进行仿真所必不可少的。

过去,电力工业界非常注重如同步发电机、励磁系统及负荷等系统元件的准确建模问题,建立了发电机和励磁模型结构标准(IEEE Standard 421.1,1986;IEEE Standard 421.5,1992),余下的问题是如何推导出标准模型的准确参数。这是电力系统辨识中参数估计的核心问题。

生产厂家采用"离线"方法给出发电机模型结构及其控制系统的参数。多数情况下,厂家提供的参数是固定的,并不能反映实际系统的运行状态。发电机(或者控制系统)与系统其他部分之间的非线性的相互作用可能会改变其参数值。例如,当励磁系统工作时,模型参数会发生漂移,这是由于励磁系统工作点的变化、励磁系统与系统其他部分之间的非线性相互作用以及饱和程度与设备老化等。同时,厂家提供的励磁系统参数往往是由厂内试验结果得出的,励磁系统并未实际投入运行,通常是分别测量设备中各个部件的响应,然后把这些单独的部件组合到一起,得到整个系统的模型。尽管投运过程中会做一些调整,但设备一旦装到电力系统中,一般就得不到准确的参数值了。这促使人们采用在线的基于测量的方法来获取准确的参数值。

基于测量方法的优点是将发电机及其控制系统作为一个整体,直接测量整体系统动态行为的变化,为其提供可靠数据,从而产生准确模型。例如,基于测量的发电机参数估计是根据测量值同时准确地辨识出发电机的直轴和交轴电阻和电抗,而不采取如开路试验等其他离线测量方法,因为这种试验会使发电机从电力系统中隔离出来。

与发电机、负荷、励磁系统的建模相比,调速器和透平机已经建立了标准的模型结构(Hannet et al.,1995),它们的参数辨识研究较少。这可能是由于人们普遍认识到,它们在电力系统长期稳定中非常重要,而在人们广泛关注的暂态稳定问题中却没有那么重要。锅炉模型也与长期稳定研究有关,在目前大多数的产品级电力系统稳定分析软件中不支持该模型。对于 HVDC(high-voltage direct current)和 FACTS(flexible alternative current transmission systems)设备,现在还没有可用的标准模型,这归结于以下一个或多个原因:①装置很新,还没有为其定义标准控制;②装置只在很少情况下出现;③装置的每次安装都需要建立不同的模型。

2.4　基于测量的建模方法

　　过去二十年中,大量工作投入基于测量的同步发电机、励磁系统和负荷等系统元件的参数估计,这些工作大多使用两类方法,即时域方法和频域方法。

　　以往在控制工程应用中,频域方法在系统辨识理论与应用中占据主导地位。目前,关于系统辨识的文献中,时域方法占绝大多数。如果通过系统辨识建立的模型是用于系统仿真,或者预测系统的输出,那时域方法是最合适的。同样,如果得到的模型是要与状态空间/时域控制系统设计过程结合,那时域方法也非常好。然而,如果系统辨识的目的是要简单地获得对系统的更一般的认识,如要判断响应中是否存在振荡,此时频域方法可能最为适宜。大多数电力系统元件的 IEEE 标准模型结构是在时域中表述的。

　　基于测量的参数估计过程概述如下:

　　第 1 步:从所研究的物理系统中获取一组输入输出数据。

　　第 2 步:用适当的方法和估计准则估计参数。

　　第 3 步:用输入-输出数据校验估计出的模型。

　　第 4 步:如果结果不满意,则试用另一种模型结构,重复第 2 步或者尝试另一种辨识方法或估计准则,然后重复步骤 2,直到得到"满意"的模型。在线测量数据是在电力系统受扰(如线路切除或故障)期间获得的。这样获得的数据反映了系统元件在不正常工作条件下的固有特性,可以用来获取更好的参数值,进而改进电力系统动态建模与仿真。

　　负荷建模在电力系统建模中是一项颇具挑战性的工作。这表现在尽管发电机和励磁系统的标准结构已经被电力工业界提出和接受,但仍然没有标准的负荷模型结构可供利用。众所周知,负荷特性对系统动态特性具有重要影响。例如,不准确的负荷建模可能导致实际系统的崩溃或解列(CIGRE Task Force 38.02.05,1990)。人们发现使用简单负荷模型进行仿真不能解释电压崩溃现象。为保证电网规划和运行研究中仿真的精确性,以获得更为精确的稳定极限,必须采取准确的负荷模型。

　　能够满足电力系统某些动态分析要求的负荷模型可能在其他方面的研究中并不适用。因此,应当针对特定的动态分析类型建立具有代表性的负荷模型,而不是建立对各类动态分析都适用的负荷模型。例如,电压稳定分析中更加关心无功负荷的动态特性;而暂态稳定分析则更关心有功负荷的动态特性(Liang et al.,1998;Xu and Mansour,1994)。文献(Choi, 2006;CIGRE Task Force 38.02.05,1990;Ju et al.,1996)针对电力系统动态分析的一些类型,建立了负荷模型。

　　负荷模型是对母线电压(幅值和相角)与功率(有功和无功)或负荷母线注入电

流之间关系的数学描述。目前,电力系统计算机分析程序中通常使用所谓的静态负荷模型结构(负荷用恒定阻抗、恒定电流、恒定功率,或这三者的组合来表示)或与电压、频率相关的负荷模型。这些静态特性模型已经能够满足某些动态分析的需要,但对其他研究仍然存在不足。因此仍有必要开发准确的动态负荷模型。正是它的重要性,使负荷建模问题成为研究的重点,见文献(Choi,2006;CIGRE Task Force 38.02.05,1990;He et al.,2006;IEEE Task Force on Load Representation for Dynamic Performance,1993;Ju et al.,1996)。建立准确的负荷模型的时域方法主要有两种,即基于元件的方法和基于测量的方法。

基于元件的方法根据所有独立负荷元件的动态行为建立负荷模型(Price et al.,1988)。需要考虑特定负荷母线的负荷构成数据、负荷混合数据及各个负荷成分的动态行为。在大多数应用中,这种负荷成分的调查工作困难重重,且缓慢低效。

基于测量的方法在负荷母线上安装测量系统,用来建立动态负荷模型(CIGRE Task Force 38.02.05,1990;Craven and Michael,1983;Hiskens,2001;Ju et al.,1996)。这种方法的优势在于采用系统受扰期间负荷实际动态行为的直接测量数据,因此能够直接得到准确的负荷模型,满足现有电力系统分析和控制程序的输入格式要求。这两种方法具有互补性。基于元件的方法可用于获得母线负荷适当的模型结构,而基于测量的方法适用于获取相关模型参数的数值。

基于测量的负荷建模方法示意图和实现步骤如图 2.3 所示。

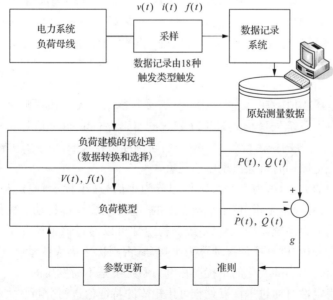

图 2.3　基于测量的负荷建模方法框图

第 1 步：从一组测量值中获得一组输入-输出数据。

第 2 步：选择一种负荷模型结构。

第 3 步：用适当的方法和估计准则估计参数。

第 4 步：用第 3 步得到的参数校验推导出的模型。

第 5 步：若未达到检验准则，采取修正措施，如尝试其他估计方法或模型结构，然后重复步骤 3。

2.5　电力系统的稳定性问题

可以说任何一个系统受到足够大的扰动都会表现出不稳定。重要的是要找到对应于所研究系统或现象的"恰当"的扰动，或者"适当"的稳定条件（Hahn，1967；IEEE TF Report，1982；Kundur，1994）。这个"恰当"的扰动应当与系统有关，并具有物理意义。"适当"的稳定条件与状态空间中的偏移范围有关。

电力系统中存在两种扰动，即事件扰动和负荷波动（Balu et al.，1992）。对一个扰动（即故障）来讲，电力系统稳定性的基本问题可以大致这样叙述：给定故障前的 SEP 及故障中系统，故障后系统轨迹最终能否到达一个可以接受的稳定状态（Varaiya et al.，1985）？如果故障后系统收敛到平衡点，就称系统关于该故障是（转子）功角稳定的。物理上讲，功角稳定体现的是互联系统中由于故障引起发电机间的机电振荡后，同步发电机能够保持同步的能力。此外，如果在平衡点和沿故障后系统轨迹的电压幅值都可以接受，那么就称系统关于该故障是电压稳定的。

当电力系统的故障后轨迹不能达到一个可以接受的稳定状态（或者平衡点）时，就会发生系统失稳。根据故障后的轨迹，电力系统失稳有多种表现方式。失稳类型可能与功角有关（功角失稳），或与电压有关（电压失稳），或者同时与这两种失稳有关。如果沿故障后轨迹系统的电压幅值不在合理的范围内，或者在最终达到的平衡点上电压幅值不在合理的范围内，那么就称系统关于该故障是电压不稳定的。另一种电力系统失稳形式是出现如次同步谐振（subsynchronous resonance，SSR）和低频振荡等的振荡行为。当故障后轨迹经历较长时间的暂态振荡过程，或者趋近一个稳定周期时就会出现振荡现象。

根据扰动的大小，电力系统稳定可划分为小信号（小扰动）稳定和一般（大扰动）稳定。小信号稳定是指（位于平衡点上的）电力系统在小扰动下保持同步的能力。对给定的电力系统模型，如果系统的稳定性可以通过该系统在平衡点处的线性化模型进行分析，则这样的扰动称为小扰动；否则称之为大扰动。例如，负荷和发电机有功出力等小的变化的小扰动在电力系统中是不断发生的。

小信号稳定性可通过平衡点处雅可比矩阵的特征值进行分析。大多数的事件扰动，以及大的负荷变化或发电机有功出力变化都应看做大扰动。大扰动稳定性分析必须以原系统的故障后轨迹为基础。如果电力系统的一个平衡点(工作点)是渐近稳定的,则称其为小信号稳定的。从非线性稳定性分析的角度来看,大扰动稳定性,如功角/电压稳定性和暂态功角/电压稳定性都可归类为渐近稳定问题。

进行电力系统稳定分析需要两类基本信息,即静态数据(即潮流数据)和动态数据。潮流数据描述了电网及其稳定运行状态。动态数据则提供用于计算建模元件对给定扰动响应的必要信息。动态数据包括同步发电机详细模型、负荷动态模型、感应电机、静止无功补偿器、高压直流线路、FACTS 及用户自定义模型。除以上基本信息,还需要以下的附加信息:①扰动描述。该信息描述需要模拟的扰动,如扰动的位置和持续时间、电路切换、发电机/负荷的切除情况及指定的总仿真时间。②继电保护数据。这类数据描述保护装置的特性。③监控信息(可选项)。由用户指定他们感兴趣的变量,在仿真过程中由程序实现监控。

任何仿真的准确性都依赖于输入数据的准确性。一些产品级的稳定分析软件可以提供多种特征和工具来检测数据是否存在问题,以及动态模型与运行状态是否一致(EPRI,1992;Stubbe et al.,1989)。这些产品的特点是,可以以出错和警告的形式给出提示信息,也可以通过提供多种有关运行状态与动态数据的列表形式来实现。

2.6　稳定性分析方法

典型电力系统稳定性分析的完整模型是一组 DAE 方程,方程的阶数可达数千或数万阶。目前,世界范围内电力公司常用的稳定性分析程序大多基于方程组的逐步时域积分法,来仿真给定扰动下的系统响应。DAE 方程组的数值解是解函数(解曲线)在离散的时间点上的近似值序列。电力系统稳定性分析的逐步时域积分法的综述见 Stott(1979)。文献中描述过一些产品级时域仿真软件包,如 EPRI(1992)、Kurita 等(1993)、de Mello 等(1992)、Stubbe 等(1989)及 Tanaka 等(1994)。

另一种使用能量函数的暂态稳定分析方法被称为直接法,最早由 Magnusson 于 1947 年提出,20 世纪 50 与 60 年代一些研究人员对其做了探讨,如 Aylett(1958)、Gless(1966)、El-Abiad 和 Nagappan(1966),并在 70 年代投入了大量研究。直接法的发展历史已长达六十多年,但是直到最近,许多方法对大规模电力系统仍旧是不适用的。在直接法中,近不稳定平衡点(closest unstable equilibrum point,UEP)法是一种经典方法,它给出的稳定性估计非常保守。势能界面(potential energy boundary surface,PEBS)法速度快,但是可能给出不准确的稳定性估计。由于主导 UEP 法的准确性高且略保守,因此最为可行的是直接法。然而,主导 UEP 法的成功归因于对主导 UEP 的计算。关于该法的大多数工作是基于缺乏理论支持的物理推导、启发式和仿真方法。这些工作在主导 UEP 的计算方面取得的成果非常有限。

近来,一组基于稳定域边界的主导不稳定平衡点法即 BCU 法的最新发展使主导 UEP 法再次兴起。BCU 法能够可靠地计算出主导 UEP。主导 UEP 法与 BCU 法相结合已经成为解决大规模电力系统暂态稳定分析的实用方法。基于 BCU 的主导 UEP 法已经在 12000 条母线的大规模电力系统中进行了大量评估,报告了令人满意的结果(Chiang et al.,2006;Tada et al.,2005)。一些大型电力公司已经开始在现代能量管理系统中安装 BCU 法。

主导 UEP 法在稳定性评估和控制中具有以下优点。它不进行耗时的(故障后)电力系统数值积分就能确定暂态稳定性。除速度快的优势外,主导 UEP 法还能准确提供稳定程度的准确量度。当需要对不同网络的稳定性做比较,或需要快速计算出暂态稳定约束下系统运行的极限值时,这个功能使主导 UEP 法独具特色。主导 UEP 法的另一个优点是,当系统被判别为不稳定时能给出进行预防性控制的有效策略,而当系统被判定为处于临界稳定时能给出进行增强性控制的有效策略。

下面从状态空间的角度来描述这两种不同方法。时域方法采用逐步数值积分方法仿真整个系统轨迹,显式地计算出故障前平衡点与最终故障后平衡点的关系。而直接法采用如下两个步骤来解决这个问题。第一步,仅通过对故障中系统的逐步数值积分得到故障清除时刻的系统状态,分析这一状态与故障前 SEP 之间的关系。第二步,直接法直接确定故障后系统初始状态是否在某个期望的 SEP 的稳定域内,不需要对故障后系统进行数值积分。稳定性的确定是以能量函数(为故障后系统定义)和临界能量(与故障中轨迹有关)为基础的。如果故障后系统初始状态的能量函数值小于临界能量,那么故障后轨迹将最终到达期望的故障后系统 SEP,这就是直接法的分析基础。直接法的难点在于确定与故障中轨迹相关的临界能量,并推导出电力系统稳定模型的能量函数。时域仿真法和直接法的对比总结见表 2.2。

表 2.2　时域仿真法与直接法的比较

	时域方法	直接法(使用能量函数)
故障前系统	故障前 SEP	故障前 SEP
故障中系统 $\dot{x} = f_F(x,y)$ $0 = g_F(x,y)$ $t_0 < t < t_{cl}$	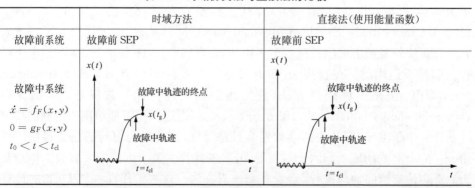	

	时域方法	直接法（使用能量函数）
计算	数值积分方法用于得到故障中轨迹	数值积分方法用于得到故障中轨迹
故障后系统 $\dot{x} = f(x)$ $0 = g(x, y)$ $t_{cl} \leqslant t < t_\infty$		（1）不需要故障后系统轨迹 $x(t)$，但需要已知初始状态 $x(t_{cl}^+)$ （2）需要故障中轨迹的临界能量值 V_{cr} 及能量函数 $V(x)$（故障后系统）
计算	应用数值积分方法对故障后系统轨迹进行仿真，从而进行稳定性评估。故障后系统的典型仿真时间一般为 $10 \sim 30\text{s}$。若故障后轨迹趋于稳定，则故障后系统被评定为稳定的，否则被评定为不稳定的	不需要对故障后轨迹进行数值积分。对故障后轨迹的稳定性评估是比较故障后系统的能量与相应的临界能量。即若 $V(X(t_{cl}^+)) < V_{cr}$，则故障后轨迹 $x(t)$ 是稳定的，否则 $x(t)$ 可能是不稳定的

2.7　本 章 小 结

基于能量函数的直接法与时域仿真方法在经过数十年的研究和发展以后，我们可以看出，直接法与时域仿真法具有互补性。目前的发展方向是，在电力系统稳定分析程序整体中同时涵盖高效的直接法，如基于 BCU 的主导 UEP 法，以及快速的时域仿真程序（Chiang et al.，2007；Jardim et al.，2004；Kim，1994；Tada and Chiang，2008）。在这一发展中，基于 BCU 的主导 UEP 法计算速度快，能提供准确的能量裕度，使之成为传统时域仿真方法的有益补充。

主导 UEP 及其与注入功率等某些系统参数之间的函数关系可以为开发暂态稳定约束下可用传输能力的计算提供有效的补充。此外，还为发展以下控制措施提供了许多有效信息。

（1）为不稳定的预想事故提供预防控制方案。

（2）为临界稳定的预想事故提供增强控制方案。

（3）为暂态稳定约束下提高可用传输能力提供增强控制。

直接法的分析基础，尤其是主导 UEP 法的分析基础是理解非线性动力系统稳定域的前提。第 8～13 章中将给出最近 UEP 法、PEBS 法和主导 UEP 法等直接法的严格理论基础。这些理论基础的中心主题是有关稳定域的知识，这将在下面的第 3、4 章中加以阐述。

第3章 非线性动力系统的李雅普诺夫
稳定与稳定域

3.1 引　言

　　稳定性是一个将工程与科学相结合的基本课题。很多人认为,它是人类文化中一个引人入胜而又复杂难解的问题。就稳定性的概念而言,文献中有不下 50 种术语表述。稳定性是一个广泛存在的问题,根据稳定性分析和设计的用途,稳定性概念有多种表述形式(Alberto and Chiang, 2007; DeCarlo et al. , 2000; Hahn, 1967; La Salle and Lefschetz, 1961; May, 1973; Michel et al. , 1982)。本章将回顾非线性动力系统理论中相关的一些稳定性概念,并详细讨论其中某些概念及其含义。

　　另一个与稳定性相关的主题是非线性动力系统的稳定域。事实上,在工程与科学的许多学科中,如何确定非线性动力系统的稳定域(吸引域)是一个十分重要的问题(Athay et al. , 1984; Chiang et al. , 1988; Genesio et al. , 1985; Loparo and Blankenship, 1978; Saha et al. , 1997; Sastry, 1999; Vu and Liu, 1992)。例如,稳定域的知识对发展电力系统暂态稳定分析的直接法是至关重要的。本章深入介绍了(自治)动力系统稳定域的理论,其中大多数证明摘录于 Chiang 等(1987,1988)与 Chiang 和 Thorp(1989b)的工作。对高维非线性动力系统稳定域估计的问题将在第 5 章进行讨论。

3.2　平衡点与李雅普诺夫稳定性

　　考虑以下(自治)非线性动力系统:

$$\dot{x} = f(x), \quad x \in \mathbf{R}^n \tag{3.1}$$

　　假定函数(即向量场)$f: \mathbf{R}^n \to \mathbf{R}^n$ 满足使解存在且唯一的充分条件。式(3.1)从 $t = 0$ 时刻从状态 x 出发的解曲线称为从 x 出发的系统轨迹,记做 $\phi_t(x, \cdot)$。从 x 出发的系统轨迹是时间的函数,给定某一时刻,系统轨迹函数将该时刻映射为状态空间中的一点。如果点 $\bar{x} \in \mathbf{R}^n$ 满足 $f(\bar{x}) = 0$,则称 $\bar{x}$ 为式(3.1)的平衡点,或者说平衡点是一个不随时间变化的解。因此,平衡点是不会移动的退化解曲线。

　　下面讨论平衡点的稳定性质。首先回顾(李雅普诺夫)稳定和渐近稳定的概念。

定义 3.1：李雅普诺夫稳定性

已知 $\bar{x} \in \mathbf{R}^n$ 为式(3.1)的一个平衡点，如果对于它的任意一个开邻域 U 都存在一个开邻域 V，使得对任意 $t > 0$，从 V 中的每一点 $x \in V$ 出发的轨迹 $\phi_t(x) \in U$，则称该点是(李雅普诺夫)稳定的，等价表示为对任何 $t > 0$，$\phi_t(x) \in U$。否则，$\bar{x}$ 称为不稳定的。

(李雅普诺夫)稳定性概念如图 3.1 所示。直观地讲，如果平衡点附近的轨迹保持在平衡点附近，则称平衡点是稳定的。在许多应用中，"附近的轨迹保持在附近"这个要求还不够；而是要求"附近的轨迹保持在附近并且收敛到平衡点"。这种情况下，由(李雅普诺夫)稳定性概念可提升出渐近稳定性的概念。

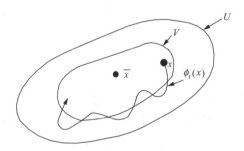

图 3.1 李雅普诺夫稳定性定义的图示

定义 3.2：渐近稳定性。

已知 $\bar{x} \in \mathbf{R}^n$ 为式(3.1)的一个平衡点，如果存在它的一个开邻域 U，使得对任意 $t > 0$，从 U 中每一点 $x \in U$ 出发的轨迹 $\phi_t(x) \in U$；并且每条从该邻域出发的轨迹 $\phi_t(x)$ 收敛到该平衡点，则称该点是渐近稳定的。可等价表示为同时满足以下两个条件：

$$\phi_t(x) \in U, \quad t > 0$$
$$\lim_{t \to \infty} \| \phi_t(x) - \bar{x} \| = 0$$

渐近稳定性的概念如图 3.2 所示。直观地讲，若平衡点是其附近轨迹的汇聚点，则该平衡点是渐近稳定的。在一些非线性动力系统经典文献中，渐近 SEP 也被称为"汇"(Athay et al.，1984；Guckenheimer and Holmes，1983；Hirsch and Smale，1974)。

为确定轨迹 $\bar{x}(t)$ 的稳定性，必须理解 $\bar{x}(t)$ 附近解的性质。令

$$x(t) = \bar{x}(t) + y(t) \tag{3.2}$$

将式(3.2)代入式(3.1)，得 $\bar{x}(t)$ 的泰勒展开式为

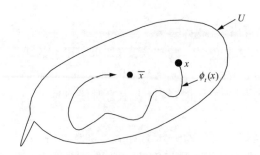

图 3.2　渐近稳定性定义的图示

$$\dot{x}(t) = \dot{\bar{x}}(t) + \dot{y}(t) = f(\bar{x}(t)) + Df(\bar{x}(t))y + O(\|y\|^2) \qquad (3.3)$$

式中，Df 为 f 的导数，$|\cdot|$ 表示 $\mathbf{R}^n$ 上的一个范数。根据 $\dot{\bar{x}}(t) = f(\bar{x}(t))$，式(3.3)可写为

$$\dot{y}(t) = Df(\bar{x}(t))y + O(\|y\|^2) \qquad (3.4)$$

式(3.4)描述了 $\bar{x}(t)$ 附近轨道的演变过程。针对稳定性问题，我们关心的是任意接近于 $\bar{x}(t)$ 的解的性质。有理由认为，要回答这个问题，可以研究如下相关的线性系统：

$$\dot{y}(t) = Df(\bar{x}(t))y \qquad (3.5)$$

因此，确定 $\bar{x}(t)$ 的稳定性包含两个步骤：①确定式(3.5)$y=0$ 的解是否稳定。②表明式(3.5)$y=0$ 的解稳定(或不稳定)蕴涵式(3.1)的解 $\bar{x}(t)$ 稳定(或不稳定)。

　　可以证明，如果相关的线性向量场的特征值都具有非零的实部，那么非线性向量场[式(3.1)]在平衡点附近的轨道(即轨迹)结构本质上与线性向量场[式(3.5)]一样。这由以下的定理描述。

　　定理 3.1： Hartman-Grobman 定理(Hirsch and Smale,1974)。

　　$\bar{x}$ 为式(3.1)所述系统的一个平衡点。若 $Df(\bar{x})$ 没有零或为纯虚特征根，则存在定义于 $\bar{x}$ 的一个邻域 U 上的同胚 h，将流 $\phi(t)$ 的轨道映射为式(3.5)表示的线性流 $e^{tDf(\bar{x})}$。该同胚保留了轨线的结构，并保留了时间参数化轨迹。

　　根据定理 3.1 的一个推论及基本的线性系统理论可以得到平衡点渐近稳定的定理 3.2 充分条件。

　　定理 3.2： 渐近稳定性(Hirsch and Smale,1974；Sastry,1999)。

　　若线性系统[式(3.5)] $Df(\bar{x})$ 的所有特征值都具有负实部，那么非线性系统[式(3.1)]的平衡解 $x = \bar{x}(t)$ 是渐近稳定的。

　　这就是众所周知的通过检查平衡点的雅可比矩阵特征值来判断稳定性的方法，所需的计算量可能较大。另一种基于李雅普诺夫函数理论的方法将在第 3.3

节进行讨论。

3.3　李雅普诺夫函数理论

李雅普诺夫函数理论是稳定性理论中最重要的成果之一。李雅普诺夫是一位俄国数学家和工程师,他奠定了李雅普诺夫理论的基础。李雅普诺夫稳定性理论给出了李雅普诺夫稳定性和渐近稳定性的充分条件。该理论的特点是不需求解常微分(差分)方程,即可推导出平衡点的稳定性。这就是"李雅普诺夫的精髓"。李雅普诺夫函数理论有多种证明方法。

在直接法的早期发展中,很多研究者应用李雅普诺夫函数理论来验证电力系统的暂态稳定性,而避免使用时域仿真方法。本节概括介绍了基本的李雅普诺夫函数理论。

记一个函数 $V(x)$ 沿系统轨迹对时间的导数为

$$
\begin{aligned}
\dot{V}(x(t)) &= \frac{\partial V(x(t))^{\mathrm{T}}}{\partial x} \cdot \dot{x}(t) \\
&= \frac{\partial V(x)^{\mathrm{T}}}{\partial x} \cdot f(x)
\end{aligned}
\tag{3.6}
$$

由于不需要明确知道系统轨迹就可以得到向量场 $f(x)$ 和函数 $V(x)$ 的梯度,因此不需要知道系统轨迹就可以计算 $V(x(t))$ 对时间的导数。

定理 3.3:李雅普诺夫稳定性(Guckenheimer and Holmes,1983;Hirsch and Smale,1974)

令 $\hat{x}$ 为系统 $\dot{x} = f(x)$ 的一个平衡点,其中 $f: \mathbf{R}^n \to \mathbf{R}^n$。令 $V: U \to \mathbf{R}$ 为定义在 $\hat{x}$ 的一个邻域 U 上的连续函数,在 $U - \hat{x}$ 中可微,如果同时满足以下两个条件,则 $\hat{x}$ 是稳定的。

(1) $V(\hat{x}) = 0$,且当 $x \neq \hat{x}, x \in U$ 时,$V(x) > 0$。

(2) 在 $U - \hat{x}$ 中 $\dot{V}(x) \leqslant 0$。

进一步,如果还满足在 $U - \hat{x}$ 中 $\dot{V}(x) < 0$,则 $\hat{x}$ 是渐近稳定的;在 $U - \hat{x}$ 中 $\dot{V}(x) < 0, U = \mathbf{R}^n$,则 $\hat{x}$ 是全局渐近稳定的。

此外,还需注意:①李雅普诺夫函数理论不仅给出了平衡点(局部结论)的稳定性质,而且还确定如下的结论:即在状态空间里一个李雅普诺夫函数的子集中,不存在任何极限环(振荡行为)或者如始周期(almost periodic)轨迹、混沌运动等有界的复杂行为。②必须指出,李雅普诺夫函数理论只给出了充分条件。如果个别的李雅普诺夫函数 V 不满足关于其导数 $\dot{V}$ 的条件,那么就不能得出平衡点是否稳定的结论。

对一般的非线性系统还没有构造李雅普诺夫函数的系统方法。这是李雅普诺夫直接法的根本缺陷。因而,对特定的非线性系统,人们往往用经验、直觉、试错和物理观念(如机电系统的能量函数)寻找合适的李雅普诺夫函数。文献中提出了很多种寻找李雅普诺夫函数的方法和技术(Khalil,2002;Michel et al. ,1984;Vaahedi et al. ,1998;Vidyasagar,2002)。

3.4　稳定流形与不稳定流形

不变集、α极限集、ω极限集以及稳定和不稳定流形是动力系统理论中的重要概念。下面将给出各个概念的定义。关于这些概念及其含义的详细讨论可参见Guckenheimer 和 Holmes (1983),Paganini 和 Lesieutre (1999),以及 Palis 和 de Melo (1981)等的文献。

对任意 t,若系统[式(3.1)]从 M 出发的每条轨迹都保持在 M 中,则称集合 $M \in R^n$ 为系统[式(3.1)]的一个不变集。对于点 p,如果对任意 $\varepsilon > 0$,$T > 0$,存在 $t > T$ 满足 $|\phi(x,t) - p| < \varepsilon$,则称点 p 在x 的 ω 极限集中。与此等价的表述为,$\mathbf{R}$ 中存在序列 $\{t_i\}$,$t_i \to \infty$,满足 $p = \lim_{i \to \infty}\phi(x,t_i)$。对于点 p,如果对任意 $\varepsilon > 0$,$T < 0$,存在 $t < T$ 满足 $|\phi(x,t) - p| < \varepsilon$,则称点 p 在 x 的 α 极限集中。与此等价的表述为,$\mathbf{R}$ 中存在序列 $\{t_i\}$,$t_i \to -\infty$,满足 $p = \lim_{i \to \infty}\phi(x,t_i)$。因此,$\omega$ 极限集捕捉正向有界轨迹的渐近行为,而 α 极限集捕捉反向有界轨迹的渐近行为。

下面是极限集的一个基本性质。

定理 3.4:极限集的性质。

若系统[式(3.1)]的轨迹 $\phi(x,t)$ 对 $t \geqslant 0$(或 $t \leqslant 0$)是有界的,则其 ω 极限集(或 α 极限集)存在;并且该极限集满足紧性、连通性和不变性。

一般而言,极限集可能很复杂;它们可能是平衡点、极限环(闭轨)、拟周期(quasi-periodic)解和混沌。稳定极限集在实验与数值计算场合尤其重要,因为在所有极限集中只有它们才能被观察到。稳定极限集的定义与平衡点的定义相似。

定义 3.3:稳定极限集。

对于极限集 L,如果对 L 的任意开邻域 U,存在 L 的一个开邻域 V,使得对所有 $x \in V$,$t > 0$,有 $\phi(x) \in U$,则称 L 为李雅普诺夫稳定的。等价于对任意 $t > 0$,$\phi_t(x) \in U$。反之,则称 L 为不稳定的。

定义 3.4:渐近稳定极限集。

对于极限集 L,如果存在 L 的一个开邻域 V,使得 V 中任意点的 ω 极限集等于 L,则称 L 为渐近稳定的。等价于同时满足以下条件。

(1) $\phi_t(x) \in V$,$t > 0$。

(2) $\lim_{t \to \infty, y \in L} \|\phi_t(x) - y\|$ 的下确界为 0。

下面回顾极限集的稳定流形和不稳定流形的概念。从最简单的极限集——平衡点开始讨论。令 $\hat{x}$ 为一个平衡点，$U \subset \mathbf{R}^n$ 为 $\hat{x}$ 的一个邻域。

$\hat{x}$ 的局部稳定流形定义为

$$W_{\text{loc}}^{\text{s}}(\hat{x}) = \{ x \in U \mid \phi_t(x) \rightarrow \hat{x}, t \rightarrow \infty \}$$

$\hat{x}$ 的局部不稳定流形定义为

$$W_{\text{loc}}^{\text{u}}(\hat{x}) = \{ x \in U \mid \phi_t(x) \rightarrow \hat{x}, t \rightarrow -\infty \}$$

需注意：$W_{\text{loc}}^{\text{s}}(\hat{x})$ 为一个正向不变集，$W_{\text{loc}}^{\text{u}}(\hat{x})$ 为一个负向不变集。当 $\hat{x}$ 为非双曲平衡点时，它们可能不是流形。下面列出一个关于双曲平衡点稳定流形和不稳定流形的基本定理。回忆一下，如果平衡点对应的雅可比矩阵不包含实部为零的特征根，则称这是一个双曲的平衡点；否则，是非双曲的。

定理 3.5：不稳定流形—稳定流形定理（Guckenheimer and Holmes，1983；Sastry，1999）。

设非线性系统[式(3.1)]有一个双曲平衡点 $\hat{x}$，则局部稳定流形与不稳定流形 $W_{\text{loc}}^{\text{s}}(\hat{x})$ 和 $W_{\text{loc}}^{\text{u}}(\hat{x})$ 的维数 n_{s}，n_{u} 与线性系统[式(3.5)]的稳定特征空间和不稳定特征空间 E^{s}，E^{u} 的维数相同。这些流形在 $\hat{x}$ 处与 E^{s}，E^{u} 相切。$W_{\text{loc}}^{\text{s}}(\hat{x})$ 和 $W_{\text{loc}}^{\text{u}}(\hat{x})$ 与系统[式(3.1)]的向量场 $f(x)$ 具有同样的光滑性（图 3.3）。

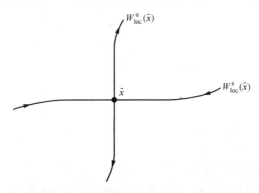

图 3.3　平衡点的局部稳定流形和不稳定流形

稳定流形 $W^{\text{s}}(\hat{x})$ 和不稳定流形 $W^{\text{u}}(\hat{x})$ 是将 $W_{\text{loc}}^{\text{s}}(\hat{x})$ 和 $W_{\text{loc}}^{\text{u}}(\hat{x})$ 中各点分别沿时间负方向和沿时间正方向流动所得

$$W^{\text{s}}(\hat{x}) = \bigcup_{t \leqslant 0} \phi_t(W_{\text{loc}}^{\text{s}}(\hat{x})) \tag{3.7}$$

$$W^{\text{u}}(\hat{x}) = \bigcup_{t \geqslant 0} \phi_t(W_{\text{loc}}^{\text{u}}(\hat{x})) \tag{3.8}$$

还需注意：①显然，$\hat{x}$ 是 $W^{\text{s}}(\hat{x})$ 上各点的 ω 极限集，同时是 $W^{\text{u}}(\hat{x})$ 上各点的 α

极限集。对于一个双曲平衡点，$W^s(\hat{x})$ 的维数等于雅可比矩阵 $J_f(\hat{x})$ 负实部特征值的个数。$W^s(\hat{x})$ 与 $W^u(\hat{x})$ 的维数之和等于状态空间的维数（图 3.4）。②稳定和不稳定流形为不变集。当时间趋向于正无穷时，稳定流形 $W^s(\hat{x})$ 中的每条轨迹收敛到 $\hat{x}$；反之，当时间趋向于负无穷时，不稳定流形 $W^u(\hat{x})$ 中的每条轨迹收敛到 $\hat{x}$。③上述关于稳定、不稳定流形的概念和定义也适用于其他类型的双曲极限集，如周期解、殆周期解和混沌等。

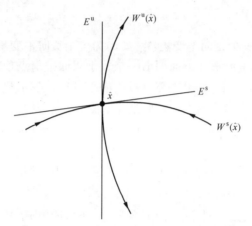

图 3.4　双曲平衡点稳定/不稳定特征空间与稳定/不稳定流形的关系

　　根据定理 3.5，我们依据雅可比矩阵中具有正实部的特征值的个数来定义平衡点的类型。

定义 3.5：平衡点类型。

　　一般的非线性系统［式（3.1）］的双曲平衡点 p 的类型定义为矩阵 $(\partial f/\partial x)(p)$ 具有正实部的特征值的个数。如果 $(\partial f/\partial x)(p)$ 具有正实部的特征值的个数为 1，则称 p 为 1 型平衡点。类似地，如果 $(\partial f/\partial x)(p)$ 具有正实部的特征值的个数为 k，则称 p 为 k 型平衡点。

　　1 型平衡点在刻画稳定边界或拟稳定边界（quasi-stability boundary）中具有重要作用。因此，1 型平衡点和 SEP 是本书使用的重要平衡点。

　　横截性是动力系统研究中的基本概念（Palis，1969；Palis and de Melo，1981；Smale，1967）。若 A 和 B 是 M 中的单射浸入流形，如果满足以下条件之一，则称它们满足横截性条件。

　　（1）任意点 $x \in A \bigcap B$，由 A、B 的切空间可以张成 M 在 x 处的切空间；即

$$T_x(A) + T_x(B) = T_x(M), \forall x \in A \bigcap B$$

　　（2）A 与 B 不相交。

双曲平衡点 $\hat{x}$ 的一个重要特征是它的稳定流形与不稳定流形在 $\hat{x}$ 处横截相交

(transverse intersection)。横截相交十分重要,因为它能在向量场的摄动下保持横截性。

3.5　稳　定　域

对于一个 SEP,如 x_s,存在 $\delta > 0$ 使得从集合 $\| x_0 - x_s \| < \delta$ 中任意一点 x_0 出发的轨迹收敛到 SEP x_s;即当 $t \to \infty$ 时,$\phi_t(x_0) \to x_s$。如果 δ 为任意大,则称 x_s 为全局 SEP。许多物理系统有 SEP,但没有全局 SEP。对这类系统的一个有用的概念被称为稳定域(也称吸引域)。平衡点 x_s 的稳定域是指满足:

$$\lim_{t \to \infty} \phi_t(x) \to x_s \tag{3.9}$$

的点 x 的集合。记 x_s 的稳定域为 $A(x_s)$,它的闭包记为 $\bar{A}(x_s)$。因此:

$$A(x_s) = \{x \in \mathbf{R}^n \mid \lim_{t \to \infty} \phi_t(x) = x_s\} \tag{3.10}$$

在本书中不致混淆的地方,我们将 $A(x_s)$ 写为 A。稳定域的定义还可以写做:

$$A(x_s) = \{x \in \mathbf{R}^n \mid \omega(x) = x_s\} \tag{3.11}$$

式中,$\omega(x)$ 为 x 的 ω 极限集。从拓扑观点来看,稳定域 $A(x_s)$ 是连通的、开的不变集(Hirsch,1976)。稳定域 $A(x_s)$ 的边界被称为 x_s 的稳定边界(也称分界线),记做 $\partial A(x_s)$(图 3.5)。

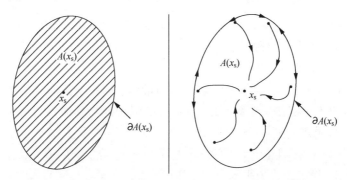

图 3.5　随时间推移,稳定域 $A(x_s)$ 中每条轨迹收敛到 SEP x_s,边界上的轨迹在边界上演化

下面讨论稳定域和稳定边界的一些拓扑性质。事实上,由于 SEP 的稳定域是一个稳定流形,以下稳定域的拓扑性质是来源于 x_s 的稳定流形的性质(Hirsch and Pugh,1970)。

定理 3.6:拓扑性质。

稳定域 $A(x_s)$ 是连通的、开的不变集,与 $\mathbf{R}^n$ 是微分同胚的。

上述结果表明,稳定域中的每条轨迹完全位于稳定域中,且稳定域的维数为n。由于不变集的边界也是不变集,并且开集的边界是闭集,稳定边界的集合具有以下性质。

定理 3.7: 拓扑性质。

稳定边界$\partial A(x_s)$是维数小于n的闭的不变集。如果$A(x_s)$在$\mathbf{R}^n$中不稠密,则$\partial A(x_s)$的维数为$n-1$。

如果至少有两个SEP,则稳定边界的维数为$n-1$,这时稳定边界不会是空集。稳定域的特性可以通过稳定边界来加以刻画。我们将在第3.6节提出有关非线性动力系统[式(3.1)]稳定域的完整理论。

3.6　稳定边界的局部性质

我们的目标是提出(自治)动力系统[式(3.1)]稳定域的完整理论。本节推导出稳定边界的一些动态和拓扑性质,并对一般非线性动力系统稳定边界上的两种基本极限集(即平衡点和极限环)的性质进行完整的讨论。

我们的方法是从稳定边界的局部性质出发,逐步接近稳定边界的全局性质。先推导出稳定边界上一个平衡点的全部性质,这是刻画稳定域$A(x_s)$的关键步骤,分两步来完成。首先,给动力系统附加上唯一的一个假设条件,即平衡点是双曲的,之后根据它的稳定流形和不稳定流形来推导出平衡点位于稳定边界上的条件。其次,给动力系统附加上其他条件进一步提升结果。我们还将推导稳定边界上闭轨的性质。用符号$A-B$来表示属于A而不属于B的元素,用术语临界元(critical element)表示平衡点和极限环。

令x为一个双曲临界元,U为$W^s(x)$中x的一个邻域,其边界∂U与向量场f横截。我们称∂U为$W^s(x)$的一个基本区。向量场f的一个截面$V \subset \mathbf{R}^n$是一个$n-1$维的流形。它不一定是一个超平面,但是f的流处处与其横截。f的任何包含∂U并与$W^s(x)$横截的截面被称为与$W^s(x)$相关的基本邻域$G(x)$。可得$W^s(x) = \bigcup_{t \in \mathbf{R}} \Phi_t(\partial U) \bigcup \{x\}$,且$\bigcup_{t \geqslant 0} \Phi_t(G(x)) \bigcup W^u(x)$包含$x$的一个邻域。

定理 3.8: 稳定边界上平衡点的性质(Chiang et al. ,1988)。

令A为SEP x_s的稳定域,令$\hat{x} \neq x_s$为一个双曲平衡点,则有以下两点性质。

(1) 若$\{W^u(\hat{x}) - \hat{x}\} \bigcap \bar{A} \neq \varnothing$,则$\hat{x} \in \partial A$。反之,若$\hat{x} \in \partial A$,则$\{W^u(\hat{x}) - \hat{x}\} \bigcap \bar{A} \neq \varnothing$。

(2) 若$\hat{x}$不是一个源点(即$\{W^s(\hat{x}) - \hat{x}\} \neq \varnothing$),则$\hat{x} \in \partial A$当且仅当$\{W^s(\hat{x}) - \hat{x}\} \bigcap \partial A \neq \varnothing$。

证明:(1)若$y \in \{W^u(\hat{x}) - \hat{x}\} \bigcap \bar{A}$,则

$$\lim_{t \to \infty} \Phi_{-t}(y) = \hat{x}$$

但因 $\bar{A}$ 是不变集,可知

$$\Phi_{-t}(y) \in \bar{A}$$

可得

$$\hat{x} \in \bar{A}$$

由于 $\hat{x}$ 不在稳定域中,故 $\hat{x}$ 位于稳定边界上。

反之,若 $\hat{x} \in \partial A$。令 $G \subseteq \{W^u(\hat{x}) - \hat{x}\}$ 为 $W^u(\hat{x})$ 的一个基本域;这意味着 G 是一个紧集,满足

$$\bigcup_{t < 0} \Phi_t(G) \subseteq \{W^u(\hat{x}) - \hat{x}\}$$

令 G_ε 为 $\mathbf{R}^n$ 中 G 的 ε 邻域,则 $\bigcup_{t < 0} \Phi_t(G_\varepsilon)$ 包含一个形如 $\{U - W^s(\hat{x})\}$ 的集合,这里 U 为 $\hat{x}$ 的一个邻域。因 $\hat{x} \in \partial A$,可知 $U \bigcap A \neq \varnothing$。但是根据假设 $\hat{x} \in \partial A$,有 $W^s(\hat{x}) \bigcap A = \varnothing$。故

$$\{U - W^s(\hat{x})\} \bigcap A \neq \varnothing$$

或者

$$\bigcup_{t < 0} \Phi_t(G_\varepsilon) \bigcap A \neq \varnothing$$

这表明在某些时刻 t,$G_\varepsilon \bigcap \Phi_t(A) \neq \varnothing$。因 A 是关于流的不变集,可得

$$G_\varepsilon \bigcap A \neq \varnothing$$

因 $\varepsilon > 0$ 是任意的,且 G 为紧集,可以得出结论,G 至少包含有一个 $\bar{A}$ 中的点。关于(2)的证明与(1)的证明相似,证毕。

上述稳定边界上平衡点的性质可以推广到另一种临界元,即闭轨(极限环)。动力系统的闭轨表示式(3.1)的非恒定的周期解;即若轨迹 γ 不是平衡点,且对某些 $x \in \gamma$, $t \neq 0$ 有 $\Phi_t(x) = x$,则称 γ 为一个闭轨。如果对闭轨 γ 上的任一点 $p \in \gamma$, $\Phi_t(\gamma)$ 在 p 点的雅可比矩阵的 $n-1$ 个特征值的模不等于1(有一个特征值必为1),则称 γ 为双曲的。向量场 f 的临界元是平衡点或闭轨。

双曲闭轨 γ 的稳定流形和不稳定流形定义如下:

$$W^s(\gamma) = \{x \in M \mid \Phi_t(x) \to \gamma, t \to \infty\}$$
$$W^u(\gamma) = \{x \in M \mid \Phi_t(x) \to \gamma, t \to -\infty\}$$

稳定边界上的闭轨(极限环)具有以下性质。

定理3.9： 稳定边界上闭轨的性质(Chiang et al.,1988)。

令 A 为一个 SEP 的稳定域，γ 为一个双曲闭轨，则有以下两点性质。

(1) $\gamma \subseteq \partial A$，当且仅当 $\{W^u(\gamma) - \gamma\} \cap \bar{A} \neq \varnothing$。

(2) 若 $\{W^s(\gamma) - \gamma\} \neq \varnothing$，则 $\gamma \subseteq \partial A$ 当且仅当 $\{W^s(\gamma) - \gamma\} \cap \partial A \neq \varnothing$。

作为定理 3.8 的推论，如果 $\{W^u(\hat{x}) - \hat{x}\} \cap \bar{A} \neq \varnothing$，则 $\hat{x}$ 必位于稳定边界上。由于 $A(x_s)$ 中的任一轨迹趋向于 x_s，可见 $\hat{x}$ 位于稳定边界上的一个充分条件是 $W^u(\hat{x})$ 中存在一条趋向于 x_s 的轨迹。这个条件能够进行数值验证。从实用角度看，我们更想知道这个条件什么时候是必要条件。在两个附加假设下，这个条件是必要条件。

到目前为止，我们仅仅假设临界元是双曲的。这是动力系统的通有性质。粗略地说，如果一个性质对一类系统中几乎每个系统都成立，则称该性质为该类系统的通有性质，其正式定义见 Hirsch(1976)。Palis(1969)指出，在 $C^r(r \geqslant 1)$ 向量场中，以下两条性质是通有的。

(1) 所有平衡点和闭轨都是双曲的。

(2) 临界元的稳定流形与不稳定流形的交集满足横截性条件。

在两个条件下，定理 3.8 可以提升。其中，一个条件对非线性系统[式(3.1)]而言是通有的，这就是横截性条件。另一个条件是要求稳定边界上的每一条轨迹趋向于一个临界元。

在后面的两个定理的证明中将要用到以下两条引理(Hirsch,1976)。

引理3.1： 令 x_i 和 x_j 为非线性动力系统[式(3.1)]的双曲临界元，若 x_i 和 x_j 稳定与不稳定流形的交集满足横截性条件，且 $\{W^u(x_i) - x_i\} \cap \{W^s(x_j) - x_j\} \neq \varnothing$，则 $\dim W^u(x_i) \geqslant \dim W^u(x_j)$，式中等号仅当 x_i 为平衡点，而 x_j 为闭轨时成立。

以下引理是 λ 引理的一个弱版本(Chiang et al.,1988)，用于下一个定理的证明。回忆一下，平衡点的类型等于其不稳定流形的维数。m 圆盘是指维数为 m 的圆盘。

引理3.2： 令 $\hat{v}$ 为非线性动力系统[式(3.1)]的一个双曲临界元，且 $W^u(\hat{v})$ 的维数为 m。如果 $\hat{v}$ 是一个平衡点，令 D 为 $W^u(\hat{v})$ 中的一个 m 圆盘。如果 $\hat{v}$ 是一个闭轨，则令 D 为 $W^u(\hat{v}) \cap S$ 中的一个 $(m-1)$ 圆盘，其中 S 为 $p \in \hat{v}$ 处的一个截面。令 N 为一个 m 圆盘(若 $\hat{v}$ 为平衡点)或一个 $(m-1)$ 圆盘(若 $\hat{v}$ 为闭轨)，它与 $W^s(\hat{v})$ 有一个横截交点，则 D 位于集合 $\cap_{t \geqslant 0} \Phi_t(N)$ 的闭包中。

现在给出本节的关键定理，该定理使用稳定流形和不稳定流形对稳定边界上的平衡点进行了刻画。从实用角度看，这一结果在对稳定边界上平衡点的数值验证上比定理 3.8 更加有用。

定理3.10： 稳定边界上平衡点的性质(Chiang et al.,1988)。

令 A 为非线性动力系统[式(3.1)]的一个 SEP 的稳定域。令 $\hat{x}$ 为一个平衡点。假设有如下性质。

(A3.1) ∂A 上所有平衡点都是双曲的。

(A3.2) ∂A 上平衡点的稳定流形和不稳定流形满足横截性条件。

(A3.3) 当 $t \to \infty$ 时,∂A 上任意轨迹最终趋向于一个平衡点。

则有:① $\hat{x} \in \partial A$ 当且仅当 $W^u(\hat{x}) \bigcap A \neq \varnothing$;② $\hat{x} \in \partial A$ 当且仅当 $W^s(\hat{x}) \subseteq \partial A$。

为了说明横截性条件在定理 3.10 中是必不可少的,我们来看 Tsolas 等 (1985)的研究中的一个例子。图 3.6 中,横截性条件不成立,因为 x_1 的不稳定流形与 x_2 的稳定流形的交集是某流形的一部分,该流形切空间的维数是 1。注意 x_1 的不稳定流形与稳定边界相交(定理 3.8),而与稳定域不相交(定理 3.10)。x_1 的一部分稳定流形(图 3.6 的上半部分)不在稳定边界上(定理 3.10)。

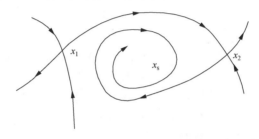

图 3.6　x_1 的不稳定流形与 x_2 的稳定流形的交集不满足横截性条件

定理 3.11 对定理 3.10 进行了扩展,适用于稳定边界上的闭轨。

定理 3.11: 稳定边界上临界元的性质(Chiang ct al. ,1988)。

令 A 为非线性动力系统[式(3.1)]一个 SEP 的稳定域,γ 为临界元。假设有如下性质。

(B3.1) ∂A 上所有临界元都是双曲的。

(B3.2) ∂A 上临界元的稳定流形和不稳定流形满足横截性条件。

(B3.3) 当 $t \to \infty$ 时,∂A 上任意轨迹最终趋向于一个临界元。

则有:① γ 在稳定边界上当且仅当 $W^u(\gamma) \bigcap A \neq \varnothing$;② γ 在稳定边界上当且仅当 $W^s(\gamma) \subseteq \partial A$。

下面的结论与稳定边界上平衡点的个数有关。称 $S \subset \mathbf{R}^n$ 是一个 s 维光滑流形,如果任意 $p \in S$,存在 p 的邻域 $U \subset S$ 和同胚 $h : U \to V$,V 为 $\mathbf{R}^s$ 的开子集,使得逆同胚 $h^{-1} : V \to U \subset \mathbf{R}^n$ 为一个 C^1 浸入。

定理 3.12: 稳定边界上平衡点的个数。

如果一个 SEP 的稳定边界 ∂A 是一个光滑紧流形,且 ∂A 上所有平衡点都是双曲的,则 ∂A 上平衡点的个数为偶数。

证明:证明是基于这样的事实(Hirsch,1976),即紧流形边界的欧拉示性数为偶数。根据 Poincaré-Hopf 指数定理(Guillemin and Pollack)可知,对于向量场 f,在光滑紧的稳定边界 ∂A 上,平衡点的指数之和为偶数。但在一个双曲平衡点处,向量场 f 的指数为 $+1$ 或 -1(Milnor,1965)。因此定理 3.12 得证。

3.7　稳定边界的全局特性

本节对相当一大类稳定边界非空的非线性动力系统[式(3.1)]的稳定边界进行刻画。假定向量场同时满足以下假设条件:

(A3.4) 稳定边界上所有平衡点都是双曲的。

(A3.5) 稳定边界上平衡点的稳定流形和不稳定流形满足横截性条件。

(A3.6) 当 $t \to \infty$ 时,稳定边界上任意轨迹最终趋向于一个平衡点。

假设条件(A1)是 C^1 动力系统的一个通有性质,对于特定的系统,可以通过计算向量场雅可比矩阵的特征值来检验。假设条件(A3.5)也是一项通有性质,但不易检验。假设条件(A3.6)不是一项通有性质,但是在许多系统中可以用一些方法加以检验。

定理 3.13 指出,如果满足假设条件(A3.4)~假设条件(A3.6),则稳定边界是稳定边界上平衡点稳定流形的并集(Zaborszky et al.,1988a)。

定理 3.13:稳定边界的刻画。

对于满足假设(A3.4)~假设(A3.6)的自治非线性动力系统[式(3.1)]。令 $x_i(i=1,2,\cdots)$ 为 SEP 稳定边界 ∂A 上的平衡点,则有以下两点性质。

(1) $x_i \in \partial A$ 当且仅当 $W^u(x_i) \bigcap A \neq \varnothing$。

(2) $\partial A = \bigcup\limits_i W^s(x_i)$。

证明:(1)的证明见定理 3.10。现证明(2)。令 $x_i(i=1,2,\cdots)$ 为 SEP 稳定边界 ∂A 上的平衡点。由定理 3.10 可知:

$$\partial A \supseteq \bigcup_i W^s(x_i) \tag{3.12}$$

又由(A3.6)可知:

$$\partial A \subseteq \bigcup_i W^s(x_i) \tag{3.13}$$

结合式(3.12)和式(3.13),(2)得证。

定理 3.13 可以推广至允许稳定边界上出现闭轨。以下的定理关于稳定边界上平衡点的结构给出了一个有趣的结果。此外,还提出了有界的稳定边界上存在某些类型平衡点的必要条件。

定理 3.14:稳定边界上平衡点的结构。

对于包含两个或两个以上 SEP 的自治非线性动力系统[式(3.1)],如果满足假设(A3.4)～假设(A3.6),则稳定边界上至少包含一个 1 型平衡点。进一步地,如果稳定域有界,那么 ∂A 上必定至少包含一个 1 型平衡点和一个源点。

证明:由于至少有两个 SEP,如其中包括 SEP x_s,则 $\partial A(x_s)$ 的维数是 $n-1$。由于 $\partial A(x_s) = \bigcup W^s(x_j)$,其中 $x_j \in \partial A(x_s)$,且 x_j 中至少有一个是 1 型平衡点,不妨设为 x_1,故 $\bigcup W^s(x_j)$ 的维数为 $(n-1)$。重复以上论证,若 $\partial W^s(x_1)$ 非空,则 $\partial W^s(x_1)$ 的维数 $\leqslant n-2$,设为 $(n-k)$。由定理 3.13 可得 $\partial W^s(x_1) = \bigcup W^s(x_j)$,其中 $x_j \in \partial W^s(x_1)$。为使 $\bigcup W^s(x_j)$ 的维数为 $(n-k)$,至少有一个 x_j 必须是 k 型平衡点。如果稳定域是有界的,则可以重复上述的论证过程,直到达到一个 n 型平衡点(源点)。证毕。

定理 3.14 的逆否命题可以得到以下定理,用于推测稳定域是否无界。

定理 3.15:稳定域无界的充分条件。

考虑自治非线性动力系统[式(3.1)],x_s 是它的一个 SEP,其稳定域非空。如果系统满足假设(A3.4)～假设(A3.6),且 $\partial A(x_s)$ 上不含源点,则稳定域 $A(x_s)$ 是无界的。

3.8　确定稳定边界的算法

对于满足假设(A3.4)～假设(A3.6)的自治非线性动力系统[式(3.1)],根据定理 3.13 可得确定系统 SEP 稳定边界的一种概念性算法。

为确定稳定边界 $\partial A(x_s)$,可进行如下算法。

第 1 步:找出所有的平衡点。

第 2 步:识别出相应的平衡点,其不稳定流形中包含趋于 x_s 的轨迹。

第 3 步:x_s 的稳定边界是第 2 步识别出的平衡点的稳定流形的并集。

算法第 1 步要计算出 $f(x) = 0$ 的所有解。第 2 步可以用数值方法完成。建议采用以下步骤。

(1) 计算平衡点(如 $\hat{x}$)的雅可比矩阵。

(2) 找出雅可比矩阵的广义不稳定单位特征向量。

(3) 找出归一化后的广义不稳定单位特征向量(如 y_i)与平衡点 ε 球边界的交集(交点为 $\hat{x} + \varepsilon y_i$ 和 $\hat{x} - \varepsilon y_i$)。

(4) 在向量场中从每个交点出发反向积分至指定时间。如果轨迹始终在 ε 球内,则转到下一步。否则,使用 $\alpha\varepsilon$ 代替 ε,使用 $\hat{x} \pm \alpha\varepsilon y_i$ 代替 $\hat{x} \pm \varepsilon y_i$,其中 $0 < \alpha < 1$,重复本步骤。

(5) 从这些交点出发做向量场的数值积分。

(6) 重复步骤(3)～(5),如果任一轨迹趋近于 $\hat{x}$,则平衡点在稳定边界上。

对于平面系统,稳定边界上的平衡点或者是 1 型平衡点,或者是 2 型平衡点

（源点）。这时 1 型平衡点的稳定流形维数为 1，可简单地用以下数值方法确定。

　　（1）找到平衡点 $\hat{x}$ 处雅可比矩阵归一化的稳定特征向量 $\boldsymbol{y}$。

　　（2）找出这个不稳定的特征向量 $\boldsymbol{y}$ 与平衡点 $\hat{x}$ 的 ε 球的交集（交点为 $\hat{x} + \varepsilon y_i$ 和 $\hat{x} - \varepsilon y_i$）。

　　（3）在向量场中从每个交点出发进行指定时间的积分。如果轨迹始终在 ε 球内，则转到下一步。否则，使用 $\alpha\varepsilon$ 代替 ε，使用 $\hat{x} \pm \alpha\varepsilon y_i$ 代替 $\hat{x} \pm \varepsilon y_i$，其中 $0 < \alpha < 1$，重复本步骤。

　　（4）从交点出发对向量场进行反向（反时间）数值积分。

　　（5）最终得到的轨迹就是平衡点的稳定流形。

　　对于高维系统，与上述类似的方法只能得到稳定流形上的一系列轨迹。找到平衡点的稳定流形和不稳定流形不是一个简单的问题。计算稳定流形和不稳定流形需要更为先进的数值算法（Ushiki，1980）。

　　下面举两个例子来说明确定稳定域的完整过程。每个例子中会包含两张图：一张把早先方法与本书方法估计得到的稳定域做比较；另一张给出系统的相图来验证本书方法的结果。在这些例子当中，假定横截性条件（A3.5）是满足的。

　　例 3.1：Genesio 和 Vicino（1984b）及 Michel 等（1982）研究过本算例：

$$\dot{x}_1 = -2x_1 + x_1 x_2$$
$$\dot{x}_2 = -x_2 + x_1 x_2 \tag{3.14}$$

系统有两个平衡点，$(0.0, 0.0)$ 为 SEP，$(1, 2)$ 是一个 1 型平衡点。假设系统满足假设（A3.4）。平衡点 $(1, 2)$ 的不稳定流形上的轨迹收敛到 SEP$(0.0, 0.0)$；因此，$(1, 2)$ 位于稳定边界上（定理 3.8）。下面检验假设（A3.6），考虑以下函数：

$$V(x_1, x_2) = x_1^2 - 2x_1 x_2 + x_2^2$$

$V(x_1, x_2)$ 沿系统（3.14）轨迹的导数为

$$\dot{V}(x_1, x_2) = \frac{\partial V}{\partial x_1}\dot{x}_1 + \frac{\partial V}{\partial x_2}\dot{x}_2$$
$$= -2(2x_1 - x_2)(x_1 - x_2)$$

因此，

$$\dot{V}(x_1, x_2) < 0, (x_1, x_2) \in B^c = \mathbf{R}^2 - B$$

式中，$B = \{(x_1, x_2): 2x_1 - x_2 \geqslant 0, x_1 - x_2 \leqslant 0\}$。

定义集合：

$$\widetilde{B} = B_1 \bigcup B_2 \bigcup B_3$$

式中，$B_1 = \{(x_1, x_2): x_1 < 1, x_2 < 2\}$；$B_2 = \{(x_1, x_2): x_1 \geqslant 1, x_2 \leqslant 2\} \bigcap B$；

$B_3 = \{(x_1, x_2) : x_1 > 1, x_2 > 2\}$。

由于集合 B_1 中 $|x_1(t_i)|$ 和 $|x_2(t_i)|$ 是严格递减序列,可以得出结论,集合 B_1 在 $(0,0)$ 的稳定域内。换而言之,稳定边界 $\partial A(0,0)$ 不可能在集合 B_1 中。换而言之,集合 B_3 中系统[式(3.14)]的轨迹当 $t \to \infty$ 时是无界的;因此稳定边界 $\partial A(0,0)$ 也不可能在 B_3 中。然而,通过对 B_2 中系统[式(3.14)]向量场的检验发现 B_2 中的轨迹或者将进入 B_1、B_3,或者收敛到 $(1,2)$。因此,稳定边界必不在 B_1、B_3 中;B_2 中的稳定边界 $\partial A(0,0)$ 必然收敛到 $(1,2)$。下面证明,稳定边界 $\partial A(0,0)$ 在 $\mathbf{R}^2 - \tilde{B}$ 中的部分也将收敛于 $(1,2)$。那么可以说 $(A3.6)$ 是满足的。注意到对于 $(x_1, x_2) \in \mathbf{R}^2 - \tilde{B} \subseteq B^C$,有 $\dot{V}(x_1, x_2) < 0$,且 V 为 $\mathbf{R}^2 - \tilde{B}$ 上的逆紧映射,因此 $\mathbf{R}^2 - \tilde{B}$ 中,$\partial A(0,0)$ 的每条轨迹都有界,并且如果它在 $\mathbf{R}^2 - \tilde{B}$ 中收敛,就必定收敛到 $\mathbf{R}^2 - \tilde{B}$ 中的一个平衡点。可是 $\mathbf{R}^2 - \tilde{B}$ 中并没有平衡点,因此 $\partial A(0,0)$ 在 $\mathbf{R}^2 - \tilde{B}$ 中的部分一定会进入集合 $\tilde{B}$。然而前面已证明,$\tilde{B}$ 中的稳定边界 $\partial A(0,0)$ 收敛到 $(1,2)$。因此,稳定边界 $\partial A(0,0)$ 上的轨迹收敛到 $(1,2)$,可见 $(A3.6)$ 是满足的。

由此可知稳定边界是 $(1,2)$ 的稳定流形(定理 3.13),即为图 3.7 中的曲线 C。因不存在源点,稳定域是无界的(定理 3.15)。图 3.7 中曲线 A 和 B 为 Michel 等(1982)以及 Genesio 和 Vicino(1984b)得出的。Genesio 和 Vicino(1984b)提到的几乎正确的稳定边界大致与曲线 C 相符。图 3.8 画出了系统相图,证实曲线 C 表示正确的稳定边界。

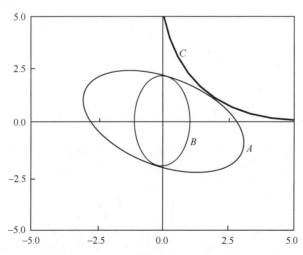

图 3.7 用不同方法预测例 3.1 中的稳定域

曲线 A 和 B 分别由 Michel 等(1982)与 Genesio 和 Vicino(1984b)的方法获得,
曲线 C 为由本节中的方法得到

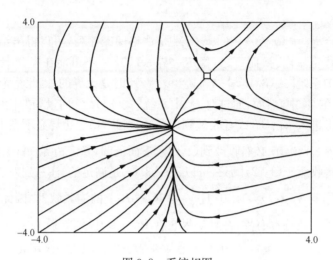

图 3.8　系统相图

曲线 C 内部各曲线收敛到 SEP，证实曲线 C 是准确的稳定边界

例 3.2：以下系统与电力系统暂态稳定模型相近，曾在 Athay 等(1979)的工作中讨论过。

$$\dot{x}_1 = x_2$$

$$\dot{x}_2 = 0.301 - \sin(x_1 + 0.4136) + 0.138\sin2(x_1 + 0.4136) - 0.279x_2$$

$$(3.15)$$

本例较简单，可以直接验证假设(A3.6)是满足的。系统[式(3.15)]的平衡点在子空间 $\{(x_1, x_2) \mid x_2 = 0\}$ 中周期性分布，系统[式(3.15)]在 (x_1, x_2) 处的雅可比矩阵为

$$J(x) = \begin{bmatrix} 0 & 1 \\ a & -0.279 \end{bmatrix} \tag{3.16}$$

式中，$a = -\cos(x_1 + 0.4136) + 0.276\cos2(x_1 + 0.4136)$。令 $J(x)$ 的特征值为 λ_1 和 λ_2：

$$\lambda_1 + \lambda_2 = -0.279$$

$$\lambda_1 \times \lambda_2 = -a$$

通过观察可得

(1) 系统满足假设(A3.4)。

(2) 至少有一个特征值是负的，意味着系统[式(3.15)]没有源点。由定理 3.15 可得出结论，稳定域(对于任何 SEP)是无界的。

(3) SEP 与 1 型平衡点在 x_1 轴上交错排列。

　　点(6.284098，0.0)是系统[式(3.15)]的 SEP。现在来考虑它的稳定域。应用定理 3.8 可得稳定边界上的两个 1 型平衡点(2.488345，0.0)和(8.772443，0.0)。因为系统没有源点,稳定域也是无界的。通过本节方法得到的稳定边界为图 3.9 中的曲线 B,它是平衡点(2.488345，0.0)和(8.772443，0.0)的稳定流形的并集。曲线 A 为 Michel 等(1982)估计的稳定边界(经过了坐标移动)。从图 3.10 显示的相图可清楚地看出,曲线 B 内部各点的轨迹收敛到 SEP,证明曲线 B 是准确的稳定边界。

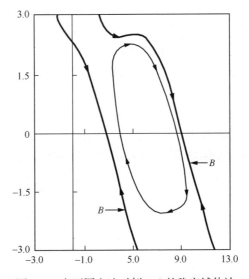

图 3.9　由不同方法对例 3.2 的稳定域估计

曲线 A 为 Michel 等(1982)估计的稳定边界(经过坐标平移),曲线 B 为通过本节方法估计的稳定边界

图 3.10　系统的相图

证实图 3.9 中曲线 B 为稳定边界

3.9　本　章　小　结

　　根据稳定性分析和设计的应用要求,稳定性具有多种不同的表述方式。本章回顾了非线性动力系统理论中相关的稳定性概念。李雅普诺夫函数理论是稳定性理论中的重要成果之一,本章对其做了概述。在应用方面,SEP 稳定域的刻画与估计非常重要。本章给出了 SEP 稳定域的完整理论。

　　通过推导,完整刻画出了一大类非线性自治动力系统稳定域边界的动态性质。准确估计非线性动力系统的稳定域还需要实用的数值方法,这对科学与工程中的许多学科都非常重要(Genesio and Vicino,1984b;Loccufier and Noldus,2000;Luyckx et al. ,2004;Miyagi and Yamashita,1986;Vittal and Michel,1986)。目前,实用的计算方法很少,对大规模非线性动力系统还不能给出准确的结果。

　　对稳定边界上平衡点的分析及对稳定边界的完整刻画,对发展电力系统暂态稳定分析的直接法的理论基础具有很强的推动作用。此外,这些分析结论与对暂态稳定模型结构的探索相结合,将推动大规模电力系统直接法实用化的发展,这些发展将在后面章节中呈现。

第4章 拟稳定域:分析与刻画

4.1 引 言

一般地,非线性动力系统稳定边界的结构可能非常复杂。Zaborszky 等 (1988b)的论文中一个简单三维系统的范例表明,稳定域的闭包可能包含稳定边界的子集。一个简单的摇摆方程的稳定边界可能会有一个截分形结构(Varghese and Thorp,1988)。多种因素与稳定边界的复杂性有关,稳定域闭包的内部出现的临界元(即平衡点和极限环)是其中之一。这促进了对拟稳定域(quasi-stability region)和拟稳定边界概念的研究。事实上,从工程的观点来看,拟稳定边界是"实际的"稳定边界,而且拟稳定边界不如稳定边界复杂。

本章首先提出拟稳定边界的概念,并对拟稳定域进行刻画,这有益于进行直接法分析。然后用拟稳定域上平衡点的特性来描绘最近不稳定平衡点(closest UEP)和主导 UEP。此外,还提出拟稳定域最优估计的问题。本章给出的证明大多摘录于 Chiang 和 Fekih-Ahmed (1996a,1996b)以及 Chiang 和 Chu(1996)的相关论文。

4.2 拟 稳 定 域

为举例说明拟稳定边界的概念,考虑以下的二维系统,它是由 Zaborszky 等 (1988b)提出的一个系统的简化形式:

$$\dot{x} = \{(\sqrt{x^2+y^2}-3)[x^2+y^2+(y-2)\sqrt{x^2+y^2-2y+1.5}]+y\}x$$
$$\dot{y} = \{(\sqrt{x^2+y^2}-3)[x^2+y^2+(y-2)\sqrt{x^2+y^2-2y+1.5}]y\}-x^2$$

$$(4.1)$$

容易验证,$(0,0)$是系统的一个渐近 SEP,其稳定域 A 如图 4.1 所示。稳定边界上有 4 个平衡点,即$(0,0.5)$,$(0,3)$,$(0,1.5)$和$(0,-3)$。前两个平衡点为源点,后两个为 1 型平衡点。可以从系统相图看出,稳定边界由两部分组成。一部分由$(0,-3)$的稳定流形构成,另一部分由$(0,1.5)$的稳定流形构成。两部分在源点$(0,3)$处相接。值得注意的是$(0,1.5)$的稳定流形在 $\overline{A}$ 的内部。很小的扰动都会使$(0,1.5)$的稳定流形上的轨迹最终收敛到原点。因而,这部分稳定边界的实际表现,似乎与它们在稳定域内无异。这让我们认为,这部分边界实际上应当看做稳定域的一部分。稳定边界的第二部分由$(0,-3)$的稳定流形组成,它将状态空间分成了两个区域。第一个区域所包含的点,它们的轨迹最终很可能会收敛到原点。我们称该区域为拟稳定域。第二个区域中的点,它们的轨迹将远离稳定域的闭包。将这两个区域分开的曲线称为拟稳定边界。

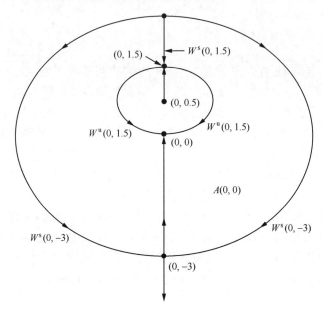

图 4.1　拟稳定域概念示例

系统[式(4.1)]SEP$(0,0)$的稳定边界由$(0,-3)$的稳定流形和$(0,1.5)$的稳定流形构成。而系统[式(4.1)]SEP$(0,0)$的拟稳定边界仅由$(0,-3)$稳定流形的闭包组成。即系统[式(4.1)]SEP$(0,0)$的拟稳定边界是$(0,-3)$的稳定流形与 UEP$(0,3)$的并集

　　上文的二维系统提示我们通过观察系统的相图,能够得到拟稳定边界的一个直观的定义。对高维非线性系统的拟稳定边界也要给出适当的定义。注意这个二维系统满足假设(A3.4)~假设(A3.6)。根据定理 3.13,一个位于稳定边界上的平衡点,它的不稳定流形必与稳定域相交。边界上的两个源点显然具有这一性质,因为它们的不稳定流形是二维的。此外,从图 4.1 可见,边界上的两个鞍点也具有这一性质。但是这两个鞍点具有显著的区别:$(0,1.5)$的不稳定流形包含在稳定域 A 的闭包中,即$W^u(0,1.5)\bigcap(\bar{A})^c=\varnothing$。相比之下,$(0,-3)$的不稳定流形可以视为由两部分构成,其中一部分不稳定流形包含在 A 的闭包中,而另一部分包含于$(\bar{A})^c$。

　　这个例子给出了拟稳定边界 ∂A_p 上临界元的直观定义。

　　定义 4.1:临界元 σ 位于拟稳定边界 ∂A_p 上,当且仅当同时满足如下两个条件:

$$\sigma \in \partial A$$

$$W^u(\sigma) \bigcap (\bar{A})^c \neq \varnothing$$

为说明以上定义的一致性,必须表明拟稳定域的(拓扑)边界等同于拟稳定边界 ∂A_p。下面将对此进行阐述:

考虑(自治)非线性动力系统

$$\dot{x} = f(x), \quad x \in \mathbf{R}^n \qquad\qquad (4.2)$$

假定函数(即向量场) $f:\mathbf{R}^n \rightarrow \mathbf{R}^n$ 满足使解存在且唯一的充分条件。向量场满足假设条件(A3.4)~(A3.6)。

以下分析结果给出了临界元位于拟稳定边界上的必要条件。

定理 4.1: 一个必要条件。

假定非线性动力系统[式(4.2)]满足假设(A3.4)~假设(A3.6)。A 为其一个 SEP 的稳定域。令 σ 为一个双曲临界元,则临界元位于稳定边界上蕴涵着该临界元的稳定流形包含在稳定域的补集中,即 $\sigma \in \partial A_p \Rightarrow W^s(\sigma) \subset A^c$。

证明:假设 $\sigma \in \partial A_p$,由定义,令 $D \subset W^u(\sigma) \bigcap (\bar{A})^c$ 为一个 m 圆盘,$m = \dim W^u(\sigma)$。令 y 为 $W^s(\sigma)$ 上任一点。对任意的 $\varepsilon > 0$,令 N 为点 y 处与 $W^s(\sigma)$ 横截的 m 圆盘,且 N 包含在 y 的 ε 邻域中。由引理 3.2,存在 $t > 0$,使得 $\phi_t(N)$ 充分接近 D,从而 $\phi_t(N)$ 包含一个点 $p \in (\bar{A})^c$。因此,$\phi_{-t}(p) \in N$。由于 $(\bar{A})^c$ 为不变集,$N \bigcap (\bar{A})^c \neq \varnothing$。当 $\varepsilon \rightarrow 0$,可得 $y \in (A)^c$。因此,$W^s(\sigma) \subset A^c$。证毕。

下面建立集合 ∂A_p 中临界元与集合 $\partial \bar{A}$ 中临界元之间的联系。

定理 4.2: ∂A_p 与 $\partial \bar{A}$ 的关系。

令 A 为非线性动力系统[式(4.2)]的一个 SEP 的稳定域。如果 σ 为双曲临界元,则 $\sigma \in \partial A_p \rightarrow \sigma \in \partial \bar{A}$。

证明:由定义可知,$\sigma \in \partial A_p$ 当且仅当 $\sigma \in \partial A$ 且 $\overline{W^u(\sigma) \bigcap (\bar{A})^c} \neq \varnothing$。如果令 $y \in \{W^u(\sigma) \bigcap (\bar{A})^c\}$,则 $\lim\limits_{t \rightarrow \infty} \phi_t(y) = \sigma$。因 $(\bar{A})^c$ 为不变集,可知 $\sigma \in \overline{(\bar{A})^c}$。同样,由于 $\sigma \in \partial A$,故 $\sigma \in \bar{A}$。因此,$\sigma \in \overline{(\bar{A})^c} \bigcap \bar{A}$,这正是 $\partial \bar{A}$ 的定义。证毕。

下面给出两个结论来描述 $\partial \bar{A}$ 上的临界元的特性。这些结论为拟稳定边界的定义提供了思路,同时可以看到,$\partial A_p = \partial \bar{A}$。

定理 4.3: $\partial \bar{A}$ 上临界元的特性。

令 A 为非线性动力系统[式(4.2)]的一个 SEP 的稳定域。如果 σ 为双曲临界元,则 $\sigma \in \partial \bar{A}$ 蕴涵 $\overline{\{W^u(\sigma) - \sigma\} \bigcap (\bar{A})^c} \neq \varnothing$。反之,如果 $\overline{\{W^u(\sigma) - \sigma\} \bigcap (\bar{A})^c} \neq \varnothing$

且 $\{W^u(\sigma)-\sigma\}\bigcap\bar{A}\neq\varnothing$，则 $\sigma\in\partial\bar{A}$。

证明：令 $G\subset\{W^u(\sigma)-\sigma\}$ 为 $W^u(\sigma)$ 的一个基本区；即 G 为紧集，且 $\bigcup\limits_{t<0}\phi_t(G)=\{W^u(\sigma)-\sigma\}$。令 G_ϵ 为 $\mathbf{R}^n$ 中 G 的 ϵ 邻域，则 $\bigcup\limits_{t<0}\phi_t(G_\epsilon)$ 包含一个形如 $\{U-W^s(\sigma)\}$ 的集合，其中 U 为 σ 的一个邻域。由于 $\sigma\in\partial\bar{A}$ 等价于 $\sigma\in\partial(\bar{A})^c$，可得 $U\bigcap(\bar{A})^c\neq\varnothing$。但由于拓扑上的包含关系 $\partial\bar{A}\subset\partial A$，我们得到 $W^s(\sigma)\subset\partial A$。因此，$W^s(\sigma)\bigcap(\bar{A})^c=\varnothing$。并可得，$\{U-W^s(\sigma)\}\bigcap(\bar{A})^c\neq\varnothing$。与此等价地，$\bigcup\limits_{t<0}\phi_t(G_\epsilon)\bigcap(\bar{A})^c\neq\varnothing$。这意味着某些时刻 t，$G_\epsilon\bigcap\phi_t[(\bar{A})^c]\neq\varnothing$。

由于 $(\bar{A})^c$ 是关于流的一个开的不变集，可以得出结论 $G_\epsilon\bigcap(\bar{A})^c\neq\varnothing$。由于 $\epsilon>0$ 是任意的，且 G 为紧集，G 包含 $\overline{(\bar{A})^c}$ 中的一个点；因此，$\{W^u(\sigma)-\sigma\}\bigcap\overline{(\bar{A})^c}\neq\varnothing$。对定理的第二部分，令 $y\in W^u(\sigma)\bigcap\overline{(\bar{A})^c}$，则 $\lim\limits_{t\to-\infty}\phi_t(y)=\sigma$，因而 $\sigma\in\overline{(\bar{A})^c}$。同样，根据假设有 $\sigma\in\bar{A}$，因此 $\sigma\in\partial\bar{A}$。证毕。

定理 4.4： $\partial\bar{A}$ 上临界元的特性。

令 A 为非线性动力系统［式(4.2)］的一个 SEP 的稳定域，且系统满足假设 (A4.1)～假设(A4.3)。如果 σ 为双曲临界元，则 $\sigma\in\partial\bar{A}$ 蕴涵 $\{W^u(\sigma)-\sigma\}\bigcap(\bar{A})^c\neq\varnothing$。

证明：先证明这个命题对平衡点 $\hat{x}$ 是成立的，这与周期性闭轨情况下的证明相似。由定理 4.3 可知，$\{W^u(\hat{x})-\hat{x}\}\bigcap\overline{(\bar{A})^c}\neq\varnothing$。记平衡点 $\hat{x}$ 的类型为 $n_u(\hat{x})$。由假设(A4.1)可知，对任意 $\hat{x}\in\partial A$，$n_u(\hat{x})\geqslant1$ 成立。取 $\{W^u(\hat{x})-\hat{x}\}\bigcap\overline{(\bar{A})^c}$ 中一点 y。若 $y\in(\bar{A})^c$，则定理证毕。若 $y\in\partial(\bar{A})^c=\partial\bar{A}$，则存在平衡点 $\hat{z}\in\partial A$，且 $y\in\{W^s(\hat{z})-\hat{z}\}$。令 $h=n_u(\hat{x})$，$m=n_u(\hat{z})$，且 h,m 为正整数。由假设(A4.2)，$W^u(\hat{x})$ 与 $W^s(\hat{z})$ 在 y 点横截相交。因此，$h>m$。会出现以下两种情况。

(1) 若 $h=1$，则 $m=0$，与 m 为正整数的假设相矛盾，因此 $\{W^u(\hat{x})-\hat{x}\}\bigcap(\bar{A})^c\neq\varnothing$。

(2) 若 $h>1$，则 $m\leqslant h-1$。由归纳法，假设 $\{W^u(\hat{z})-\hat{z}\}\bigcap(\bar{A})^c\neq\varnothing$，$W^u(\hat{x})$ 在点 y 包含一个 m 圆盘 N，并与 $W^s(\hat{z})$ 横截相交。由引理 3.2，可知对某些时刻 $t>0$，$\phi_t(N)\bigcap(\bar{A})^c\neq\varnothing$ 成立。由于 $(\bar{A})^c$ 是一个不变集，可知 $\{W^u(\hat{x})-\hat{x}\}\bigcap(\bar{A})^c\neq\varnothing$。证毕。

现在可以推导出以下主要结论，可以更深入地理解拟稳定域的概念。

定理 4.5: ∂A_p 与 $\partial \overline{A}$ 的关系。

考虑满足假设(A3.4)～假设(A3.6)的非线性动力系统。令 σ 为临界元,则 $\sigma \in \partial A_p$ 当且仅当 $\sigma \in \partial \overline{A}$。

证明:由定理 4.2 可知,若 $\sigma \in \partial A_p$,则 $\sigma \in \partial \overline{A}$。如果有 $\sigma \in \partial \overline{A}$,因为 $\partial \overline{A} \subset \partial A$,故 $\sigma \in \partial A$。此外,定理 4.4 表明,$\{W^u(\sigma) - \sigma\} \bigcap (\overline{A})^c \neq \varnothing$。换言之,即 $\sigma \in \partial A_p$。证毕。

到目前我们通过临界元的分析,发展出了拟稳定边界的概念。为完整地定义拟稳定边界,有必要对除平衡点及周期解外的其他点给出定义。定理 4.5 可以与以下拓扑关系相结合

$$\partial \overline{int\overline{A}} \subset \partial int\overline{A} \subset \partial \overline{A} \subset \partial A \qquad (4.3)$$

说明 $\partial \overline{int\overline{A}}$、$\partial int\overline{A}$、$\partial \overline{A}$ 都可以用做 ∂A_p。定理 4.5 表明,最后一个包含关系可能是最适当的选择,由此推出以下拟稳定域的正式定义。

定义 4.2: 拟稳定边界。

令 A 为非线性动力系统[式(4.2)]的一个 SEP 的稳定域。拟稳定边界 ∂A_p 为 $\partial \overline{A}$,拟稳定域 A_p 为开集 $int\overline{A}$。

为保证定义的一致性,需要表明 A_p 的边界等价于 ∂A_p。在后续的分析结论中,根据已知的开集 A 的拓扑性质,有 $\partial int\overline{A} = \partial \overline{A}$,这说明拟稳定域和拟稳定边界的定义是互相匹配的。稳定域与拟稳定域的区别如图 4.2 所示。

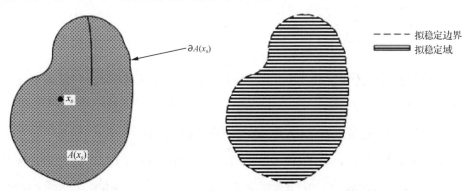

图 4.2　稳定域和拟稳定域的区别图示

定理 4.6: 拓扑性质。

令 A 为非线性动力系统[式(4.2)]的一个 SEP 的稳定域,并且系统满足假设(A3.4)～假设(A3.6)。记拟稳定边界为 ∂A_p,拟稳定域为 A_p,则 $\partial int\overline{A} = \partial A_p$。

基于拟稳定域的定义可得如下命题：

命题 4.1： 拓扑性质。

拟稳定域 A_p 为一个开的不变集，与 $\mathbf{R}^n$ 是微分同胚的。拟稳定边界 ∂A_p 为一个闭的不变集。并且，如果 $\bar{A} \neq \mathbf{R}^n$，则 ∂A_p 的维数为 $n-1$。

证明：第一部分可由 $A \subset A_p$ 得到。A 是与 $\mathbf{R}^n$ 微分同胚的不变集，$\partial \bar{A}$ 也是一个不变集。为证明第二部分，注意如果 $A = \mathbf{R}^n$，则 $\partial A_p = \partial \text{int} \bar{A} = \partial \mathbf{R}^n = \varnothing$。而如果 $\bar{A} \neq \mathbf{R}^n$，则 $\partial A_p = \partial \text{int} \bar{A}$。由于 $\text{int} \bar{A}$ 为开集，而 $\overline{\text{int} \bar{A}} \neq \mathbf{R}^n$，故 ∂A_p 的维数为 $n-1$。证毕。

4.3　拟稳定域的特性

本节推导出一大类非线性动力系统拟稳定边界的全部性质。为此首先推导出位于拟稳定边界上的平衡点（或闭轨）所必须具备的条件，然后说明拟稳定边界是位于其上所有临界元的稳定流形的并集。此外，拟稳定边界是位于其上所有 1 型临界元的稳定流形闭包的并集。

首先给出位于拟稳定边界 $\partial A_p(x_s)$ 上的平衡点（或闭轨）所必须具备的条件。这是完整刻画 $\partial A_p(x_s)$ 的关键步骤。

定理 4.7： 拟稳定边界上的临界元。

考虑一般的非线性动力系统［式(4.2)］，令 A_p 为 x_s 的拟稳定域，A 为 x_s 的稳定域。令 $\sigma \neq x_s$ 为一个双曲临界元。如果满足假设(A3.4)～假设(A3.6)，则以下分析结论成立。

(1) $\sigma \in \partial A_p$ 当且仅当 $W^u(\sigma) \cap A \neq \varnothing$ 且 $W^u(\sigma) \cap (\bar{A})^c \neq \varnothing$。

(2) $\sigma \in \partial A_p$ 当且仅当 $W^s(\sigma) \subset \partial A_p$。

证明：根据定义和定理 4.6 可证明(1)，下面需要证明(2)。只需说明 $\sigma \in \partial \bar{A} \leftrightarrow W^s(\sigma) \subset \partial \bar{A}$。

充分性：因 $\sigma \in W^s(\sigma)$，如果 $W^s(\sigma) \subset \partial \bar{A}$，则 $\sigma \in \partial A_p$。

必要性：设 $\sigma \in \partial A_p$，可得 $W^s(\sigma) \subset \overline{(\bar{A})^c}$。但是由定理 4.1，$W^s(\sigma) \subset \partial A$，因此 $W^s(\sigma) \not\subset (\bar{A})^c$。现在有 $\overline{(\bar{A})^c} = (\bar{A})^c \cup \partial(\bar{A})^c = (\bar{A})^c \cup \partial \bar{A}$，因此 $W^s(\sigma) \subset \partial \bar{A}$。证毕。

下面将推出一大类具有非空稳定边界的非线性动力系统拟稳定边界的全部性质。

定理 4.8： 拟稳定边界的性质。

考虑式(4.2)所描述的非线性动力系统，它满足假设(A3.4)～假设(A3.6)。令 $\sigma_i (i = 1, 2, \cdots)$ 为 SEP x_s 的拟稳定边界 $\partial A_p(x_s)$ 上的临界元，则

$$\partial A_p(x_s) = \bigcup_{\sigma_i \in \partial A_p(x_s)} W^s(\sigma_i)$$

证明：由定理 4.7 可知，

$$\bigcup_{\sigma_i \in \bigcup A_p(x_s)} W^s(\sigma_i) \subset \partial A_p(x_s)$$

由于 $\partial A_p(x_s)$ 为不变集，假设（A4.3）表明 $\partial A_p(x_s)$ 上各点必位于某临界元 $\sigma \in \partial A_p(x_s)$ 的稳定流形 $W^s(\sigma)$ 上。因此，$\partial A_p(x_s) \subset \bigcup_{\sigma_i \in \partial A_p(x_s)} W^s(\sigma_i)$。证毕。

下面研究拟稳定边界上临界元之间的关系。1 型临界元及其稳定流形在拟稳定边界特性中占有极其重要的地位。以下定理的证明摘录于 Chiang 和 Fekih-Ahmed（1996）的研究。

定理 4.9： 拓扑关系。

考虑式（4.2）所描述的非线性动力系统，它满足假设（A3.4）～假设（A3.6）。令 A_p 为 x_s 的拟稳定域，令 $\sigma \in \partial A_p$ 为类型大于 1 的双曲临界元，则存在一个 1 型临界元 $\sigma_1 \in \partial A_p$，使得 $\sigma \in W^s(\sigma_1)$。

事实上，使用与定理 4.1 相似的论证可得，$W^s(\sigma_1) \bigcap W^u(\sigma) \neq \varnothing$。令 x 为 $W^s(\sigma_1)$ 与 $W^u(\sigma)$ 横截交集中的一点，考虑包含 x 的闭圆盘 $D \subset W^s(\sigma_1)$。因为交点是横截的，由引理 3.2 可得，$W^s(\sigma) \subset \overline{\bigcup_{t \leqslant 0} \phi_t(D)} \subset \overline{W^s(\sigma_1)}$。由定理 4.8 可得

$$\partial A_p \subset \bigcup_{\sigma_i \in \sum_1 \cap \partial A_p} \overline{W^s(\sigma_i)}$$

式中，$\sum_1$ 为 1 型平衡点的集合。因 ∂A_p 为一个闭的不变集，假设条件（A3.4）蕴涵以下关系：

$$\bigcup_{\sigma_i \in \sum_1 \cap \partial A_p} \overline{W^s(\sigma_i)} \subset \partial A_p$$

因此，可以得到以下结论，它由定理 4.8 提炼而来。

定理 4.10： 拟稳定边界的特性。

考虑如式（4.2）所述的非线性动力系统，满足假设（A4.1）～假设（A4.3）。令 $\sigma_i^1, i = 1, 2, \cdots$ 为 SEP x_s 的拟稳定边界 $\partial A_p(x_s)$ 上的 1 型临界元，则

$$\partial A_p(x_s) = \bigcup_{\sigma_i^1 \in \partial A_p(x_s)} \overline{W^s(\sigma_i^1)}$$

定理 4.10 表明，拟稳定边界为位于其上 1 型临界元的稳定流形闭包的并集。将该定理用于电力系统暂态稳定的直接法分析可知，最近 UEP 和主导 UEP 都是 1 型平衡点。此外，最近 UEP 和主导 UEP 的不稳定流形都收敛到 SEP。

4.4　本　章　小　结

本章介绍了一般非线性动力系统拟稳定域的概念,并描述了拟稳定边界的特性。拟稳定边界是位于其上的平衡点的稳定流形和极限环的稳定流形的并集。此外,拟稳定边界是位于其上的 1 型平衡点的稳定流形和极限环的稳定流形闭包的并集。本章还推导了拟稳定域的动态和拓扑性质。一般地,稳定域是拟稳定域的子集。最后,描述了一类动力系统稳定域与其拟稳定域相同的特性。

本章的分析结论可用于电力系统暂态稳定模型。例如,直接法中的最近 UEP 和主导 UEP 都是 1 型平衡点。此外,最近 UEP 和主导 UEP 的不稳定流形都收敛到 SEP。

第 5 章　能量函数理论与直接法

5.1　引　　言

电力系统稳定性分析研究的是故障后轨迹能否到达安全稳定的工作状态。直接法稳定性分析使用一定的算法,不对故障后系统进行积分,而是将故障后轨迹初始状态的能量与临界能量相比较,从而评估故障后系统轨迹的稳定性。直接法不仅避免了耗时的故障后系统数值积分,还提供了系统稳定程度的量度。若已知故障中系统和故障后系统的暂态稳定模型,则直接法暂态稳定分析包括以下步骤。

第 1 步:对故障中轨迹进行数值积分。

第 2 步:计算故障后轨迹的初始点。

第 3 步:构造故障后电力系统的能量函数。

第 4 步:计算故障后轨迹初始点的能量。

第 5 步:计算故障中轨迹的临界能量。

第 6 步:比较故障后初始点能量(由第 4 步得到)与临界能量(由第 5 步得到),直接进行暂态稳定分析。如果前者小于后者,则故障后轨迹稳定;否则,可能会不稳定。

第 1 步和第 2 步需要有效的数值计算方法对故障中轨迹进行仿真。故障后系统能量函数的构造(第 3 步所用)将在第 6 章和第 7 章讨论。第 4 步直接计算第 2 步中得到的初始点的能量函数值。第 6 步中,直接法通过比较第 4 步得到的系统能量和第 5 步计算的临界能量,直接确定故障后系统能否保持稳定。因此,直接法的关键是获取系统能量值的能量函数,用于计算系统能量和准确的临界能量(对于故障中轨迹)。如何构造故障后系统的能量函数将在本章和第 6 章讨论,后续章节将讨论临界能量的各种计算方法及其理论基础。

关于故障后系统稳定域的知识是直接法稳定评估的理论基础,如果故障后系统初始状态位于故障后系统 SEP 的稳定域内,那么不需要做数值积分就可以断定故障后轨迹将收敛到所期望的点。因此,稳定域的知识在直接法的理论基础中占有重要地位。

本章对一般自治非线性动力系统给出完整的能量函数理论。此外,还提出应用能量函数进行大规模非线性系统稳定域估计的理论基础。能量函数理论已应用于电力系统暂态稳定模型中,并为直接法提供了理论基础。我们将在后续章节中阐述这方面的进展。

5.2　能　量　函　数

本节探讨的能量函数可以视为对李雅普诺夫函数的推广。能量函数可用于系统轨迹的全局分析、稳定域和拟稳定域的估计等。第 5.3 节将提出一般非线性自治动力系统的能量函数理论。

考虑式(5.1)表示的一般非线性自治动力系统：

$$\dot{x}(t) = f(x(t)) \tag{5.1}$$

如果同时满足以下三个条件，则称函数 $V : \mathbf{R}^n \to \mathbf{R}$ 是系统[式(5.1)]的一个能量函数。

(1) 能量函数 $V(x)$ 沿系统任意轨迹 $x(t)$ 的导数是非正的，即 $\dot{V}(x(t)) \leqslant 0$。

(2) 若 $x(t)$ 是一条非平凡轨迹[即 $x(t)$ 不是一个平衡点]，则集合 $\{t \in \mathbf{R} \mid \dot{V}(x(t)) = 0\}$ 沿着轨迹 $x(t)$ 在 $\mathbf{R}$ 中的测度为 0。

(3) 如果对于 $t \in \mathbf{R}^+$，轨迹 $x(t)$ 的能量值 $V(x(t))$ 有界，则 $x(t)$ 是有界的。简而言之，如果 $V(x(t))$ 有界，则 $x(t)$ 有界。

条件(1)表明，能量函数沿轨迹是非增的，但这并不意味着能量函数沿轨迹严格递减。因为有可能出现一个时间段 (t_1, t_2)，使得当 $t \in (t_1, t_2)$ 时，$\dot{V}(x(t)) = 0$。条件(1)和条件(2)表明，能量函数沿系统轨迹严格递减。条件(3)表明，能量函数是沿系统轨迹的逆紧映射，但不必是整个状态空间中的逆紧映射。回顾一下逆紧映射的定义。对于函数 $f : X \to Y$，如果对任意紧集 $D \in Y$，集合 $f^{-1}(D)$ 都是 X 中的紧集，则称 f 为一个逆紧映射。从性质(3)可以清楚看到，V 可以看做"动态"的逆紧映射。显然，由以上能量函数的定义，能量函数可能不是一个李雅普诺夫函数。

为举例说明能量函数，考虑以下暂态稳定经典模型，并推出该模型的能量函数。系统含 n 台发电机，负荷采用恒阻抗模型表示。假设消除负荷母线后简化网络的转移电导为 0，第 i 台发电机的动态可用以下方程表示：

$$
\begin{aligned}
\dot{\delta}_i &= \omega_i \\
M_i \dot{\omega}_i &= P_i - D_i \omega_i - \sum_{\substack{j \neq i \\ j=1}}^{n+1} V_i V_j B_{ij} \sin(\delta_i - \delta_j)
\end{aligned}
\tag{5.2}
$$

这里以节点 $n+1$ 的电压作为参考值，即 $\delta_{n+1} = 0$。对于 $i = 1, 2, \cdots, n$，方程组[式(5.2)]描述的电力系统可以写做矩阵形式：

$$\dot{\boldsymbol{\delta}} = \boldsymbol{\omega}$$

$$\boldsymbol{M}\dot{\boldsymbol{\omega}} = \boldsymbol{P} - \boldsymbol{D}\boldsymbol{\omega} - \boldsymbol{f}(\boldsymbol{\delta}, \boldsymbol{V}) \tag{5.3}$$

式中, n 维向量 $\boldsymbol{\delta} = [\delta_1, \cdots, \delta_n]^{\mathrm{T}}$; $\boldsymbol{\omega} = [\omega_1, \cdots, \omega_n]^{\mathrm{T}}$; $\boldsymbol{P} = [P_1, \cdots, P_n]^{\mathrm{T}}$; $\boldsymbol{V} = [V_1, \cdots, V_n]^{\mathrm{T}}$; $\boldsymbol{f} = [f_1, \cdots, f_n]^{\mathrm{T}}$; $\boldsymbol{M} = \mathrm{diag}(M_1, \cdots, M_n)$; $\boldsymbol{D} = \mathrm{diag}(D_1, \cdots, D_n)$ 为 $n \times n$ 正对角矩阵,且

$$f_i(\boldsymbol{\delta}, \boldsymbol{V}) = \sum_{\substack{j \neq i \\ j=1}}^{n+1} V_i V_j B_{ij} \sin(\delta_i - \delta_j)$$

故障前、故障中、故障后系统的方程都形如式(5.2),只是由于网络结构的变化, B_{ij} 各不相同。这是电力系统经典模型的一种形式,下面说明,经典模型[式(5.3)]存在能量函数 $\boldsymbol{V}(\boldsymbol{\delta}, \boldsymbol{\omega})$。

考虑以下函数:

$$\boldsymbol{V}(\boldsymbol{\delta}, \boldsymbol{\omega}) = \frac{1}{2} \sum_{i=1}^{n} M_i \omega_i^2 - \sum_{i=1}^{n} P_i (\delta_i - \delta_i^s) - \sum_{i=1}^{n} \sum_{j=i+1}^{n+1} V_i V_j B_{ij} \{\cos(\delta_i - \delta_j) - \cos(\delta_i^s - \delta_j^s)\} \tag{5.4}$$

式中, $x_s = (\boldsymbol{\delta}^s, 0)$ 是所要研究的 SEP。

沿式(5.2)的轨迹 $(\boldsymbol{\delta}(t), \boldsymbol{\omega}(t))$,对 $\boldsymbol{V}$ 求导可得

$$\dot{\boldsymbol{V}}(\boldsymbol{\delta}(t), \boldsymbol{\omega}(t)) = \sum_{i=1}^{n} \left(\frac{\partial \boldsymbol{V}}{\partial \delta_i} \dot{\delta_i} + \frac{\partial \boldsymbol{V}}{\partial \omega_i} \dot{\omega_i} \right) = - \sum_{i=1}^{n} D_i \omega_i^2 \leqslant 0 \tag{5.5}$$

对从平衡点 $(\boldsymbol{\delta}^s, 0)$ 出发的轨迹,有 $\boldsymbol{\omega}(t) = 0$, 因此

$$\dot{\boldsymbol{V}}(\boldsymbol{\delta}(t), \boldsymbol{\omega}(t)) = 0 \tag{5.6}$$

假定存在一个时间段 (t_1, t_2), 满足

$$\dot{\boldsymbol{V}}(\boldsymbol{\delta}(t), \boldsymbol{\omega}(t)) = 0, t \in (t_1, t_2) \tag{5.7}$$

则

$$\boldsymbol{\omega}(t) = 0, t \in (t_1, t_2) \tag{5.8}$$

但这意味着在 $t \in (t_1, t_2)$ 中, $\boldsymbol{\omega}(t) = 0, \boldsymbol{\delta}(t) =$ 常数。由式(5.2)可知

$$P_i - \sum_{\substack{j \neq i \\ j=1}}^{n+1} V_i V_j B_{ij} \sin(\delta_i - \delta_j) = 0 \tag{5.9}$$

而这正是式(5.2)平衡点所满足的方程。因此, $(\boldsymbol{\delta}(t), \boldsymbol{\omega}(t)), t \in (t_1, t_2)$ 必位于平衡点上。

先将式(5.2)对 ω_i 积分：

$$\omega_i(t) = e^{-D_i/M_i t}\omega_i(0) + \int_0^t e^{-D_i/M_i(t-s)}\left\{P_i - \sum_{\substack{j\neq i\\j=1}}^{n+1}V_iV_jB_{ij}\sin(\delta_i(s) - \delta_j(s))\right\}ds$$

(5.10)

括号内的项是关于 a_i 一致有界的，即

$$\left|P_i - \sum_{\substack{j\neq i\\j=1}}^{n+1}V_iV_jB_{ij}\sin(\delta_i(s) - \delta_j(s))\right| \leqslant a_i$$

(5.11)

由于 D_i 和 M_i 都是正数，由式(5.10)可得

$$|\omega_i(t)| \leqslant |\omega_i(0)| + a_i\frac{M_i}{D_i}$$

(5.12)

即 $\omega_i(t)$ 存在上界 $b_i = |\omega_i(0)| + a_i\dfrac{M_i}{D_i}$。

下面说明该函数满足能量函数条件(3)。假设 $V(\boldsymbol{\delta}(t),\boldsymbol{\omega}(t))$ 存在上、下界，分别为 c_1、c_2，则

$$c_1 - \frac{1}{2}\sum_{i=1}^n M_ib_i^2 < - \sum_{i=1}^n P_i(\delta_i - \delta_i^s) - \sum_{i=1}^n\sum_{j=i+1}^{n+1}V_iV_jB_{ij}$$
$$\left[\cos(\delta_i - \delta_j) - \cos(\delta_i^s - \delta_j^s)\right] < c_2$$

(5.13)

但上式第二项关于 c 是一致有界的，即

$$\left|\sum_{i=1}^n\sum_{j=i+1}^{n+1}V_iV_jB_{ij}\left[\cos(\delta_i - \delta_j) - \cos(\delta_i^s - \delta_j^s)\right]\right| < c$$

(5.14)

将式(5.14)带入式(5.13)，可得

$$c_1 - \frac{1}{2}\sum_{i=1}^n M_ib_i^2 - c < - \sum_{i=1}^n P_i(\delta_i - \delta_i^s) < c_2 + c$$

(5.15)

因此，$\boldsymbol{P}^{\mathrm{T}}\boldsymbol{\delta}$ 是有界的。Arapostathis 等(1982)说明当 $\boldsymbol{P}^{\mathrm{T}}\boldsymbol{\delta}$ 有界时 $\boldsymbol{\delta}(t)$ 是有界的。式(5.12)的结论表明，稳定边界上的轨迹 $(\boldsymbol{\delta}(t),\boldsymbol{\omega}(t))$ 是有界的。因此，能量函数的条件(3)得到满足。

5.3　能量函数理论

稳定域知识是电力系统暂态稳定直接法分析的理论基础。我们给出的分析结

论显示,一类非线性系统的稳定域可以完整地刻画出来。对这类具有能量函数的系统推导出其稳定边界的全部特性,并给出应用能量函数估计稳定域的最佳方法。

首先研究具有能量函数的非线性系统的轨迹特性。通常,一般非线性系统轨迹的动态过程可能非常复杂。轨迹的渐近过程(即 ω 极限集)可以是拟周期轨迹或混沌轨迹。然而如下所示,如果动力系统具有某些特殊性质,那么系统当中可能只会出现简单的轨迹。例如,具有能量函数的系统[式(5.1)],其每条轨迹随时间变化只有两种可能:收敛到平衡点或趋于无穷远。下面的定理可以解释这一结果。

定理 5.1:轨迹的全局性质。

如果系统[式(5.1)]存在一个函数满足能量函数条件(1)、(2),则该系统的每条有界轨迹都趋于一个平衡点。

定理 5.1 表明,系统不存在极限环(振荡行为)或者如始周期轨迹、混沌运动等复杂的有界行为。将该结果应用到电力系统模型,即如果电力系统模型具有能量函数,则模型的状态空间不存在如闭轨(极限环)或者拟周期轨迹、混沌运动等复杂情况。

下面提出一个更深入的定理,表明稳定边界上的每条轨迹都必然收敛到稳定边界上的 UEP。

定理 5.2:稳定边界上的轨迹。

如果系统[式(5.1)]存在一个能量函数,则稳定边界 $\partial A(x_s)$ 上的每条轨迹都必然收敛到稳定边界 $\partial A(x_s)$ 上的一个平衡点。

这个定理的重要性在于,它提供了一条刻画稳定边界的有效途径。事实上,定理 5.2 表明,稳定边界 $\partial A(x_s)$ 包含于该边界上 UEP 的稳定流形的并集。以下的推论将推广定理 5.2 并给出直接法,尤其是最近 UEP 法、主导 UEP 法的理论基础。

推论 5.1:能量函数与稳定边界。

如果系统[式(5.1)]存在一个能量函数,且系统存在渐近 SEP x_s(但不是全局渐近稳定),则稳定边界 $\partial A(x_s)$ 包含于该边界上 UEP 的稳定流形的并集,即

$$\partial A(x_s) \subseteq \bigcup_{x_i \in \{E \cap \partial A(x_s)\}} W^s(x_i)$$

以下两个定理给出了关于稳定边界上平衡点结构的有趣结论。此外,还提出了有界的稳定边界上存在某些类型平衡点的必要条件。证明与定理 3.14 类似,略去。

定理 5.3:稳定边界上平衡点的结构。

如果系统[式(5.1)]存在一个能量函数,且系统存在渐近 SEP x_s(但不是全局渐近稳定),则稳定边界 $\partial A(x_s)$ 至少包含一个 1 型平衡点。此外,如果稳定域有界,则 $\partial A(x_s)$ 至少包含一个 1 型平衡点和一个源点。

定理 5.3 的逆否命题可得出以下定理,可用于推测稳定域是否无界。

定理 5.4：稳定域无界的充分条件。

如果系统[式(5.1)]存在一个能量函数，且系统存在渐近 SEP x_s（但不是全局渐近稳定），若稳定边界 $\partial A(x_s)$ 不包含源点，则稳定域 $A(x_s)$ 无界。

下面讨论的问题是系统[式(5.1)]的两个平衡点的能量值 $V(\cdot)$ 是否有可能相同（即 $V(x_1)=V(x_2), x_1, x_2 \in E$）。在直接法中，这个问题关系到最近 UEP、主导 UEP 的唯一性问题。注意，现有电力系统暂态稳定模型中总能量的势能 $V_p(x)$ 在平衡点都具有性质：$\nabla V_p(x)=0$。为回答这个问题，我们先看在什么条件下两个平衡点 x_1 和 x_2 满足 $V_p(x_1)=V_p(x_2)$ 且 $\nabla V_p(x_1)=\nabla V_p(x_2)$。这里共有 $(2n+1)$ 个非线性代数方程，$2n$ 个未知数 (x_1, x_2)，一般不会有解。这一结论的严格证明见定理 5.5。该定理说明，一般地，系统[式(5.1)]的所有平衡点能量值都不相同。回顾通有性概念：令 X 为一个完备度量空间，$P(x)$ 是关于 X 中点 x 的性质的陈述，如果使该性质成立的点构成的集合包含可数多个开的稠密集的交集，则称该性质为通有性质。

下面的结果可用 Thom 著名的横截性定理（Hirsch, 1976; Munkres, 1975）证明。

定理 5.5：能量函数与平衡点。

令 V 为系统[式(5.1)]的能量函数，且平衡点处 $\nabla V(x)=0$，则所有平衡点的能量函数值 V 各不相同，这是一个通有性质。

下面将本节得到的分析结论应用到暂态稳定经典模型[式(5.2)]，该模型具有能量函数。先证明电力系统稳定分析经典模型[式(5.3)]中平衡点的双曲性。

命题 5.1：双曲平衡点。

考虑电力系统稳定模型[式(5.3)]。如果在平衡点处雅可比矩阵 $\left[\dfrac{\partial f}{\partial x}\right]$ 非奇异，则该平衡点是双曲的。

证明：令 $\hat{x}=(\hat{\delta},\hat{\omega})$ 为系统[式(5.3)]的平衡点。$\hat{x}$ 处的雅可比矩阵为

$$J(\hat{x})=\begin{bmatrix} 0 & I \\ -M^{-1}F(\hat{\delta}) & -M^{-1}D \end{bmatrix} \tag{5.16}$$

式中，矩阵 $F(\hat{\delta})$ 的第 $i-j$ 个元素为 $\partial f_i/\partial \delta_j(\hat{\delta})$。令 λ 为 $J(\hat{x})$ 的一个特征值，$x=(x_1, x_2)$ 为相应的特征向量：

$$\begin{bmatrix} 0 & I \\ -M^{-1}F(\hat{\delta}) & -M^{-1}D \end{bmatrix}\begin{bmatrix} x_1 \\ x_2 \end{bmatrix}=\lambda\begin{bmatrix} x_1 \\ x_2 \end{bmatrix} \tag{5.17}$$

也可写为

$$x_2 = \lambda x_1 \tag{5.18}$$

$$-\boldsymbol{M}^{-1}\boldsymbol{F}(\hat{\delta})x_1 - \boldsymbol{M}^{-1}\boldsymbol{D}x_2 = \lambda x_2 \tag{5.19}$$

将式(5.18)代入式(5.19),并左乘 $\boldsymbol{x}_1^{\mathrm{T}}\boldsymbol{M}$,可得

$$\lambda^2 \boldsymbol{x}_1^{\mathrm{T}}\boldsymbol{M}x_1 + \lambda \boldsymbol{x}_1^{\mathrm{T}}\boldsymbol{D}x_1 + \boldsymbol{x}_1^{\mathrm{T}}\boldsymbol{F}(\hat{\delta})x_1 = 0 \tag{5.20}$$

证明 $\lambda \neq 0$ 且 $\lambda \neq j\alpha$,因而平衡点是双曲的,分别考虑两种情况:

(1) 若 $\lambda = 0$,则式(5.20)为

$$\boldsymbol{x}_1^{\mathrm{T}}\boldsymbol{F}(\hat{\delta})x_1 = 0$$

这与 $\boldsymbol{F}(\hat{\delta})$ 非奇异相矛盾。

(2) 若 $\lambda = j\alpha$,则式(5.20)为

$$\alpha^2 \boldsymbol{x}_1^{\mathrm{T}}\boldsymbol{M}x_1 = \boldsymbol{x}_1^{\mathrm{T}}\boldsymbol{F}(\hat{\delta})x_1 \tag{5.21}$$

$$j\alpha \boldsymbol{x}_1^{\mathrm{T}}\boldsymbol{D}x_1 = 0 \tag{5.22}$$

根据假定,$\boldsymbol{D}$ 是非奇异的,式(5.22)与题设矛盾。证毕。

电力系统经典稳定模型[式(5.3)]平衡点的双曲性意味着每个平衡点都是孤立的。用定理 5.2 推断得,该系统稳定边界上的任意轨迹都收敛于一个平衡点,并推出稳定边界的以下性质。

命题 5.2:稳定边界的刻画。

令 x_s 为电力系统经典稳定模型[式(5.3)]的一个渐近 SEP,则稳定边界 $\partial A(x_s)$ 包含在一个集合中,该集合为稳定边界 $\partial A(x_s)$ 上 UEP 稳定流形的并集,即

$$\partial A(x_s) \subseteq \bigcup_{x_i \in \{E \cap \partial A(x_s)\}} W^s(x_i)$$

下面阐述电力系统经典稳定模型[式(5.3)]的稳定域是无界的。

命题 5.3:无界的稳定域。

电力系统经典稳定模型[式(5.3)]的渐近 SEP 的稳定边界 $\partial A(x_s)$ 是无界的。

证明:证明系统[式(5.3)]不含源点。具体来说,雅可比矩阵 $\boldsymbol{J}(\hat{x})$ 的特征值的实部总是负的。惯性定理(Wimmer,1974)可用于此处的证明。该定理指出,如果 $\boldsymbol{H}$ 是一个非奇异的埃尔米特矩阵,且 A 没有位于虚轴上的特征值(即 $n_c(A) = n_c(\boldsymbol{H}) = 0$),则当 $AH + HA^* \geqslant 0$ 时,

$$\mathrm{In}(A) = \mathrm{In}(\boldsymbol{H}) \tag{5.23}$$

令 H 为以下对称矩阵

$$H = \begin{bmatrix} -F(\hat{\delta})^{-1} & 0 \\ 0 & -M^{-1} \end{bmatrix} \tag{5.24}$$

可得

$$J(\hat{x})H + HJ(\hat{x})^{\mathrm{T}} = 2\begin{bmatrix} 0 & 0 \\ 0 & M^{-1}DM^{-1} \end{bmatrix} \tag{5.25}$$

因此

$$\mathrm{In}(J(\hat{x})) = \mathrm{In}\begin{bmatrix} -F(\hat{x})^{-1} & 0 \\ 0 & -M^{-1} \end{bmatrix} \tag{5.26}$$

由于 M 为对角矩阵且对角线元素均为正值,式(5.26)表明,任意平衡点 $\hat{x}$ 处的雅可比矩阵 $J(\hat{x})$ 至少有 n 个特征值具有负实部。证毕。

需要强调的是,命题 5.3 表明,所考虑的电力系统模型的稳定域是无界的。当然实际上,这里未建模的设备会防止实际系统在运行时频率及功角的偏差过大。

5.4　用能量函数进行稳定域估计

本节着重于怎样用能量函数来描述高维非线性动力系统的稳定域特性,如电力系统等。这一特性在直接法中十分重要。考虑以下集合:

$$S_v(k) = \{x \in \mathbf{R}^n \mid V(x) < k\} \tag{5.27}$$

式中,$V(\cdot) : \mathbf{R}^n \to \mathbf{R}$ 为一个能量函数。如果从上下文中能够看清楚,有时会省去 $S_v(k)$ 的下标 v,简写做 $S(k)$。称集合 $S_v(k)$ 的边界 $\partial S(k) = \{x \in \mathbf{R}^n \mid V(x) = k\}$ 为水平集(或等能量面),k 为水平值。如果 k 为一个正则值(即对于 $\forall x \in V^{-1}(k)$,$\nabla V(x) \neq 0$),则根据反函数定理,$\partial S(k)$ 是 $\mathbf{R}^n$ 中一个 $(n-1)$ 维 C^r 子流形(Hurewicz and Wallman,1948,第 46 页)。此外,如果 $r > n-1$,那么由莫尔斯-萨德定理,V 的正则值构成的集合是一个残差;换言之,"几乎所有"的水平值都是正则的。特别地,几乎对所有的 k,水平集 $\partial S(k)$ 是 $(n-1)$ 维 C^r 子流形。

一般地,$\partial S(k)$ 可能会非常复杂,即使在 2 维的情况下也会包含多个连通分支。令

$$S(k) = S^1(k) \bigcup S^2(k) \bigcup \cdots \bigcup S^m(k) \tag{5.28}$$

式中,当 $i \neq j$ 时,$S^i(k) \bigcap S^j(k) = \varnothing$。这就是说,每个分支都是连通的,并且和其他分支不相交。由于 $V(\cdot)$ 是连续的,故 $S(k)$ 是开集。因为 $S(k)$ 是开集,故 $\partial S(k)$

是 $(n-1)$ 维的。此外,$\partial S(k)$ 的每个分支都是不变集。

虽然等能量面有可能包含若干不相交的连通分支,但是等能量面与稳定边界之间的关系却非常微妙。即至多只有等能量面 $\partial S(r)$ 的一个连通分支与稳定域 $A(x_s)$ 具有非空交集。定理 5.6 将证明这一点。

定理 5.6：等能量面与稳定域。

令 x_s 为系统[式(5.1)]的一个 SEP,$A(x_s)$ 为其稳定域。集合 $S(r)$ 仅包含一个连通分支与稳定域 $A(x_s)$ 具有非空交集,当且仅当 $r > V(x_s)$。

用符号 $S_{x_s}(r)$ 表示 $S(r)$(水平值为 r)的包含 SEP x_s 的连通分支。在上下文清楚的情况下,我们省去 $S_{x_s}(r)$ 的下标 x_s。图 5.1 展示了不同能量值的等能量面与稳定域 $A(x_s)$ 的关系。由图 5.1 可见,水平值为 r 且小于临界值的连通集 $S_{x_s}(r)$ 是稳定边界 $\partial A(x_s)$ 的非常保守的估计。增大水平值 r,$S_{x_s}(r)$ 将会扩大,稳定域的估计将得到改善,直到等能量面与稳定边界 $\partial A(x_s)$ 相交于某点。下文将证明该点是一个 UEP。我们称该点为 SEP x_s 关于能量函数 V 的最近 UEP。

当进一步增大水平值 r 时,连通集 $S_{x_s}(r)$ 中将包含稳定域 $A(x_s)$ 以外的点。所以如果连通集 $S_{x_s}(r)$ 的水平值高于最近 UEP 的能量值,则用它来近似稳定域 $A(x_s)$ 是不适宜的。从图 5.1 中可以看到,在等能量面的若干连通分支中,只有一个与稳定域 $A(x_s)$ 具有非空交集。

以下推导稳定边界上能量函数极小点的拓扑性质和动态性质。这些性质可用于识别稳定边界上能量函数的极小值点。

定理 5.7：拓扑性质。

令 x_s 为系统[式(5.1)]的一个 SEP,$A(x_s)$ 为其稳定域,系统具有一个能量函数。如果稳定域在 $\mathbf{R}^n$ 中不是稠密的,则稳定边界 $\partial A(x_s)$ 上存在能量函数的极小值点,且该点必为 UEP。

证明：根据能量函数的定义,x_s 为一个 SEP 当且仅当 x_s 为系统[式(5.1)]中能量函数 $V(x)$ 的一个局部极小值点。因此,对于任意能量函数,存在正数 n 使得集合 $\partial S(n)$ 为有界闭集。$\partial S(n)$ 定义为水平集 $\{x:V(x_s) \leqslant V(x) \leqslant n\}$ 中包含 x_s 的连通分支。

下面研究当水平值 n 变化时,集合 $\partial S(n)$ 是怎样变化的。假设 n 为 $V(\cdot)$ 的一个正则值,则根据隐函数定理,集合 $SC_n(x_s)$ 是一个流形。当进一步增大 n 到 m,$m > n$,使得集合 $\{S(m) - S(n)\}$ 中不包含临界点,则由文献 Franks(1980)可知,集合 $\partial S(m)$ 与 $\partial S(n)$ 是微分同胚的,且为有界闭集。

因此当增大水平值 n,水平集 $\partial S(n)$ 将保持有界,直到遇到一个临界点,它就是系统[式(5.1)]的一个平衡点,记做 $\hat{x}$,则该点必然位于稳定边界 $\partial A(x_s)$ 上。使用反证法,假设 $V(\hat{x}) = \bar{m}$,且平衡点 $\hat{x} \in \overline{A(x_s)}^c$。这里 $\overline{A(x_s)}^c$ 表示 $\overline{A(x_s)}$ 的补集。易知集合 $S(\bar{m})$ 与稳定边界 $\partial A(x_s)$ 具有非空交集。令 $S = S(\bar{m}) \bigcap \partial A(x_s)$,证明 S

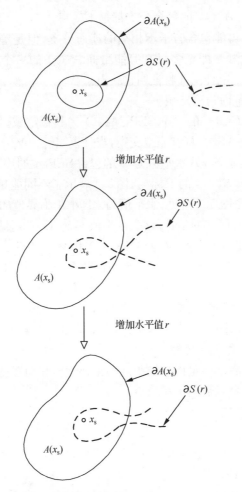

增加水平值 r

增加水平值 r

图 5.1　不同水平值的等能量面 $S(r)$ 与稳定域 $A(x_s)$ 的关系

至少包含一个平衡点,从而与 $\hat{x}$ 为 $S(\bar{m})$ 上唯一的平衡点产生矛盾。注意以下两点:①$\partial A(x_s)$ 是系统[式(5.1)]的一个闭的不变集;②$SC_{\bar{m}}(x_s)$ 是系统[式(5.1)]的一个紧的正向不变集。

因此,集合 S 是一个紧的正向不变集。由于任何紧的正向不变集必含有 ω 极限集,而系统[式(5.1)]的 ω 极限集是由平衡点组成的,因此与集合 S 至少包含一个平衡点产生矛盾。证毕。

定理 5.7 表明,稳定边界上的能量极小值点必为 UEP。定理 5.8 用它的不稳定流形给出了这个 UEP 的动态特性。注意该定理与横截性条件无关。

定理 5.8:动态性质。

令 x_s 为系统[式(5.1)]的一个 SEP,$A(x_s)$ 为其稳定域,系统具有一个能量函数。如果 $A(x_s)$ 在 $\mathbf{R}^n$ 中不是稠密的,且 $\hat{x}$ 为稳定边界 $\partial A(x_s)$ 上的能量函数极小值点,则 $W^u(x) \bigcap A(\hat{x}) \neq \varnothing$。

证明:使用反证法。假设 $\hat{x}$ 的不稳定流形不会收敛到 SEP x_s。由定理 3.8,如果 x_s 为一个 SEP 且 $\hat{x}$ 为双曲平衡点,则 $\hat{x}$ 在稳定边界 $\partial A(x_s)$ 上,当且仅当其不稳定流形与稳定域的闭包具有非空交集,即 $W^u(\hat{x}) \bigcap \overline{A}(x_s) \neq \varnothing$。因此在不稳定流形 $W^u(\hat{x})$ 中存在轨迹 $x(t)$ 使得 $x(t) \in \partial A(x_s)$ 且 $\lim\limits_{t \to \infty} x(t) = \hat{x}$。此外,沿系统[式(5.1)]的任一非平凡轨迹能量函数值严格递减。这两点说明,稳定边界上还有其他点,能量函数值比 $V(\hat{x})$ 更小。这与在稳定边界 $\partial A(x_s)$ 上 $\hat{x}$ 处的能量函数值最小相矛盾。证毕。

我们已经分析了等能量面的一些性质,以及等能量面与稳定域的关系。下面的问题是使用等能量面以最佳的方式来近似稳定域。实际上,用能量函数法来估计 SEP 稳定域的关键是确定能量函数的临界水平值。

5.5　稳定域估计的最佳方法

本节讨论使用能量函数估计稳定边界 $\partial A(x_s)$ 时,确定临界水平值的最优方法。我们用符号 $\overline{A}_p^c(x_s)$ 表示集合 $\overline{A}_p(x_s)$ 的补集,$S_k(x_s)$ 表示 S_k 的若干互不相连的连通分支中,包含 SEP x_s 的连通分支。

定理 5.9: 最优估计。

考虑非线性系统[式(5.1)],它具有一个能量函数 $V(x)$。令 x_s 为一个渐近 SEP,其稳定域 $A(x_s)$ 在 $\mathbf{R}^n$ 中不稠密。令 E_1 为 SEP 的集合,且 $\hat{c} = \min\limits_{x_i \in \partial A(x_s) \bigcap E_1} V(x_i)$,则 ① $S_{\hat{c}}(x_s) \subset A(x_s)$;② 对于 $\forall b > \hat{c}$,集合 $\{S_b(x_s) \bigcap \overline{A}^c(x_s)\}$ 非空。

以上定理表明,使用连通分支 $S_{\hat{c}}(x_s)$ 逼近稳定域 $A(x_s)$ 是十分适宜的。定理 5.9 的 ② 表明,$\hat{c} = \min\limits_{x_i \in \partial A(x_s) \bigcap E_1} V(x_i)$ 就是最佳的选择,在保证估计范围仍在稳定域内的前提下,使用此时的等能量面估计出的稳定域是最大的。

基于定理 5.7～定理 5.9,我们提出以下方案,使用能量函数 $V(\cdot)$ 来估计非线性动力系统[式(5.1)]的稳定域 $A(x_s)$。

方案 5.1: 应用能量函数 $V(\cdot)$ 做稳定域 $A(x_s)$ 的最优估计。

A. 确定能量函数的临界水平值。

第 A1 步:找出所有的平衡点。

第 A2 步:将能量函数值高于 $V(x_s)$ 的平衡点进行排序。

第 A3 步:从中找出能量函数值最低,且不稳定流形收敛到 SEP x_s 的平衡点

（将其记为 $\hat{x}$）。

第 A4 步：$\hat{x}$ 点的能量函数值［即 $V(\hat{x})$］为能量函数的临界水平值。

B. 估计稳定域 $A(x_s)$。

第 B1 步：将 $\{x \mid V(x) < V(\hat{x})\}$ 包含 SEP x_s 的连通分支作为稳定域估计。

需要注意的是，第 A1 步的计算可能较复杂。为完成这一步，需要将所研究系统的特性与有效的数值算法相结合。上述方案具有一般性，可用于具有能量函数的非线性动力系统［式(5.1)］。如果对拟稳定域进行估计，则可以通过专注于 1 型平衡点，达到提高该方案计算效率的目的。这时，不需要在第 A1 步和第 A2 步中找出所有的平衡点，仅需找出并计算所有的 1 型平衡点即可。

为便于理解，考虑下述这个简单的例子：

$$\begin{aligned} \dot{x}_1 &= -\sin x_1 - 0.5\sin(x_1 - x_2) + 0.01 \\ \dot{x}_2 &= -0.5\sin x_2 - 0.5\sin(x_2 - x_1) + 0.05 \end{aligned} \tag{5.29}$$

易证以下函数是系统［式(5.29)］的一个能量函数：

$$V(x_1, x_2) = -2\cos x_1 - \cos x_2 - \cos(x_1 - x_2) - 0.02x_1 - 0.1x_2 \tag{5.30}$$

点 $x^s := (x_1^s, x_2^s) = (0.02801, 0.06403)$ 为待研究的 SEP，现估计其稳定域。将最优方案应用于系统［式(5.29)］，可得如下结果。

第 A1 步和第 A2 步：在区域 $\{(x_1, x_2) : x_1^s - \pi < x_1 < x_1^s + \pi, x_2^s - \pi < x_2 < x_2^s + \pi\}$ 中有两个 1 型平衡点。

第 A3 步：在稳定边界 $\partial A(x_s)$ 上的 UEP 中，1 型平衡点(0.04667, 3.11489)的能量函数值最小，且不稳定流形收敛到 SEP(0.02801, 0.06403)。

第 A4 步：系统［式(5.29)］的临界水平值为 -0.31329（表 5.1）。

表 5.1　两个 1 型平衡点的坐标及其能量函数值

1 型平衡点	x_1	x_2	$V(\cdot)$
1	0.04667	3.11489	-0.31329
2	-3.03743	0.33413	2.04547

根据推论 5.1，图 5.2 中的曲线 A 为系统［式(5.29)］的精确的稳定边界 $\partial A(x_s)$。曲线 B 为由能量函数［式(5.30)］的等能量面经过 -0.31329（包含 SEP x_s）的连通分支所估计出的稳定边界。由图 5.2 可知，该方案确定出的临界水平值实际上是该能量函数［式(5.30)］估计稳定域 $A(x_s)$ 的最优值。与精确的稳定域相比，曲线 B 的估计仍较保守。

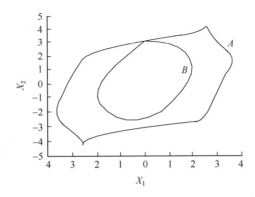

图 5.2　系统[式(5.2)]的稳定边界

5.6　拟稳定域与能量函数

本节建立拟稳定边界与具有不同水平值的等能量面之间的联系。回顾一下，等能量面只有一个分支能够与拟稳定域相交。用水平值较小的等能量面来估计拟稳定边界是非常保守的。随着水平值的增大，等能量面不断扩张，这个估计变得更加精确(图 5.3)，而当等能量面与稳定边界相交于最近 UEP 时，会出现两种情况：第一种情况，最近 UEP 在拟稳定域中，但是不在拟稳定边界上；第二种情况，最近 UEP 在稳定边界上，但不在拟稳定域中。

如果最近 UEP 不在拟稳定边界上，它必然在拟稳定域中。即使增大水平值，新的等能量面仍然包含在拟稳定域 $A_P(x_s)$ 中，它是连通的，但不是单连通集，下面将进行说明。

命题 5.4： 有界性。

考虑式(5.1)描述的非线性动力系统，它的一个能量函数为 $V(x)$。令 A、∂A、A_p 分别表示 x_s 的稳定域、稳定边界和拟稳定域。令 $c = \min\limits_{x \in \partial A \cap E} V(x)$，其中 E 为式(5.1)平衡点的集合。如果 c 在平衡点 $\hat{x} \in A_p$ 处取到，则对任意充分小的 $\varepsilon > 0$，集合 $\overline{S_{c+\varepsilon}(x_s)}$ 包含在拟稳定域中，即 $\overline{S_{c+\varepsilon}(x_s)} \subset A_p$。

证明：令 $\hat{x}$ 为 k 型平衡点。由于 $\hat{x}$ 为双曲平衡点，由莫尔斯引理(Milnor，1973)，在以 $\hat{x}$ 为中心的邻域 U 中存在局部坐标 $(x_1, \cdots, x_k, y_1, \cdots, y_{n-k})$，使得这些坐标上 $V(x,y) = c - |x|^2 + |y|^2$。在这些坐标上，令 $H(\varepsilon)$ 为 $\hat{x}$ 的一个矩形邻域，定义为

$$H(\varepsilon) = \{(x,y) \in U: |y|^2 \leqslant \varepsilon, |x|^2 \leqslant 2\varepsilon\}$$

集合 H 称为平衡点 $\hat{x}$ 的一个环柄(矩形邻域)。可以证明，$\overline{S_{c+\varepsilon}(x_s)}$ 与 $\overline{S_{c-\varepsilon}(x_s)} \cup$

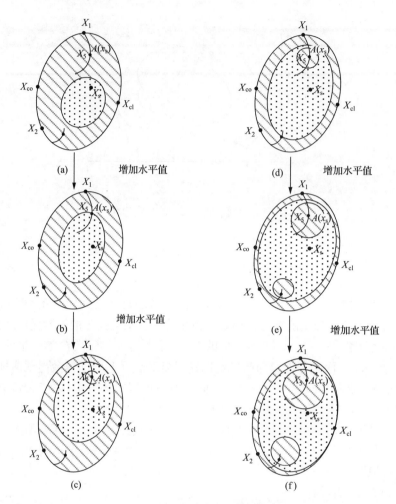

图 5.3　等能量面与拟稳定域边界的关系

随着水平值的增加,等能量面的结构不断变化,等能量面包含若干连通分支;其中有些为单连通,其他则
不是 * ,(a)中,只有一个连通等能量面与拟稳定域相交,等能量面是拟稳定边界的保守估计;(b)中,等能
量面与位于拟稳定域内的最近 UEP 相交;(c)中,随着水平值的增加,连通等能量面中出现一个“洞”,它
不再是单连通的;(d)中,等能量面与位于拟稳定域内的另一个 UEP 相交;(f)中,随着水平值的增加,等
能量面最终与拟稳定边界上的一个 1 型 UEP 相交

* 表示如果集合中任意两点的连线位于该集合中,则称该集合为连通的。如果一个集合是连通的,并且
它的(拓扑)边界也是连通的,则称该集合为单连通的

$H(\varepsilon)$ 是同胚的(Franks,1980)。注意,$\overline{S_{c-\varepsilon}}(x_s)$ 和 $H(\varepsilon)$ 都是紧集,因此$\overline{S_{c+\varepsilon}}(x_s)$
也是紧集,因为在同胚的作用下,紧集的象仍为紧集。因此 $S_{c+\varepsilon}(x_s)$ 有界。

现在,由于对足够小的 $\varepsilon,\hat{x}\in A_P=\mathrm{int}\overline{A}$ 可得 $H(\varepsilon)\subset\mathrm{int}\overline{A}$。此外,$\overline{S_{c-\varepsilon}}(x_s)\subset$

$\text{int}\overline{A}$。这蕴涵着 $H(\varepsilon)\bigcup\overline{S_{c-\varepsilon}(x_s)}=\overline{S_{c+\varepsilon}(x_s)}\subset\text{int}\overline{A}$。证毕。

命题 5.4 表明,如果水平值从 $c+\varepsilon$ 不断增大,如增大到 c',但仍没有与 ∂A 相交,则 $S'_c(x_s)$ 仍在 A_p 中,并且有界。此外,如果 $a<b$ 都是正则值,并且在 $S_b(x_s)-S_a(x_s)$ 中没有平衡点,则 $S_a(x_s)$ 与 $S_b(x_s)$ 是微分同胚的。因此,用适当的等能量面估计出来的稳定域总是具有漂亮的几何结构,因为它与 n 维开球总是同胚的。然而,用等能量面估计出的拟稳定边界可能会出现很复杂的形状,这点将在命题 5.5 中看到。

命题 5.5:非单连通的连通性。

考虑式(5.1)描述的非线性动力系统,它的一个能量函数为 $V(x)$。令 A、∂A、A_p 分别表示 x_s 的稳定域、稳定边界和拟稳定域。令 $c=\min\limits_{x\in\partial A\cap E}V(x)$,其中 E 为式(5.1) 的平衡点的集合。如果 c 在平衡点 $\hat{x}\in A_p$ 处取到,则 $S_{c+\varepsilon}(x_s)$ 不是单连通的。

证明:首先回顾一下形变收缩的概念(Massey,1967)。令 B 为 X 的子集。X 到 B 上的形变收缩是一个连续映射 $F:X\times I\to X$,其中 I 为单位区间,使得对 $x\in X$, $F(x,0)=x,F(x,1)\in B$,且对 $b\in B,F(b,t)=b$。如果这样的 F 存在,则称 B 为 X 的形变收缩核。我们可以将它想象为空间 X 平缓塌缩到它的子空间 B,而在收缩过程中 B 中各点保持不变。这个概念将用于以下引理。

引理 5.1:令 $\hat{x}$ 为 n_u 型平衡点,且 $W^u_\varepsilon(\hat{x})$ 为 $\hat{x}$ 在 $W^u(\hat{x})\bigcap H(\varepsilon)$ 中的一个 n_u 维邻域,$H(\varepsilon)$ 是一个矩形邻域,则 $S_{c-\varepsilon}(x_s)\bigcup W^u_\varepsilon(\hat{x})$ 为 $S_{c+\varepsilon}(x_s)$ 的一个强形变收缩核。

引理 5.1 说明水平值从 c 变为 $c+\varepsilon$ 时,$S_{c+\varepsilon}(x_s)$ 可以连续地变换到 $S_{c-\varepsilon}(x_s)\bigcup W^u_\varepsilon(\hat{x})$。因此,第一个集合中的拓扑不变量在塌缩后保持不变。

现在证明命题。因为,$\hat{x}\in A_P=\text{int}\overline{A}$,可得 $\{W^u(\hat{x})-\hat{x}\}\subset A$,因而 $W^u(\hat{x})\subset\text{int}\overline{A}$。故 $W^u_\varepsilon(\hat{x})\subset\text{int}\overline{A}$。由引理 5.1 可得,$S_{c-\varepsilon}(x_s)\bigcup W^u_\varepsilon(\hat{x})$ 为 $S_{c+\varepsilon}(x_s)$ 的强形变收缩,则 $S_{c+\varepsilon}(x_s)$ 必为自交的。否则,$W^u_\varepsilon(\hat{x})$ 将把位于 $\text{int}\overline{A}$ 中的 $S_{c-\varepsilon}(x_s)$ 与另外一个对应于水平值 $c-\varepsilon$ 的水平集的分支 $C\subset(\overline{A})^c$ 相连。这样在达到水平集 $c-\varepsilon$ 之前,连通分支 C 必与 $\partial\overline{A}$ 相交,且 $S_{c-\varepsilon}(x_s)\bigcap C=\varnothing$。这与以下事实相矛盾:对于给定的水平值,只有水平集的一个分支与 $\overline{A}$ 相交,且这个分支必为 $S_{c+\varepsilon}(x_s)$。由于 $S_{c-\varepsilon}(x_s)$ 与 n 维圆盘 D^n 是同胚的,它可以收缩为一条线段。$W^u_\varepsilon(\hat{x})$ 将会连接 $S_{c-\varepsilon}(x_s)$,后者必为自交的。因此,我们得出结论,$S_{c-\varepsilon}(x_s)\bigcup W^u_\varepsilon(\hat{x})$ 可以收缩到一个圆。由于该圆不是单连通的,且 $S_{c+\varepsilon}(x_s)$ 具有和圆相同的伦型(Massey,1967),我们得出结论,$S_{c+\varepsilon}(x_s)$ 不是单连通的。证毕。

5.7　本 章 小 结

　　本章为一般的非线性自治动力系统提出了完整的能量函数理论,包括轨迹的全局行为、稳定边界上轨迹的全局行为、稳定边界的刻画、稳定边界上平衡点的结构、稳定边界无界的充分条件及平衡点的能量函数值。

　　此外,提出了使用能量函数估计大规模非线性系统稳定域的理论基础,建立了不同水平值等能量面与拟稳定边界之间的联系,提出了估计稳定域与拟稳定域的最优方案。这些方案构成了最近 UEP 法的基础。能量函数理论可用于电力系统暂态稳定模型,以建立直接法的理论基础。这些进展将在后面的章节中加以阐述。

　　对能量函数的一个重要扩展是允许沿系统轨迹的导数在某些有界集中为正,而不是在整个状态空间中保持非正。我们称能量函数的这种扩展为广义能量函数。因此,扩展不变性原理似乎具有良好的前景(Rodrigues et al. ,2000,2001)。如果这种扩展取得成功,则广义能量函数将有望用于相比现在更加复杂的电力系统稳定模型之中。

第6章 暂态稳定模型解析能量函数的构造

6.1 引　言

构造故障后暂态稳定模型的能量函数是直接法的一项基本任务。能量函数的作用是不需要进行数值积分就能够确定给定的一点(如故障后系统的初始点)是否位于故障后 SEP 的稳定域中。能量函数是对李雅普诺夫函数的扩展,因为它必须满足前面章节提出的三个条件,但李雅普诺夫函数不一定是能量函数。

目前提出了两类不同的用于直接分析暂态稳定性的电力系统模型,即网络简化模型和结构保留模型。以往,直接法是为网络简化模型开发的,其中所有的负荷用恒阻抗模型表示,整个网络简化为用发电机内节点表示。结构保留模型是在 20 世纪 80 年代提出的,用以弥补网络简化模型的一些不足。在各类模型中,如果模型中的非零转移电导被忽略,则模型被称为无损模型,否则被称为有损模型,如有损网络简化模型和有损结构保留模型。

实际的电力系统稳定模型是有损耗的。损耗来自输电系统、负荷或者消除负荷母线后得到的简化系统导纳矩阵中的转移电导。大量工作曾投入到有损电力系统稳定模型构造解析的能量函数上(Guadra,1975;Henner,1976;Machias,1986;Pai and Murthy,1973)。然而,这些工作都是徒劳的。

另外,现有大多数用于有损电力系统的能量函数都是以不合理的近似为基础的(Athay et al. ,1979;Hartman,1973;Kakimoto et al. ,1978;Pai and Varwandkar,1977;Uemura et al. ,1972)。这些能量函数有些不是适定的,有些沿系统轨迹的导数不能保证为负值。因此,这些函数对有损电力系统稳定分析的实用价值并不明确。事实上,Uemura 等(1972)提出的能量函数可能使估计出的临界切除时间高于时域仿真得到的实际临界值。

因而,对这些工作提出了一个问题,即有损电力系统的能量函数是否存在。关于这个问题,计及传输电导的电力系统的局部李雅普诺夫函数的存在性可见 Caprio(1986),Kwatny 等(1985),Narasimhamurthi 和 Musavi(1984),以及 Saeki 等(1983)的研究成果。不幸的是,这些局部李雅普诺夫函数只能用来确定平衡点的稳定性,却不能用来直接确定稳定域。因此,这些局部李雅普诺夫函数不能用于暂态稳定的直接法分析。

因此,对这个问题仅解决了一部分:有损系统确实存在局部能量函数,但有损电力系统模型是否存在全局能量函数（或李雅普诺夫函数）？Chiang（1989）通过证明有损电力系统的一般能量函数是不存在的，解决了这个问题。尽管这个结果可能令人失望，但他同时还得出，在一定条件下，如果损耗在一定范围内，能量函数（定义在状态空间内的一个紧集上）是存在的，并能够用于电力系统暂态稳定直接法分析中。由该结论可以得出，任何有损电力系统构造解析能量函数的一般步骤中，都需要检验能量函数是否存在。该结论印证了目前使用数值能量函数进行暂态稳定直接法分析的实际情况。

　　本章主要阐述无损电力系统稳定模型（解析）能量函数的构造方法。此外，提出有损电力系统稳定模型不存在一般的解析能量函数的相关理论。第 7 章将探讨如何构造有损电力系统稳定模型的（数值）能量函数。

6.2　无损网络简化模型的能量函数

　　现有的很多无损网络简化的暂态稳定模型可以列写为以下形式（Chu and Chiang,1999）：

$$T\dot{x} = -\frac{\partial U}{\partial x}(x, y)$$
$$\dot{y} = z \tag{6.1}$$
$$M\dot{z} = -Dz - \frac{\partial U}{\partial y}(x, y)$$

式中，$x \in \mathbf{R}^n$；$y, z \in \mathbf{R}^m$；T、M、D 为对角矩阵，且对角线元素均为正值；$U(x, y)$ 为光滑函数。以下为该式存在能量函数的一个充分条件（Chu and Chiang,1999），令

$$W(x, y, z) = K(z) + U(x, y) = \frac{1}{2}z^{\mathrm{T}}Mz + U(x, y) \tag{6.2}$$

式中，函数 $W: \mathbf{R}^{n+2m} \to \mathbf{R}$。若对于沿任意具有有界函数值 $W(x, y, z)$ 的非平凡轨迹 $[x(t), y(t), z(t)]$，$x(t)$ 都是有界的，则 $W(x, y, z)$ 为系统的一个能量函数。

　　由于对发电机、负荷表达式的简化缺乏保证，这种经典无损网络简化模型很少得到实际应用。这种模型存在以下不足之处：①排除了非线性负荷特性；②网络简化导致网络结构的缺失，因而无法研究网络中不同部分之间的能量转移；③忽略转移电导使稳定估计产生偏差，且偏差的幅度与方向均不可知。结构保留模型能够克服网络简化模型的一些缺点。第 6.3 节将讨论暂态稳定结构保留模型解析的能量函数的推导过程。

6.3　无损结构保留模型的能量函数

现有的一些结构保留暂态稳定模型可以列写为一组形如式(6.3)的 DAE 方程组(Bergen and Hill,1981;Bergen et al.,1986;Chu and Chiang,2005;Padiyar and Ghosh,1989;Padiyar and Sastry,1987):

$$0 = -\frac{\partial}{\partial u}U(u,w,x,y)$$

$$0 = -\frac{\partial}{\partial w}U(u,w,x,y)$$

$$\boldsymbol{T}\dot{x} = -\frac{\partial}{\partial x}U(u,w,x,y) \tag{6.3}$$

$$\dot{y} = z$$

$$\boldsymbol{M}\dot{z} = -\boldsymbol{D}z - \frac{\partial}{\partial y}U(u,w,x,y)$$

式中, $u \in \mathbf{R}^k, w \in \mathbf{R}^l$ 为瞬时变量; $x \in \mathbf{R}^n, y \in \mathbf{R}^n, z \in \mathbf{R}^n$ 为状态变量。T 为正定矩阵, $\boldsymbol{M}$、$\boldsymbol{D}$ 为对角正定矩阵。此处的微分方程描述发电机、负荷的动态响应,代数方程表示各母线上的潮流方程。此外,函数 $U(u,w,x,y)$ 还同时满足以下条件。

(D6.1) 对所有 $m_i, l_j \in Z$,有

$$\nabla U(u,w,x,y) = \nabla U(u_1 + 2m_1\pi, \cdots, u_k + 2m_k\pi, w, x, y_1 + 2l_1\pi, \cdots, y_n + 2l_n\pi)$$

(D6.2) 对于 $i = 1, \cdots, n, k = 1, \cdots, n, j = 1, \cdots, m$,存在 4 个具有正系数的多项式 $p_{1i}(u_1, \cdots, u_k, x_1, \cdots, x_m), p_{2ik}(u_1, \cdots, u_k, x_1, \cdots, x_m), p_{3ij}(u_1, \cdots, u_k, x_1, \cdots, x_m), p_{4ij}(u_1, \cdots, u_k, x_1, \cdots, x_m)$ 分别满足:

$$\left| \frac{\partial}{\partial y_i} U(u,w,x,y) \right| \leqslant p_{1i}(|u_1|, \cdots, |u_k|, |x_1|, \cdots, |x_m|)$$

$$\left| \frac{\partial^2}{\partial y_i \partial y_k} U(u,w,x,y) \right| \leqslant p_{2ik}(|u_1|, \cdots, |u_k|, |x_1|, \cdots, |x_m|)$$

$$\left| \frac{\partial^2}{\partial w_j \partial y_i} U(u,w,x,y) \right| \leqslant p_{3ij}(|u_1|, \cdots, |u_k|, |x_1|, \cdots, |x_m|)$$

$$\left| \frac{\partial^2}{\partial x_j \partial y_i} U(u,w,x,y) \right| \leqslant p_{4ij}(|u_1|, \cdots, |u_k|, |x_1|, \cdots, |x_m|)$$

由于 DAE 方程组在接近奇异面处具有复杂的动态特性,因此通常很难对其进行分析。为方便分析表述,文献中使用了多种方法。在此,我们将代数方程当做奇异摄动微分方程来处理(Chiang et al.,1994)。将奇异摄动理论用于结构保留模型最初是由 Sastry、Desour 和 Varaiya 提出的(Sastry and Desoer,1981;Sastry and

Varaiya,1980)。之后 Arapostathis 等 (1982)、Bergen 和 Fekin-Ahmed(1986)、de Marco 和Bergen(1984,1987)、Chiang 等(1992)及 Zou 等(2003)对此进行了发展。

借助奇异摄动方程，无损的结构保留暂态稳定模型的表达式为

$$\varepsilon_1 \dot{u} = -\frac{\partial}{\partial u} U(u,w,x,y)$$

$$\varepsilon_2 \dot{w} = -\frac{\partial}{\partial w} U(u,w,x,y)$$

$$T\dot{x} = -\frac{\partial}{\partial x} U(u,w,x,y) \tag{6.4}$$

$$\dot{y} = z$$

$$M\dot{z} = -Dz - \frac{\partial}{\partial y} U(u,w,x,y)$$

式中，ε_1 和 ε_2 为充分小的正数。

下面为无损的结构保留暂态稳定模型构造一个解析的能量函数。

定理 6.1：解析能量函数的存在性。

对奇异摄动结构保留电力系统模型[式(6.4)]，考虑函数 $W:\mathbf{R}^{5n} \to \mathbf{R}$

$$W(u,w,x,y,z) = K(z) + U(u,w,x,y) = \frac{1}{2}z^{\mathrm{T}}Mz + U(u,w,x,y) \tag{6.5}$$

若对于沿系统[式(6.4)]的任意具有有界函数值 $W(\cdot)$ 的非平凡轨迹$(u(t),w(t),x(t),y(t),z(t))$，$(u(t),w(t),x(t))$ 都是有界的，则 $W(u,w,x,y,z)$ 为系统[式(6.4)]的一个能量函数。

证明：检验能量函数的三个条件。

(1) 将 $W(u(t),w(t),x(t),y(t),z(t))$ 沿轨迹求导，可得

$$\dot{W}(u(t),w(t),x(t),y(t),z(t)) = \left(\frac{\partial W}{\partial u}\right)^{\mathrm{T}}\dot{u} + \left(\frac{\partial W}{\partial w}\right)^{\mathrm{T}}\dot{w} + \left(\frac{\partial W}{\partial x}\right)^{\mathrm{T}}\dot{x} + \left(\frac{\partial W}{\partial y}\right)^{\mathrm{T}}\dot{y} + \left(\frac{\partial W}{\partial z}\right)^{\mathrm{T}}\dot{z}$$

$$= -\left(\frac{\partial U}{\partial u}\right)^{\mathrm{T}}\varepsilon_1^{-1}\frac{\partial U}{\partial u} - \left(\frac{\partial U}{\partial w}\right)^{\mathrm{T}}\varepsilon_2^{-1}\frac{\partial U}{\partial w} - \left(\frac{\partial U}{\partial x}\right)^{\mathrm{T}}T^{-1}\frac{\partial U}{\partial x} - z^{\mathrm{T}}Dz$$

$$\leqslant 0$$

该不等式表明能量函数的条件(1)是满足的。

(2) 假定存在区间 $t \in (t_1,t_2)$ 满足 $\dot{W}(u(t),w(t),x(t),y(t),z(t)) = 0$，则可得对 $t \in (t_1,t_2)$，$z(t) = 0$，且 $\dot{u}(t) = \dot{w}(t) = \dot{x}(t) = 0$。但也蕴涵着 $y(t)$ 为常数，即系统位于一个平衡点上。因此满足能量函数的条件(2)。

(3) 因为 $u(t)$、$w(t)$ 和 $x(t)$ 沿任意具有有界函数值 $W(\cdot)$ 的非平凡轨迹都是有界的，只需验证 $y(t)$ 和 $z(t)$ 是否满足条件(3)。应用 Barbalat 引理和覆叠映射可得出结论，$u(t),w(t),x(t),y(t),z(t)$ 均有界。由条件(1)~条件(3)可知，

$W(u(t)、w(t)、x(t)、y(t)、z(t))$ 为一个能量函数。证毕。

举例说明,为具有一阶励磁的双轴发电机模型,以及动态负荷模型推导一个解析能量函数,它具有以下特性:

(1) 发电机采用双轴模型,以及一阶励磁系统。

(2) 各点负荷是由恒阻抗、恒复功率及与频率相关的动态负荷组合而成。

(3) 对于发电机内节点,双轴发电机模型表示为

$$\dot{\delta} = \omega_i$$

$$M_i \dot{\omega}_i = D_i \omega_i + P_{mi} - P_{ci}$$

$$T'_{doi} \dot{E}'_{qi} = \frac{x_{di}}{x'_{di}} E'_{qi} + \frac{x_{di} - x'_{di}}{x'_{di}} V_i \cos(\delta_i - \theta_i) + E_{fi} \tag{6.6}$$

$$T'_{qpi} \dot{E}'_{di} = \frac{x_{qi}}{x'_{qi}} E'_{di} - \frac{x_{qi} - x'_{qi}}{x'_{qi}} V_i \sin(\delta_i - \theta_i)$$

式中,$P_{ei} = -\frac{1}{x'_{di}} E'_{qi} V_i \sin(\delta_i - \theta_i) + \frac{1}{x'_{qi}} E'_{di} V_i \cos(\delta_i - \theta_i) + \frac{x'_{di} - x'_{qi}}{2x'_{di} x'_{qi}} V_i^2 \sin[2(\delta_i - \theta_i)]$,$i = 1, \cdots, n$。

(4) 励磁器的动态:此前曾提出过多种励磁器动态模型。为简单起见,避免励磁器详细模型中限幅引起的非光滑动态情况,采用以下一阶近似励磁器动态模型:

$$T_{vi} \dot{E}_{fi} = -E_{fi} - \mu_i k_i V_i \cos(\delta_i - \theta_i) + l_i \tag{6.7}$$

(5) 发电机外母线的潮流方程可用下式表示:

$$0 = \sum_{j=1}^{n+1} V_i V_j [B_{ij} \sin(\theta_i - \theta_j) + G_{ij} \cos(\theta_i - \theta_j)]$$

$$+ \sum_{l=n+2}^{n+m+1} V_i V_l [B_{il} \sin(\theta_i - \theta_l) + G_{il} \cos(\theta_i - \theta_l)]$$

$$- \frac{1}{x'_{di}} E'_{qi} V_i \sin(\delta_i - \theta_i) - \frac{1}{x'_{di}} E'_{di} V_i \cos(\delta_i - \theta_i) \tag{6.8}$$

$$- \frac{x'_{di} - x'_{qi}}{2x'_{di} x'_{qi}} V_i^2 \sin[2(\delta_i - \theta_i)]$$

$$0 = \frac{V_i^2}{x'_{di}} - \frac{1}{x'_{di}} E'_{qi} V_i \cos(\delta_i - \theta_i) - \frac{1}{x'_{qi}} E'_{di} V_i \sin(\theta_i - \delta_i)$$

$$- \frac{x'_{di} - x'_{qi}}{2x'_{di} x'_{qi}} V_i^2 [\cos 2(\delta_i - \theta_i) - 1]$$

$$- \sum_{j=1}^{n+1} V_i V_j [B_{ij} \cos(\theta_i - \theta_j) - G_{ij} \sin(\theta_i - \theta_j)] \tag{6.9}$$

$$- \sum_{l=n+2}^{n+m+1} V_i V_l [B_{il} \cos(\theta_i - \theta_l) - G_{il} \sin(\theta_i - \theta_l)]$$

式中，$i = 1, \cdots, n$。

(6) 负荷母线。因为恒阻抗负荷已经计入网络导纳矩阵 $\boldsymbol{Y}$ 中，各负荷母线上的负荷需求是以下三项的组合：① 与频率相关的负荷 $-D_k\dot{\theta}_k$；② 恒功率负荷 $P_k^d + jQ_k^d$；③ 恒电流负荷 $I_{Lk} \angle \phi_k$，其中 I_{Lk} 与 ϕ_k 均为常数。母线电压相角 θ 在暂态过程中是变化的。在暂态响应过程中，恒电流的功率因数不是常数。因此，各个节点上的复功率负荷为 $-D_k\dot{\theta}_k + P_k^d + V_kI_{Lk}\cos(\theta_k - \phi_k) + j[Q_k^d(V_k) + V_kI_{Lk}\sin(\theta_k - \phi_k)]$。负荷母线的潮流方程可用式(6.10)表示，对 $k = n+2, \cdots, n+m+1$，

$$P_k^d + V_kI_{Lk}\cos(\theta_k - \phi_k) - D_k\dot{\theta}_k = \sum_{j=1}^{n+m+1} V_kV_j[B_{kj}\sin(\theta_k - \theta_j) + G_{kj}\cos(\theta_k - \theta_j)]$$

$$Q_k^d(V_k) + V_kI_{Lk}\sin(\theta_k - \phi_k) = -\sum_{j=1}^{n+m+1} V_kV_j[B_{kj}\cos(\theta_k - \theta_j) + G_{kj}\sin(\theta_k - \theta_j)]$$

$$(6.10)$$

考虑函数(Chu and Chiang, 2005)

$$U(\delta, \theta, V, E_q', E_d', I_L) = \sum_{i=1}^{14} U_i \qquad (6.11)$$

式中，$U_1 = -\sum_{i=1}^{n} P_{mi}\delta_i$, $U_2 = -\sum_{i<j}^{n+1} V_iV_jB_{ij}\cos(\theta_i - \theta_j)$, $U_3 = -\sum_{i=1}^{n+1}\sum_{k=n+2}^{n+m+1} V_iV_kB_{ik}$
$\cos(\theta_i - \theta_k)$, $U_4 = -\sum_{k=n+2}^{n+m+1} P_k^d\delta_k$, $U_5 = -\sum_{k=1}^{n+m+1} V_kV_lB_{kl}\cos(\theta_k - \theta_l)$, $U_6 = -\sum_{k=n+2}^{n+m+1} V_{kk}^2B_{kk}$,
$U_7 = -\sum_{k=n+2}^{n+m+1} \int_{v_k^0}^{V_k} \frac{Q_k^d(V_k)}{V_k}\mathrm{d}V_k$, $U_8 = -\frac{1}{2}\sum_{i=1}^{n+1} B_{ii} + \frac{x_{di}' - x_{qi}}{2x_{di}'x_{qi}}[\cos 2(\delta_i - \theta_i) - 1]V_i^2$,
$U_9 = -\sum_{i=1}^{n+1} \frac{1}{x_{qi}'}E_{qi}'V_i\cos(\delta_i - \theta_i)$, $U_{10} = \frac{1}{2}\sum_{i=1}^{n+1} E_{qi}'^2 \frac{x_{di}}{x_{di}'(x_{di} - x_{di}')}$, $U_{11} = \sum_{i=1}^{n} \frac{1}{2x_{qi}'}[E_{di}' + 2E_{di}'V_i\sin(\delta_i - \theta_i)]$, $U_{12} = -\sum_{i=1}^{n} \frac{V_i^2}{2x_{qi}'}$, $U_{13} = \sum_{i=1}^{n} \frac{E_{di}'^2}{2(x_{qi} - x_{qi}')}$,
$U_{14} = -\sum_{k=n+2}^{n+m+1} V_kI_{Lk}\sin(\theta_i - \phi_i)$。

下面将全系统动态方程用 $U(\delta, \theta, V, E_q', E_d', I_L)$ 的偏导数表示。这种表达式便于构造能量函数：

$$0 = -\frac{\partial U}{\partial \phi_i}(\delta, \theta, V, E_q', E_d', I_L)$$

$$0 = -V_i\frac{\partial U}{\partial V_i}(\delta, \theta, V, E_q', E_d', I_L)$$

$$0 = -\frac{\partial U}{\partial \phi_k}(\delta, \theta, V, E'_q, E'_d, I_L)$$

$$0 = -V_i \frac{\partial U}{\partial V_k}(\delta, \theta, V, E'_q, E'_d, I_L)$$

$$\dot{\delta}_i = \omega_i$$

$$M_i \dot{\omega}_i = -D_i \omega_i - \frac{\partial U}{\partial \delta_i}(\delta, \theta, V, E'_q, E'_d, I_L)$$

$$T'_{doi} \dot{E}'_{qi} = E_{fdi} - (x_{di} - x'_{di}) \frac{\partial U}{\partial E'_{qi}}(\delta, \theta, V, E'_q, E'_d, I_L)$$

$$T'_{qoi} \dot{E}'_{di} = -(x_{qi} - x'_{qi}) \frac{\partial U}{\partial E'_{di}}(\delta, \theta, V, E'_q, E'_d, I_L)$$

$$T_{vi} \dot{E}_{fdi} = -E_{fdi} - \mu_i k_i V_i \cos(\theta_i - \phi_i) + l_i$$

在这组方程中只有最后一个方程不含 $U(\delta, \theta, V, E'_q, E'_d, I_L)$ 的偏导数的解析表达。下面在 $U(\delta, \theta, V, E'_q, E'_d, I_L)$ 中增加一些项,使得每个方程都含有 U 的偏导数。注意:

$$\frac{\partial U}{\partial E'_{qi}}(\delta, \theta, V, E'_q, E'_d, I_L) = \frac{x_{di} E'_{qi}}{x'_{di}(x_{di} - x'_{di})} - \frac{V_i \cos(\theta_i - \phi_i)}{x'_{di}}$$
$$= \frac{-1}{x_{di} - x'_{di}}(T'_{doi} E'_{qi} - E_{fdi}) \tag{6.12}$$

定义两个附加项:

$$U_{15} = -\frac{1}{2} \boldsymbol{E}^{\mathrm{T}} \boldsymbol{B}^{-1} \boldsymbol{A} \boldsymbol{E}$$
$$U_{16} = -\boldsymbol{C}^{\mathrm{T}} \boldsymbol{E} \tag{6.13}$$

式中,$\boldsymbol{E} = [E_1, \cdots, E_n]^{\mathrm{T}}$,$\boldsymbol{T} = \text{blockdiag}[T_1, \cdots, T_n]$,$\boldsymbol{A} = \text{blockdiag}[A_1, \cdots, A_n]$,$\boldsymbol{B} = \text{blockdiag}[B_1, \cdots, B_n]$,$\boldsymbol{C} = [C_1, \cdots, C_n]^{\mathrm{T}}$,$\boldsymbol{E}_i = [E_{qi}, E_{fdi}]^{\mathrm{T}}$,$\boldsymbol{T}_i = \begin{bmatrix} T'_{d0i} & 0 \\ 0 & T'_{vi} \end{bmatrix}$,

$\boldsymbol{A}_i = \begin{bmatrix} 0 & 1 \\ -\dfrac{\mu_i k_i x_{di}}{x'_{di}} & -1 \end{bmatrix}$,$\boldsymbol{B}_i = \begin{bmatrix} x_{di} - x'_{di} & -\beta_i \\ -\mu_i k_i x'_{di} & \beta_i \end{bmatrix}$,且 $\boldsymbol{C}_i = [0, l_i]^{\mathrm{T}}$,$\beta_i$ 使 $\boldsymbol{B}_i^{-1} \boldsymbol{T}_i$

正定。

可得

$$\frac{\partial U}{\partial \boldsymbol{E}} \leftarrow \frac{\partial U}{\partial \boldsymbol{E}} - \boldsymbol{B}^{-1} \boldsymbol{A} \boldsymbol{E} - \boldsymbol{B}^{-1} \boldsymbol{C} \tag{6.14}$$

电压 E 的动态方程为

$$\boldsymbol{T}\dot{\boldsymbol{E}} = -\boldsymbol{B}\frac{\partial U}{\partial \boldsymbol{E}}$$

将这两项加到式(6.11)中,得

$$U(\delta,\theta,V,E'_q,E'_d,E_{fd},I_L) = U(\delta,\theta,V,E'_q,E'_d,I_L) + U_{15} + U_{16} \quad (6.15)$$

整个系统方程可以重写为以下形式:

$$0 = -\frac{\partial U}{\partial \phi_i}(\delta,\theta,V,E'_q,E'_d,E_{fd},I_L)$$

$$0 = -\frac{\partial U}{\partial \phi_k}(\delta,\theta,V,E'_q,E'_d,E_{fd},I_L)$$

$$0 = -V_i\frac{\partial U}{\partial V_i}(\delta,\theta,V,E'_q,E'_d,E_{fd},I_L)$$

$$0 = -V_k\frac{\partial U}{\partial V_k}(\delta,\theta,V,E'_q,E'_d,E_{fd},I_L)$$

$$\dot{\delta}_i = \omega_i \qquad\qquad\qquad (6.16)$$

$$M_i\dot{\omega}_i = -D_i\omega_i - \frac{\partial U}{\partial \delta_i}(\delta,\theta,V,E'_q,E'_d,E_{fd},I_L)$$

$$T'_{qoi}\dot{E}'_{di} = -(x_{qi} - x'_{qi})\frac{\partial U}{\partial E'_{di}}(\delta,\theta,V,E'_q,E'_d,E_{fd},I_L)$$

$$\boldsymbol{T}\dot{\boldsymbol{E}} = -\boldsymbol{B}\frac{\partial U}{\partial \boldsymbol{E}}(\delta,\theta,V,E'_q,E'_d,E_{fd},I_L)$$

显然,新的模型可写成式(6.3)的形式,式中,$\boldsymbol{u} = [\theta,\phi]^T$,$w = \log V$,$\boldsymbol{x} = [E'_d,E'_q,E_{fd}]$,$y = \delta$,$z = \omega$,且 $\boldsymbol{T} = \text{blockdiag}\left[I_n, \frac{T'_{q0}}{x_q - x'_q}, \boldsymbol{B}^{-1}\boldsymbol{T}\right]$

下面总结出构造上述结构保留暂态稳定模型的一个关键结论。

定理 6.2:解析能量函数的存在性(Chu and Chiang,2005)。

考虑由式(6.8)~式(6.12)描述的新的一类电力系统网络保留模型。定义

$$W(\omega,\delta,\theta,V,E'_q,E'_d,E_{fd},I_L) = k(\omega) + U(\delta,\theta,V,E'_q,E'_d,E_{fd},I_L)$$
$$= \frac{1}{2}\boldsymbol{\omega}^T M\boldsymbol{\omega} + \sum_{i=1}^{16}U_i \qquad (6.17)$$

式中,U_i 分别在式(6.11)和式(6.13)中定义。则 $W(\omega,\delta,\theta,V,E'_q,E'_d,E_{fd},I_L)$ 为这新的一类电力系统结构保留模型的一个(解析)能量函数。

表 6.1 总结了能量函数[式(6.17)]中各项的物理意义,以及与不同暂态稳定模型的能量函数的比较结果,如 BH 模型(Bergen and Hill,1981),NM 模型(Narasimhamurthi and Musavi,1984),以及 TAV 模型(Tsolas et al.,1985)等。

表 6.1　各种不同的结构保留电力系统模型及其相应的势能函数

势能	表达式	BH 模型	NM 模型	TAV 模型	CC 模型
机械注入功率	U_1	Y	Y	Y	Y
发电机机端母线交换功率	U_2	Y	Y	Y	Y
发电机机端母线与负荷母线交换功率	U_3	Y	Y	Y	Y
负荷母线有功功率	U_4	Y	Y	Y	Y
负荷母线交换功率	U_5	Y	Y	Y	Y
负荷母线损耗	U_6		Y	Y	Y
负荷母线无功功率	U_7		Y	Y	Y
发电机内节点与机端母线交换功率	U_8			Y	Y
发电机内节点交轴电压变化	U_9			Y	Y
由励磁器动作引起的发电机内节点交轴电压变化	U_{10}			Y	Y
直轴电压变化	U_{11}				Y
交轴阻尼绕组	U_{12}				Y
交轴阻尼绕组	U_{13}			Y	Y
恒电流负荷	U_{14}				Y
交轴电压变化与励磁器之间的相互作用	U_{15}				Y
发电机内节点处的励磁器	U_{16}				Y

资料来源：CC、Chu 和 Chiang

6.4　有损耗模型能量函数的不存在性

有损耗电力系统不存在一般的能量函数。尽管这令人失望,但同时可得到,在一定条件下,能量函数是存在的(定义在状态空间内的一个紧集上),并能够用于直接法对带有一定程度损耗的电力系统进行暂态稳定分析。该结论说明,任何为有损电力系统构造解析能量函数的一般步骤中,都需要检验该能量函数是否存在。

考虑有损耗的电力系统经典稳定模型,将负荷用恒阻抗模型表示,第 i 台发电机的动态可用下式表示:

$$\dot{\delta}_{in} = \omega_i - \omega_n$$

$$M_i\dot{\omega}_i = P_i - D_i\omega_i - \sum_{j\neq i, j=1}^{n} E_iE_jB_{ij}\sin(\delta_i - \delta_j) - \sum_{j\neq i, j=1}^{n} E_iE_jG_{ij}\cos(\delta_i - \delta_j)$$

$$(6.18)$$

式中,节点 n 为参考节点;E_i 为直轴暂态电抗后的恒定电势;M_i 为发电机的转动惯量;阻尼系数 D_i 假定为正值;G_{ij} 表示简化后系统[式(6.18)]导纳矩阵中 i-j 元素的转移电导。

$$P_i = P_{mi} - E_i^2 G_{ii}$$

式中,P_{mi} 为机械功率。此外假定机械阻尼均匀,即

$$D_i/M_i = C, i = 1, 2, \cdots, n$$

则第 i 台发电机的动态可用下式表示:

$$\dot{\delta}_{in} = \omega_{in}, i = 1, 2, \cdots, n-1$$
$$\dot{\omega}_{in} = (P_{mi} - P_{ei})M_i^{-1} + (P_{mn} - P_{en})M_n^{-1} - C\omega_{in}$$
$$= -C\omega_{in} + f_{in}(\delta) \tag{6.19}$$

首先考虑以下系统,它描述一台发电机通过一条有损电力线路连接到无穷大母线上情况:

$$\dot{\delta} = \omega$$
$$M\dot{\omega} = P - D\omega - EB\sin(\delta) - EG\cos(\delta) \tag{6.20}$$

式中,δ 为发电机相对于无穷大母线的相角。对式(6.20)考虑以下函数:

$$V(\delta, \omega) = \frac{1}{2}M\omega^2 - P\delta - EB\cos(\delta) + EG\sin(\delta) \tag{6.21}$$

式(6.21)沿系统[式(6.20)]轨迹的导数为

$$\dot{V}(\delta, \omega) = -D\omega^2 \leqslant 0$$

因此,函数[式(6.21)]是单机-无穷大系统[式(6.20)]的一个一般的能量函数。

　　将能量函数[式(6.21)]推广到多机系统具有非常大的难度 EI-Abiad 和 Nagappan 是这方面的先行者,其中,El-Abiad 与 Nagappan(1966)提出了以下的有损多机系统能量函数:

$$V_1(\delta, \omega) = \frac{1}{2}\sum_{i=1}^{n}M_i\omega_i^2 - \sum_{i=1}^{n}P_i(\delta_i - \delta_j^s)$$
$$- \sum_{i=1}^{n}\sum_{j=i+1}^{n+1}E_iE_jB_{ij}[\cos(\delta_i - \delta_j) - \cos(\delta_i^s - \delta_j^s)] \tag{6.22}$$
$$- \sum_{i=1}^{n}\sum_{j=i+1}^{n+1}E_iE_jG_{ij}[\sin(\delta_i - \delta_j) - \sin(\delta_i^s - \delta_j^s)]$$

将 $V_1(\delta, \omega)$ 沿系统[式(6.18)]的轨迹求导得

$$\dot{V}_1(\delta,\omega) = \frac{\partial V}{\partial \delta}\dot{\delta} + \frac{\partial V}{\partial \omega}\dot{\omega}$$

$$= -\sum_{i=1}^{n} D_i \omega_i^2 - 2\sum_{i=1}^{n}\sum_{j=i+1}^{n+1} E_i E_j G_{ij}\omega_i \cos(\delta_i - \delta_j)$$

(6.23)

当 ω_i 很大时，$\dot{V}_1$ 将是负定的，因此 $V_1(\delta,\omega)$ 不是系统[式(6.18)]的能量函数。

此后，大量工作致力于推导系统[式(6.18)]的一般能量函数，但还没有取得成功。Uemura 等(1972)、Athay 等(1979)、Kakimoto 等(1978)及 Guindi 和 Mansour(1982)等探索了另一种方法，基于数值近似来满足传输电导效应。需要强调的是，这些近似方法提出了一些函数，它们不具备解析能量函数的性质。

目前，对有损耗的多机系统稳定模型还没有一般性的能量函数。以下重要结果见 Chiang(1989)的研究。

定理 6.3：能量函数的不存在。

有损耗电力系统[式(6.18)]不存在一般的能量函数，其中 $n \geqslant 2$ 为发电机个数。

需要注意的是：①该结论表明，有损多机电力系统[式(6.18)]不存在一般的能量函数。现有的局部的、解析的能量函数在直接法中是否可用仍不明确。应当注意，为了应用的需要，这些局部能量函数应至少在故障后系统的稳定域中是适定的。②通过有损线路相连的单机-无穷大系统，可以看出(通过对相关微分方程的分析)，状态空间中没有极限环。这些单机-无穷大系统存在全局解析能量函数[如式(6.21)]也证实了这一点。③任何构造解析能量函数的一般步骤中，必须检验能量函数是否存在。这正如李雅普诺夫方程在确定平衡点稳定性中所发挥的作用。

6.5　局部能量函数的存在性

我们将证明状态空间中任一紧集上，小损耗系统[式(6.19)]存在能量函数。众所周知，若系统[式(6.19)]的传输电导为零，则该系统存在能量函数。当 $G_{ij} = 0$ 时，定义函数 $V(\delta,\omega)$ 如下：

$$V(\delta,\omega) = \sum_{i=1}^{n-1}\sum_{j=i+1}^{n} \left\{ \frac{1}{2}M_i M_j \omega_{ij}^2 - (P_i M_j - P_j M_i)(\delta_{ij} - \delta_{ij}^s) \right.$$

$$\left. + \left(\sum_{i}^{n} M_i\right) E_i E_j B_{ij}(\cos\delta_{ij} - \cos\delta_{ij}^s) \right\}$$

(6.24)

$$= V_k(\omega) + V_P(\delta)$$

现在回顾一下动力系统理论方面的一些概念。令 $\Phi^f(\cdot)$[或 $\Phi^g(\cdot)$]为向量场 f(或 g)的流。$\Omega(f)$[或 $\Omega(g)$]为它的非游荡集。如果对 f 的任一小的 $C^r(r>0)$ 接近的

向量场(即 C^r 拓扑中接近 f 的每个向量场,如 g),存在能保持原轨迹的同胚 h:
$\Omega(f) \to \Omega(g)$ (Nitecki and Shub,1975;Pugh and Shub,1970),则称 f 是 Ω 稳定的。下面结论表明,传输电导 $G = 0$ 的系统[式(6.19)]是 Ω 稳定的。

定理 6.4: Ω 稳定。

如果传输电导 $G=0$ 的系统[式(6.19)]满足平衡点双曲性的假设,则该系统是 Ω 稳定的。

由定理 6.4,假定无损系统[式(6.19)]满足双曲性假设,则存在正数 α 使得传输电导 $|G| < \alpha$ 时,系统[式(6.19)]的非游荡集仍由原来的平衡点组成。该性质与细滤过(fine filtration)的结论(Nitecki and Shub,1975)相结合,可以得出:对于系统[式(6.19)]状态空间中的任一紧集 S,存在正数 α 使得传输电导 $|G| < \alpha$ 时,存在定义在紧集 S 上的能量函数。

这些理论结果证实了目前直接法中使用数值能量函数的实际情况。然而,这些数值能量函数在稳定分析中的可靠性和性能情况仍未得到很好的解决。尽管这些数值能量函数在直接法中表现似乎很好,但仍需要进一步的研究。

6.6　本 章 小 结

包括网络简化模型和结构保留模型在内,本章对无损耗电力系统暂态稳定模型中解析能量函数的存在性进行了论证,提出了解析能量函数的推导方法,为推导出的解析能量函数各项提供了物理解释。

对于有损耗电力系统暂态稳定模型,证明了一般的解析能量函数是不存在的。并且提出,任何构造有损耗电力系统暂态稳定模型解析能量函数的一般步骤中,必须检验能量函数是否存在。这正如李雅普诺夫方程在确定平衡点稳定性中所发挥的作用。

此外,证明了在小损耗电力系统暂态稳定模型状态空间中的任一紧集上,存在局部的解析能量函数。这个分析结论针对局部情况,并且局部解析的能量函数是否可用尚不明确。本章的结论证实了目前直接法分析中的使用数值能量函数的实际情况。如何构造数值能量函数的问题将在第 7 章进行讨论。

第 7 章 有损耗暂态稳定模型数值能量函数的构造

7.1 引 言

对于有损耗电力系统稳定模型,现有的数值能量函数不是解析的,在这种意义上它们不是适定的函数。它们都主要包含两项,即解析项(路径无关项)和路径相关项。路径相关项不是适定函数,需要通过数值近似来加以定义。射线近似法和梯形近似法是对路径相关项进行数值近似的常用方法(Fouad and Vittal,1991;Pai,1989;Pavella and Murthy,1994;Jiang and Song,2005;Sasaki,1979)。

本章提出有损耗电力系统稳定模型数值能量函数的构造方法。目前只有两种可用的方法。第一种基于首次积分原理,另一种基于两步法。这两种方法得到的数值能量函数都包含路径相关项,所以需要数值近似方法进行计算。

使用射线近似法可能在路径相关项的数值近似中出现数值病态问题,对此本章提出了消除病态的方法。但即使消除了病态之后,射线近似法给出的临界切除时间(critical clearing time,CCT)的估计仍可能是不可靠的。因此,建议采用梯形法计算路径相关项。本章对两种近似方法展开数值研究,并对数值计算结果进行比较。

本章最后提出计算路径相关项的改进数值近似方法。这些改进方法以多点积分为基础。数值计算结果显示,改进方法优于两种广泛使用的方法,即射线近似法和梯形近似法。

7.2 两 步 法

目前的有损耗电力系统稳定模型的(数值)能量函数不是解析的,在这种意义上它们不是适定函数。所以需要引入数值能量函数来解决构造(解析)能量函数的问题。例如,对由转移电导产生的向量场进行首次积分。

如下所述是一般用于推导有损耗电力系统稳定模型数值能量函数的两步法。

第 1 步:对不含转移电导等损耗项的基本系统模型建立解析能量函数。

第 2 步:将转移电导产生的向量场的首次积分与上述解析能量函数相加,构造数值能量函数。

上述的两步法得到一个数值能量函数,它包含一个解析能量函数和一个与路径相关的表示损耗的能量函数。

现有的很多有损耗网络化简暂态稳定模型可以写为下列形式（Chu and Chiang,1999）：

$$T\dot{x} = -\frac{\partial U}{\partial x}(x,y) + g_1(x,y)$$

$$\dot{y} = z$$

$$M\dot{z} = -Dz - \frac{\partial U}{\partial y}(x,y) + g_2(x,y)$$

(7.1)

式中，$x \in \mathbf{R}^n, y, z \in \mathbf{R}^m$；$\mathbf{T}$、$\mathbf{M}$、$\mathbf{D}$ 为对角矩阵,且元素均为正值；$g_1(x,y)$ 和 $g_2(x,y)$ 为简化网络的转移电导；$U(x,y)$ 为光滑函数。在第 1 步中对以下的无损耗模型

$$T\dot{x} = -\frac{\partial U}{\partial x}(x,y)$$

$$\dot{y} = z$$

$$M\dot{z} = -Dz - \frac{\partial U}{\partial y}(x,y)$$

推导出一个解析的能量函数,即 $W(x,y,z) = K(z) + U(x,y) = \frac{1}{2}z^T M z + U(x,y)$。

给第 1 步所得解析能量函数加上转移电导产生的向量场的首次积分,构造出的数值能量函数包含两项,即解析能量函数 $W_{ana}(x,y,z) = \frac{1}{2}z^T M z + U(x,y)$ 和与路径相关的势能项 $U_{path}(x,y,z)$：

$$\begin{aligned} W_{num}(x,y,z) &= W_{ana}(x,y,z) + U_{path}(x,y) \\ &= K(z) + U(x,y) + U_{path}(x,y) \end{aligned}$$

(7.2)

上述的数值能量函数所包含的路径相关项,可以用两种轨迹近似方法进行计算：①射线近似法；②梯形近似法。

接下来阐述如何用射线近似法计算路径相关项。例如,计算以下路径相关项：

$$U_1 = \sum_{i=1}^n \int G_{ii} V_i^2 \, \mathrm{d}\theta_i$$

(7.3)

积分用到的状态变量可用以下射线近似：

$$V_i = V_{io} + \lambda \Delta V_i$$

$$\theta_i = \theta_{io} + \lambda \Delta \theta_i$$

(7.4)

将式(7.4)代入式(7.3),可得

$$U_1 \cong \sum_{i=1}^{n} \int_0^1 G_{ii} \ (V_{io} + \lambda \Delta V_i)^2 \Delta \theta_i \mathrm{d}\lambda$$

$$= \sum_{i=1}^{n} \frac{G_{ii} \Delta \theta_i}{3} (V_i^2 + V_i V_{io} + V_{io}^2) \tag{7.5}$$

再举一个例子，计算以下路径相关项：

$$U_2 = \sum_{i=1}^{n} \sum_{\substack{j=1 \\ j \neq i}}^{n} G_{ij} \int V_i V_j \cos\theta_{ij} \, \mathrm{d}\theta_i \tag{7.6}$$

使用射线近似，U_2 可写做

$$U_2 = \sum_{i=1}^{n} \sum_{j=i+1}^{n} G_{ij} \int V_i V_j \cos\theta_{ij} \mathrm{d}(\theta_i + \theta_j)$$

$$\cong \sum_{i=1}^{n} \sum_{j=i+1}^{n} G_{ij} \ (\Delta \theta_i + \Delta \theta_j) \left[\frac{V_{io} V_{jo}}{\Delta \theta_{ij}} (\sin\theta_{ij} - \sin\theta_{ijo}) \right.$$

$$+ \frac{V_{io} \Delta V_j + V_{jo} \Delta V_i}{\Delta \theta_{ij}^2} (\cos\theta_{ij} - \cos\theta_{ijo} + \Delta \theta_{ij} \sin\theta_{ij})$$

$$\left. + \frac{\Delta V_i \Delta V_j}{\Delta \theta_{ij}^3} (2\Delta \theta_{ij} \cos\theta_{ij} + (\Delta \theta_{ij}^2 - 2) \sin\theta_{ij} + 2\sin\theta_{ijo}) \right] \tag{7.7}$$

$$U_3 = \sum_{i=1}^{n} \sum_{\substack{j=1 \\ j \neq i}}^{n} G_{ij} \int V_j \sin\theta_{ij} \, \mathrm{d}V_i$$

$$\cong \sum_{i=1}^{n} \sum_{\substack{j=1 \\ j \neq i}}^{n} G_{ij} \Delta V_i \left[\frac{V_{jo}}{\Delta \theta_{ij}} (\cos\theta_{ijo} - \cos\theta_{ij}) \right.$$

$$\left. + \frac{\Delta V_j}{\Delta \theta_{ij}^2} (\sin\theta_{ij} - \sin\theta_{ijo} - \Delta \theta_{ij} \cos\theta_{ij}) \right] \tag{7.8}$$

另一种路径相关项的近似方法基于梯形法则，它是数值积分中闭式牛顿-科茨公式的特殊形式。该规则则用以下公式近似积分：

$$\int_a^b f(x) \mathrm{d}x \cong \frac{b-a}{2} (f(a) + f(b))$$

将梯形法则应用于下列项，则在第 k 个时长该项为

$$U_4(k) = \sum_{i=1}^{n} \int G_{ii} V_i^2 \mathrm{d}\theta_i$$

$$\cong \sum_{i=1}^{n} \frac{G_{ii}}{2} \left[V_i(k)^2 + V_i(k-1)^2 \right] \left[\theta_i(k) - \theta_i(k-1) \right] + U_4(k-1) \tag{7.9}$$

式中，$U_4(0)=0$。

对式(7.10)应用梯形法则可得

$$U_5(k)=\sum_{i=1}^{n}\sum_{\substack{j=1\\j\neq i}}^{n}G_{ij}\int V_i V_j\cos\theta_{ij}\,\mathrm{d}\theta_i$$

$$\cong\sum_{i=1}^{n}\sum_{\substack{j=1\\j\neq i}}^{n}\frac{G_{ij}}{2}\big[V_i(k)V_j(k)\cos\theta_{ij}(k)+V_i(k-1)V_j(k-1)\cos\theta_{ij}(k-1)\big]$$

$$\times\big[\theta_i(k)-\theta_i(k-1)\big]+U_5(k-1)$$

$$(7.10)$$

式中，$U_5(0)=0$。

因此，数值能量函数包含一个解析能量函数，它与路径无关，以及一个非解析的能量函数，该项取决于积分路径。路径相关项可用梯形法则或射线近似法进行计算。这两种算法的差异可能很小，也可能较大，这取决于故障中轨迹性质。两种计算路径相关项的近似方法的说明可见图 7.1 和图 7.2。

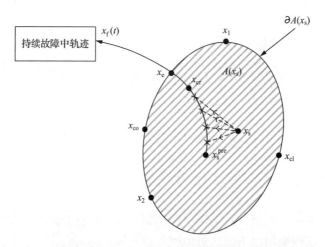

图 7.1　沿故障中轨迹用射线近似法计算数值能量函数示意图

7.3　基于首次积分的方法

本节基于首积分原理，为一般的有损耗电力系统暂态稳定模型提出一种推导能量函数的方法。为了系统地建立完整的暂态稳定模型，对母线编号及相关变量做以下定义。

(1) 网络母线：发电机母线编号为 $1,2,\cdots,n$。负荷母线编号为 $n+1,n+2,\cdots$，

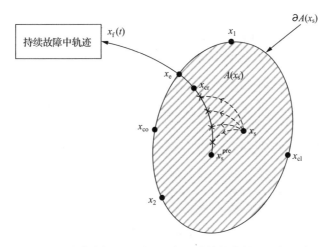

图 7.2　沿故障中轨迹用梯形近似法计算数值能量函数示意图

$n+m$。

（2）母线电压：电压幅值和相角分别用 $V_1, V_2, \cdots, V_{n+m}$ 和 $\theta_1, \theta_2, \cdots, \theta_{n+m}$ 表示。

（3）发电机出力情况：发电机机端母线注入电网的功率表示为 $P_{Gi}+jQ_{Gi}, i=1,\cdots,n$。如果忽略发电机电阻，则 P_{Gi} 就等于电功率 P_{ei}，另外当 $i=n+1,\cdots,n+m$ 时，$P_{Gi}=Q_{Gi}=0$。

（4）静止无功补偿器：母线 i 上安装的静止无功补偿装置提供的无功功率表示为

$$Q_{\mathrm{SVC}i}=B_{\mathrm{SVC}i}V_i^2$$

式中，$B_{\mathrm{SVC}i}$ 为等值并联电纳。母线 i 上没有 SVC 装置时，$B_{\mathrm{SVC}i}=0$。

（5）负荷：母线上的负荷表示为 $P_{Li}+jQ_{Li}, i=1,\cdots,n+m$。$P_{Li}$ 和 Q_{Li} 都采用电压相关的 ZIP 模型，即对于 $i=1,\cdots,n+m$

$$P_{Li}=P_{Li}^{(0)}\left[\alpha_{Pi}+\beta_{Pi}\left(\frac{V_i}{V_i^{(0)}}\right)+\gamma_{Pi}\left(\frac{V_i}{V_i^{(0)}}\right)^2\right]$$

式中，$\alpha_{Pi}+\beta_{Pi}+\gamma_{Pi}=1$。

$$Q_{Li}=Q_{Li}^{(0)}\left[\alpha_{Qi}+\beta_{Qi}\left(\frac{V_i}{V_i^{(0)}}\right)+\gamma_{Qi}\left(\frac{V_i}{V_i^{(0)}}\right)^2\right]$$

式中，$\alpha_{Qi}+\beta_{Qi}+\gamma_{Qi}=1$。

（6）导纳矩阵：原始网络的导纳矩阵记为

$$\boldsymbol{Y}=\boldsymbol{G}+j\boldsymbol{B}$$

式中，$\boldsymbol{G}、\boldsymbol{B}\in\mathbf{R}^{(n+m)\times(n+m)}$。或

$$Y_{ij} = G_{ij} + jB_{ij}, i = 1, \cdots, n+m, j = 1, \cdots, n+m$$

应当注意,发电机内电抗没有包含在上述的网络导纳矩阵中。

(7) 网络方程:网络方程用潮流方程表示:

$$\sum_{j=1}^{n+m} V_i V_j (G_{ij} \cos\theta_{ij} + B_{ij} \sin\theta_{ij}) + P_{Li} - P_{Gi} = 0$$

$$\sum_{j=1}^{n+m} V_i V_j (G_{ij} \sin\theta_{ij} - B_{ij} \cos\theta_{ij}) + Q_{Li} - Q_{Gi} - Q_{SVCi} = 0$$

式中,$i = 1, \cdots, n+m$。注意对 $i = n+1, \cdots, n+m, P_{Gi} = Q_{Gi} = 0$。母线 i 上没有 SVC 装置时,$Q_{SVCi} = 0$。

完整的暂态稳定模型由描述发电机、控制系统、输电网络和负荷等系统元件的数学方程组成。因此导出的能量函数 W 可看做各项的组合,而每一项均对应于模型中的一种元件:W_{KE} 表示与发电机转动惯量和转速相关的动能;U_{GEN} 表示与发电机电路方程相关的势能;U_{NET} 表示与网络方程及负荷相关的势能;U_{AVR} 表示与自动电压调节系统相关的势能;U_{PSS} 表示与电力系统稳定器相关的势能;U_{GOV} 表示与发电机调速器相关的势能;U_{SVC} 表示与静止无功补偿器相关的势能。

综上,能量函数可列写为

$$W = W_{KE} + U_{GEN} + U_{NET} + U_{AVR} + U_{PSS} + U_{GOV} + U_{SVC}$$

因为发电机与负荷的相互作用和网络方程密切相关,可同时推导 W_{KE}、U_{GEN} 和 U_{NET},并将它们的和记为 $W_{G\text{-}N}$,即

$$W_{G\text{-}N} = W_{KE} + U_{GEN} + U_{NET}$$

因此,总能量可重新整理为

$$W = W_{G\text{-}N} + U_{AVR} + U_{PSS} + U_{GOV} + U_{SVC}$$

这样整理的好处是可以产生出更多的解析项。下面将根据首次积分原理求出能量函数中的各项以及与发电机和网络方程相关的能量函数的求取过程。该过程以首次积分原理为基础。

7.3.1　与摇摆方程相关的能量函数

与摇摆方程相关的暂态能量函数计算如下:

$$W_s = \int \sum_{i=1}^{n} \left[M_i \frac{\mathrm{d}\omega_i}{\mathrm{d}t} \left(-P_{mi} + \frac{M_i}{M_T} P_{\mathrm{col}} \right) + P_{Di} \right] \frac{\mathrm{d}\delta}{\mathrm{d}t} \mathrm{d}t$$

$$= \sum_{i=1}^{n} \frac{1}{2} M_i \omega_i^2 - \sum_{i=1}^{n} \int P_{mi} \mathrm{d}\delta_i + \sum_{i=1}^{n} \int P_{ei} \mathrm{d}\delta_i + \sum_{i=1}^{n} \int D_i \omega_i \mathrm{d}\delta_i$$

第一项表示动能，其他三项表示由机械、电气和阻尼功率产生的势能。

7.3.2　与潮流方程相关的能量函数

将有功潮流方程两边同时乘以 $\dfrac{\mathrm{d}\theta_i}{\mathrm{d}t}$，并对 $n+m$ 个方程求和，可得

$$\sum_{i=1}^{n+m}\sum_{j=1}^{n+m}V_iV_j\left(G_{ij}\cos\theta_{ij}+B_{ij}\sin\theta_{ij}\right)\frac{\mathrm{d}\theta_i}{\mathrm{d}t}+\sum_{i=1}^{n+m}P_{Li}\left(V_i\right)\frac{\mathrm{d}\theta_i}{\mathrm{d}t}-\sum_{i=1}^{n}P_{Gi}\frac{\mathrm{d}\theta_i}{\mathrm{d}t}=0$$

将无功潮流方程两边同时乘以 $\dfrac{1}{V_i}\dfrac{\mathrm{d}V_i}{\mathrm{d}t}$，并对 $n+m$ 个方程求和，可得

$$\sum_{i=1}^{n+m}\sum_{j=1}^{n+m}V_j\left(G_{ij}\sin\theta_{ij}-B_{ij}\cos\theta_{ij}\right)\frac{\mathrm{d}V_i}{\mathrm{d}t}+\sum_{i=1}^{n+m}\frac{Q_{Li}}{V_i}\frac{\mathrm{d}V_i}{\mathrm{d}t}-\sum_{i=1}^{n}\frac{Q_{Gi}}{V_i}\frac{\mathrm{d}V_i}{\mathrm{d}t}=0$$

将以上两个方程积分后相加可得

$$\begin{aligned}W_{PF}=&\int\sum_{i=1}^{n+m}\sum_{j=1}^{n+m}\left[V_iV_j\left(G_{ij}\cos\theta_{ij}+B_{ij}\sin\theta_{ij}\right)\mathrm{d}\theta_i+V_j\left(G_{ij}\sin\theta_{ij}-B_{ij}\cos\theta_{ij}\right)\mathrm{d}V_i\right]\\&+\int\sum_{i=1}^{n+m}\left(P_{Li}\mathrm{d}\theta_i+\frac{Q_{Li}}{V_i}\mathrm{d}V_i\right)-\int\sum_{i=1}^{n}\left(P_{Gi}\mathrm{d}\theta_i+\frac{Q_{Gi}}{V_i}\mathrm{d}V_i\right)\end{aligned}$$

积分后可得

$$\begin{aligned}W_{PF}=&-\frac{1}{2}\sum_{i=1}^{n+m}B_{ii}\left(V_i^2-V_i^{(0)^2}\right)-\sum_{i=1}^{n+m}\sum_{j=i+1}^{n+m}\left[B_{ii}\left(V_iV_j\cos\theta_{ij}-V_i^{(0)}V_j^{(0)}\cos\theta_{ij}^{(0)}\right)\right]\\&+\sum_{i=1}^{n+m}\int G_{ij}V_i^2\mathrm{d}\theta_i+\sum_{i=1}^{n+m}\sum_{j=i+1}^{n+m}G_{ij}\int\left[V_iV_j\cos\theta_{ij}\mathrm{d}(\theta_i+\theta_j)+\sin\theta_{ij}\left(V_j\mathrm{d}V_i-V_i\mathrm{d}V_j\right)\right]\\&+\sum_{i=1}^{n+m}\int\left(P_{Li}\mathrm{d}\theta_i+\frac{Q_{Li}}{V_i}\mathrm{d}V_i\right)-\sum_{i=1}^{n}\int\left(P_{Gi}\mathrm{d}\theta_i+\frac{Q_{Gi}}{V_i}\mathrm{d}V_i\right)\end{aligned}$$

由此可得

$$\begin{aligned}W_s+W_{PF}=&\frac{1}{2}\sum_{i=1}^{n}M_i\omega_i^2-\frac{1}{2}\sum_{i=1}^{n+m}B_{ii}\left(V_i^2-V_i^{(0)^2}\right)\\&-\sum_{i=1}^{n+m-1}\sum_{j=i+1}^{n+m}B_{ij}\left(V_iV_j\cos\theta_{ij}-V_i^{(0)}V_j^{(0)}\cos\theta_{ij}^{(0)}\right)-\sum_{i=1}^{n}\int P_{mi}\mathrm{d}\delta_i\\&+\sum_{i=1}^{n}\int P_{ei}\mathrm{d}\delta_i+\sum_{i=1}^{n}\int D_i\omega_i\mathrm{d}\delta_i+W_{Gii}+W_{Gij}+W_{\text{Load}}\\&-\sum_{i=1}^{n}\int\left(P_{Gi}\mathrm{d}\theta_i+\frac{Q_{Gi}}{V_i}\mathrm{d}V_i\right)\end{aligned}$$

定义 $W_{\text{Gen}} = \sum\limits_{i=1}^{n} \int P_{ei}\,\mathrm{d}\delta_i - \sum\limits_{i=1}^{n} \int \left(P_{Gi}\,\mathrm{d}\theta_i + \dfrac{Q_{Gi}}{V_i}\,\mathrm{d}V_i \right)$，则积分后可得

$$
\begin{aligned}
W_{\text{Gen}} =\ & \frac{1}{4}\sum_{i=1}^{n}\frac{x''_{di}+x''_{qi}}{x''_{di}x''_{qi}}\left(V_i^2 - V_i^{(0)2}\right) \\
& - \frac{1}{4}\sum_{i=1}^{n}\left(\frac{1}{x''_{qi}}-\frac{1}{x''_{di}}\right)\left(V_i^2\cos 2(\delta_i-\theta_i) - V_i^{(0)2}\cos 2(\delta_i^{(0)}-\theta_i^{(0)})\right) \\
& - \sum_{i=1}^{n}\int\left(\frac{x''_{di}-x_{ei}}{x''_{di}(x'_{di}-x_{ei})}e'_{qi} + \frac{(x_{di}-x'_{di})(x'_{di}-x''_{di})+(x'_{di}-x_{ei})^2}{x''_{di}(x_{di}-x_{ei})(x'_{di}-x_{ei})}e''_{qi}\right) \\
& \quad \mathrm{d}(V_i\cos(\delta_i-\theta_i)) \\
& + \sum_{i=1}^{n}\int\left(\frac{x''_{qi}-x_{ei}}{x''_{qi}(x'_{qi}-x_{ei})}e'_{di} + \frac{(x_{qi}-x'_{qi})(x'_{qi}-x''_{qi})+(x'_{qi}-x_{ei})^2}{x''_{qi}(x_{qi}-x_{ei})(x'_{qi}-x_{ei})}e''_{di}\right) \\
& \quad \mathrm{d}(V_i\sin(\delta_i-\theta_i))
\end{aligned}
$$

7.3.3　与转子电路方程相关的能量函数

与转子电路方程相关的能量函数可以通过如下步骤得到。

第 1 步：将 $\dfrac{\mathrm{d}e'_{qi}}{\mathrm{d}t}$ 方程两边同时乘以 $\dfrac{1}{x_{di}-x'_{di}}\left(\dfrac{\mathrm{d}e'_{qi}}{\mathrm{d}t}\right)$。

第 2 步：将 $\dfrac{\mathrm{d}e''_{qi}}{\mathrm{d}t}$ 方程两边同时乘以 $\dfrac{(x_{di}-x'_{di})(x'_{di}-x''_{di})+(x'_{di}-x_{ei})^2}{(x'_{di}-x''_{di})(x_{di}-x_{ei})^2}\left(\dfrac{\mathrm{d}e''_{qi}}{\mathrm{d}t}\right)$。

第 3 步：将 $\dfrac{\mathrm{d}e'_{di}}{\mathrm{d}t}$ 方程两边同时乘以 $\dfrac{1}{x_{qi}-x'_{qi}}\left(\dfrac{\mathrm{d}e'_{di}}{\mathrm{d}t}\right)$。

第 4 步：将 $\dfrac{\mathrm{d}e''_{di}}{\mathrm{d}t}$ 方程两边同时乘以 $\dfrac{(x_{qi}-x'_{qi})(x'_{qi}-x''_{qi})+(x'_{qi}-x_{ei})^2}{(x'_{qi}-x''_{qi})(x_q-x_{ei})^2}\left(\dfrac{\mathrm{d}e''_{di}}{\mathrm{d}t}\right)$。

对以上方程求和后积分，(经过复杂的过程)得到与发电机和网络方程相关的能量函数，可记为

$$
W = W_s + W_{PF} + W_{\text{Rotor}}
$$

上述能量函数可整理如下：

$$
W = W_k + \sum_{i=1}^{23} U_i
$$

$$
W_k = 动能
$$

$$
= \frac{1}{2}\sum_{i=1}^{n} M_i \omega_i^2
$$

$$
U_1 = 网络电抗产生的势能
$$

$$=-\frac{1}{2}\sum_{i=1}^{n+m}B_{ii}\,(V_i^2-V_i^{(0)^2})-\sum_{i=1}^{n+m-1}\sum_{j=i+1}^{n+m}B_{ij}\,(V_iV_j\cos\theta_{ij}-V_i^{(0)}V_j^{(0)}\cos\theta_{ij}^{(0)})$$

$$U_2=\text{因发电机次暂态电抗产生的势能}$$

$$=-\frac{1}{4}\sum_{i=1}^{n}\frac{x_{di}''+x_{qi}''}{x_{di}''x_{qi}''}(V_i^2-V_i^{(0)^2})$$

$$U_3=\text{因 }x_{di}''\neq x_{qi}''\text{ 产生的势能}$$

$$=-\frac{1}{4}\sum_{i=1}^{n}\left(\frac{x_{di}''-x_{qi}''}{x_{di}''x_{qi}''}\right)[V_i^2\cos2(\delta_i-\theta_i)-V_i^{(0)^2}\cos2(\delta_i^{(0)}-\theta_i^{(0)})]$$

$$U_4=\text{因 }e_{qi}'V_i\text{ 产生的势能}$$

$$=-\sum_{j=1}^{n}\frac{x_{di}''-x_{ei}}{x_{di}''(x_{di}'-x_{ei})}[e_{qi}'V_i\cos(\delta_i-\theta_i)-e_{qi}'^{(0)}V_i^{(0)}\cos(\delta_i^{(0)}-\theta_i^{(0)})]$$

$$U_5=\text{因 }e_{qi}''V_i\text{ 产生的势能}$$

$$=-\sum_{i=1}^{n}\frac{x_{di}''-x_{ei}}{x_{di}''(x_{di}'-x_{ei})}\left[1+\frac{(x_{di}-x_{di}')(x_{di}'-x_{di}'')}{(x_{di}'-x_{ei})^2}\right]$$

$$[e_{qi}''V_i\cos(\delta_i-\theta_i)-e_{qi}''^{(0)}V_i^{(0)}\cos(\delta_i^{(0)}-\theta_i^{(0)})]$$

$$U_6=\text{因 }e_{qi}'^2\text{ 产生的势能}$$

$$=\sum_{i=1}^{n}\frac{1}{2}\left[\frac{1}{x_{di}-x_{di}'}+\frac{x_{di}'-x_{di}''}{(x_{di}'-x_{ei})^2}+\frac{(x_{di}''-x_{ei})^2}{x_{di}''(x_{di}'-x_{ei})^2}\right][e_{qi}'^2-(e_{qi}'^{(0)})^2]$$

$$U_7=\text{因 }e_{qi}''^2\text{ 产生的势能}$$

$$=\frac{1}{2}\sum_{i=1}^{n}\frac{x_{di}'}{x_{di}''}\frac{(x_{di}'-x_{ei})^2}{(x_{di}'-x_{di}'')(x_{di}-x_{ei})^2}\left[1+\frac{(x_{di}-x_{di}')(x_{di}'-x_{di}'')}{(x_{di}'-x_{ei})^2}\right]^2[e_{qi}''^2-(e_{qi}''^{(0)})^2]$$

$$U_8=\text{因 }e_{qi}'e_{qi}''\text{ 产生的势能}$$

$$=-\sum_{i=1}^{n}\frac{x_{ei}}{e_{di}''(x_{di}-x_{ei})}\left[1+\frac{(x_{di}-x_{di}')(x_{di}'-x_{di}'')}{(x_{di}'-x_{ei})^2}\right](e_{qi}'e_{qi}''-e_{qi}'^{(0)}e_{qi}''^{(0)})$$

$$U_9=\text{因 }e_{di}'V_i\text{ 产生的势能}$$

$$=\sum_{i=1}^{n}\frac{x_{qi}''-x_{ei}}{x_{qi}''(x_{qi}'-x_{ei})}[e_{di}'V_i\sin(\delta_i-\theta_i)-e_{di}'^{(0)}V_i^{(0)}\sin(\delta_i^{(0)}-\theta_i^{(0)})]$$

$$U_{10}=\text{因 }e_{di}''V_i\text{ 产生的势能}$$

$$=\sum_{i=1}^{n}\frac{(x_{qi}'-x_{ei})}{x_{qi}''(x_{qi}'-x_{ei})}\left[1+\frac{(x_{qi}-x_{qi}')(x_{qi}'-x_{qi}'')}{(x_{qi}'-x_{ei})^2}\right]$$

$$[e_{di}''V_i\sin(\delta_i-\theta_i)-e_{di}''^{(0)}V_i^{(0)}\sin(\delta_i^{(0)}-\theta_i^{(0)})]$$

$$U_{11}=\text{因 }e_{di}'^2\text{ 产生的势能}$$

$$=\sum_{i=1}^{n}\frac{1}{2}\left[\frac{1}{x_{qi}-x_{qi}'}+\frac{x_{qi}'-x_{qi}''}{(x_{qi}'-x_{ei})^2}+\frac{(x_{qi}''-x_{ei})^2}{x_{qi}''(x_{qi}'-x_{ei})^2}\right][e_{di}'^2-(e_{di}'^{(0)})^2]$$

$U_{12} =$ 因 $e_{di}''^2$ 产生的势能

$$= \frac{1}{2} \sum_{i=1}^{n} \frac{x_{qi}'}{x_{qi}''} \frac{(x_{qi}' - x_{ei})^2}{(x_{qi}' - x_{qi}'')(x_{qi} - x_{ei})^2} \left[1 + \frac{(x_{qi} - x_{qi}')(x_{qi}' - x_{qi}'')}{(x_{qi}' - x_{ei})^2} \right]^2$$
$$\left[e_{di}''^2 - (e_{di}''^{(0)})^2 \right]$$

$U_{13} =$ 因 $e_{di}' e_{di}''$ 产生的势能

$$= - \sum_{i=1}^{n} \frac{x_{ei}}{x_{qi}''(x_{qi} - x_{ei})} \left[1 + \frac{(x_{qi} - x_{qi}')(x_{qi}' - x_{qi}'')}{(x_{qi}' - x_{ei})^2} \right] \left[e_{di}' e_{di}'' - e_{di}'^{(0)} e_{di}''^{(0)} \right]$$

$U_{14} =$ 因电导产生的势能

$$= \sum_{i=1}^{n+m} G_{ii} \int V_i^2 d\theta_i + \sum_{i=1}^{n+m-1} \sum_{j=i+1}^{n+m} G_{ij} \int \left[V_i V_j \cos\theta_{ij} d(\theta_i + \theta_j) + \sin\theta_{ij} (V_j dV_i - V_i dV_j) \right]$$

$$U_{15} = \text{由有功负荷产生的势能} = \sum_{i=1}^{n+m} \int P_{Li} d\theta_i$$

$$U_{16} = \text{由无功负荷产生的势能} = \sum_{i=1}^{n+m} \int \frac{Q_{Li}}{V_i} dV_i$$

$$U_{17} = \text{由机械功率产生的势能} = - \sum_{i=1}^{n} \int P_{mi} d\delta_i$$

$$U_{18} = \text{由阻尼功率产生的势能} = \sum_{i=1}^{n} D_i \int \omega_i d\delta_i$$

$$U_{19} = \text{由励磁产生的势能} = - \sum_{i=1}^{n} \frac{1}{x_{di} - x_{di}'} \int E_{fdi} dE_{gi}'$$

$$U_{20} = \text{由} \frac{de_{qi}'}{dt} \text{变化产生的势能} = \sum_{i=1}^{n} \frac{T_{doi}'}{x_{di} - x_{di}'} \int \left(\frac{de_{qi}'}{dt} \right)^2 dt$$

$U_{21} = $ 由 $\dfrac{de_{qi}''}{dt}$ 产生的势能

$$= \sum_{i=1}^{n} \frac{T_{dki}''}{x_{di}' - x_{di}''} \frac{(x_{di} - x_{di}')(x_{di}' - x_{di}'') + (x_{di}' - x_{ei})^2}{(x_{di} - x_{ei})^2} \int \left(\frac{de_{qi}''}{dt} \right)^2 dt$$

$$U_{22} = \text{由} \frac{de_{di}'}{dt} \text{产生的势能} = \sum_{i=1}^{n} \frac{T_{qoi}'}{x_{qi} - x_{qi}'} \int \left(\frac{de_{di}'}{dt} \right)^2 dt$$

$U_{23} = $ 由 $\dfrac{de_{di}''}{dt}$ 产生的势能

$$= \sum_{i=1}^{n} \frac{T_{qki}''}{x_{qi}' - x_{qi}''} \frac{(x_{qi} - x_{qi}')(x_{qi}' - x_{qi}'') + (x_{qi}' - x_{ei})^2}{(x_{qi} - x_{ei})^2} \int \left(\frac{de_{di}''}{dt} \right)^2 dt$$

注意 $U_1 \sim U_{13}$ 为解析形式的路径无关项；$U_{14} \sim U_{23}$ 为路径相关项，需要先假设适当的路径，之后进行数值积分才能够得到。

因为上述能量函数的导数是以首次积分为基础的，可知沿故障后轨迹 $\dfrac{dW}{dt} = 0$。

如果能量函数中不含 U_{18}、U_{20}、U_{21}、U_{22} 和 U_{23} 等项，则沿故障后轨迹可得

$$
\begin{aligned}
\frac{\mathrm{d}W}{\mathrm{d}t} =& -\sum_{i=1}^{n} D_i \omega_i^2 - \sum_{i=1}^{n} \frac{T'_{doi}}{x_{di}-x'_{di}} \int \left(\frac{\mathrm{d}e'_{gi}}{\mathrm{d}t}\right)^2 - \sum_{i=1}^{n} \frac{T'_{qi}}{x_{qi}-x'_{qi}} \int \left(\frac{\mathrm{d}e'_{di}}{\mathrm{d}t}\right)^2 \\
& -\sum_{i=1}^{n} \frac{T''_{dki}}{x'_{di}-x''_{di}} \frac{(x_{di}-x'_{di})(x'_{di}-x''_{di})+(x'_{di}-x_{ei})^2}{(x_{di}-x_{ei})^2} \left(\frac{\mathrm{d}e''_{qi}}{\mathrm{d}t}\right)^2 \\
& -\sum_{i=1}^{n} \frac{T''_{qki}}{x'_{qi}-x''_{qi}} \frac{(x_{qi}-x'_{qi})(x'_{qi}-x''_{qi})+(x'_{qi}-x_{ei})^2}{(x_{qi}-x_{ei})^2} \left(\frac{\mathrm{d}e''_{di}}{\mathrm{d}t}\right)^2 \\
& \leqslant 0
\end{aligned}
$$

7.4　数值病态问题

用射线近似法计算数值能量函数时可能会出现数值病态问题。观察式(7.7)和式(7.8)可知，如果 $\Delta\theta_{ij}$ 接近于 0，将会出现病态问题。以下使用图 7.3 中的 9 母线系统阐述病态问题。考虑非均匀阻尼的情形：$D_i/M_i=[0.1,0.2,0.3]$，负荷为恒阻抗模型形式(表 7.1)。

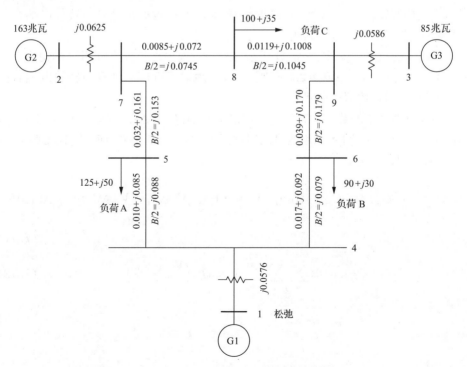

图 7.3　3 机 9 节点测试系统

表 7.1　事故列表与故障后 SEP

事故编号	故障母线	故障清除形式	首端母线	末端母线	故障后 SEP $(\delta_1,\delta_2,\delta_3)$
1	7	线路跳闸	7	5	$(-0.1736, 0.5199, 0.2576)$
2	7	线路跳闸	8	7	$(-0.0987, 0.3980, -0.0708)$
4	5	线路跳闸	5	4	$(-0.0590, 0.1786, 0.0839)$
5	4	线路跳闸	4	6	$(-0.0592, 0.1957, 0.0492)$
7	9	线路跳闸	6	9	$(-0.1322, 0.3365, 0.3230)$
8	9	线路跳闸	9	8	$(-0.0764, 0.2031, 0.1682)$

　　将事故 1 的故障后 SEP、主导 UEP 列入表 7.2 中。主导 UEP 与故障后 SEP 的角度差是主导 UEP 法估算能量裕度时所必需的。表 7.3 中列出的逸出点与故障后 SEP 的角度差是 PEBS 估算能量裕度时所必需的。注意到角度差 $\Delta\theta_{45} = \Delta\theta_4 - \Delta\theta_5$ 接近于 0，采用射线近似法计算与转移电纳有关的势能时，将会出现数值病态问题。

　　事故 2 的故障后 SEP、主导 UEP 见表 7.4。逸出点与故障后 SEP 的角度差见表 7.5。角度差 $\Delta\theta_{89} = \Delta\theta_8 - \Delta\theta_9$ 接近于 0，采用射线近似法计算与转移电纳有关的势能时，会出现数值病态问题。

　　事故 4 的故障后 SEP、主导 UEP 见表 7.6。逸出点与故障后 SEP 的角度差见表 7.7。角度差 $\Delta\theta_{57} = \Delta\theta_5 - \Delta\theta_7$ 接近于 0，采用射线近似法计算与转移电纳有关的势能时，会出现数值病态问题。

　　射线近似法中的数值病态问题可用以下规则：如果 $\Delta\theta_{ij} = \theta_{ij} - \theta_{ij0} < 1.0e^{-6}$，则假定 $\Delta\theta_{ij} = 0.0$。之后，采用改进的射线近似法，当 $\Delta\theta_{ij} \approx 0.0$ 时，路径相关项 U_2 和 U_3 就可以改写为

$$U_2 \approx \sum_{i=1}^{n-1} \sum_{j=i+1}^{n} G_{ij} (\Delta\theta_i + \Delta\theta_j) \cos\theta_{ij0} \left[V_{i0}V_{j0} + \frac{1}{2}(V_{i0}\Delta V_j + V_{j0}\Delta V_j) + \frac{1}{3}\Delta V_i \Delta V_j \right]$$

$$(7.11)$$

$$U_3 \approx \sum_{i=1}^{n-1} \sum_{j=i+1}^{n} G_{ij} \Delta V_i \sin\theta_{ij0} \left(\frac{V_j + V_{j0}}{2} \right)$$

$$(7.12)$$

表 7.2　事故 1 的故障后 SEP 与主导 UEP

平衡点	$(\delta_1, \delta_2, \delta_3)$	$(V_1, V_2, \cdots, V_9)$	$(\theta_1, \theta_2, \cdots, \theta_9)$
x_{SEP}	(−0.173 6, 0.519 9, 0.257 6)	(1.014 1, 1.006 7, 0.995 5, 0.974 8, 0.925 7, 0.954 4, 0.997 3, 0.979 6, 0.993 0)	(−0.206 5, 0.342 6, 0.114 2, −0.240 4, −0.338 3, 0.183 4, 0.245 6, 0.131 9, 0.066 9)
$x_{\text{主导CUEP}}$	(−0.765 7, 2.056 0, 1.641 9)	(0.827 6, 0.843 6, 0.641 8, 0.610 6, 0.579 9, 0.322 7, 0.749 0, 0.638 1, 0.527 2)	(−0.764 1, 1.888 9, 1.483 5, −0.761 6, −0.859 6, 0.351 6, 1.766 9, 1.600 4, 1.385 0)

表 7.3　事故 1 的相角差

相角差	$\Delta\delta_1$	$\Delta\delta_2$	$\Delta\delta_3$	$\Delta\theta_1$	$\Delta\theta_2$	$\Delta\theta_3$	$\Delta\theta_4$	$\Delta\theta_5$	$\Delta\theta_6$	$\Delta\theta_7$	$\Delta\theta_8$	$\Delta\theta_9$
$\theta_{\text{主导UEP}}-\theta_{\text{SEP}}$	−0.592 1	1.536 0	1.384 3	−0.557	1.546 2	1.369 3	−0.521 2	−0.521 2	−0.168 2	1.521 3	1.468 5	1.318 1
$\theta_{\text{EXIT}}-\theta_{\text{SEP}}$	−0.540 4	1.836 2	0.340 0	−0.508	1.749 6	0.444 8	−0.476 3	−0.476 3	−0.313 4	1.570 8	1.173 3	0.464 5

注：相角差 $\Delta\theta_{45}=\Delta\theta_4-\Delta\theta_5$ 几乎为零，会引起数值病态问题

表 7.4　事故 2 的故障后 SEP 与主导 UEP

平衡点	$(\delta_1, \delta_2, \delta_3)$	$(V_1, V_2, \cdots, V_9)$	$(\theta_1, \theta_2, \cdots, \theta_9)$
x_{SEP}	(−0.098 7, 0.398 0, −0.070 8)	(1.028 9, 1.014 5, 0.989 3, 1.003 8, 0.964 7, 0.983 5, 1.009 2, 0.947 6, 0.985 1)	(−0.133 1, 0.220 0, −0.217 4, −0.167 4, −0.134 2, −0.253 0, 0.123 7, −0.357 6, −0.266 2)
$x_{\text{主导UEP}}$	(−0.487 9, 2.030 1, −0.484 2)	(0.869 7, 0.627 0, 0.881 6, 0.692 6, 0.393 6, 0.733 4, 0.440 5, 0.809 3, 0.841 3)	(−0.493 4, 1.793 8, −0.607 4, −0.501 3, −0.262 1, −0.611 5, 1.498 4, −0.746 9, −0.655 5)

表 7.5　事故 2 的相角差

相角差	$\Delta\delta_1$	$\Delta\delta_2$	$\Delta\delta_3$	$\Delta\theta_1$	$\Delta\theta_2$	$\Delta\theta_3$	$\Delta\theta_4$	$\Delta\theta_5$	$\Delta\theta_6$	$\Delta\theta_7$	$\Delta\theta_8$	$\Delta\theta_9$
$\theta_{\text{主导UEP}}-\theta_{\text{SEP}}$	−0.389 2	1.632 1	−0.413 4	−0.360 3	1.573 8	−0.390 0	−0.333 9	−0.127 9	−0.358 5	1.374 7	−0.389 2	−0.389 2
$\theta_{\text{EXIT}}-\theta_{\text{SEP}}$	−0.579 0	1.828 0	0.660 4	−0.486 3	1.844 7	0.437 7	−0.352 9	−0.162 9	−0.091 9	1.728 4	0.320 3	0.320 3

注：相角差 $\Delta\theta_{89}=\Delta\theta_8-\Delta\theta_9$ 几乎为零，在应用射线近似法计算转移电导的势能时会引起数值病态问题

表 7.6　事故 4 的故障后 SEP 与主导 UEP

平衡点	$(\delta_1,\delta_2,\delta_3)$	$(V_1,V_2,\cdots,V_9)$	$(\theta_1,\theta_2,\cdots,\theta_9)$
x_{SEP}	(−0.059 0, 0.178 6, 0.083 9)	(1.049 9, 0.995 0, 1.014 6, 1.044 4, 0.879 8, 1.020 8, 0.979 7, 0.983 6, 1.018 0)	(−0.089 5, 0.000 8, −0.055 1, −0.118 7, −0.271 4, −0.163 8, −0.098 3, −0.138 4, −0.099 9)
$x_{\text{主导UEP}}$	(−0.856 3, 3.219 2, 2.006 9)	(0.826 5, 0.813 7, 0.597 5, 0.608 4, 0.633 3, 0.263 8, 0.705 2, 0.597 4, 0.470 3)	(−0.856 4, 2.044 0, 1.833 9, −0.856 6, 1.735 1, 0.607 9, 1.908 2, 1.806 2, 1.713 3)

表 7.7　事故 4 的相角差

相角差	$\Delta\delta_1$	$\Delta\delta_2$	$\Delta\delta_3$	$\Delta\theta_1$	$\Delta\theta_2$	$\Delta\theta_3$	$\Delta\theta_4$	$\Delta\theta_5$	$\Delta\theta_6$	$\Delta\theta_7$	$\Delta\theta_8$	$\Delta\theta_9$
$\theta_{\text{主导UEP}}-\theta_{\text{SEP}}$	−0.797 3	2.040 6	1.923 0	−0.767 0	2.043 3	1.889 0	−0.738 0	2.006 5	−0.444 1	2.006 5	1.944 4	1.813 2
$\theta_{\text{EXIT}}-\theta_{\text{SEP}}$	−0.791 9	2.194 4	1.553 7	−0.743 5	2.134 6	1.582 1	−0.685 9	2.037 7	−0.328 2	2.037 7	1.876 2	1.548 7

注：相角差 $\Delta\theta_{57}=\Delta\theta_5-\Delta\theta_7$ 几乎为零，在应用射线近似法计算转移电导的势能时会引起数值病态问题

7.5 近似方法的数值评价

为评价射线近似法和梯形近似法得到的数值能量函数,我们将主导 UEP 法用于这两个数值能量函数进行 CCT 估计。估计出的 CCT 再与时域仿真得到的精确结果相比较。精确 CCT 与 CCT 估计值的比较结果可见表 7.8 和表 7.9。

表 7.8 使用改进射线近似法计算数值能量函数估计出的 CCT 情况

事故编号	逸出点处的势能	主导 UEP 处的势能	CCT 估计值	CCT 精确值	误差/%
1	1.8234	3.5802	0.262	0.170	−54.12
2	1.8975	−0.2992	0.000	0.187	100.0
4	9.2757	9.5050	0.520	0.424	−22.64
5	7.8330	7.6405	1.000	0.320	−212.5
7	0.9867	2.1678	0.259	0.224	−15.63
8	2.6840	1.0988	0.174	0.245	28.98

注:射线近似法的误差过大,说明其并不适用于数值能量函数的构造

表 7.9 使用梯形近似法计算数值能量函数估计出的 CCT 情况

事故编号	逸出点处的势能	主导 UEP 处的势能	CCT 估计值	CCT 精确值	误差/%
1	1.0625	0.7663	0.158	0.170	7.06
2	1.7909	0.9465	0.155	0.187	17.11
4	2.3545	2.2614	0.411	0.424	3.07
5	2.4229	2.1744	0.304	0.320	5.00
7	1.9412	1.0476	0.194	0.224	13.40
8	2.6094	1.7112	0.207	0.245	15.51

注:梯形近似法误差较小,说明其适用于数值能量函数的构造

表 7.8 列出了每个事故在逸出点处的势能作为 PEBS 法的临界能量,主导 UEP 的势能作为主导 UEP 法的临界能量,改进的射线近似法所得数值能量函数下主导 UEP 法计算出的 CCT,时域仿真法得到的准确的 CCT,以及相关的误差值。从表 7.8 中提供的误差信息可见,其较大的误差表明使用射线近似法计算数值能量函数是不可靠的。

表 7.9 列出了各种事故在逸出点处的势能作为 PEBS 法的临界能量,主导 UEP 的势能作为主导 UEP 法的临界能量,梯形近似法所得数值能量函数下主导 UEP 法计算出的 CCT,时域仿真法得到的准确的 CCT,以及相关的误差值。从表 7.9 中提供的误差信息可见,其较小的误差表明梯形近似法在该数值计算中表现较为可靠。可知使用梯形近似法计算数值能量函数是可靠的。

尽管改进的射线近似法能够克服数值病态问题,但该法估计出的 CCT 与准确值之间的差别仍较大。此外,从测试系统大多数事故中可以看到,改进的射线近似法构造的能量函数往往会高估 CCT。相反,梯形近似法没有数值病态问题,在本项数值研究中对所有事故都给出了保守的 CCT 估计。这表明梯形近似法在路径相关项的计算中比射线近似法更为优秀。为取得更好的效果,第 7.6 节将提出改进的梯形近似法。

7.6 多步梯形法

本节提出一种改进的数值能量函数近似计算方法。其基本思想为,主导 UEP 能量函数值的计算通过将梯形法应用于主导 UEP 与故障后 SEP 之间的多个点来实现(图 7.4),而不是仅仅将梯形法应用于主导 UEP 和故障后 SEP 两个状态向量。

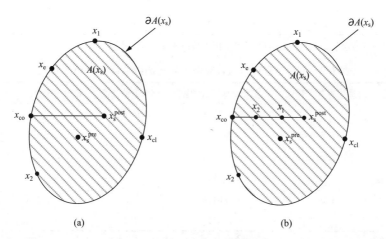

图 7.4 路径相关次的计算方法

(a)传统梯形近似法以主导 UEP 和故障后 SEP 为"端点",用梯形法则计算路径相关项;(b)三步梯形近似法以主导 UEP、$\bar{x}_1$、$\bar{x}_2$ 和故障后 SEP 为"端点"通过三次数值积分计算路径相关项

例如,三步梯形近似法中,将主导 UEP、$\bar{x}_1$、$\bar{x}_2$ 和故障后 SEP 作为应用梯形法的"端点",通过以下三项数值积分来估算路径相关项:

$$\int_{x_s^{post}}^{x_{co}} f(x)\mathrm{d}x \cong \frac{b-a_1}{2}(f(a_1)+f(b))+\frac{a_1-a_2}{2}(f(a_1)+f(a_2))$$
$$+\frac{a_2-a}{2}(f(a_2)+f(a)) \tag{7.13}$$

式中,$b=f(x_{co})$;$a_1=f(x_1)$;$a_2=f(x_2)$;$a=f(x_s^{post})$。

多步梯形近似法能够得到更精确的数值能量函数值。应用到 9 节点系统的 6 个事故分析中,对每个事故都可以得到更精确的 CCT 结果。表 7.10 比较了时域仿真法得到的准确的 CCT,梯形近似法估算出的 CCT,和(新的)多步梯形近似法估算出的 CCT。与表 7.9 中的 CCT 准确值相比,多步近似法的计算误差远远小于传统的梯形近似法。例如,事故 1 的计算误差从 7.06% 降为 1.18%,事故 4 的计算误差从 3.07% 降为 0.24%,事故 5 的计算误差从 5.00% 降为 1.88%,事故 8 的计算误差从 15.51% 降为 9.80%。由此可知,对每一种故障情形,多步梯形近似法得到的 CCT 都比传统梯形近似法更为准确。

表 7.10　使用多步梯形近似法计算数值能量函数估计出的 CCT 情况

事故编号	逸出点处的势能	改进后的主导 UEP 处的势能	CCT 估计值	新 CCT 估计值	CCT 精确值	误差/%
1	1.0625	0.8733	0.158	0.168	0.170	1.18
2	1.7909	1.1251	0.155	0.167	0.187	10.7
4	2.3545	2.3934	0.411	0.425	0.424	0.24
5	2.4229	2.3528	0.304	0.314	0.320	1.88
7	1.9412	1.1908	0.194	0.204	0.224	8.93
8	2.6094	2.0343	0.207	0.221	0.245	9.80

多步梯形法中的步数会对如主导 UEP 等点的能量函数值的估算产生影响。随着步数的增加,该点的能量函数值的估计会以较小的计算量为代价得到改进。当步数增加到一个阈值时,该点的能量函数值将饱和。如表 7.11 所示,CCT 估计

表 7.11　事故 1 估计点编号、路径相关项势能的变化、主导 UEP 处势能变化和 CCT 估计情况

积分步数	势能中的路径相关项	总势能	CCT 估计值/秒
1	0.7238	0.7663	0.158
2	0.7960	0.8385	0.165
3	0.8149	0.8574	0.166
5	0.8251	0.8676	0.167
7	0.8279	0.8704	0.168
10	0.8294	0.8719	0.168
15	0.8302	0.8727	0.168
20	0.8305	0.8730	0.168
30	0.8307	0.8732	0.168
50	0.8308	0.8733	0.168
80	0.8308	0.8733	0.168
100	0.8308	0.8733	0.168

注: 对 CCT 及临界能量估计的改进随着积分步数的增加而提升

值采用了传统方法,而新CCT估计值采用了多步法,误差一栏统计的是多步梯形法计算的误差。例如,两步梯形法得到的主导UEP处的能量函数值为0.8385,相应的CCT估计值为0.165s。

　　下面通过数值研究评估多步法的步数对CCT估计的影响。步数从1开始,然后是2,3,5,7,10,15,20,30,50,80,100。4种不同事故相应的CCT估计值列于表7.11~表7.14中。如表7.11所示,传统梯形法(即单步法)得到的主导UEP处的数值能量函数值为0.7663,相应的CCT为0.158s。两步梯形法得到的主导UEP处的数值能量函数值为0.8385,相应的CCT估计值为0.165s。三步梯形法得到的主导UEP处的数值能量函数值为0.8574,相应的CCT估计值为0.166s。随着步数增加,CCT估计及临界能量都会得到改进,但是当步数大于等于7时,这种改进就饱和了。

　　相似的情况也出现在其他的事故分析中,分别见表7.12~表7.14。可以得出,随着步数增加,CCT估计和临界能量不断改进,但步数达到阈值后将会饱和。不同事故的阈值不同。例如,事故1、2的阈值为7,事故4的阈值为5,事故5的阈值为7。阈值的大小似乎与事故有关。

表7.12　事故2估计点的数目、路径相关项势能的变化、主导UEP处势能变化和CCT估计情况

积分步数	势能中的路径相关项	总势能	CCT估计值/s
1	−0.3974	0.9465	0.155
2	−0.2752	1.0686	0.163
3	−0.2446	1.0993	0.165
5	−0.2281	1.1157	0.166
7	−0.2235	1.1203	0.167
10	−0.2210	1.1228	0.167
15	−0.2197	1.1241	0.167
20	−0.2193	1.1246	0.167
30	−0.2189	1.1249	0.167
50	−0.2188	1.1251	0.167
80	−0.2187	1.1251	0.167
100	−0.2187	1.1251	0.167

　　注:对CCT及临界能量估计的改进随着积分步数的增加而提升,但当积分步数到达7时,改良的效果开始饱和

表 7.13　事故 4 估计点的数目、路径相关项势能的变化、主导 UEP 处势能变化
和 CCT 估计情况

积分步数	势能中的路径相关项	总势能	CCT 估计值/s
1	2.7657	2.2614	0.411
2	2.8428	2.3385	0.419
3	2.8731	2.3687	0.422
5	2.8893	2.3850	0.424
7	2.8936	2.3892	0.424
10	2.8958	2.3914	0.425
15	2.8969	2.3926	0.425
20	2.8973	2.3929	0.425
30	2.8976	2.3932	0.425
50	2.8977	2.3934	0.425
80	2.8978	2.3934	0.425
100	2.8978	2.3934	0.425

注：对 CCT 及临界能量估计的改进随着积分步数的增加而提升，但当积分步数达到 5 时，改良的效果开始饱和

表 7.14　事故 5 估计点的数目、路径相关项势能的变化、主导 UEP 处势能变化
和 CCT 估计情况

积分步数	势能中的路径相关项	总势能	CCT 估计值/s
1	2.3019	2.1744	0.304
2	2.4075	2.2799	0.310
3	2.4479	2.3204	0.312
5	2.4693	2.3418	0.313
7	2.4749	2.3473	0.314
10	2.4777	2.3502	0.314
15	2.4792	2.3517	0.314
20	2.4797	2.3522	0.314
30	2.4801	2.3526	0.314
50	2.4803	2.3528	0.314
80	2.4803	2.3528	0.314
100	2.4803	2.3528	0.314

注：对 CCT 及临界能量估计的改进随着积分步数的增加而提升，但当积分步数达到 7 时，改良的效果开始饱和

7.7　关于修正的数值能量函数

由于有损耗暂态稳定模型可能不存在解析的能量函数,当数值能量函数不能提供准确的能量裕度时,就需要对数值能量函数进行验证与修正。该问题还没有得到广泛关注。在文献中,人们尝试运用物理概念,调整那些促进系统解列的发电机的动能修正能量裕度。这种启发式方法的准确性尚不明确。由于现在还没有其他更好的方法,故仍广泛采用通过显式的轨迹近似方法构造数值能量函数。

势能函数中的路径相关项还带来了其他一些数值计算上的困难。从理论上看,能量函数值必须有一个参考点——故障后的 SEP。然而,如果要求取状态空间中的一点的能量函数值,则故障后 SEP 与该点之间的轨迹需要耗时的全程时域仿真,一个解决办法是沿着故障中轨迹计算并存储能量值。一旦确定出临界能量(主导 UEP 的能量是由故障前 SEP 至主导 UEP 的线性路径确定的),通过计算出的能量裕度与已存储的沿故障中轨迹的能量值比较,就可以得到 CCT 的估计值。但这种 CCT 计算方法的准确性会因能量函数中的路径相关项而受到严重破坏。这是因为临界能量裕度使用故障前 SEP 到主导 UEP 的线性路径轨迹(即射线近似)计算得出,而沿故障中曲线的能量函数值是使用实际的故障中轨迹计算得出的。由于故障中轨迹可能不在故障前 SEP 到故障清除点的线性路径上,造成数值能量函数计算结果的误差难以接受。显然,需要对计算出来的能量裕度做一些修正,使修正后的能量裕度既准确又保守。

我们相信,附加到目前的能量裕度计算步骤中的修正方法是能够开发出来的。修正方法的目标是要补偿能量裕度计算中假设的线性路径或二次路径所带来的影响。一个有效的修正方法是采用实际的故障中轨迹取代线性路径。这种方法值得进行深入的研究。

7.8　本 章 小 结

本章提出了两种导出数值能量函数的方法。一种方法是基于首次积分原理,而另一种是两步法。现有的能量函数都包括两部分,即解析项(路径无关项)和路径相关项。路径相关项的计算是基于射线近似法或梯形近似法。这两种方法的结果得到了校验。

从本章可以得出,射线近似法在计算路径相关势能项时会出现数值病态问题。对此提出了改进的射线近似法来加以解决。然而,采用改进的射线近似法估计出的 CCT 与准确的 CCT 之间仍存在显著差异。数值研究发现,改进的射线近似法可能导致对 CCT 的过高估计。此外,梯形近似法不存在数值病态问题,且在数值研究中对所有事故都估算出了保守的 CCT。因此,梯形近似法在势能路径相关项的计算中优于射线近似法。

为进一步改进梯形近似法,本章提出了一种多步梯形近似法。改进方法的一个显著优点是,与 CCT 准确值相比,多步近似法的计算误差远远小于传统的梯形近似法。随着步数增加,CCT 和临界能量的估计值不断得到改进,但步数达到阈值后将会饱和,而且阈值与事故有关。

由于现在还没有其他更好的方法,故仍广泛采用通过显式的轨迹近似方法构造数值能量函数。为修正数值能量函数可能带来的误差,需要修正计算出来的能量函数,使得修正后的能量函数能给出既准确又保守的稳定估计结果。在目前的能量裕度计算步骤中加入修正方法的想法很有可能会实现。修正方法的目标是要补偿能量函数计算中假设的线性路径或二次路径所带来的影响。一个有效的修正方法是采用实际故障中轨迹取代线性路径,因为实际故障中轨迹在直接法中是可以得到的。然而,对这种方法仍需要做深入的研究。

第 8 章 稳定分析的直接法

8.1 引　　言

传统的时域仿真方法对故障中和故障后轨迹都要进行数值积分,根据故障后轨迹进行故障后系统的稳定性评估。典型的仿真时间是 10s,当考虑多摆失稳时会长于 15s,这使得传统方法相当费时,也使得传统的时域方法不可能实际应用于电力系统的在线稳定评估(Chiang,1996,1999;El-kady et al.,1986;Groom et al.,1996)。相比之下,直接法只对故障中轨迹进行积分,不需要对故障后系统进行积分,将系统能量(故障清除时刻)与一个临界能量值相比,来判定故障清除后系统是否能够保持稳定。直接法不仅避免对故障后系统做费时的数值积分,同时还能够提供系统稳定/不稳定的量度(Chiang,1991;Chiang et al.,1995;Fouad and Vittal,1988;Gibescu et al.,2005;Hiskens and Hill,1989)。

暂态稳定的基本问题是:从故障后初始状态 $x(t_{\mathrm{cl}})$ 出发,故障后系统最终能否趋于稳态 x_{s},即电力系统稳定性分析的目的是确定故障后轨迹的初始点是否位于一个可接受的 SEP(安全的稳定状态)的稳定域(吸引域)内。

直接法稳定性分析的问题可以转述为:给定一组非线性方程及其初始条件,在不采用显式数值积分的情况下确定后续轨迹能否达到所希望的稳态。直接法分析中假定满足以下条件。

假设(A8.1):故障前 SEP $x_{\mathrm{s}}^{\mathrm{pre}}$ 位于预期的故障后 SEP x_{s} 的稳定域中。

目前应用最广泛的暂态稳定分析方法是通过故障后系统模型的数值积分,对故障后系统动态响应进行数值仿真。然而,直接法一开始就假定故障后 SEP x_{s} 是存在的,而且满足(电力系统)运行约束(安全的稳定状态)。如果这个平衡点不存在,直接法就不能求解该问题,需要时域仿真来加以验证。接下来,直接法要确定故障后轨迹的初始点是否在可接受的 SEP 的稳定域内。若在,则直接法不需要了解故障后轨迹的动态,就断定故障后轨迹将收敛到 x_{s}。

使用直接法对故障后系统稳定性进行估计的基础是有关稳定域的知识:如果故障后系统的初始点位于预期的 SEP 的稳定域内,那么不需要做任何数值积分就可以保证后续的系统轨迹将收敛于 SEP。因此,稳定域的知识在直接法中占有重要地位。

第 8.2 节~第 8.4 节中将给出直接法的启发式介绍,包括最近 UEP 法、PEBS

法和主导 UEP 法。

8.2　一个简单系统

直接法应用的启发式的观点来自于经典的等面积法则。考虑式(8.1)表示的单机-无穷大系统

$$\dot{\delta} = \omega$$

$$M\dot{\omega} = -D\omega - P_0\sin\delta + P_m$$

$$(8.1)$$

在 $\{(\delta,\omega) = -\pi < \delta < \pi, \omega = 0\}$ 所确定的范围之内有三个平衡点,它们是 SEP $(\delta_s,0) = (\sin^{-1}(P_m/P_0),0)$,和 UEP$(\delta_1,0) = (\pi - \sin^{-1}(P_m/P_0),0)$、$(\delta_2,0) = (-\pi - \sin^{-1}(P_m/P_0),0)$。该系统的能量函数可定义如下

$$E(\delta,\omega) = \frac{1}{2}M\omega^2 - P_m\delta - P_0\cos\delta \qquad (8.2)$$

这个能量函数可分为动能函数 $K(\omega)$ 和势能函数 $U(\delta)$:

$$E(\delta,\omega) = K(\omega) + U(\delta) \qquad (8.3)$$

式中,$K(\omega) = \frac{1}{2}M\omega^2$;$U(\delta) = -P_m\delta - P_0\cos\delta$。势能函数 $U(\cdot)$ 为 δ 的函数,如图 8.1 所示。注意到函数 $U(\delta)$ 在如下(简化)系统的 UEPδ_1 和 δ_2 处达到局部极大值

$$\dot{\delta} = -P_0\sin\delta + P_m \qquad (8.4)$$

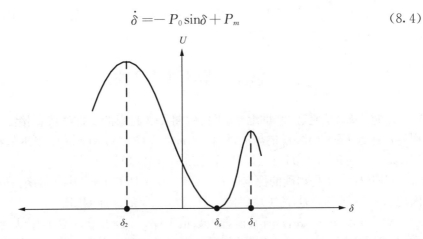

图 8.1　势能函数图示

势能函数 $U(\delta)$ 仅为 δ 的函数,在 UEP δ_1 和 δ_2 处达到局部极大值

系统是二维的,因此图 8.2 中显示的 $(\delta_s,0)$ 的稳定域是二维的。关于稳定域 $A(\delta_s,0)$,我们可以得到:① 稳定域 $A(\delta_s,0)$ 完全由稳定边界 $\partial A(\delta_s,0)$ 刻画出来,它由 UEP$(\delta_1,0)$ 和 $(\delta_2,0)$ 的稳定流形构成(图 8.2)。② 稳定域 $A(\delta_s,0)$ 与角度空间 $\{(\delta,\omega)\,|\,\delta=R,\omega=0\}$ 的交集为 $A_\delta=\{(\delta,0)\,|\,\delta\in[\delta_2,\delta_1],\omega=0\}$。③ 一维稳定域 A_δ 的边界为两点 δ_1 和 δ_2,其中 $(\delta_1,0)$ 和 $(\delta_2,0)$ 为稳定边界 $\partial A(\delta_s,0)$ 上的 UEP。④ δ_1 和 δ_2 两点为势能函数 $U(\bullet)$ 的极大值点。

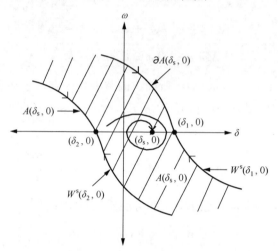

图 8.2　单机-无穷大系统的稳定域

SEP$(\delta_s,0)$ 及其稳定域 $A(\delta_s,0)$(阴影区域)的位置情况,稳定边界 $\partial A(\delta_s,0)$
由 UEP$(\delta_1,0)$ 的稳定流形和 UEP$(\delta_2,0)$ 的稳定流形构成

这个简单系统的稳定性不需要了解故障后轨迹的情况,就可根据能量函数 $U(\delta)$ 直接评估出来。第 8.3 节~第 8.5 节提出的方法可用来评估系统的稳定性。

8.3　最近 UEP 法

最近 UEP 法是在 20 世纪 60 年代后期发展起来的一种经典直接法。该法使用经过最近 UEP $(\delta_1,0)$ 的等能量面 $\{(\delta,\omega)\,|\,V(\delta,\omega)=U(\delta_1)\}$ 来近似稳定边界 $\partial A(\delta_s,0)$。对第 8.2 节讨论过的简单系统,可以发现。

UEP $(\delta_1,0)$ 是精确的稳定边界 $\partial A(\delta_s,0)$ 上所有 UEP 中能量函数值最低的,因此 $(\delta_1,0)$ 被称为是 $(\delta_s,0)$ 关于能量函数 $U(\delta)$ 的最近 UEP。

对给定状态 $(\delta_{cl},\omega_{cl})$,若其能量函数值 $V(\delta_{cl},\omega_{cl})$ 小于 $U(\delta_1)$,则认为 $(\delta_{cl},\omega_{cl})$ 在 $(\delta_s,0)$ 的稳定域内(图 8.3)。因此,不需做数值积分就可以断言,最终轨迹将收敛到 $(\delta_s,0)$。

这种最近 UEP 法虽然简单,但结果可能相当保守,尤其是故障中轨迹经过

$W^s(\delta_2,0)$ 穿越稳定边界 $\partial A(\delta_s,0)$ 的情况(图 8.4(a))。例如,采用最近 UEP 法,从稳定域 $A(\delta_s,0)$ 中点 P 出发的故障后轨迹将被认为是不稳定的。显然,这是不正确的,因为最终轨迹将收敛到 $(\delta_s,0)$,因而系统是稳定的(图 8.4(b))。

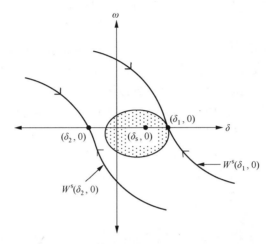

图 8.3　最近 UEP 法估计的稳定域

最近 UEP 法使用经过最近 $UEP(\delta_1,0)$ 的等能量面来估计(整个)稳定边界 $\partial A(\delta_s,0)$,

阴影区域为最近 UEP 法估计出的稳定域

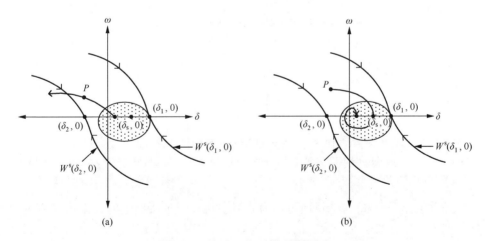

(a)　　　　　　　　　　　　　(b)

图 8.4　最近 UEP 法的局限图示

(a)故障中轨迹经 $W^s(\delta_2,0)$ 穿过稳定边界时,最近 UEP 法给出非常保守的稳定估计;(b)对于从位于稳定域 $A(\delta_s,0)$ 中的点 P 出发的故障后轨迹,最近 UEP 法会将该事故判别为不稳定事故,但实际上该轨迹最终将收敛到 $(\delta_s,0)$,因此是稳定的

　　最近 UEP 法能够给出稳定域整体的准确估计,但是不能给出相关稳定边界的准确估计。这是由于最近 UEP 法没有考虑故障中轨迹。人们已经认识到该方

法的保守性。正是因为其过于保守,在实际中最近 UEP 法并没有得到广泛使用。第 9 章将给出最近 UEP 法的严格分析,并给出其理论基础。

8.4　主导 UEP 法

主导 UEP 法是 20 世纪 80 年代发展起来的,其目标在于通过考虑与故障中轨迹的相关性来减小最近 UEP 法的保守性。以简单系统为例阐述这种方法。为了评估故障中轨迹 $(\delta(t),\omega(t))$ 向 δ_1 移动的故障后系统的稳定性,主导 UEP 法使用经过 UEP $(\delta_1,0)$ 的等能量面 $\{(\delta,\omega)\mid E(\delta,\omega)=U(\delta_1)\}$ 作为故障后系统相关稳定边界的局部近似。同样,对故障中 $(\delta(t),\omega(t))$ 向 δ_2 移动的轨迹,使用经过 UEP $(\delta_2,0)$ 的等能量面 $\{(\delta,\omega)\mid E(\delta,\omega)=U(\delta_2)\}$ 作为故障后系统相关稳定边界的局部近似(图 8.5)。因此,对每条故障中轨迹都存在一个唯一对应的 UEP,其稳定流形构成了相关稳定边界。该 UEP 就是主导 UEP。

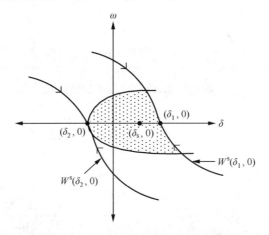

图 8.5　主导 UEP 法估计的稳定域

主导 UEP 法使用经过主导 UEP 的等能量面来估计相关稳定边界,阴影区域为主导 UEP 法估计出的稳定域,主导 UEP 法不能对整个稳定边界进行估计,可是它能够为相关稳定边界提供准确的估计

经过主导 UEP 的等能量面可作为故障中轨迹经过所确定的稳定边界相关部分的准确近似。如果给定状态的能量函数值小于主导 UEP 的能量函数值,那么在主导 UEP 法下认为该状态处于 $(\delta_s,0)$ 的稳定域中。因此,无需做数值积分,就可以断定最终轨迹将收敛到 $(\delta_s,0)$。

主导 UEP 法使用经过主导 UEP 的等能量面近似相关的稳定边界。显然,主导 UEP 法不能给出稳定边界整体的近似。但它提供了相关稳定边界的准确近似。主导 UEP 法尽管比最近 UEP 法复杂,却能给出比最近 UEP 法更准确、保守性更低的稳定性评估。图 8.6 说明了这一点,假设故障中轨迹到达 $(\bar{\delta},\bar{\omega})$ 时故障被清除,从 $(\bar{\delta},\bar{\omega})$ 出发的故障后轨迹位于稳定域 $A(\delta_s,0)$ 内,并会收敛到 $\mathrm{SEP}(\delta_s,0)$。因此,故障后系统是稳定的。用主导 UEP 法判断该故障后轨迹是稳定的,而用最近 UEP 法判断其为不稳定的。这再次说明了最近 UEP 法的保守性,它没有考虑与故障中轨迹的相关性。

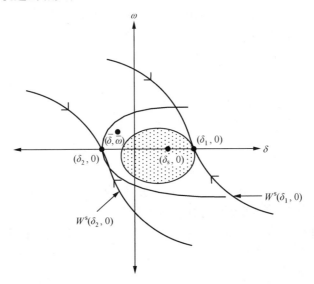

图 8.6　主导 UEP 法与相关 UEP 法对比图示

对于从位于稳定域 $A(\delta_s,0)$ 内的状态 $(\bar{\delta},\bar{\omega})$ 出发的故障后轨迹,主导 UEP 法正确地将事故判别为
稳定事故,而最近 UEP 法将其判别为不稳定事故

以下是主导 UEP 法的三个基本步骤:

第 1 步:对故障中轨迹 $(x(t),\dot{x}(t))$ 进行积分。假设故障中轨迹与故障后 SEP 的稳定边界上的一个 UEP 的稳定流形相交。

第 2 步:令该 UEP(即主导 UEP)的势能为 v,则故障中轨迹 $(x(t),\dot{x}(t))$ 的临界能量值为 v。

第 3 步:使用等能量面 $\{(x,\dot{x}) \mid V(x,\dot{x}) = v\}$ 作为相关稳定边界的局部近似。如果故障清除时刻的能量值小于临界能量值 v,则故障后系统将保持稳定;否则,系统可能会失稳。

第 11~13 章将对主导 UEP 法做严格分析,并给出其理论基础。

8.5　PEBS 法

主导 UEP 法的主要问题是,寻找与故障中轨迹相关的主导 UEP 通常是极具难度的。PEBS 法在不用计算故障后系统的 UEP 的前提下,设法寻找相关稳定边界的局部近似。下面用单机-无穷大系统给出 PEBS 法的启发式解释。

(1) 在势能函数 $V_P(\bullet)$ 上找到局部极大值点 x_1 和 x_2。

(2) 对于那些 $x(t)$ 分量向 x_1 移动的故障中轨迹 $(x(t), \dot{x}(t))$，则将集合(即等能量面$\{(x, \dot{x}) \mid V(x, \dot{x}) = V_P(x_1)\}$) 作为 $(\delta_s, 0)$ (相关)稳定边界的局部近似。对于那些 $x(t)$ 分量向 x_2 移动的故障中轨迹 $(x(t), \dot{x}(t))$，则将集合$\{(x, \dot{x}) \mid V(x, \dot{x}) = V_P(x_2)\}$ 作为 $(\delta_s, 0)$ (相关)稳定边界的局部近似。

应当指出，对于单机-无穷大系统：①稳定边界与集合 $\dot{x} = 0$ 的交集仅由势能函数 $V_P(x)$ 确定；②在这种特殊情况下，PEBS 法与主导 UEP 法性能相近。

Kakimoto 等(1978)提出，PEBS 法是势能等值面上的"脊"，即由 V_P 的极大值点连接而成。这样构造出的 PEBS 显然与等势能曲线 $V_P(\bullet)$ 垂直。此外，沿着与 PEBS 垂直的方向，势能 V_P 在 PEBS 上取得一个局部极大值。以下是 PEBS 法的两个基本步骤。

第 1 步：对故障中轨迹 $(x, \dot{x})$ 进行积分。假设 $x(t)$ 在穿过 PEBS 的交点处势能为 v，则故障中轨迹的临界能量值为 v。

第 2 步：使用等能量面 $\{(x, \dot{x}) \mid V(x, \dot{x}) < v\}$ 作为相关稳定边界的局部近似。如果故障清除时刻的能量值小于临界能量值 v，则故障后系统保持稳定；否则，系统可能会失稳。

基于启发式的观点导出了多机系统中的 PEBS 法。除了单机-无穷大系统外，尚缺乏 PEBS 法的理论证明。对于多机系统，现在还不明确 PEBS 是否就是多机系统稳定边界与子空间 $\{(x, \dot{x}) \mid \dot{x} = 0\}$ 的交集。此外，由于 PEBS 是基于启发式的方式提出来的，该法是否给出了较好的稳定边界的局部近似，或在什么情况下能够给出较好的近似，这些都难以界定。

第 10 章将对 PEBS 法做严格分析，并给出其理论基础。

8.6　本 章 小 结

在单机-无穷大系统上的阐述勾勒出了最近 UEP 法、主导 UEP 法和 PEBS 法的主要轮廓。此外，着重指出这三类直接法在稳定性评估时的区别，同时还揭示出直接法的三个主要步骤。

第 1 步：构造故障后系统的能量函数 $V(\delta, \omega)$。

第 2 步：对给定故障中轨迹计算出临界能量 V_{cr}(如基于主导 UEP 法)。

第 3 步：比较故障清除点时刻的能量 $V(\delta_{cl}, \omega_{cl})$ 与临界能量 V_{cr}。如果 $V(\delta_{cl}, \omega_{cl}) < V_{cr}$ 则故障后轨迹是稳定的；否则系统可能不稳定。

将上述有关直接法的判断推广到多机系统并不简单，一部分原因是二维系统与高维系统的非线性动态上存在着内在区别。下面几章将给出直接法的严格分析和理论基础。特别地，我们将能量函数理论应用并拓展到电力系统暂态稳定模型，提出包括最近 UEP 法、主导 UEP 法和 PEBS 法等直接法的理论基础。本书的重点在主导 UEP 法，因为这是最好的直接法。

在电力系统暂态稳定的直接法分析中，一个难题是：给定状态空间中的一点（如故障后系统的初始点），简单地比较给定点的能量与水平集的能量难以确定出水平集中究竟哪一个连通分支包含这个给定点。这是由于，一个水平集通常包括若干个连通分支，而根据能量函数值对这些分支加以区分并不容易。例如，状态 x_1、x_2 能量函数值相同，但 x_1 在稳定域内，而 x_2 在稳定域外（最近 UEP 法见图 8.7；主导 UEP 法见图 8.8）。

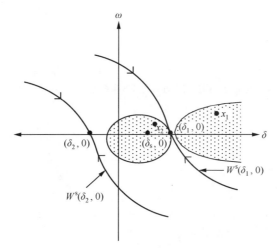

图 8.7　最近 UEP 法示意图

最近 UEP 法使用包含 SEP 且经过最近 $\text{UEP}(\delta_1,0)$ 的连通等能量面来估计（整个）稳定边界 $\partial A(\delta_s,0)$，但仅凭借能量函数值很难对图 8.7 中两点 x_1 和 x_2 进行区分

幸运的是，在直接法的背景下，这个困难可以避免，因为直接法还需要计算这些相关内容：①故障前 SEP；②故障中轨迹；③故障后 SEP。这些信息足以用来识别水平集是否包含了故障后系统初始点的连通分支。

上述分析引出了直接法所需的基本假设。

基本假设：故障前 SEP 需要位于故障后 SEP 的稳定域内。

如果故障后系统与故障前系统相同，则该假设是平凡的。由于稳定域是具有一定大小的开集，这个假设对绝大多数事故都是合理的。如果某些极端事故不满足这个基本假设，那么对这些事故的稳定性分析就需要使用时域仿真法。

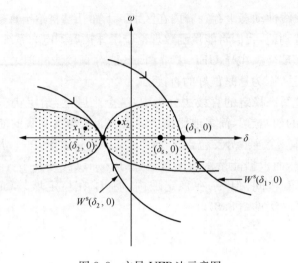

图 8.8   主导 UEP 法示意图

主导 UEP 法使用包含 SEP 且经过主导 UEP(δ_1,0)的连通等能量面来估计相关稳定边界，
但仅凭借能量函数值很难对图 8.8 中两点 x_1 和 x_2 进行区分

第9章　最近不稳定平衡点法的理论基础

9.1　引　　言

最近 UEP 法是电力系统动态安全评估方面的的经典工具（Chiang and Thorp，1989a；Cook and Eskicioglu，1983；El-Abiad and Nagappan，1966）。本章从理论和计算两方面研究该方法，还将研究电力系统不同参数发生变化时最近 UEP 的鲁棒性。最近 UEP 法的鲁棒性突显了其在电力系统动态安全评估中的实用性（Lee and Chiang，2004；Pavella et al.，2000；Qiu et al.，1989；Ribbens-Pavella and Evans，1985）。

本章提出了一种具有坚实理论基础的改进最近 UEP 法。这种改进方法探讨了模型结构，提出了一种降阶方法计算降阶模型的最近 UEP。此外本章还得到，在整个稳定域中，改进最近 UEP 法使用相应能量函数刻画出的估计稳定域最大，因此可称其为最优估计；研究了最近 UEP 的存在性和唯一性问题；推导了最近 UEP 的拓扑特征和动态特征。

9.2　结构保留模型

本章使用电力系统结构保留模型。考虑包含 n_g 台发电机、(n_1-n_g) 个负荷母线的电力系统。发电机采用内节点、机端母线和连接在这两者之间的电抗表示。为简单起见，假设输电线路是无损的，并采用 π 形模型表示；内节点电压幅值为常数；机端母线和负荷母线的有功负荷包括两部分，即常数项和与频率变化保持线性关系的项；无功功率为母线电压幅值的函数。

令 $J_L=\{1,2,\cdots,n_1-n_g\}$ 为负荷母线；$J_T=\{n_1-n_g+1,\cdots,n_1\}$ 为发电机机端母线；$J_I=\{n_1+1,\cdots,n\}$ 为发电机内节点，且 $J=J_L\bigcup J_T\bigcup J_I$。令 V_i,θ_i 表示节点 i 的电压幅值和相角。将母线 n 作为参考母线，定义相对角度为

$$\delta_i=\theta_i-\theta_n,i=1,2,\cdots,n-1$$

未知的状态变量是相对角度 $\boldsymbol{\delta}=(\delta_1,\delta_2,\cdots,\delta_{n-1})^\mathrm{T}$ 和负荷母线与机端母线的电压幅值 $\boldsymbol{V}=(V_1,V_2,\cdots,V_{n_l})^\mathrm{T}$。

在每个发电机内节点，使用摇摆方程表示有功功率平衡：

$$m_i\dot{\omega}_i + d_i\omega_i + f_i(\boldsymbol{\delta},\boldsymbol{V}) = P_{m_i}, i \in J_I$$
$$f_i(\boldsymbol{\delta},\boldsymbol{V}) = V_iV_jB_{ij}\sin(\delta_i - \delta_j), j = i - n_g \tag{9.1}$$

式中，$\omega_i - \dot{\theta}_i$ 为相对于同步转速的发电机转速；$d_i > 0$ 为阻尼系数；$m_i > 0$ 为发电机惯性常数；P_{m_i} 为机械注入功率；$B_{ij}(i,j)$ 为节点电纳矩阵 $\boldsymbol{B}$ 中的元素。注意 $B_{ii} < 0$ 和 $B_{ij} > 0, i \neq j$。

各发电机机端母线的有功和无功功率平衡方程为

$$d_i\omega_i + f_i(\boldsymbol{\delta},\boldsymbol{V}) = P_i, i \in J_T \tag{9.2}$$

$$g_i(\boldsymbol{\delta},\boldsymbol{V}) = 0, i \in J_T \tag{9.3}$$

式中，$\omega_i = \dot{\delta}_i$ 为母线 i 的频率；$d_i > 0$ 为负荷频率参数；P_i 为同步频率下母线 i 的有功注入。

$$f_i(\boldsymbol{\delta},\boldsymbol{V}) = \sum_{j \in J-\{i\}} V_iV_jB_{ij}\sin(\delta_i - \delta_j), i \in J_T$$

$$g_i(\boldsymbol{\delta},\boldsymbol{V}) = -V_i^2B_{ii} - \sum_{j \in J-\{i\}} V_iV_jB_{ij}\cos(\delta_i - \delta_j) - Q_i(V_i)$$

式中，$Q_i(V_i)$ 为母线 i 上的无功需求。

各负荷母线上的有功和无功平衡方程为

$$d_i\omega_i + f_i(\boldsymbol{\delta},\boldsymbol{V}) = P_i, i \in J_L \tag{9.4}$$

$$g_i(\boldsymbol{\delta},\boldsymbol{V}) = 0 \tag{9.5}$$

式中，$\omega_i = \dot{\theta}_i; d_i > 0$。有

$$f_i(\boldsymbol{\delta},\boldsymbol{V}) = \sum_{j \in J-\{i\}} V_iV_jB_{ij}\sin(\delta_i - \delta_j)$$

$$g_i(\boldsymbol{\delta},\boldsymbol{V}) = -V_i^2B_{ii} - \sum_{j \in J-\{i\}} V_iV_jB_{ij}\cos(\delta_i - \delta_j) - Q_i(V_i)$$

则电力系统总的数学表达式是

$$\dot{\boldsymbol{\delta}} = \boldsymbol{T}_2\boldsymbol{\omega}_g - \boldsymbol{T}_1\boldsymbol{D}_1^{-1}\boldsymbol{T}_1^{\mathrm{T}}[\boldsymbol{f}(\boldsymbol{\delta},\boldsymbol{V}) - \boldsymbol{P}]$$
$$\dot{\boldsymbol{\omega}}_g = -\boldsymbol{M}_g^{-1}\boldsymbol{D}_g\boldsymbol{\omega}_g - \boldsymbol{M}_g^{-1}\boldsymbol{T}_2^{\mathrm{T}}[\boldsymbol{f}(\boldsymbol{\delta},\boldsymbol{V}) - \boldsymbol{P}] \tag{9.6}$$
$$\boldsymbol{g}(\boldsymbol{\delta},\boldsymbol{V}) = 0$$

式中，$\boldsymbol{P} = (P_1, P_2, \cdots, P_{n-1})^{\mathrm{T}}; \boldsymbol{\omega}_g = (\omega_{n_1+1}, \cdots, \omega_n)^{\mathrm{T}}; \boldsymbol{f}(\boldsymbol{\delta},\boldsymbol{V}) = (f_1(\boldsymbol{\delta},\boldsymbol{V}), \cdots,$ $f_{n-1}(\boldsymbol{\delta},\boldsymbol{V}))^{\mathrm{T}}; \boldsymbol{g}(\boldsymbol{\delta},\boldsymbol{V}) = (g_1(\boldsymbol{\delta},\boldsymbol{V}), \cdots, g_n(\boldsymbol{\delta},\boldsymbol{V})^{\mathrm{T}}; \boldsymbol{Q}(\boldsymbol{V}) = (Q_1(V_1), \cdots, Q_{n_1}(V_{n_1}))^{\mathrm{T}}; \boldsymbol{D}_1 =$ $\mathrm{diag}\{D_1, \cdots, D_{n_1}\}; \boldsymbol{D}_g = \mathrm{diag}\{D_{n_1+1}, \cdots, D_n\}; \boldsymbol{M}_g = \mathrm{diag}\{M_{n_1+1}, \cdots, M_n\}; \boldsymbol{T}_1 =$

$$\begin{bmatrix} \boldsymbol{I}_{n_1} \\ \vdots \\ 0 \end{bmatrix} \in \mathbf{R}^{(n-1)\times n_1}; \boldsymbol{T}_2 = \begin{bmatrix} 0 \\ \vdots & \boldsymbol{e} \\ \boldsymbol{I}_{n_g-1} \end{bmatrix} \in \mathbf{R}^{(n-1)\times n_g}; \boldsymbol{I}_{n_1} \text{ 为 } n_1 \times n_1 \text{ 维单位矩阵}; \boldsymbol{e} = [-1,$$

$-1, \cdots, -1]^{\mathrm{T}} \in \mathbf{R}^{n-1}; \boldsymbol{D}_g \text{、} \boldsymbol{D}_1 \text{、} \boldsymbol{M}_g$ 为对角矩阵，且元素均为正值。

令 $x = (\delta, \omega_g)$，在任意平衡点 x 上的雅可比矩阵为

$$\boldsymbol{J}_x = \begin{bmatrix} -\boldsymbol{T}_1 \boldsymbol{D}_1^{-1} \boldsymbol{T}_1^{\mathrm{T}} \widetilde{\boldsymbol{F}}(x) & \boldsymbol{T}_2 \\ -\boldsymbol{M}_g^{-1} \boldsymbol{T}_2^{\mathrm{T}} \widetilde{\boldsymbol{F}}(x) & -\boldsymbol{M}_g^{-1} \boldsymbol{D}_g \end{bmatrix} \in \mathbf{R}^{(2n-n_1-1)\times(2n-n_1-1)}$$

式中，

$$\widetilde{\boldsymbol{F}}(x) = \frac{\partial f}{\partial \delta} - \frac{\partial f}{\partial V} \left(\frac{\partial g(x)}{\partial V} \right)^{-1} \left(\frac{\partial g(x)}{\partial \delta} \right)$$

将电力系统稳定模型[式(9.6)]记做 $d(\boldsymbol{M}_g, \boldsymbol{D})$，它由一组微分方程和代数方程描述。这类系统可能不是全局适定的，即有些轨迹沿时间正向是没有定义的。为解决这个潜在的问题，采用奇异摄动方法将模型[式(9.6)]看做以下奇异摄动方程的退化系统

$$\begin{aligned} \dot{\boldsymbol{\delta}} &= \boldsymbol{T}_2 \boldsymbol{\omega}_g - \boldsymbol{T}_1 \boldsymbol{D}_1^{-1} \boldsymbol{T}_1^{\mathrm{T}} [f(\boldsymbol{\delta}, \boldsymbol{V}) - \boldsymbol{P}] \\ \dot{\boldsymbol{\omega}}_g &= -\boldsymbol{M}_g^{-1} \boldsymbol{D}_g \boldsymbol{\omega}_g - \boldsymbol{M}_g^{-1} \boldsymbol{T}_2^{\mathrm{T}} [f(\boldsymbol{\delta}, \boldsymbol{V}) - \boldsymbol{P}] \\ \varepsilon \dot{\boldsymbol{V}} &= g(\boldsymbol{\delta}, \boldsymbol{V}) \end{aligned} \tag{9.7}$$

我们采用以下假定。

假设(A9.1)：矩阵 $\widetilde{\boldsymbol{F}}(x)$ 在模型[式(9.6)]的任何平衡点 x 处非奇异。

根据假设(A9.1)易得模型[式(9.6)]平衡点的下述性质。

命题 9.1：双曲性。

模型[式(9.6)]的平衡点均为双曲平衡点。

9.3　最近不稳定平衡点

本节将研究模型 $d(\boldsymbol{M}_g, \boldsymbol{D})$ 及其相关模型 $d(\boldsymbol{I})$ 的最近 UEP；探讨模型 $d(\boldsymbol{M}_g, \boldsymbol{D})$ 中最近 UEP 的存在性和唯一性，推导最近 UEP 的动态性质与拓扑性质。这些性质对最近 UEP 法及其基础理论的发展是有益的。

设 $(\delta^s, 0)$ 为模型 $d(\boldsymbol{M}_g, \boldsymbol{D})$ 的一个 SEP，V^s 为相应的电压幅值。考虑以下函数

$$V(\boldsymbol{\delta},\boldsymbol{\omega}_g) = \frac{1}{2}\boldsymbol{\omega}_g^{\mathrm{T}}\boldsymbol{M}_g\boldsymbol{\omega}_g - \sum_{i=1}^{n}\sum_{k=1}^{n}V_iV_kB_{ik}\cos(\delta_i-\delta_k)$$

$$+ \sum_{j=1}^{n}\sum_{k=1}^{n}V_i^sV_k^sB_{ik}\cos(\delta_i^s-\delta_k^s) - \boldsymbol{P}^{\mathrm{T}}(\boldsymbol{\delta}-\boldsymbol{\delta}^s) \qquad (9.8)$$

$$+ \sum_{i=1}^{n_1}\int_{V^s}^{V}\frac{Q_i(x_i)}{x_i}\mathrm{d}x_i$$

沿系统[式(9.6)]的轨迹对函数 $V(\boldsymbol{\delta},\boldsymbol{\omega}_g)$ [式(9.8)]求导，可得：

(1) $\dot{V}(\boldsymbol{\delta},\boldsymbol{\omega}_g) = -\sum_{i=1}^{n_1}D_i\dot{\delta}_i^2 - \sum_{i=n_1+1}^{n}D_i\omega_i^2 \leqslant 0$。此外，可证明式(9.8)中函数 $V(\cdot)$ 具有以下性质。

(2) 如果 x 不是一个平衡点，则集合 $\{t\in\mathbf{R}\mid\dot{V}(\phi(x,t))=0\}$ 在 $\mathbf{R}$ 中的测度为零，其中 $\phi(x,t)$ 表示模型 $d(\boldsymbol{M}_g,\boldsymbol{D})$ 满足 $\phi(x,0)=x$ 的轨迹。

(3) $V(\phi(x,t))$ 有界蕴涵着 $\phi(x,t)$ 是有界的。

因此，函数 $V(\boldsymbol{\delta},\boldsymbol{\omega}_g)$[式(9.8)]是模型 $d(\boldsymbol{M}_g,\boldsymbol{D})$ 的一个能量函数，它满足能量函数的三个条件(1)~(3)。

由于存在能量函数 $V(\boldsymbol{\delta},\boldsymbol{\omega}_g)$[式(9.8)]，模型 $d(\boldsymbol{M}_g,\boldsymbol{D})$ 的稳定边界可以完整地刻画出来。应用能量函数基本定理中的推论 5.1，下面是对稳定边界的完整刻画。

命题 9.2：稳定边界。

令 x_s 为模型 $d(\boldsymbol{M}_g,\boldsymbol{D})$ 的一个 SEP，且 $x_i,i=1,2,\cdots$ 为 x_s 的稳定边界 $\partial A(x_s)$ 上的平衡点。则 $\partial A(x_s)\subseteq\bigcup_iW^s(x_i)$。

根据能量函数的性质，在平衡点 x_i 的稳定流形 $W^s(x_i)$ 上，能量函数最小值点正是 x_i 本身。因此，应用定理 5.7 可推出以下性质。

命题 9.3：最近 UEP。

在模型 $d(\boldsymbol{M}_g,\boldsymbol{D})$ 的一个 SEP 的稳定边界 $\partial A(x_s)$ 上，如果 x 是 $V(\cdot)$ 的最小值点，那么 x 是系统 $d(\boldsymbol{M}_g,\boldsymbol{D})$ 的一个平衡点。

自 20 世纪 70 年代初以来，最近 UEP 的概念就被引入并且应用于电力系统稳定域的估计(Prabhakara and El-Abiad, 1975; Ribbens-Pavella and Evans, 1985)。通常，SEP x_s 关于能量函数 $V(\cdot)$ 的最近 UEP 具有以下性质：

$$V(\hat{x}) = \min_{x\in E,V(x)>V(x_s)}V(x)$$

式中，E 为模型 $d(\boldsymbol{M}_g,\boldsymbol{D})$ 平衡点的集合。采用这个定义，可以发现经典的最近 UEP 法在稳定域的估计中是非常保守的。

下面给出最近 UEP 的正式定义。

定义 9.1：对于一个能量函数 $V(\cdot)$，如果平衡点 p 满足 $V(p) = \min\limits_{x \in \partial A(x_s) \cap E} V(x)$，则称 p 为 SEP x_s 关于能量函数 $V(\cdot)$ 的最近 UEP。

这个定义与经典定义不同，经典定义中最近 UEP 是 SEP x_s 稳定边界上能量函数值最小的 UEP，而不是整个状态空间中能量函数值最小的 UEP。为便于表述，有时我们称 $\hat{x}$ 为最近 UEP，而不提及相应的 SEP 和能量函数。采用上述定义，我们应用定理 5.5 和定理 5.7 讨论关于模型 $d(\boldsymbol{M}_g, \boldsymbol{D})$ 最近 UEP 存在性和唯一性的基本问题，并给出命题 9.4 的证明。

命题 9.4：最近 UEP 的存在性和唯一性。

模型 $d(\boldsymbol{M}_g, \boldsymbol{D})$ 的 SEP x_s 关于能量函数 $V(\cdot)$ [式(9.8)] 的最近 UEP 是存在的，并且一般地，最近 UEP 是唯一的。

证明：为证明最近 UEP 的存在性，需要证明：① 稳定边界 $\partial A(x_s)$ 上存在函数 $V(\cdot)$ 值最低的点；② 稳定边界 $\partial A(x_s)$ 上函数 $V(\cdot)$ 值最低的点是一个平衡点。第 1 部分因以下事实而成立：① 函数 $V(\cdot)$ 是连续的；② 在稳定边界 $\partial A(x_s)$ 上，函数 $V(\cdot)$ 存在下界 $V(x_s)$；③ 稳定边界是闭集 [稳定域 $A(x_s)$ 为开集，而开集的边界为闭集]。第 2 部分由命题 9.2 和命题 9.3 可得，因此最近 UEP 的存在性证毕。

为证明最近 UEP 通常情况下是唯一的，只需证明对模型 $d(\boldsymbol{M}_g, \boldsymbol{D})$ 的任意两个平衡点 x_1、x_2 而言，$V(x_1) \neq V(x_2)$。可知使 $V(x_1) = V(x_2)$ 成立的条件是下列方程组有解：

$$V(x_1) = V(x_2)$$

$$\frac{\partial V}{\partial x_i}(x_1) = 0, 1 \leqslant i \leqslant 2n$$

$$\frac{\partial V}{\partial x_i}(x_2) = 0, 1 \leqslant i \leqslant 2n$$

问题在于该方程组包含 $4n$ 个未知数 (x_1, x_2)，却有 $(4n+1)$ 个方程。这意味着，没有两个平衡点具有相同函数值 $V(\cdot)$。Hirsch(1976) 和 Munkres(1975) 曾严格证明，C^2 函数 $W(\cdot)$ 的奇点处的函数值各不相同，这个性质在 $C^2(\boldsymbol{R}^{2n}, \boldsymbol{R})$ 中为一个通有性质。因此第 2 部分成立。证毕。

我们注意到，只要满足能量函数所需的三个条件，上述关于最近 UEP 存在性和唯一性的理论结果对任何能量函数都是成立的。

9.4　最近 UEP 的性质

证明了最近 UEP 的存在性和唯一性之后，接下来讨论它的性质问题。下面给出的性质是根据它的不稳定流形得出的。以下将证明，$\hat{x}$ 是 x_s 的最近 UEP 的

必要条件是 $\hat{x}$ 的不稳定流形 $W^u(\hat{x})$ 收敛到 x_s。最近 UEP 的这一性质在对其进行寻找中发挥重要作用。

定理 9.1：最近 UEP 的动态特性。

如果 $\hat{x}$ 是模型 $d(\boldsymbol{M}_g,\boldsymbol{D})$ 中 x_s 的最近 UEP，则它的不稳定流形 $W^u(\hat{x})$ 收敛到 x_s。

证明：因为 $\hat{x}$ 是 x_s 的最近 UEP，则：①$\hat{x}$ 为稳定边界 $\partial A(x_s)$ 上的平衡点；②$\hat{x}$ 是稳定边界 $\partial A(x_s)$ 上能量函数值 $V(\cdot)$ 最低的点。根据位于稳定边界上平衡点的基本定理，双曲平衡点 $\hat{x}$ 位于稳定边界 $\partial A(x_s)$ 上，当且仅当剔除 $\hat{x}$ 后 $\hat{x}$ 的不稳定流形与稳定域 $A(x_s)$ 的闭包非空相交，即 $\{W^u(\hat{x})-\hat{x}\}\bigcap \bar{A}(x_s)\neq\varnothing$。下面证明 $\{W^u(\hat{x})-\hat{x}\}\bigcap A(x_s)\neq\varnothing$。采用反证法，假设 $\{W^u(\hat{x})-\hat{x}\}\bigcap A(x_s)=\varnothing$［因 $\{W^u(\hat{x})-\hat{x}\}\bigcap\bar{A}(x_s)\neq\varnothing$，则 $\{W^u(\hat{x})-\hat{x}\}\bigcap\partial A(x_s)\neq\varnothing$］。根据命题 9.2 所述，稳定边界 $\partial A(x_s)$ 上的任意轨迹都收敛到稳定边界上的某一个平衡点，可推出 $\{W^u(\hat{x})-\hat{x}\}$ 收敛到一个平衡点，如 $\hat{p}\in\partial A(x_s)$。然而，沿模型 $d(\boldsymbol{M}_g,\boldsymbol{D})$ 的每一条轨迹的能量函数 $V(\cdot)$ 都是严格递减的，因此 $V(\hat{x})>V(\hat{p})$，这就与第 2 部分相矛盾，该部分表明在稳定边界 $\partial A(x_s)$ 上，$\hat{x}$ 的能量函数值 $V(\cdot)$ 最低。因此，可以得出结论，$W^u(\hat{x})$ 收敛到 x_s。从而可得 $\{W^u(\hat{x})-\hat{x}\}\bigcap A(x_s)\neq\varnothing$。证毕。

最近 UEP 位于稳定边界上，同时也位于拟稳定边界上。如定理 4.10 所示，由于拟稳定边界包含于位于稳定边界上的 1 型平衡点稳定流形闭包的并集，可知最近 UEP 必为一个 1 型平衡点。因此，可得最近 UEP 的以下拓扑性质。

定理 9.2：拓扑性质。

若 p 为模型 $d(\boldsymbol{M}_g,\boldsymbol{D})$ 中 x_s 的最近 UEP，则 p 是一个 1 型平衡点，其一维不稳定流形 $W^u(p)$ 收敛到 x_s。

需要注意以下两点。

(1) 定理 9.1 对降阶模型 $d(\boldsymbol{I})$ 也成立，陈述如下：若 $\bar{\delta}$ 为模型 $d(\boldsymbol{I})$ 中 δ_s 的最近 UEP，则它的不稳定流形 $W^u(\bar{\delta})$ 收敛到 δ_s。

(2) 定理 9.2 对降阶模型 $d(\boldsymbol{I})$ 也成立，陈述如下：若 $\bar{\delta}$ 为模型 $d(\boldsymbol{I})$ 中 δ_s 的最近 UEP，则 $\bar{\delta}$ 是 1 型平衡点。

9.5　最近 UEP 法

本节讨论最近 UEP 法及其理论基础。需特别指出，与传统方法相比，在整个稳定域中，用该方法相应的能量函数刻画出的估计稳定域是最大的。从这个角度看,这里提出的最近 UEP 法是最优的。

模型 $d(\boldsymbol{M}_g,\boldsymbol{D})$ 的最近 UEP 法。

第 1 步:找出模型 $d(\boldsymbol{M}_g,\boldsymbol{D})$ 的所有 1 型平衡点。

第 2 步:将这些 1 型平衡点按照能量函数值 $V(\cdot)$ 排序。

第 3 步:从能量值 $V(\cdot)$ 最低且大于 $V(x_s)$ 的 1 型平衡点开始,检验这些平衡点是否在稳定边界 $\partial A(x_s)$ 上(检验它的 1 维不稳定流形是否收敛到相应的 SEP x_s),第一个位于稳定边界上的能量函数最低的点就是最近 UEP,记为 $\hat{x}$。

第 4 步:集合 $\{x \mid V(x) < V(\hat{x})\}$ 的包含 x_s 的连通分支是对 x_s 稳定域的估计。

改进后的最近 UEP 法与传统方法有一个根本区别:只是搜索稳定边界 $\partial A(x_s)$ 上的 1 型 UEP 而不是搜索状态空间中所有类型的 UEP。换言之,这种方法不仅考虑了系统的静态性质——平衡点,而且还考虑系统的动态性质——稳定边界 $\partial A(x_s)$ 上的 1 型平衡点及其不稳定流形。两相对照,传统方法只考虑了系统的静态性质——平衡点。

由于在整个稳定域中,最近 UEP 所对应的能量函数的水平集所刻画出的估计稳定域是最大的,因此从这个角度上来看,最近 UEP 法是最优的。将定理 5.9 用于系统 $d(\boldsymbol{M}_g,\boldsymbol{D})$ 可得以下定理。

定理 9.3:最优估计。

令 $\hat{x}$ 为模型 $d(\boldsymbol{M}_g,\boldsymbol{D})$ 中 SEP x_s 关于一个能量函数 $V(\cdot)$ 的最近 UEP,$S_c(r)$ 表示集合 $\{x \mid V(x) < r\}$ 包含 x_s 的连通分支,则对于 $V(x_s) < r < V(\hat{x})$,$S_c(r) \subset A(x_s)$ 成立,且对于 $r > V(\hat{x})$,$S_c(r) \bigcap \partial A(x_s) \neq \varnothing$。

9.6　改进的最近 UEP 法

最近 UEP 法的计算可能比较复杂。我们提出一种改进的最近 UEP 法,计算上比传统方法更有效率。实际上,改进的最近 UEP 法估计的稳定域与传统方法相同(Chiang and Thorp,1989a)。

我们的方法是研究对模型 $d(\boldsymbol{M}_g,\boldsymbol{D})$ 降阶得到的另一个动态模型 $d(\boldsymbol{I})$。下文会阐明研究该降阶模型的原因。研究表明,降阶模型的最近 UEP 与原模型的最近 UEP 之间存在密切的联系,并且通过降阶模型 $d(\boldsymbol{I})$ 可以探索原模型 $d(\boldsymbol{M}_g,\boldsymbol{D})$ 最近 UEP 的一些性质。

考虑由系统 $d(\boldsymbol{M}_g,\boldsymbol{D})$ 降阶得到的模型 $d(\boldsymbol{I})$ [我们使用与式(9.6)中相同的符号]:

$$\dot{\boldsymbol{\delta}} = -[f(\boldsymbol{\delta},\boldsymbol{V}) - \boldsymbol{P}]$$
$$0 = g(\boldsymbol{\delta},\boldsymbol{V})$$

$$(9.9)$$

设模型 $d(\boldsymbol{I})$ 在平衡点 $\hat{\delta}$ 处的雅可比矩阵为 $\widetilde{F}(x)$，由于假设（A9.1），以及 $\widetilde{F}(x)$ 具有对称性，可知模型 $d(\boldsymbol{I})$ 的平衡点是双曲平衡点。

假设 δ^s 是模型 $d(\boldsymbol{I})$ 的一个 SEP，V^s 是相应的电压幅值。考虑以下函数：

$$
\begin{aligned}
V_P(\delta) =& -\sum_{i=1}^{n}\sum_{k=1}^{n} V_i V_k B_{ik} \cos(\delta_i - \delta_k) \\
& + \sum_{j=1}^{n}\sum_{k=1}^{n} V_i^s V_k^s B_{ik} \cos(\delta_i^s - \delta_k^s) - \boldsymbol{P}^{\mathrm{T}}(\boldsymbol{\delta} - \boldsymbol{\delta}^s) \\
& + \sum_{i=1}^{n_i} \int_{V^s}^{V} \frac{Q_i(x)}{x}\mathrm{d}x
\end{aligned}
\tag{9.10}
$$

为证明 $V_P(\cdot)$ 是模型 $d(\boldsymbol{I})$ 的一个能量函数，首先，沿系统［式（9.9）］的轨迹对 $V_P(\cdot)$ 求导：

$$
\dot{V}_P(\delta) = -\sum_{i=1}^{n} \dot{\delta}_i^{\,2} \leqslant 0
\tag{9.11}
$$

其次，可以看出 $\dot{V}_P(\delta) = 0$ 当且仅当 δ 为 $d(\boldsymbol{I})$ 的一个平衡点。最后，证明 $V_P(\cdot)$ 满足能量函数的条件（3）。因此，$V_P(\cdot)$ 是模型 $d(\boldsymbol{I})$ 的一个能量函数。令 $B_\varepsilon(\delta)$ 为以 δ 为球心，半径为 ε 的球，$\hat{E}$ 为 $d(\boldsymbol{I})$ 平衡点的集合。选取两个正数 ε, η，使得两个球之间的距离至少为 ε，并且对于所有 $x \notin \bigcup_{\delta \in E} B_E(\delta)$，$|f(\boldsymbol{\delta}, \boldsymbol{V}) - \boldsymbol{P}| > \eta$ 成立。沿系统 $d(\boldsymbol{I})$ 的轨迹 $\delta(t)$，令

$$
T_\varepsilon = \{t \mid \delta(t) \notin \bigcup_{\delta \in \hat{E}} B_\varepsilon(\delta)\}
\tag{9.12}
$$

记 $L(T_\varepsilon)$ 为 T_ε 的勒贝格测度，由式（9.11）可知函数 $V_P(\cdot)$ 沿轨迹严格递减，因此可得

$$
\begin{aligned}
\int_{T_\varepsilon} \langle \dot{\delta}, \dot{\delta} \rangle \mathrm{d}t &\leqslant \int_0^\infty \langle \dot{\delta}, \dot{\delta} \rangle \mathrm{d}t \\
&= V_p(\delta(0)) - V_P(\delta(\infty))
\end{aligned}
\tag{9.13}
$$

但是

$$
\int_{T_\varepsilon} \langle \dot{\delta}, \dot{\delta} \rangle \mathrm{d}t \geqslant \eta^2 L(T_\varepsilon)
\tag{9.14}
$$

由式（9.13）和式（9.14）可得

$$
L(T_\varepsilon) \leqslant \frac{V_P(\delta(0)) - V_P(\delta(\infty))}{\eta^2}
\tag{9.15}
$$

由式(9.15)可见,如果 $V_P(\delta(\infty))$ 有界,则 $L(T_\varepsilon)$ 有界。注意到对所有 $\delta \in \mathbf{R}^n$,$d(\boldsymbol{I})$ 的向量场 $-f(\boldsymbol{\delta}, \boldsymbol{V}) + \boldsymbol{P}$ 是有界的。这两者蕴涵着,经过一段有限的距离之后,$\delta(t)$ 将保持在某球体 $B_\varepsilon(\delta)$ 之内。因此,我们就证明了当 $V_p(\delta(t))$ 有界时,$\delta(t)$ 也是有界的。因此,$V_p(\cdot)$ 也满足能量函数的条件(3)。

已知系统 $d(\boldsymbol{I})$ 存在能量函数[式(9.10)],现在刻画模型 $d(\boldsymbol{I})$ 的稳定边界。

命题 9.5:稳定边界。

令 δ_s 为模型 $d(\boldsymbol{I})$ 的一个 SEP,且 $\delta_i, i = 1, \cdots, n$ 为 δ_s 稳定边界上的平衡点,记稳定边界为 $\partial A(\delta_s)$,则 $\partial A(\delta_s) \subseteq \bigcup_i W^s(\delta_i)$。

以下关于最近 UEP 存在性、唯一性的结果来自能量函数的性质,见定理 5.5 和定理 5.7。

命题 9.6:最近 UEP 的存在性和唯一性。

对于模型 $d(\boldsymbol{I})$ 的 SEP δ_s,它关于能量函数 $V_p(\cdot)$ 的最近 UEP 存在,且通常是唯一的。

改进的最近 UEP 法,对模型 $d(\boldsymbol{M}_g, \boldsymbol{D})$ 最近 UEP 与模型 $d(\boldsymbol{I})$ 最近 UEP 之间的关系进行了探索。这种方法受到以下事实的启发:在模型 $d(\boldsymbol{I})$ 的平衡点(δ)处能量函数 $V_p(\cdot)$[式(9.10)]的值等于模型 $d(\boldsymbol{M}_g, \boldsymbol{D})$ 的平衡点(δ,0)处能量函数 $V(\cdot)$[式(9.8)]的值。此外,我们将证明,模型 $d(\boldsymbol{M}_g, \boldsymbol{D})$ 的 SEP(δ_s,0)关于能量函数 $V(\cdot)$[式(9.8)]的最近 UEP 与模型 $d(\boldsymbol{I})$ 的 SEP(δ_s)关于能量函数 $V_p(\cdot)$[式(9.10)]的最近 UEP 是相互对应的。这一结果推动了改进的最近 UEP 法的发展。

从模型 $d(\boldsymbol{M}_g, \boldsymbol{D})$ 与 $d(\boldsymbol{I})$ 平衡点之间的静态关系开始研究。

命题 9.7:静态关系。

(1) δ_s 为系统 $d(\boldsymbol{I})$ 的一个 SEP,当且仅当(δ_s,0)为模型 $d(\boldsymbol{M}_g, \boldsymbol{D})$ 的一个 SEP。

(2) δ_u 为系统 $d(\boldsymbol{I})$ 的一个 k 型平衡点,当且仅当(δ_u,0)为模型 $d(\boldsymbol{M}_g, \boldsymbol{D})$ 的一个 k 型平衡点。

证明:用惯性定理证明这一结果(Yee and Spading, 1997),该定理证明,如果 $\boldsymbol{H}$ 为一个非奇异的埃尔米特矩阵,且矩阵 $\boldsymbol{A}$ 没有在虚轴上的特征值,则 $\boldsymbol{AH} + \boldsymbol{HA}^* \geqslant 0$ 蕴涵着矩阵 $\boldsymbol{A}$ 与 $\boldsymbol{H}$ 具有严格正、负实部的特征值的个数分别相等。

模型 $d(\boldsymbol{I})$ 在 δ_s 的雅可比矩阵为 $-\boldsymbol{F}(\delta_s)$,模型 $d(\boldsymbol{M}_g, \boldsymbol{D})$ 在(δ_s,0)的雅可比矩阵为

$$\boldsymbol{J}(\delta_s, 0) = \begin{bmatrix} -\boldsymbol{T}_1 \boldsymbol{D}_1^{-1} \boldsymbol{T}_1^{\mathrm{T}} \boldsymbol{F}(\delta_s) & \boldsymbol{T}_2 \\ -\boldsymbol{M}_g^{-1} \boldsymbol{T}_2^{\mathrm{T}} \boldsymbol{F}(\delta_s) & -\boldsymbol{M}_g^{-1} \boldsymbol{D}_g \end{bmatrix}$$

选定对称矩阵 $\boldsymbol{H}$:

$$H = \begin{bmatrix} -F(\delta_s)^{-1} & 0 \\ 0 & -M_g^{-1} \end{bmatrix}$$

可得

$$J(\delta_s,0)H + HJ(\delta_s,0)^{\mathrm{T}} = 2\begin{bmatrix} T_1D_1^{-1}T_1^{\mathrm{T}} & 0 \\ 0 & M_g^{-1}D_gM_g^{-1} \end{bmatrix} \geqslant 0$$

应用惯性定理,可知矩阵 $J(\delta_s,0)$ 具有正实部的特征值个数与矩阵 $-F(\delta_s)^{-1}$ 相同。由于 $F(\delta_s)^{-1}$ 与 $F(\delta_s)$ 的正(负)实部特征值个数相同,矩阵 $J(\delta_s,0)$ 与 $-F(\delta_s)$ 的正实部特征值个数相同。证毕。

如命题 9.8 所述,最近 UEP 法可用于模型 $d(I)$,证明过程与定理 5.9 相似,此处略去。

命题 9.8:最近 UEP 法。

令 $\hat{\delta}$ 为模型 $d(I)$ 中 SEP δ_s 关于能量函数 $V_P(\cdot)$ 的最近 UEP,用 $S_P(r)$ 表示集合 $\{\delta \mid V(\delta) < r\}$ 中包含 δ_s 的连通分支,则对于 $V(\delta_s) < r < V(\hat{\delta})$,$S_p(r) \subset A(\delta_s)$ 成立;且对于 $r > V(\hat{\delta})$,$S_p(r) \cap \partial A(x_s) \neq \varnothing$。

下面建立模型 $d(M_g,D)$ 与降阶系统 $d(I)$ 最近 UEP 之间的动态关系,这是改进最近 UEP 法的基础。

定理 9.4:最近 UEP 之间的关系。

$(\hat{\delta},0)$ 为模型 $d(M_g,D)$ 的 SEP$(\delta_s,0)$ 关于能量函数 $V(\cdot)$[式(9.8)]的最近 UEP,当且仅当 $\hat{\delta}$ 为降阶模型 $d(I)$ 的 SEPδ_s 关于能量函数 $V_P(\cdot)$[式(9.10)]的最近 UEP。

证明:见附录 9A。

定理 9.4 说明,为了寻找模型 $d(M_g,D)$ 关于能量函数 $V(\cdot)$ 的最近 UEP,只需要寻找降阶系统 $d(I)$ 的最近 UEP,这样计算量能够大大降低。

我们提出一种估计模型 $d(M_g,D)$ 的稳定域 $A(x_s)$ 的改进最近 UEP 法。

改进的最近 UEP 法,用于模型 $d(M_g,D)$。

第 1 步:找出模型 $d(I)$ 的所有 1 型平衡点。

第 2 步:将这些 1 型平衡点按 $V_P(\cdot)$ 能量值大小排序。

第 3 步:从能量值 $V_P(\cdot)$ 最低且大于 $V_P(\delta_s)$ 的 1 型平衡点开始,检验这些平衡点是否在稳定边界 $\partial A(\delta_s)$ 上(检验其一维不稳定流形是否收敛到 SEPδ_s)。稳定边界上能量函数值最低的点 $\hat{\delta}$ 即为系统 $d(I)$ 的最近 UEP。

第 4 步:集合 $\{(\delta,0) \mid V(\delta,0) < V_P(\hat{\delta})\}$ 包含 $(\delta_s,0)$ 的连通分支为对 $d(M_g,D)$

的 SEP$(\delta_s, 0)$的稳定域的估计。

9.7　最近 UEP 的鲁棒性

本节研究当模型 $d(\pmb{M}_g, \pmb{D})$ 的不同参数发生改变时,最近 UEP 的鲁棒性问题。特别考虑以下参数的变化:①有功功率注入(如由负荷需求变化产生);②网络拓扑结构(如由不同位置的故障产生);③矩阵 $\pmb{M}_g$ 和 $\pmb{D}$(可能由系统建模的误差产生)。注意:①和②的变化确实会造成平衡点位置发生改变,而③的变化不会导致平衡点位置发生改变。

考虑系统[式(9.6)]注入功率发生变化的情形:如由于负荷需求的变化,注入有功功率变成 $\overline{\pmb{P}}$,其中 $\overline{\pmb{P}} = (\overline{P}_1, \overline{P}_2, \cdots, \overline{P}_{n-1})^\mathrm{T}$。在这种情况下,新的系统用下式描述:

$$
\begin{aligned}
\dot{\pmb{\delta}} &= \pmb{T}_2 \pmb{\omega}_g - \pmb{T}_1 \pmb{D}_1^{-1} \pmb{T}_1^\mathrm{T} \big[\pmb{f}(\pmb{\delta}, \pmb{V}) - \overline{\pmb{P}} \big] \\
\dot{\pmb{\omega}}_g &= -\pmb{M}_g^{-1} \pmb{D}_g \pmb{\omega}_g - \pmb{M}_g^{-1} \pmb{T}_2^\mathrm{T} \big[\pmb{f}(\pmb{\delta}, \pmb{V}) - \overline{\pmb{P}} \big] \\
0 &= \pmb{g}(\pmb{\delta}, \pmb{V})
\end{aligned}
\tag{9.16}
$$

我们想知道,原模型[式(9.6)]最近 UEP 的信息对新模型[式(9.16)]的稳定评估是否有帮助,这将在下文进行阐述。注意模型[式(9.16)]的降阶模型为

$$
\dot{\pmb{\delta}} = -\big[\pmb{f}(\pmb{\delta}, \pmb{V}) - \overline{\pmb{P}} \big]
\tag{9.17}
$$

可以证明下列函数 $\overline{V}(\cdot)$ 是模型[式(9.16)]的一个能量函数。

$$
\begin{aligned}
\overline{V}(\pmb{\delta}, \pmb{\omega}_g) &= \frac{1}{2} \pmb{\omega}_g^\mathrm{T} \pmb{M}_g \pmb{\omega}_g - \sum_{i=1}^{n} \sum_{k=1}^{n} V_i V_k B_{ik} \cos(\delta_i - \delta_k) \\
&\quad + \sum_{i=1}^{n} \sum_{k=1}^{n} V_i^s V_k^s B_{ik} \cos(\delta_i^s - \delta_k^s) - \pmb{P}^\mathrm{T}(\pmb{\delta} - \pmb{\delta}^s) \\
&\quad + \sum_{i=1}^{n_1} \int_{V^s}^{V} \frac{Q_i(x)}{x} \mathrm{d}x \\
&= \overline{V}_k(\pmb{\omega}_g) + \overline{V}_p(\pmb{\delta})
\end{aligned}
\tag{9.18}
$$

式中,$\overline{V}_k(\pmb{\omega}_g) = (1/2)\pmb{\omega}_g^\mathrm{T} \pmb{M}_g \pmb{\omega}_g$。

下面探索原模型[式(9.6)]与新模型[式(9.16)]最近 UEP 之间的关系。

定理 9.5:原模型与新模型之间的关系。

令 $\hat{x}$ 为模型[式(9.6)]的 SEP x_s 关于能量函数 V[式(9.8)]的最近 UEP,则对 $\hat{x}$ 的任意邻域 $\hat{u}$,存在 $r > 0$,使得当模型[式(9.16)]满足 $|\pmb{P} - \overline{\pmb{P}}| < r$ 时,存在唯

一的平衡点 $p \in \hat{u}$ 是模型[式(9.16)]的 SEP $\hat{x}_s \in S_c(V(\hat{x}))$ 关于能量函数 $\bar{V}(\cdot)$ [式(9.18)]的最近 UEP。

证明：见附录 9B。

定理 9.5 表明，对于模型[式(9.6)]中有功注入 P 的小扰动，新模型 [式(9.16)]的稳定评估可采用以下步骤。

第 1 步：用 $\hat{\delta}$ 为初值求解非线性代数方程 $[f(\boldsymbol{\delta}, V) - \bar{P}] = 0$，其中 $\hat{x} = (\hat{\delta}, 0)$ 为模型[式(9.6)]的 SEP $(\delta_s, 0)$ 的最近 UEP，记解为 $\bar{\delta}$。

第 2 步：集合 $\{x \mid \bar{V}(x) < \bar{V}_p(\bar{\delta})\}$ 中包含 $(\bar{\delta}_s, 0)$ 的连通分支为 $(\bar{\delta}_s, 0)$ 稳定域的一个估计，其中 $(\bar{\delta}_s, 0) \in S_c(\ddot{V}(x))$ 为新模型的 SEP。

下面考虑系统[式(9.6)]的网络中出现小扰动的情况。假设由于故障，模型 [式(9.6)]经历了母线 l 与 m 之间线路的切换，对网络功率方程 $f(\cdot)$ 和 $g(\cdot)$ 产生影响，如函数 $f(\cdot)$ 变为 $\bar{f}(\cdot)$，而函数 $g(\cdot)$ 变为 $\bar{g}(\cdot)$。此外，假设所有其他参数不变，新系统表示为

$$\dot{\boldsymbol{\delta}} = \boldsymbol{T}_2 \boldsymbol{\omega}_g - \boldsymbol{T}_1 \boldsymbol{D}_1^{-1} \boldsymbol{T}_1^{\mathrm{T}} [\bar{f}(\boldsymbol{\delta}, V) - \boldsymbol{P}]$$
$$\dot{\boldsymbol{\omega}}_g = -\boldsymbol{M}_g^{-1} \boldsymbol{D}_g \boldsymbol{\omega}_g - \boldsymbol{M}_g^{-1} \boldsymbol{T}_2^{\mathrm{T}} [\bar{f}(\boldsymbol{\delta}, V) - \boldsymbol{P}] \qquad (9.19)$$
$$0 = \bar{g}(\boldsymbol{\delta}, V)$$

以下函数 $V_1(\cdot)$ 为模型[式(9.19)]的一个能量函数：

$$V_1(\boldsymbol{\delta}, \boldsymbol{\omega}_g) = \frac{1}{2} \boldsymbol{\omega}_g^{\mathrm{T}} \boldsymbol{M}_g \boldsymbol{\omega}_g - \sum_{i=1}^{n} \sum_{k=1}^{n} V_i V_k \bar{B}_{ik} \cos(\delta_i - \delta_k)$$
$$+ \sum_{j=1}^{n} \sum_{k=1}^{n} V_i^s V_k^s \bar{B}_{ik} \cos(\delta_i^s - \delta_k^s) - \boldsymbol{P}^{\mathrm{T}}(\boldsymbol{\delta} - \boldsymbol{\delta}^s) \qquad (9.20)$$
$$+ \sum_{i=1}^{n_1 - n_g} \int_{V^s}^{V} \frac{Q_i(x)}{x} \mathrm{d}x$$

注意：对 $j, k \in \{1, \cdots, n\}$，且 $j \neq l, k \neq m$，有 $B_{jk} = \bar{B}_{jk}$。由于线路切换，母线 l 与 m 之间线路断开，所以 $\bar{B}_{lm} = 0$。

将原模型[式(9.6)]与新模型[式(9.19)]最近 UEP 之间的关系总结为以下命题，其证明与定理 9.5 相似，故略去。

命题 9.9：网络拓扑的鲁棒性。

令 $\hat{x}$ 为模型[式(9.6)]的 SEP x_s 关于能量函数 $V(\cdot)$ [式(9.8)]的最近 UEP，则对 $\hat{x}$ 的任意邻域 u_1，存在 $r_1 > 0$，使得当模型[式(9.19)]满足 $|f(\cdot) - \bar{f}(\cdot)| < r_1$ 时，存在唯一的平衡点 $p \in u_1$ 是模型[式(9.19)]的 SEP $\bar{x}_s \in S_c(V(\hat{x}))$ 关于能量

函数 $V_1(\cdot)$ [式 (9.20)] 的最近 UEP。

考虑另外一种情形,由于模型矩阵 $\boldsymbol{M}_g$ 和 $\boldsymbol{D}$ 的建模误差,或者由于发电机控制设备的参数设置发生变化,模型 [式 (9.6)] 的惯性矩阵和阻尼矩阵变成 $\hat{\boldsymbol{M}}_g$ 和 $\hat{\boldsymbol{D}}$,则新系统 $d(\hat{\boldsymbol{M}},\hat{\boldsymbol{D}})$ 可由下式描述:

$$\dot{\boldsymbol{\delta}} = \boldsymbol{T}_2\boldsymbol{\omega}_g - \boldsymbol{T}_1\hat{\boldsymbol{D}}_1^{-1}\boldsymbol{T}_1^{\mathrm{T}}[f(\boldsymbol{\delta},\boldsymbol{V}) - \boldsymbol{P}]$$

$$\dot{\boldsymbol{\omega}}_g = -\hat{\boldsymbol{M}}_g^{-1}\hat{\boldsymbol{D}}_g\boldsymbol{\omega}_g - \hat{\boldsymbol{M}}_g^{-1}\boldsymbol{T}_2^{\mathrm{T}}[f(\boldsymbol{\delta},\boldsymbol{V}) - \boldsymbol{P}] \tag{9.21}$$

$$0 = g(\boldsymbol{\delta},\boldsymbol{V})$$

显然模型 $d(\boldsymbol{M}_g,\boldsymbol{D})$ 的平衡点与矩阵 $\boldsymbol{M}_g$ 和 $\boldsymbol{D}$ 无关。此外,可以推出,只要 $\boldsymbol{M}_g$ 和 $\boldsymbol{D}$ 是正定的,模型 $d(\boldsymbol{M}_g,\boldsymbol{D})$ 平衡点的类型也与 $\boldsymbol{M}_g$ 和 $\boldsymbol{D}$ 无关。下面证明,只要 $\boldsymbol{M}_g$ 和 $\boldsymbol{D}$ 是正定的,模型 $d(\boldsymbol{M}_g,\boldsymbol{D})$ 的最近 UEP 同样与 $\boldsymbol{M}_g$ 和 $\boldsymbol{D}$ 无关。

可以证明,以下函数为模型 [式 (9.21)] 的一个能量函数:

$$\hat{V}(\boldsymbol{\delta},\boldsymbol{\omega}_g) = \frac{1}{2}\boldsymbol{\omega}_g^{\mathrm{T}}\hat{\boldsymbol{M}}_g\boldsymbol{\omega}_g - \sum_{i=1}^{n}\sum_{k=1}^{n}V_iV_kB_{ik}\cos(\delta_i - \delta_k)$$

$$+ \sum_{i=1}^{n}\sum_{k=1}^{n}V_i^sV_k^sB_{ik}\cos(\delta_i^s - \delta_k^s) - \boldsymbol{P}^{\mathrm{T}}(\boldsymbol{\delta} - \boldsymbol{\delta}^s) \tag{9.22}$$

$$+ \sum_{i=1}^{n_1-n_g}\int_{V^s}^{V}\frac{Q_i(x)}{x}\mathrm{d}x$$

采用上述能量函数,可以建立模型 $d(\boldsymbol{M}_g,\boldsymbol{D})$ 与 $d(\hat{\boldsymbol{M}},\hat{\boldsymbol{D}})$ 最近 UEP 之间的关系。

下面的定理 9.6 表明,模型 $d(\boldsymbol{M}_g,\boldsymbol{D})$ 的最近 UEP 与惯性矩阵 $\boldsymbol{M}_g$ 和阻尼矩阵 $\boldsymbol{D}$ 无关。

定理 9.6: 最近 UEP 的不变性。

令 $\hat{x}$ 为模型 $d(\boldsymbol{M}_g,\boldsymbol{D})$ 的 SEP x_s 关于能量函数 $V(\cdot)$ [式 (9.8)] 的最近 UEP。如果模型 $d(\boldsymbol{M}_g,\boldsymbol{D})$ 变成 $d(\hat{\boldsymbol{M}},\hat{\boldsymbol{D}})$,则有以下两点性质:

(1) $\hat{x}$ 位于模型 $d(\hat{\boldsymbol{M}},\hat{\boldsymbol{D}})$ 的稳定边界 $\partial A(x_s)$ 上。

(2) $\hat{x}$ 是模型 $d(\hat{\boldsymbol{M}},\hat{\boldsymbol{D}})$ 的 SEP x_s 关于能量函数 $\hat{V}(\cdot)$ [式 (9.22)] 的最近 UEP。

证明: 由定理 9.4 可知, $\hat{x} = (\hat{\boldsymbol{\delta}},0)$ 为模型 $d(\boldsymbol{M}_g,\boldsymbol{D})$ 的 SEP$(\delta_s,0)$ 关于能量函数 $V(\cdot)$ [式 (9.8)] 的最近 UEP,当且仅当 $\hat{\boldsymbol{\delta}}$ 为模型 $d(\boldsymbol{I})$ 的 SEP δ_s 关于能量函数 $V_p(\cdot)$ [式 (9.10)] 的最近 UEP。再次应用定理 9.4 可知, $\hat{\boldsymbol{\delta}}$ 为模型 $d(\boldsymbol{I})$ 的 SEP δ_s 关于能量函数 $V_p(\cdot)$ [式 (9.10)] 的最近 UEP,当且仅当 $\hat{x} = (\hat{\boldsymbol{\delta}},0)$ 为模型 $d(\hat{\boldsymbol{M}},\hat{\boldsymbol{D}})$

的 SEP$(\delta_s, 0)$ 关于能量函数 $\hat{V}(\cdot)$ [式(9.22)]的最近 UEP。将以上两点相结合，可以得出定理 9.6 结论。

定理 9.6 阐述了能量函数在理解电力系统动态响应中的另一种应用。通过选择适当的能量函数，我们能够证明，在发电机惯性矩阵和阻尼矩阵发生较大变化的情况下，模型 $d(\boldsymbol{M}_g, \boldsymbol{D})$ 稳定边界上的特定的平衡点（即最近 UEP）仍然位于新模型 $d(\hat{\boldsymbol{M}}, \hat{\boldsymbol{D}})$ 的稳定边界上。由定理 9.2，即使模型的这两个矩阵受到了很大的扰动，这个特定的平衡点的不稳定流形仍然收敛到 SEPx_s。

9.8　数　值　研　究

为了简明阐述改进的最近 UEP 法，我们来看如下的例子，它近似描述了一个三机系统，以三号机作为参考机。这里采用无损耗的经典模型。

考虑如下系统：

$$\dot{\delta}_1 = \omega_1$$

$$\dot{\omega}_1 = -\sin\delta_1 - 0.5\sin(\delta_1 - \delta_2) - 0.4\delta_1$$

$$\dot{\delta}_2 = \omega_2$$

$$\dot{\omega}_2 = -0.5\sin\delta_2 - 0.5\sin(\delta_2 - \delta_1) - 0.5\delta_2 + 0.05$$

下列函数是该系统的一个能量函数：

$$V(\delta_1, \delta_2, \omega_1, \omega_2) = \omega_1^2 + \omega_2^2 - 2\cos\delta_1 - \cos\delta_2 - \cos(\delta_1 - \delta_2) - 0.1\delta_2$$

$$(9.23)$$

点 $x^s = (\delta_1^s, \omega_1^s, \delta_2^s, \omega_2^s) = (0.02001, 0, 0.06003, 0)$ 是一个 SEP，我们讨论它的稳定域。采用最近 UEP 法估计稳定边界 $\partial A(x_s)$。

第 1 步：如表 9.1 所示，在 $\{(\delta_1, \delta_2): \delta_1^s - \pi < \delta_1 < \delta_1^s + \pi, \delta_2^s - \pi < \delta_2 < \delta_2^s + \pi\}$ 区域内存在 3 个 1 型平衡点。

表 9.1　3 个 1 型平衡点的坐标及其能量函数值

1 型平衡点	δ_1	ω_1	δ_2	ω_2	$V(\cdot)$
1	0.03333	0	3.10823	0	-0.31249
2	-2.69489	0	1.58620	0	2.07859
3	-3.03807	0	0.31170	0	1.98472

第 2 步：1 型平衡点$(0.03333, 0, 3.10823, 0)$是最近 UEP，因为其不稳定流形收敛到 SEP$(0.02001, 0, 0.06003, 0)$，并且它是稳定边界上能量函数值最低的

平衡点。

第 3 步：如图 9.1 所示，水平值为 -0.31249，包含了 SEP x_s 的 $V(\cdot)$ 等能量面是整个稳定域的估计。图 9.1 中曲线 A 是准确稳定边界与角度空间 $\{\delta_1, \delta_2 \mid \delta_1 \in \mathbf{R}, \delta_2 \in \mathbf{R}\}$ 的交集。曲线 B 为改进最近 UEP 法得到的近似稳定边界与角度空间的交集。

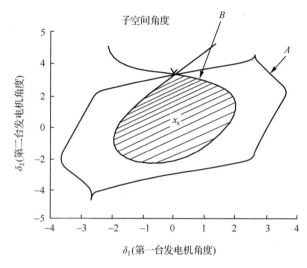

图 9.1　准确稳定边界与改进最近 UEP 法估计的稳定边界

为彰显方法的最优性，用不同能量值的等值面估计出的稳定边界如图 9.2（能量值为 -0.2）和图 9.3（能量值为 -0.4）所示。从图中可见，由能量值小于

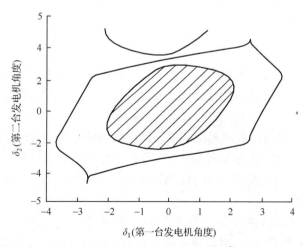

图 9.2　能量值为 -0.2 的等值面估计的稳定边界

－0.31249 的等值面估计出的稳定边界比最近 UEP 法保守得多。而能量值大于－0.31249 的等值面估计出的稳定边界并不准确,它包含了一些准确稳定域外的点。

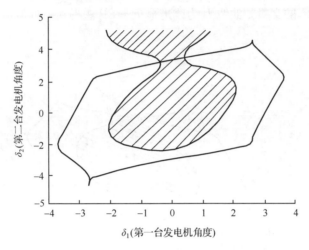

图 9.3　能量值为－0.4 的等值面估计的稳定边界

有趣的是,将 Prabhakara 和 El-Abiad (1975)提出的方法用于该系统,

$$\text{临界值} = \min\{V(\delta_{s1},\pi-\delta_{s2},0,0),V(\pi-\delta_{s1},\delta_{s2},0,0)\} \tag{9.24}$$

则 $V(\cdot)$ 的临界值将是－0.31276。这个值比改进的最近 UEP 法小,因此其给出的稳定边界的估计很保守。

9.9　本 章 小 结

本章研究了经典的和改进的最近 UEP 法。一个 SEP 的最近 UEP 定义为 SEP 稳定边界上,具有以能量函数来表征的最小距离的 UEP,即具有最小能量函数值的 UEP。理论上证明了最近 UEP 的存在性和唯一性。此外还证明,在整个稳定域中,用相应能量函数刻画出的估计稳定域是最大的,从而可以得出改进的最近 UEP 法的最优性。推导了最近 UEP 的拓扑性质和动态性质。这些性质已经结合到改进的最近 UEP 法中,并且证明了最近 UEP 与电力系统模型中的惯性矩阵和阻尼矩阵无关。

从计算角度出发,基于理论结果提出了改进的最近 UEP 法。改进的最近 UEP 法采用模型降阶方法,计算效率高。此外还证明,最近 UEP 在有功注入函数和网络功率函数上(在数学意义上)是连续的。最近 UEP 的这种鲁棒性突显出最近 UEP 法在电力系统动态安全评估中的实用性。

　　现已证明,对能量函数结构的研究能帮助我们更深刻地理解电力系统的动态特性。同样,采用适当的能量函数,当系统惯性矩阵和阻尼矩阵一同经受大的改变时,模型 $d(\boldsymbol{M}_g, \boldsymbol{D})$ 的最近 UEP 仍然在得到的新模型 $d(\hat{\boldsymbol{M}}, \hat{\boldsymbol{D}})$ 的稳定边界上。此外,在惯性矩阵和阻尼矩阵参数的变化过程中,最近 UEP 的不稳定流形总是收敛到 SEP x_s。

第 10 章　势能界面法基础

10.1　引　　言

势能界面法(potential energy bounary surface，PEBS)是一种快速的直接法，尝试避免确定 UEP(主导 UEP 或最近 UEP)的困难。对给定的故障中轨迹，PEBS 法用一种相当快速的方法来寻找与原始系统模型相关的稳定边界的局部近似进行直接暂态稳定分析。PEBS 法最初由 Kakimoto 等(1978，1984)提出，之后一些研究者对其进行了探索和拓展(Athay et al.，1979；Padiyar and Ghosh，1989；Sauer et al.，1989)。

与主导 UEP 法不同，PEBS 法不能一致地给出保守的稳定估计，在暂态稳定评估中它会做出高估或低估(即保守)的稳定评估。因此，PEBS 法的一个关键问题是它能否给出以及在什么条件下能够给出相关稳定边界(即故障中轨迹趋向的稳定边界)的良好局部近似。

PEBS 法的产生是以启发式观点为基础的。对单机-无穷大系统外的系统，PEBS 法还很缺乏理论的证明。本章给出 PEBS 法的理论基础，推导出 PEBS 法给出相关稳定边界良好局部近似的充分条件。本章中大多数的证明以 Chiang 等(1988)研究中的内容为基础。相关基础理论也为直接法暂态稳定分析中 BCU 法的发展铺平了道路。这些发展将在后面的章节中展开叙述。

10.2　PEBS 法的步骤

PEBS 起初是为暂态稳定的经典模型提出来的，经典模型中假定消除了负荷母线之后，简化网络的转移电导为零。模型中第 i 台发电机的动态响采用以下方程描述：

$$\dot{\delta}_i = \omega_i$$
$$M_i\omega_i = P_i - D_i\omega_i - \sum_{\substack{j=1 \\ j\neq i}}^{n+1} V_iV_jB_{ij}\sin(\delta_i - \delta_j) \tag{10.1}$$

以节点 $i+1$ 的角度作为参考，即 $\delta_{i+1} = 0$。下面的函数是一个常用的能量函数，即动能函数和势能函数 $V_P(\delta)$ 的和：

$$V(\delta,\omega) = \frac{1}{2}\sum_{i=1}^{n}M_i\omega_i^2 - \sum_{i=1}^{n}P_i(\delta_i - \delta_i^s) - \sum_{i=1}^{n}\sum_{j=i+1}^{n+1}V_iV_jB_{ij}$$

$$\times\left[\cos(\delta_i - \delta_j) - \cos(\delta_i^s - \delta_j^s)\right] \quad (10.2)$$

$$= \frac{1}{2}\sum_{i=1}^{n}M_i\omega_i^2 + V_P(\delta)$$

上述能量函数为势能函数和动能函数之和,$V(\delta(t),\omega(t)) = V_P(\delta(t)) + V_K(\omega(t))$。式(10.1)可以写成矩阵形式:

$$\dot{\delta} = \omega$$
$$\boldsymbol{M}\dot{\omega} = \boldsymbol{P} - \boldsymbol{D}\omega - f(\delta,V) \quad (10.3)$$

或

$$\dot{\delta} = \omega$$
$$\boldsymbol{M}\dot{\omega} = -\boldsymbol{D}\omega - \frac{\partial V_p(\delta)}{\partial\delta} \quad (10.4)$$

式中,$\delta,\omega \in \mathbf{R}^n$,且 $\boldsymbol{M}$、$\boldsymbol{D}$ 为对角矩阵,且元素均为正值。

PEBS 法可用下面两个步骤描述。

第 1 步:对故障中轨迹 $(\delta(t),\omega(t))$ 进行积分,直到在某一点穿过势能界面,该点称做逸出点,该点为故障中轨迹上的第一个势能极大值点。令逸出点的势能为 $V_P(\delta_{\text{exit}})$。

第 2 步:使用等能量面 $\{(\delta,\omega) \mid V(\delta,\omega) \leqslant V_P(\delta_{\text{exit}})\}$ 作为故障后动力系统稳定边界的局部近似。如果在故障中轨迹到达该等能量面之前清除故障,则系统将是稳定的;否则,系统可能是不稳定的。

从一些数值研究中已知,PEBS 法不能一致地给出保守的稳定估计。因此不能对相关稳定边界给出良好的局部近似。在什么条件下才能给出良好的局部估计是 PEBS 法的一个基本问题。下面进行详细的分析,并提出 PEBS 法的理论基础。

根据 Varaiya 等(1985)的建议,进行以下分析。将 PEBS 视为以下降阶模型的稳定边界,构造出的降阶模型是一个梯度系统。

$$\dot{\delta} = -\frac{\partial V_P(\delta)}{\partial\delta} \quad (10.5)$$

我们注意到原模型[式(10.4)]与构造的降阶模型[式(10.5)]有以下关系:

(1) 原模型[式(10.4)]的势能函数 $V_P(\delta)$ 是降阶模型[式(10.5)]的一个能量函数。

(2) $(\delta_s, 0)$ 是原模型[式(10.4)]的平衡点,当且仅当 (δ_s) 是降阶模型[式(10.5)]的平衡点。

(3) 原模型[式(10.4)]平衡点的能量函数值与降阶模型[式(10.5)]相应平衡点的能量函数值相等,即在平衡点处 $V(\delta_s, 0) = V_P(\delta_s)$。

下面分析原模型[式(10.4)]与构造的降阶模型[式(10.5)]之间的关系,尤其是原模型[式(10.4)]的稳定域与降阶模型[式(10.5)]的稳定域之间的关系。进行这项研究的目的在于暂态稳定问题与原模型故障后的稳定域存在密切的联系。在下面的章节中将对这些关系进行探究,并发展出 PEBS 法的理论基础。

10.3　原模型与降阶模型

对原模型[式(10.4)]与构造的降阶模型[式(10.5)]稳定边界之间的关系的研究极具挑战性。以下分三步推导这个关系。

第 1 步:确定以下两个模型稳定边界的关系。

$$\dot{\delta} = -\boldsymbol{D}^{-1} \frac{\partial V_P(\delta)}{\partial \delta} \tag{10.6}$$

与

$$\dot{\delta} = -\frac{\partial V_P(\delta)}{\partial \delta} \tag{10.7}$$

式中, $\boldsymbol{D}^{-1}$ 为矩阵 $\boldsymbol{D}$ 的逆矩阵,也是对角矩阵,且元素均为正值。

第 2 步:确定以下两个模型稳定边界的关系。

$$\dot{\delta} = \omega$$
$$\boldsymbol{M}\dot{\omega} = -\boldsymbol{D}\omega - \frac{\partial V_P(\delta)}{\partial \delta} \tag{10.8}$$

与

$$\dot{\delta} = \omega$$
$$\varepsilon I \dot{\omega} = -\boldsymbol{D}\omega - \frac{\partial V_P(\delta)}{\partial \delta} \tag{10.9}$$

第 3 步:确定以下两个模型稳定边界的关系。

$$\dot{\delta} = \omega$$
$$\varepsilon I \dot{\omega} = -\boldsymbol{D}\omega - \frac{\partial V_P(\delta)}{\partial \delta} \tag{10.10}$$

与

$$\dot{\delta} = -\boldsymbol{D}^{-1}\frac{\partial V_P(\delta)}{\partial \delta} \qquad (10.11)$$

　　采用以上三个步骤,通过第 2 步中建立起模型[式(10.8)]与模型[式(10.9)]稳定边界的关系,第 3 步中建立起模型[式(10.10)]与模型[式(10.11)]稳定边界的关系,第 1 步中建立起模型[式(10.6)]与模型[式(10.7)]稳定边界的关系,从而建立起原模型[式(10.4)][即式(10.8)]与降阶模型[式(10.5)][即式(10.7)]稳定边界之间的关系(图 10.1)。

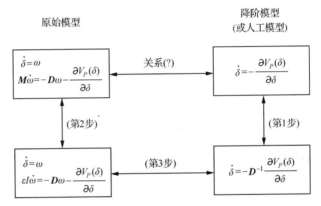

图 10.1　建立原模型[式(10.4)]与降阶模型[式(10.5)]稳定域之间关系的步骤

　　暂不讨论第 1 步中的关系,先研究以下广义梯度模型稳定边界之间的关系:

$$\dot{\delta} = -\boldsymbol{D}_1 f(\delta) \qquad (10.12)$$

与

$$\dot{\delta} = -\boldsymbol{D}_2 f(\delta) \qquad (10.13)$$

式中,$\boldsymbol{D}_1$ 和 $\boldsymbol{D}_2$ 为对角矩阵,且元素均为正值;$f(\delta)$ 为梯度向量。

　　也暂不讨论第 2 步中的关系,先研究以下模型稳定边界之间的关系:

$$\dot{\delta} = \omega$$
$$\boldsymbol{M}_1\dot{\omega} = -\boldsymbol{D}\omega - \frac{\partial V_P(\delta)}{\partial \delta} \qquad (10.14)$$

和

$$\dot{\delta} = \omega$$
$$\boldsymbol{M}_2\dot{\omega} = -\boldsymbol{D}\omega - \frac{\partial V_P(\delta)}{\partial \delta} \qquad (10.15)$$

式中，$\boldsymbol{M}_1$ 和 $\boldsymbol{M}_2$ 为对角矩阵，且元素均为正值；$\dfrac{\partial V_P(\delta)}{\partial \delta}$ 为梯度向量。

用类似的方法建立第 1 步和第 2 步的联系。该方法中，先推导出这两个系统稳定边界的完整特征，然后对这两个模型的向量场变化时稳定边界的变化做定性分析。在第 3 步中，用奇异摄动技术来建立维数不同的两个系统的稳定边界之间的关系。

由于 G_{ij} 相比简化模型中的 B_{ij} 较小，故上述的步骤也可以扩展到存在转移电导 G_{ij} 的电力系统模型中。在此模型中，第 i 台发电机的动态响应用以下方程表示：

$$\dot{\delta}_i = \omega_i$$

$$M_i\dot{\omega}_i = P_i - D_i\omega_i - \sum_{\substack{j=1 \\ j\neq i}}^{n+1} V_i V_j B_{ij}\sin(\delta_i - \delta_j) - \sum_{\substack{j=1 \\ j\neq i}}^{n+1} V_i V_j G_{ij}\cos(\delta_i - \delta_j)$$

$$\tag{10.16}$$

或列写为以下紧凑形式：

$$\dot{\delta} = \omega$$

$$\boldsymbol{M}\dot{\omega} = -\boldsymbol{D}\omega - \frac{\partial V_P(\delta)}{\partial \delta} - \varepsilon g(\delta) \tag{10.17}$$

则与原系统对应的降阶模型为

$$\dot{\delta} = -\frac{\partial V_P(\delta)}{\partial \delta} - \varepsilon g(\delta) \tag{10.18}$$

为建立原模型[式(10.17)]与构造的降阶模型[式(10.18)]两者稳定边界的关系，在建立式(10.4)与式(10.5)稳定边界的关系的三个步骤的基础上再增加两步。

第 4 步：确定以下两个模型稳定边界的关系。

$$\dot{\delta} = \omega$$

$$\boldsymbol{M}\dot{\omega} = -\boldsymbol{D}\omega - \frac{\partial V_P(\delta)}{\partial \delta} - \varepsilon g(\delta)$$

$$\dot{\delta} = \omega$$

$$\boldsymbol{M}\dot{\omega} = -\boldsymbol{D}\omega - \frac{\partial V_P(\delta)}{\partial \delta}$$

第 5 步：确定以下两个模型稳定边界的关系。

$$\dot{\delta} = -\frac{\partial V_P(\delta)}{\partial \delta} - \varepsilon g(\delta)$$

$$\dot{\delta} = -\frac{\partial V_P(\delta)}{\partial \delta}$$

不失一般性,我们来阐述怎样建立式(10.4)与式(10.5)稳定边界之间的联系。

10.4　广义梯度系统

用下列微分方程定义一个广义梯度系统 $d(\boldsymbol{D})$:

$$d(\boldsymbol{D}): \dot{x} + \boldsymbol{D}f(x) = 0 \tag{10.19}$$

式中,$\boldsymbol{D}$ 为对角矩阵,且元素均为正值;$f: \mathbf{R}^n \to \mathbf{R}^n$ 为有界梯度向量场。假设 0 为 $f(x)$ 的一个正则值,即假定在平衡点 x 处 $f(x)$ 的雅可比矩阵非奇异。记集合 $E = \{x \mid f(x) = 0\}$ 为平衡点的集合,集合 $B_r(x_s)$[或 $B_r^o(x_s)$]表示以 x_s 为中心,半径为 r 的闭球(或开球)。假定式(10.19)中的向量 $f(x)$ 满足以下条件:存在 $\varepsilon > 0$ 和 $\delta > 0$,使得

$$|B_\varepsilon(x_i) - B_\varepsilon(x_j)| > \varepsilon, \text{对于任意的 } x_i, x_j \in E \tag{10.20}$$

并且有

$$|f(x)| > \delta, \text{对于任意的 } x \notin \bigcup_{\bar{x} \in E} B_\varepsilon(\bar{x}) \tag{10.21}$$

令 $\partial A_D(x_s)$ 表示为系统 $d(\boldsymbol{D})$ 的一个 SEP x_s 的稳定边界(上下文不会混淆时,有时将 $\partial A_D(x_s)$ 记为 $\partial A(\boldsymbol{D})$)。令 $W_{\boldsymbol{D}}^s(x_i)$ 为系统 $d(\boldsymbol{D})$ SEP x_i 的稳定流形。$\phi D(p, t)$ 表示系统 $d(\boldsymbol{D})$ 在 $t = 0$ 时刻从 p 出发的轨迹。

需要注意的是:①可以证明,如果向量场 $f(x)$ 具有周期性,则满足两个条件[即式(10.20)和式(10.21)]。电力系统暂态稳定模型就满足这两个条件。②如果存在 $\delta_1 > 0$ 和 $\delta_2 > 0$,使得对任意 $x \notin B_{\delta_1}(0)$,均有 $|f(x)| > \delta_2$ 成立,则满足条件[式(10.20)和式(10.21)](Chiang and Chu, 1996)。

本节分析和刻画广义梯度系统[式(10.19)]的稳定边界。此外,还研究两个广义梯度系统的稳定边界 $\partial A_{D_1}(x_s)$ 与 $\partial A_{D_2}(x_s)$ 的关系。形如式(10.19)的两个广义梯度系统的平衡点之间的关系在定理 10.1 中做了总结。在阐述该定理之前,首先给出一个定义。$n \times n$ 维矩阵 $\boldsymbol{A}$ 的惯性指数定义为 $\text{In}(\boldsymbol{A}) = (n_s(\boldsymbol{A}), n_u(\boldsymbol{A}), n_c(\boldsymbol{A}))$,其中 $n_s(\boldsymbol{A})$、$n_u(\boldsymbol{A})$、$n_c(\boldsymbol{A})$ 分别为 $\boldsymbol{A}$ 矩阵具有正实部、负实部、零实部的特征值个数。如果在两个平衡点处向量场的雅可比矩阵具有相同的惯性指数,则称这两个平衡点的惯性指数相同。

定理 10.1:相同的平衡点具有相同的惯性指数。

形如式(10.19)的广义梯度系统具有相同的平衡点及惯性指数,且所有的平衡

点都是双曲的。

证明：由 $f(x) = 0$ 可知，$d(\boldsymbol{D}_1)$ 与 $d(\boldsymbol{D}_2)$ 平衡点相同，得

$$\boldsymbol{D}_1 \boldsymbol{J}_x = \boldsymbol{D}_1 \left[\frac{\partial f(x)}{\partial x}\right]_x$$

令 λ_x 为平衡点 x 处雅可比矩阵的特征值，令 $\boldsymbol{v}$ 为特征向量，即

$$\boldsymbol{D}_1 \boldsymbol{J}_x \boldsymbol{v} = \lambda_x \boldsymbol{v} \tag{10.22}$$

由于 $\boldsymbol{D}_1$ 为对角矩阵，且元素均为正值

$$\boldsymbol{D}_1^{1/2}(\boldsymbol{D}_1^{1/2}\boldsymbol{J}_x - \lambda_x \boldsymbol{D}_1^{-1/2})\boldsymbol{v} = 0 \tag{10.23}$$

或者

$$\boldsymbol{D}_1^{1/2}(\boldsymbol{D}_1^{1/2}\boldsymbol{J}_x\boldsymbol{D}_1^{1/2} - \lambda_x \boldsymbol{I})\boldsymbol{D}_1^{-1/2}\boldsymbol{v} = 0 \tag{10.24}$$

因为矩阵 $\boldsymbol{D}_1^{1/2}$ 和 $\boldsymbol{D}_1^{-1/2}$ 非奇异，$\boldsymbol{D}_1^{1/2}\boldsymbol{J}_x\boldsymbol{D}_1^{1/2}$ 和 $\boldsymbol{D}_1\boldsymbol{J}_x$ 的特征值相同。此外 $\boldsymbol{D}_1^{1/2}\boldsymbol{J}_x\boldsymbol{D}_1^{1/2}$ 与 $\boldsymbol{J}_x$ 是合同的。根据西尔维斯特惯性定理，合同矩阵具有相同的惯性指数。同样可得，$\boldsymbol{D}_2^{1/2}\boldsymbol{J}_x\boldsymbol{D}_2^{1/2}$ 和 $\boldsymbol{D}_2\boldsymbol{J}_x$ 的特征值相同，且 $\boldsymbol{D}_2^{1/2}\boldsymbol{J}_x\boldsymbol{D}_2^{1/2}$ 与 $\boldsymbol{J}_x$ 是合同的。证毕。

令 $\boldsymbol{D}$ 为对角矩阵，且元素均为正值；$\boldsymbol{J}$ 为非奇异的对称矩阵。定理 10.1 表明，如果矩阵 $\boldsymbol{D}$ 在扰动下变为另一个元素均为正值的对角矩阵 $\bar{\boldsymbol{D}}$，则矩阵 $\boldsymbol{DJ}$ 的特征值仍为实数，且惯性指数保持不变。

以下两条假设条件均为通有性质，在后续的分析中将要用到。

假设(C10.1)：横截相交，即稳定边界上平衡点的稳定流形和不稳定流形满足横截性条件。

假设(C10.2)：稳定边界上的平衡点是有限的，即稳定边界上平衡点的个数是有限多个。

定理 10.2 说明，如果满足假设(C10.1)，则系统[式(10.19)]的稳定边界是稳定边界上平衡点稳定流形的并集。

定理 10.2：系统 $d(\boldsymbol{D})$ 稳定边界的刻画。

令 x_s 为 $d(\boldsymbol{D})$ 的一个 SEP，$x_i, i = 1, 2, \cdots$ 为稳定边界 $\partial A_{\boldsymbol{D}}(x_s)$ 上的平衡点。如果满足假设(C10.1)，则

$$\partial A_{\boldsymbol{D}}(x_s) = \bigcup_{x_i \in E \cap \partial A_{\boldsymbol{D}}(x_s)} W_{\boldsymbol{D}}^s(x_i) \tag{10.25}$$

证明：对广义梯度系统[式(10.19)]应用定理 3.10。根据已知，满足定理 3.10 的条件(A3.1)、(A3.2)。只需证明，定理 3.10 的条件(A3.3)同样能够得到满足。

由于 $f(x)$ 为梯度向量，令 $f(x) = \nabla V(x)$（$V(x)$ 的梯度），$V: \mathbf{R}^n \to \mathbf{R}$，则 $V(x)$ 沿 $d(\mathbf{D})$ 轨迹的导数为

$$\dot{V}(x) = \langle f(x), -\mathbf{D}f(x) \rangle \leqslant -\mathrm{d} \mid f(x) \mid^2 \leqslant 0$$

式中，$d = \min\{D^1, D^2, \cdots, D^n\}$，$\mathbf{D} = \mathrm{diag}\{D^1, D^2, \cdots, D^n\}$。故由定理 5.2 可知，满足定理 3.10 的假设条件（A3.3）。证毕。

本节的后半部分将研究广义梯度系统[式(10.19)]稳定边界上的平衡点。首先证明，在向量场某些特定的"小"扰动下，稳定边界上的平衡点不发生改变。其次证明这种不变性在向量场经受某些特定的大扰动时仍然成立。

定理 10.3：局部不变性。

如果 $d(\mathbf{D})$ 满足假设（C10.1）和假设（C10.2），则存在正数 ε_D 使得 $\|\bar{\mathbf{D}} - \mathbf{D}\| < \varepsilon_D$ 时，$d(\mathbf{D})$ 的稳定边界 $\partial A(\mathbf{D})$ 上的所有平衡点也在 $d(\bar{\mathbf{D}})$ 的稳定边界 $\partial A(\bar{\mathbf{D}})$ 上，即稳定边界 $\partial A(\mathbf{D})$ 与 $\partial A(\bar{\mathbf{D}})$ 包含了相同的平衡点。

证明：见附录中定理 10.3 的证明。

定理 10.3 是关于"局部"意义上稳定边界上平衡点的不变性。它断定，如果动力系统 $d(\mathbf{D})$ 满足假设（C10.1）和假设（C10.2），则存在 $\mathbf{D}$ 的一个"邻域"，使得对于该邻域中的 $\bar{\mathbf{D}}$，$d(\bar{\mathbf{D}})$ 的稳定边界包含 $d(\mathbf{D})$ 稳定边界上的平衡点。定理 10.4 将这个局部性质推广到全局范围，并证明某些条件下系统 $d(\mathbf{D}_1)$ 与 $d(\mathbf{D}_2)$ 的稳定边界包含相同的平衡点集。并且，稳定边界上不存在其他类型的 ω 极限集。

定理 10.4：全局不变性。

令 $\mathbf{D}_\lambda = \lambda \mathbf{D}_1 + (1-\lambda)\mathbf{D}_2$，$\lambda \in (0,1)$。如果对任意 $\lambda \in (0,1)$，$d(\mathbf{D}_\lambda)$ 满足假设（C10.1）和假设（C10.2），则以下结论成立。

（1）$d(\mathbf{D}_1)$ 与 $d(\mathbf{D}_2)$ 的稳定边界包含相同的平衡点集，即两个广义梯度系统 $d(\mathbf{D}_1)$ 与 $d(\mathbf{D}_2)$ 的稳定边界包含相同的平衡点集合，如 $(x_1, x_2, \cdots, x_N)$。

（2）$d(\mathbf{D}_1)$ 的稳定边界是这些平衡点稳定流形的并集，即 $\partial A(\mathbf{D}_1) = \bigcup\limits_{i=1}^{N} W_{\mathbf{D}(1)}^{\mathrm{s}}(x_i)$。

（3）$d(\mathbf{D}_2)$ 的稳定边界是相同的平衡点在系统 $d(\mathbf{D}_2)$ 中的稳定流形的并集，即 $\partial A(\mathbf{D}_2) = \bigcup\limits_{i=1}^{N} W_{\mathbf{D}2}^{\mathrm{s}}(x_i)$。

证明：见附录中定理 10.4 的证明。

定理 10.4 表明，两个梯度系统具有密切联系，因为它们的稳定边界包含相同的 ω 极限集，且稳定边界都是由这些 ω 极限集的稳定流形构成。如图 10.2 所示。

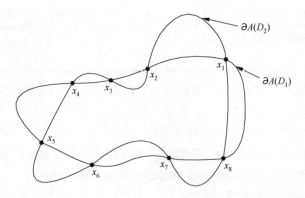

图 10.2　两梯度系统 $d(\boldsymbol{D}_1)$ 与 $d(\boldsymbol{D}_2)$ 的关系

在定理 10.4 所述的条件下，两个广义梯度系统 $d(\boldsymbol{D}_1)$ 与 $d(\boldsymbol{D}_2)$ 的稳定边界包含相同的平衡点集，

$$并有\ \partial A(\boldsymbol{D}_1) = \bigcup_{i=1}^{N} W^s_{\boldsymbol{D}(1)}(x_i),\ \partial A(\boldsymbol{D}_2) = \bigcup_{i=1}^{N} W^s_{\boldsymbol{D}(2)}(x_i)$$

10.5　一类二阶动力系统

考虑以下二阶向量微分方程描述的非线性动力系统：

$$\boldsymbol{M}\ddot{x} + \boldsymbol{D}\dot{x} + f(x) = 0 \tag{10.26}$$

式中，$\boldsymbol{M}$ 和 $\boldsymbol{D}$ 为对角矩阵，且元素均为正值；$f: \mathbf{R}^n \to \mathbf{R}^n$ 是具有有界雅可比矩阵的有界梯度向量。我们假定 0 是 $f(x)$ 的一个正则值，$f(x)$ 满足式（10.20）和式（10.21）。

考虑二阶动力系统［式（10.26）］的稳定边界。二阶动力系统的分析与广义梯度系统的分析同步进行。

将式（10.26）改写为状态空间形式：

$$\begin{cases} \dot{x} = y \\ \boldsymbol{M}\dot{y} = -\boldsymbol{D}y - f(x) \end{cases} \tag{10.27}$$

记为 $d(\boldsymbol{M}, \boldsymbol{D})$。注意系统［式（10.27）］具有形如 $\{(x, 0) \mid f(x) = 0, x \in \mathbf{R}^n, 0 \in \mathbf{R}^n\}$ 的平衡点。令 $A_{(\boldsymbol{M}, \boldsymbol{D})}(x_s, 0)$ 为系统 $d(\boldsymbol{M}, \boldsymbol{D})\mathrm{SEP}(x_s, 0)$ 的稳定域，并记 $\partial A_{(\boldsymbol{M}, \boldsymbol{D})}(x_s, 0)$ 为它的稳定边界。上下文不致混淆时，我们有时也用 $A(\boldsymbol{M}, \boldsymbol{D})$ 和 $\partial A(\boldsymbol{M}, \boldsymbol{D})$ 来表示 $A_{(\boldsymbol{M}, \boldsymbol{D})}(x_s, 0)$ 和 $\partial A_{(\boldsymbol{M}, \boldsymbol{D})}(x_s, 0)$。将系统 $d(\boldsymbol{M}, \boldsymbol{D})$ 的平衡点 $(x, 0)$ 的稳定流形记做 $W^s_{(\boldsymbol{M}, \boldsymbol{D})}(x, 0)$。

先考虑两个形如式（10.27）的二阶动力系统平衡点之间的关系。

定理 10.5：静态关系。

所有形如式(10.27)的动力系统都具有相同的平衡点和惯性指数。并且,所有的平衡点都是双曲平衡点。

由定理 10.5 可得:① $(x_s,0)$ 为 $d(M_1,D_1)$ 的一个 SEP,当且仅当 $(x_s,0)$ 为 $d(M_2,D_2)$ 的一个 SEP。② $(x,0)$ 为 $d(M_1,D_1)$ 的一个 k 型平衡点,当且仅当 $(x,0)$ 为 $d(M_2,D_2)$ 的一个 k 型平衡点。

下面给出二阶动力系统 $d(M,D)$ 稳定边界的全面刻画。定理 10.6 论述,在假设(C10.1)下, $d(M,D)$ 的稳定边界为稳定边界上平衡点稳定流形的并集。

定理 10.6：稳定边界的刻画。

令 $(x_s,0)$ 表示 $d(M,D)$ 的一个 SEP, $(x_i,0)$, $i=1,2,\cdots$ 为 $\partial A_{(M,D)}(x_s,0)$ 上的平衡点。如果满足假设(C10.1),则

$$\partial A_{(M,D)}(x_s,0) = \bigcup_i W^s_{(M,D)}(x_i,0)$$

证明：将定理 3.13 应用于形如式(10.27)的二阶动力系统。由定理 10.1 和假设(C10.1),定理 3.13 的假设条件(A3.1)和假设条件(A3.2)得到满足。第 9 章已证明,二阶动力系统满足假设(A3.3)。因此,定理 3.13 的三个假设条件都满足。证毕。

正如前一部分对广义梯度系统 $d(D)$ 的不变性的证明,下面证明二阶动力系统 $d(M,D)$ 稳定边界上平衡点的不变性。先定义 $d(M,D)$ 的一个 ε 球邻域。

定义 10.1：ε 球邻域。

(1) 如果满足：

$$\left| \begin{bmatrix} 0 & I \\ -M_n^{-1} & -M_n^{-1}D_n \end{bmatrix} - \begin{bmatrix} 0 & I \\ -M^{-1} & -M^{-1}D \end{bmatrix} \right| < \varepsilon$$

称动力系统 $d(M_n,D_n)$ 在 $d(M,D)$ 的 ε 球邻域内,

(2) 如果满足：

$$\left| \begin{bmatrix} 0 & I \\ -M_n^{-1} & -M_n^{-1}D_n \end{bmatrix} - \begin{bmatrix} 0 & I \\ -M^{-1} & -M^{-1}D \end{bmatrix} \right| = \varepsilon$$

称动力系统 $d(M_n,D_n)$ 在 $d(M,D)$ 的 ε 球邻域上

对动力系统 $d(M,D)$ 进行全局分析的一个难题是:二阶动力系统 [式(10.27)]的向量场是无界的。向量场无界的原因在于式(10.27)中的变量 y。然而,定理 10.3 表明,对 y 分量存在一个不变集。这一发现对系统 $d(M,D)$ 的全局分析十分重要。

令 $D = \mathrm{diag}\{D^1,D^2,\cdots,D^n\}$, $d = \min\{D^1,D^2,\cdots,D^n\}$。已知 $f(x)$ 有界,即 $|f(x)| < k$。定义集合 $Q(D) = \{(x,y) \mid x \in R^n, |y| < k/d\}$。

定理 10.7： 正向不变集 $Q(\boldsymbol{D})$。

令 $(x(t),y(t))$ 为系统 $d(\boldsymbol{M},\boldsymbol{D})$ 从 (x_0,y_0) 出发的轨迹，其中 $|y_0|<\dfrac{k}{d}$，则分量 $y(t)$ 是有界的对整条轨迹均成立。特别地，集合 $Q(\boldsymbol{D})$ 为正向不变集，以下不等式成立：

$$|y(t)|<\frac{k}{d}，对于所有 t\geq 0$$

证明：由式(10.27)，得

$$\dot{y}=-\boldsymbol{M}^{-1}\boldsymbol{D}\dot{x}-\boldsymbol{M}^{-1}f(x)$$

因此，对所有 $i\in\{1,2,\cdots,n\}$

$$若 y_i(t)>\frac{k}{d}，则 \dot{y}_i(t)<0$$

$$若 y_i(t)<-\frac{k}{d}，则 \dot{y}_i(t)>0$$

因此，对于系统 $d(\boldsymbol{M},\boldsymbol{D})$ 中从 (x_0,y_0) 出发，满足 $|y_0|<\dfrac{k}{d}$ 的任意轨迹，可得 $|y_i(t)|<k/d$。因此，集合 $Q(\boldsymbol{D})$ 为系统 $d(\boldsymbol{M},\boldsymbol{D})$ 的一个正向不变集。证毕。

在本节后面部分将检验稳定边界 $\partial A(\boldsymbol{M},\boldsymbol{D})$ 上系统 $d(\boldsymbol{M},\boldsymbol{D})$ 平衡点的不变性。特别是证明在系统 $d(\boldsymbol{M},\boldsymbol{D})$ 发生某些特定的小扰动时，稳定边界 $\partial A(\boldsymbol{M},\boldsymbol{D})$ 上的平衡点具有不变性。进一步表明，在系统 $d(\boldsymbol{M},\boldsymbol{D})$ 发生某些特定的大扰动时，稳定边界 $\partial A(\boldsymbol{M},\boldsymbol{D})$ 上的平衡点仍然具有不变性。

定理 10.8： 局部不变性。

如果 $d(\boldsymbol{M},\boldsymbol{D})$ 满足假设(C10.1)和假设(C10.2)，则存在正数 $\varepsilon(\boldsymbol{M},\boldsymbol{D})$，使得当动力系统 $d(\bar{\boldsymbol{M}},\boldsymbol{D})$ 在 $d(\boldsymbol{M},\boldsymbol{D})$ 的 $\varepsilon(\boldsymbol{M},\boldsymbol{D})$ 球邻域内时，$\partial A(\boldsymbol{M},\boldsymbol{D})$ 上的每个平衡点都在 $\partial A(\bar{\boldsymbol{M}},\boldsymbol{D})$ 上。

证明：见附录中定理 10.8 的证明。

定理 10.9： 全局不变性。

令 $\boldsymbol{M}_\lambda=\lambda\boldsymbol{M}_1+(1-\lambda)\boldsymbol{M}_2,\lambda\in(0,1)$。如果 $d(\boldsymbol{M}_\lambda,\boldsymbol{D})$ 满足假设(C10.1)和假设(C10.2)，则集合 $\partial A(\boldsymbol{M}_1,\boldsymbol{D})$ 与 $\partial A(\boldsymbol{M}_2,\boldsymbol{D})$ 包含相同的平衡点。

证明：见附录中定理 10.9 的证明。

本节结论说明，可以如图 10.2 所示的那样，来看待两个二阶动力系统稳定边界的关系 [$\partial A(\boldsymbol{M}_1,\boldsymbol{D})$ 替代 $\partial A(\boldsymbol{D}_1)$，$\partial A(\boldsymbol{M}_2,\boldsymbol{D})$ 替代 $\partial A(\boldsymbol{D}_2)$]。在定理 10.5 所述条件下，两个二阶动力系统 $d(\boldsymbol{M}_1,\boldsymbol{D})$ 和 $d(\boldsymbol{M}_2,\boldsymbol{D})$ 的稳定边界上包含相同的平衡点集$(x_1,0),(x_2,0),\cdots,(x_N,0)$。$d(\boldsymbol{M}_1,\boldsymbol{D})$ 的稳定边界是这些平衡点在 $d(\boldsymbol{M}_1,\boldsymbol{D})$

中稳定流形的并集（即 $\partial A(\boldsymbol{M}_1,\boldsymbol{D})=\bigcup_{i=1}^{N}W^{s}_{(\boldsymbol{M}_1,\boldsymbol{D})}(x_i,0)$）。$d(\boldsymbol{M}_2,\boldsymbol{D})$ 的稳定边界是相同平衡点在 $d(\boldsymbol{M}_2,\boldsymbol{D})$ 中稳定流形的并集［即 $\partial A(\boldsymbol{M}_2,\boldsymbol{D})=\bigcup_{i=1}^{N}W^{s}_{(\boldsymbol{M}_2,\boldsymbol{D})}(x_i,0)$］。

10.6　原模型与构造模型的关系

本节的目的是建立广义梯度系统 $d(\bar{\boldsymbol{D}})$ 与二阶动力系统 $d(\boldsymbol{M},\boldsymbol{D})$ 平衡点之间的静态关系。此外，还将建立广义梯度系统 $d(\bar{\boldsymbol{D}})$ 与二阶动力系统 $d(\boldsymbol{M},\boldsymbol{D})$ 稳定边界之间的动态关系。将系统 $d(\bar{\boldsymbol{D}})$ 在平衡点 x 处的雅可比矩阵记为 $\boldsymbol{J}(\bar{\boldsymbol{D}})|_{(x)}$。类似地，可记二阶动力系统 $d(\boldsymbol{M},\boldsymbol{D})$ 在平衡点 $(x,0)$ 处的雅可比矩阵为 $\boldsymbol{J}(\boldsymbol{M},\boldsymbol{D})|_{(x,0)}$。本节中 E 表示系统 $d(\bar{\boldsymbol{D}})$ 平衡点的集合，$\bar{E}$ 表示系统 $d(\boldsymbol{M},\boldsymbol{D})$ 平衡点的集合。

定理 10.10：静态关系。

(1) (x) 为 $d(\bar{\boldsymbol{D}})$ 的一个平衡点，当且仅当 $(x,0)$ 为 $d(\boldsymbol{M},\boldsymbol{D})$ 的一个平衡点。

(2) $n_s(\boldsymbol{J}(d(\bar{\boldsymbol{D}}))|_{(x)})=n_s(\boldsymbol{J}(d(\boldsymbol{M},\boldsymbol{D}))|_{(x,0)}),n_c(\boldsymbol{J}(d(\bar{\boldsymbol{D}}))|_{(x)})=n_c(\boldsymbol{J}(d(\boldsymbol{M},\boldsymbol{D}))|_{(x,0)})=0$。

证明：显然，$\bar{x}$ 为 $d(\bar{\boldsymbol{D}})$ 的平衡点，当且仅当 $f(\bar{x})=0$。由式(10.27)可得，$(\bar{x},0)$ 为 $d(\boldsymbol{M},\boldsymbol{D})$ 的平衡点，当且仅当 $f(\bar{x})=0$，完成定理第一部分的证明。由定理 10.1 可知，

$$\mathrm{In}\left(\begin{bmatrix}\boldsymbol{I}&0\\0&\boldsymbol{M}^{-1}\end{bmatrix}\begin{bmatrix}0&\boldsymbol{I}\\\boldsymbol{J}(d(\boldsymbol{I}))|_{(x)}&-\boldsymbol{D}\end{bmatrix}\right)=\mathrm{In}\left(\begin{bmatrix}\boldsymbol{I}&0\\0&\boldsymbol{I}\end{bmatrix}\begin{bmatrix}0&\boldsymbol{I}\\\boldsymbol{J}(d(\boldsymbol{I}))|_{(x)}&-\boldsymbol{I}\end{bmatrix}\right)$$

(10.28)

不失一般性，可以考虑动力系统 $d(\boldsymbol{I},\boldsymbol{I})$，暂不考虑 $d(\boldsymbol{M},\boldsymbol{D})$。为方便起见，我们去掉下标 x 或 $(x,0)$。令 λ 为 $\boldsymbol{J}(\boldsymbol{I},\boldsymbol{I})$ 的一个特征值，(x_1,y_1) 为相应的特征向量，其中 $x_1\in\mathbf{R}^n$，$y_1\in\mathbf{R}^n$，即

$$y_1=\lambda x_1$$

$$\boldsymbol{J}(d(\boldsymbol{I}))x_1-y_1=\lambda y_1$$

可得

$$\boldsymbol{J}(d(\boldsymbol{I}))x_1=(\lambda+\lambda^2)x_1$$

(10.29)

这表明 x_1 也是 $\boldsymbol{J}(d(\boldsymbol{I}))$ 的特征向量。

现在，令 u 为 $\boldsymbol{J}(d(\boldsymbol{I}))$ 的特征值，其相应的特征向量为 x_1。

则

$$u = \lambda + \lambda^2 \tag{10.30}$$

由于 u 为实数。令 λ_1、λ_2 为式(10.30)的解。可得，

$$\lambda_1 + \lambda_2 = -1$$

$$\lambda_1 \times \lambda_2 = -u$$

有以下四种情况出现：①若 $u > 0$，则 λ_1 和 λ_2 均为实数，且符号相反。②若 $-1/4 \leqslant u \leqslant 0$，则 λ_1 和 λ_2 均为负数。③若 $u < -1/4$，则 λ_1 和 λ_2 均为复数，且实部均为负数。④ 若 λ_1 或 λ_2 等于 0，则 $u = 0$，产生矛盾。

①～③ 蕴涵着 $n_s(\boldsymbol{J}(d(\boldsymbol{I}))) = n_s(\boldsymbol{J}(d(\boldsymbol{M}, \boldsymbol{D})))$。① ～ ④ 蕴涵着 $0 = n_c(\boldsymbol{J}(d(\boldsymbol{I}))) = n_c(\boldsymbol{J}(d(\boldsymbol{M}, \boldsymbol{D})))$。

由定理 10.1 可得 $\boldsymbol{J}(d(\bar{\boldsymbol{D}}))$ 与 $\boldsymbol{J}(d(\boldsymbol{I}))$ 具有相同的平衡点及相同的惯性指数。因此，定理的第二部分也得到了证明。证毕。

定理 10.10 的证明中指出，(x_s) 为 $d(\bar{\boldsymbol{D}})$ 的一个 SEP，当且仅当 $(x_s, 0)$ 为 $d(\boldsymbol{M}, \boldsymbol{D})$ 的一个 SEP。因此建立 (x_s) 的稳定边界与 $(x_s, 0)$ 的稳定边界之间的关系很有意义。

下面讨论 $d(\bar{\boldsymbol{D}})$ 与 $d(\varepsilon \boldsymbol{I}, \boldsymbol{D})$ 稳定边界之间的关系。其中，ε 为一个很小的正数；$\bar{\boldsymbol{D}}$ 为 $\boldsymbol{D}$ 的逆矩阵；$\boldsymbol{I}$ 为单位矩阵。$d(\bar{\boldsymbol{D}})$ 的稳定域是 n 维的，而 $d(\varepsilon \boldsymbol{I}, \boldsymbol{D})$ 的稳定域是 $2n$ 维的。为便于比较，将动力系统 $d(\bar{\boldsymbol{D}})$ 视为位于积空间 $\mathbf{R}^n \times 0$ 之中，其中 $0 \in \mathbf{R}^n$。

以下定理是通过奇异摄动方法建立起来的。在奇异摄动技术的术语中，动力系统 $d(\bar{\boldsymbol{D}})$ 被称为退化系统，在摄动系统 $d(\varepsilon \boldsymbol{I}, \boldsymbol{D})$ 中令 $\varepsilon = 0$ 可得到该系统。

定理 10.11：动态关系。

令 $A(\varepsilon \boldsymbol{I}, \boldsymbol{D})$ 为系统 $d(\varepsilon \boldsymbol{I}, \boldsymbol{D})$ 一个 SEP$(x_s, 0)$ 的稳定域，$A(\bar{\boldsymbol{D}})$ 为系统 $d(\bar{\boldsymbol{D}})$ 平衡点 x_s 的稳定域。对于很小的数 ε，$(x_i, 0) \in \{\partial A(\varepsilon \boldsymbol{I}, \boldsymbol{D}) \bigcap \bar{E}\}$，当且仅当 $x_i \in \{\partial A(\bar{\boldsymbol{D}}) \bigcap E\}$。

证明：考虑摄动系统的一般形式：

$$\dot{x} = f(x, y, \varepsilon), \quad x(0) = x_0, \quad x \in \mathbf{R}^n$$
$$\varepsilon \dot{y} = g(x, y, \varepsilon), \quad y(0) = y_0, \quad y \in \mathbf{R}^m \tag{10.31}$$

如果它们同时满足以下条件：

（1）对任意 $x, y \in U$，雅可比矩阵 $[\partial g / \partial y]_{\varepsilon=0}$ 非奇异，其中 U 为所研究的区域。

（2）$[\partial g / \partial y]_{\varepsilon=0}$ 的特征值的实部均为负值。

则可以应用奇异摄动技术来研究摄动系统的性质。

当满足条件（1）时，由隐函数定理，存在光滑函数 $\bar{y} = \bar{y}(\bar{x})$ 使 $g(\bar{x}, \bar{y}(\bar{x}), 0) = 0$。退化系统可化简为

$$\dot{\bar{x}} = f(\bar{x}, \bar{y}(\bar{x}), 0), \quad \bar{x}(0) = x_0 \tag{10.32}$$

条件（2）则能够保证当 $\varepsilon \to 0$ 时，摄动系统[式(10.31)]的轨迹是有限的。

考虑摄动系统 $d(\varepsilon I, D)$：

$$\begin{aligned} \dot{x} &= y \\ \varepsilon \dot{y} &= -Dy - f(x) \end{aligned} \tag{10.33}$$

显然，系统 $d(\varepsilon I, D)$ 满足上述两个条件。令 $\varepsilon = 0$ 得到的退化系统为

$$\begin{aligned} \dot{\bar{x}}(t) &= -D^{-1} f(\bar{x}(t)), \quad \bar{x}(0) = x_0 \\ \bar{y}(t) &= -D^{-1} f(\bar{x}(t)), \quad \bar{x}(0) = x_0 \end{aligned} \tag{10.34}$$

式(10.31)的"边界层"系统可以由以下步骤得到。

（1）引入时标变量 $\tau = t/\varepsilon$ 和快速变量 $\tilde{x}(\tau), \tilde{y}(\tau)$ 得到下式：

$$\begin{aligned} x(t) &= \bar{x}(t) + \tilde{x}(\tau) \\ y(t) &= \bar{y}(t) + \tilde{y}(\tau) \end{aligned} \tag{10.35}$$

（2）将式(10.35)代入式(10.33)，并设 $\varepsilon = 0$，可得式(10.33)的边界层系统方程为

$$\frac{\mathrm{d}\bar{x}}{\mathrm{d}\tau} = 0, \tilde{x}(0) = 0 \tag{10.36}$$

$$\frac{\mathrm{d}\tilde{y}}{\mathrm{d}x} = -D\tilde{y}(\tau), \tilde{y}(0) = y(0) + D^{-1} f(x_0) \tag{10.37}$$

由式(10.37)可知，$\tilde{y}(\tau)$ 可从任意的初态 $\tilde{y} \neq 0$ 收敛到平衡点 $\tilde{y} = 0$。因此下面的双时间尺度近似是成立的（Hoppensteadt，1974）：

$$\begin{aligned} x(t) &= \tilde{x}(t) + O(\varepsilon) \\ y(t) &= \bar{y}(t) + \tilde{y}(\tau) + O(\varepsilon) \end{aligned} \tag{10.38}$$

则由式(10.34)、式(10.37)和式(10.38)可得

$$y(t) = -D^{-1} f(\bar{x}(t)) + \mathrm{e}^{-Dt}(y_0 + D^{-1} f(x_0)) + O(\varepsilon) \tag{10.39}$$

注意式(10.38)和式(10.39)表明，由于存在快速变量 $\mathrm{e}^{-Dt}(y_0 + D^{-1} f(x_0))$，从

$(x_0,0)$ 出发的轨迹 $(x_\varepsilon(t),y_\varepsilon(t))$ 将先逼近平衡流形 $y = \boldsymbol{D}^{-1}\boldsymbol{f}(x)$,然后收敛到退化轨迹 $(\bar{x}(t),-\boldsymbol{D}^{-1}\boldsymbol{f}(\bar{x}(t)))$。

　　下面用式(10.38)证明该定理。使用反证法,假设对任意小的数 ε,存在点 $x_j \in \partial A(\bar{\boldsymbol{D}}) \cap E$,但 $(x_j,0) \notin \partial A(\varepsilon \boldsymbol{I},\boldsymbol{D}) \cap \bar{E}$。由于摄动系统 $d(\varepsilon \boldsymbol{I},\boldsymbol{D})$ 存在一个能量函数

$$V(x,y) = \frac{1}{2}\langle y,\varepsilon \boldsymbol{I}y \rangle + \int_0^x \langle \boldsymbol{f}(x_1),\mathrm{d}x_1 \rangle \mathrm{d}x_1$$

使得

$$\dot{V}(x,y) = -\langle y,\boldsymbol{D}y \rangle \leqslant 0$$

由定理5.1可得,$d(\varepsilon \boldsymbol{I},\boldsymbol{D})$ 中每条轨迹将收敛到平衡点,或者趋于无穷远。因为 $(x_j,0) \notin \partial A(\varepsilon \boldsymbol{I},\boldsymbol{D}) \cap \bar{E}$,根据定理5.1,存在 $(x_j,0)$ 的邻域 u 使得从 $(x_0,y_0) \in u$ 出发的轨迹趋向平衡点 $(\hat{x},0) \neq (x_s,0)$ 或趋于无穷远。特别地,对任意小的数 $\varepsilon > 0$,$x_\varepsilon(t) \to \hat{x} \neq x_s$(或 $|x_\varepsilon(t)| \to \infty$)。应用定理10.38,可得 $\bar{x}(t) \to (\hat{x}-O(\varepsilon))$(或 $|\bar{x}(t)| \to \infty$),其中 $\bar{x}(t)$ 为 $d(\bar{\boldsymbol{D}})$ 系统从 x_j 的邻域 $\bar{u}$ 出发的轨迹。但是,根据定理5.1,这与假设 $x_j \in \partial A(\bar{\boldsymbol{D}}) \cap E$ 相矛盾。因此,由 $x_j \in \partial A(\bar{\boldsymbol{D}}) \cap E$ 可得出对于很小的数 $\varepsilon > 0$,$(x_j,0) \in \partial A(\varepsilon \boldsymbol{I},\boldsymbol{D}) \cap \bar{E}$。反之也有相似的结论。定理证毕。

10.7　PEBS 法分析

　　本节根据前面几节的结论分析 PEBS 法,推导出 PEBS 法有效的一个充分条件。考虑含 n 台发电机的电力系统经典模型,将负荷用恒阻抗模型表示,假设转移电导为 0,则原系统模型可用式(10.1)表示。

　　故障前、故障中、故障后系统方程与式(10.1)相同,只是由于网络拓扑变化,Y_{ij} 各不相同。令 (δ^s,ω^s) 为式(10.1)的一个 SEP。原系统模型[式(10.1)]如式(10.4)所示,可表示为

$$\dot{\delta}_i = \omega_i$$
$$M_i\dot{\omega}_i = -D_i\omega_i - \frac{\partial V_p(\delta)}{\partial \delta_i},i = 1,2,\cdots,n \qquad (10.40)$$

需要假设 0 是 $\partial V_p(\delta)/\partial \delta$ 的一个正则值,这是一个通有性质。注意:①$M_i > 0$,$D_i > 0$;②$-\partial V_p(\delta)/\partial \delta$ 是具有有界雅可比矩阵的有界向量场;③$-\partial V_p(\delta)/\partial \delta$ 满足条件[式(10.20)与式(10.21)],因为它是关于 δ 的周期向量场。

　　因此,原模型[式(10.40)]与动力系统[式(10.27)]具有相同的形式,其中

$(x,y)=(\delta,\omega)$。使用符号 $d_p(\boldsymbol{M},\boldsymbol{D})$ 表示系统[式(10.40)],用 $\partial V_p(\boldsymbol{M},\boldsymbol{D})$ 表示系统 $d_p(\boldsymbol{M},\boldsymbol{D})$ 某一 SEP 的稳定边界。

将函数 $V(\delta,\omega)$ 沿系统模型[式(10.40)]的轨迹求导,可得

$$\dot{V}(\delta,\omega)=\frac{\partial V}{\partial \delta}\dot{\delta}+\frac{\partial V}{\partial \omega}\dot{\omega}=-\sum_{i=1}^{n}D_i\omega_i^2\leqslant 0 \qquad (10.41)$$

因此,函数 $V(\delta,\omega)$ 是系统 $d_p(\boldsymbol{M},\boldsymbol{D})$ 的一个能量函数。由于系统[式(10.40)]的所有平衡点位于子空间:

$$\{(\delta,\omega)\,|\,\delta\in\mathbf{R}^n,\omega=0\}$$

中,(δ_e,ω_e) 处的能量函数 $V(\delta,\omega)$ 具有以下形式:

$$V(\delta_e,\omega_e)=V_p(\delta_e)$$

该结论促使我们在 δ 子空间 $\{(\delta,\omega):\omega=0\}$ 中,而不是在整个状态空间中研究稳定域。即暂不研究原系统[式(10.40)],而是考虑降阶系统,即梯度系统:

$$\dot{\delta}=-\frac{\partial V_p(\delta)}{\partial \delta} \qquad (10.42)$$

定义动力系统

$$d_p(\boldsymbol{D}):\dot{\delta}+\boldsymbol{D}\frac{\partial V_p(\delta)}{\partial \delta}=0$$

式中,$\boldsymbol{D}$ 为对角矩阵,且元素均为正值。当 $\boldsymbol{D}$ 为单位矩阵时,系统 $d_p(\boldsymbol{D})$ 转化为梯度系统[式(10.42)]。注意 $d_p(\boldsymbol{D})$ 与式(10.19)定义的广义梯度系统 $d(\boldsymbol{D})$ 具有相同形式。令 $\partial A(\delta_s)$ 表示系统[式(10.42)](或 $d_p(\boldsymbol{I})$)一个 SEP δ_s 的稳定边界。

下面给出 PEBS 的严格定义。

定义 10.2：PEBS。

降阶系统[式(10.42)]的稳定边界 $\partial A(\delta_s)$ 为原系统模型[式(10.40)]的 PEBS。

下面证明以上定义的 PEBS 与 Kakimoto 等(1978)提出的几何构造方法保持一致。

定理 10.12：PEBS 的几何构造。

PEBS 与等值面 $\{\delta\,|\,V_p(\delta)=c\}$ 垂直相交。

证明:由定理 10.2 可知

$$\partial A(\delta_s)=\bigcup_i W^s(\delta_i)$$

式中,δ_i 为稳定边界 $\partial A(\delta_s)$ 上的平衡点。

由于 $V_P(\delta)$ 的梯度为在函数值上升方向上垂直于等值面 $\{\delta\mid V_P(\delta)=c\}$ 的向量，因此在系统[式(10.42)]的每个正则点，向量场与等值面 $\{\delta\mid V_P(\delta)=c\}$ 垂直。因此，定理成立。

需要注意以下几点。

(1) 定理 10.12 表明，沿着 PEBS 的法线方向，势能 $V_P(\cdot)$ 在 PEBS 处达到局部极大值。以本定理为基础，Kakimoto 等(1978)提出了一种寻找 PEBS 的近似方法。该法将 V_p 沿故障中轨迹方向的方向导数的局部极大值点作为 PEBS。Athay 等(1984)进一步提出一种有效的 PEBS"定义"：他们认为，从 x_s 发出的所有射线上，$V_P(\cdot)$ 沿这些射线取得的局部极大值点构成了"PEBS"。

(2) 在直接法稳定分析中使用势能极大值点的方法出于一种直觉，即势能极大值代表了(沿故障中轨迹)能够转化为势能的最大能量。因此，如果在达到该点前清除故障，那么在故障中轨迹脱离稳定域之前，所有动能都能转化为势能。这种直觉方法存在的一个问题是，PEBS 是降阶系统的稳定边界，而不是原系统的稳定边界。因此，如果投影故障中轨迹穿过了 PEBS，其未必能保证故障中轨迹脱离了原系统的稳定边界。

PEBS 法给出了原系统[式(10.40)]的相关稳定边界的局部近似。之后会对此继续进行详细的讨论。应用 PEBS 法根据给定的故障中轨迹对相关稳定边界进行局部近似包括以下三个步骤。

第 1 步：从故障中轨迹 $(\delta(t),\omega(t))$ 和相应的故障中轨迹投影 $\delta(t)$ 上找出投影轨迹 $\delta(t)$ 与 PEBS 的交点 δ^*。令 δ^* 处的 $V_P(\cdot)$ 为临界能量。

第 2 步：使用集合 $\{(\delta,\omega)\mid V(\delta,\omega)=V_P(\delta^*)\}$ 中包含 SEP 的连通等能量面作为原故障中轨迹 $(\delta(t),\omega(t))$ 相关稳定边界 $\partial A(\delta_s,0)$ 的局部近似。

第 3 步：如果在到达 PEBS 之前清除故障，则故障后轨迹判定为稳定的；否则为不稳定的。

下面对 PEBS 法所给出的原系统相关稳定边界的局部近似做出评价。为此，将原系统 $d(\boldsymbol{M},\boldsymbol{D})$ 的稳定边界与梯度系统 $d(\boldsymbol{I})$ 的稳定边界(即 PEBS)相比较。先检验位于 $d(\boldsymbol{D})$ 与 $d(\boldsymbol{M},\boldsymbol{D})$ 稳定边界上平衡点之间的关系。

以下结果为定理 10.10 的推论，揭示了降阶系统 $d(\boldsymbol{D})$ 与原系统 $d(\boldsymbol{M},\boldsymbol{D})$ 平衡点之间的关系。

定理 10.13：$d(\boldsymbol{D})$ 与 $d(\boldsymbol{M},\boldsymbol{D})$ 的静态关系。

(1) (δ) 为 $d(\boldsymbol{D})$ 的一个平衡点，当且仅当 $(\delta,0)$ 为 $d(\boldsymbol{M},\boldsymbol{D})$ 的一个平衡点。

(2) (δ^s) 为 $d(\boldsymbol{D})$ 的一个 SEP，当且仅当 $(\delta^s,0)$ 为 $d(\boldsymbol{M},\boldsymbol{D})$ 的一个 SEP。

(3) (δ) 为 $d(\boldsymbol{D})$ 的一个 k 型平衡点，当且仅当 $(\delta,0)$ 为 $d(\boldsymbol{M},\boldsymbol{D})$ 的一个 k 型平衡点；即

$$n_s(\boldsymbol{J}(d(\boldsymbol{D}))\mid_{(\delta)}) = n_s(\boldsymbol{J}(d(\boldsymbol{M},\boldsymbol{D}))\mid_{(\delta,0)})$$

$$n_c(\boldsymbol{J}(d(\boldsymbol{D}))\mid_{(\delta)}) = n_c(\boldsymbol{J}(d(\boldsymbol{M},\boldsymbol{D}))\mid_{(\delta,0)}) = 0$$

根据前面几节的结论,可以得到原系统[式(10.40)]稳定边界与 PEBS 之间的动态关系。此动态关系总结为定理 10.14。令 $\boldsymbol{M}_\lambda = \lambda\boldsymbol{M}+(1-\lambda)\varepsilon\boldsymbol{I}$,其中 ε 为一个很小的正数,$\lambda \in (0,1)$。令 $\overline{\boldsymbol{D}}_\lambda = \lambda\overline{\boldsymbol{D}}+(1-\lambda)\boldsymbol{I}$,其中 $\overline{\boldsymbol{D}}$ 为 $\boldsymbol{D}$ 的逆矩阵,$\lambda \in (0,1)$。

定理 10.14:动态关系。

如果动力系统 $d(\boldsymbol{M}_\lambda,\boldsymbol{D})$ 和 $d(\overline{\boldsymbol{D}}_\lambda)$ 满足假设(C10.1)和假设(C10.2),则

(1) PEBS 上的平衡点 (δ_i) 与 $\partial A_p(\boldsymbol{M},\boldsymbol{D})$ 上的平衡点$(\delta_i,0)$ 互相对应。

(2) 稳定边界 $\partial A_p(\boldsymbol{M},\boldsymbol{D})$ 和 PEBS 可由下式完全刻画:

$$\partial A(\boldsymbol{M},\boldsymbol{D}) = \bigcup_{(\delta_i,0)\in\partial A_p(\boldsymbol{M},\boldsymbol{D})} W^s_{(\boldsymbol{M},\boldsymbol{D})}(\delta_i,0), \text{PEBS} = \bigcup_i W^s_{(\boldsymbol{D})}(\delta_i)$$

证明:第(1)部分由定理 10.4、定理 10.9 和定理 10.11 可得。第(2)部分由定理 10.4、定理 10.9 和第(1)部分可得。证毕。

定理 10.14 建立了 PEBS 与原系统稳定边界的动态关系。这种动态关系在分析 PEBS 法对原系统相关稳定边界的近似过程中十分重要。该定理断定,如果满足单参数横截性条件,则位于 PEBS 上的平衡点与位于原系统[式(10.40)]稳定边界上的平衡点相对应。此外,PEBS 为平衡点 (δ_i),$i=1,2,\cdots,n$ 稳定流形的并集,原系统[式(10.40)]的稳定边界为 $(\delta_i,0)$,$i=1,2,\cdots,n$ 稳定流形的并集。回忆一下,故障中轨迹与(故障后系统)稳定边界的交点被称为原模型的逸出点。原模型的逸出点必位于主导 UEP 的稳定流形上。我们所指的故障中轨迹的相关稳定边界就是原模型逸出点所在的稳定流形。

因为 PEBS 是其上所有 UEP 的稳定流形的并集,所以 PEBS 中的一个稳定流形 $W^s_{(\boldsymbol{D})}(\delta_i)$ 不同于子空间$\{(\delta,\omega)\mid \omega=0\}$ 与原系统[式(10.40)]相应平衡点的稳定流形 $W^s_{(\boldsymbol{M},\boldsymbol{D})}(\delta_i,0)$ 的交集(图 10.3)。由上述定理及稳定流形连续依赖于向量场的性质可知,PEBS 中的稳定流形和原系统稳定流形与子空间的交集,事实上是不同的。因此,与单机-无穷大系统不同,PEBS 不同于原系统[式(10.40)]稳定边界与子空间 $\{(\delta,\omega)\mid \omega=0\}$ 的交集。

现在评价 PEBS 法的准确性,尤其是在什么条件下,对于给定的故障中轨迹,PEBS 法能够对原系统[式(10.40)]的相关稳定边界做出良好的近似。给定一条持续的故障中轨迹 $(\delta(t),\omega(t))$,相应的故障中轨迹投影 $\delta(t)$ 是故障中轨迹 $(\delta(t),\omega(t))$ 在降阶系统[式(10.42)]的 δ 空间上的投影(图 10.4)。

令 $(\delta(t_1),\omega(t_1))$ 为故障中轨迹 $(\delta(t),\omega(t))$ 的逸出点,它是原系统稳定边界与故障中轨迹 $(\delta(t),\omega(t))$ 的交点。令 $\delta(t_2)$ 为故障中轨迹投影 $\delta(t)$ 的逸出点,该逸出点是 PEBS 与故障中轨迹投影 $\delta(t)$ 的交点(图 10.5 和图 10.6)。t_1 和 t_2 这两个

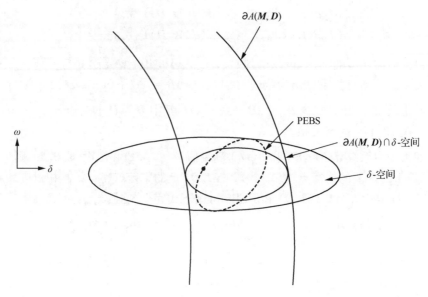

图 10.3　PEBS 与原系统稳定边界之间的关系示意图

注意 PEBS 不同于原系统稳定边界与子空间 $\{(\delta,\omega)\mid\omega=0\}$ 的交集

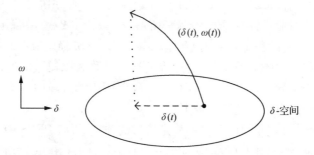

图 10.4　原模型的故障中轨迹 $(\delta(t),\omega(t))$ 与其在降阶模型上的投影 $\delta(t)$

时刻一般情况下并不相等。

　　下面给出 PEBS 法的解析说明。令 $\partial V(x)$ 为包含 $\text{SEP}(\delta_s,0)$，且经过点 $x=(\delta,\omega)$ 的连通等能量面 $V(\cdot)$；即 $\partial V(x)=$ 集合 $\{(\delta,\omega)\mid V(\delta,\omega)=V(x)\}$ 中包含 $\text{SEP}(\delta_s,0)$ 的连通分支。PEBS 法的中心思想为：采用经过点 $(\delta(t_2),0)$ 的连通等能量面，即包含 $\text{SEP}(\delta_s,0)$ 的集合 $\{(\delta,\omega)\mid V(\delta,\omega)=V_P(\delta(t_2))\}$ 作为相关稳定边界 $\partial A(\delta_s,0)$ 的局部近似（图 10.7）。逸出点的状态向量 $\delta(t_2)$ 位于降阶模型的稳定边界上。

　　检验 PEBS 法，即检验等能量面 $\partial V(\delta(t_2),0)$ 在对相关（故障后）稳定边界做近似时的效果，需要进行一定的分析。为此，以下给出一些结论来检验近似效果。使用符号 $V_c(x)$ 表示集合 $\{(\delta,\omega)\mid V(\delta,\omega)<V(x)\}$ 中包含 $\text{SEP}(\delta_s,0)$ 的连通分支。

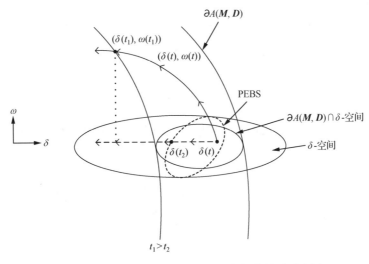

图 10.5　PEBS 与原系统稳定边界之间的关系示意图

$(\delta(t_1),\omega(t_1))$ 是故障中轨迹 $(\delta(t),\omega(t))$ 在原系统稳定边界上的逸出点，$\delta(t_2)$ 是故障中轨迹投影 $\delta(t)$ 的逸出点，同时它也是 PEBS 与故障中轨迹投影 $\delta(t)$ 的交点，$(\delta(t_1),\omega(t_1))$ 在子空间 $\{(\delta,\omega):\omega=0\}$ 上的投影通常不同于 $\delta(t_2)$

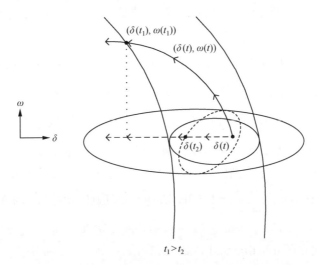

图 10.6　PEBS 与原系统稳定边界之间的关系示意图

定理 10.15：令 $(\hat{\delta},0)$ 为系统[式(10.40)]稳定边界 $\partial A(\delta_s,0)$ 上的一个平衡点，则有如下两点性质。

（1）连通等能量面 $\partial V(\hat{\delta},0)$ 仅在点 $(\hat{\delta},0)$ 与稳定流形 $W^s(\hat{\delta},0)$ 相交；而且集合 $V_c(\hat{\delta},0)$ 与稳定流形 $W^s(\hat{\delta},0)$ 的交集为空。

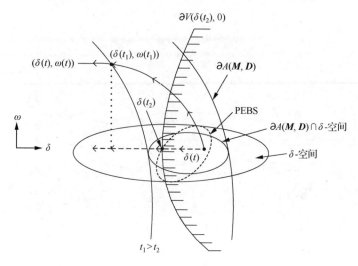

图 10.7　PEBS 法图示说明

PEBS 法使用经过 $(\delta(t_2),0)$ 的连通等能量面［即包含 SEP$(\delta_s,0)$ 的 $(\delta,\omega):V(\delta,\omega)=V_p(\delta(t_2))$］

作为原故障中轨迹$(\delta(t),\omega(t))$相关稳定边界 $\partial A(\delta_s,0)$ 的局部估计

（2）设 $(\bar{\delta},\bar{\omega})\in W^s(\hat{\delta},0),(\bar{\delta},\bar{\omega})\neq(\hat{\delta},0)$，则集合 $V_c(\bar{\delta},\bar{\omega})$ 与稳定流形 $W^s(\hat{\delta},0)$ 具有非空交集。

证明：由于函数 $V(\cdot)$ 沿原系统［式(10.40)］轨迹是递减的，稳定流形 $W^s(\hat{\delta},0)$ 中 $V(\cdot)$ 的极小值点必为平衡点 $(\hat{\delta},0)$ 本身。因此第(1)部分得证。因为 $(\bar{\delta},\bar{\omega})\in W^s(\hat{\delta},0)$ 且 $(\bar{\delta},\bar{\omega})\neq(\hat{\delta},0)$，可得 $V(\bar{\delta},\bar{\omega})>V(\hat{\delta},0)$。因此，集合 $V_c(\hat{\delta},0)$ 包含稳定流形 $W^s(\hat{\delta},0)$ 中的点。此外，$V(\bar{\delta},\bar{\omega})$ 为函数 $V(\cdot)$ 的一个正则值。原象定理表明，如果 y 是 $f:X\rightarrow Y$ 的一个正则值，则原象 $f^{-1}(y)$ 是 X 的一个子流形，且 $\dim f^{-1}(y)=\dim X-\dim Y$（Guillemin and Pollack，1974）。因此 $\partial V(\bar{\delta},\bar{\omega})$ 的维数是 $2n-1$。因为稳定流形 $W^s(\hat{\delta},0)$ 的维数是 $2n-k$，根据相交定理，交集的维数为 $2n-k-1$，故第(2)部分成立（Guillemin and Pollack，1974，第 30 页）。证毕。

以下应用定理 10.15 来检验 PEBS 法。定理 10.15 的第(1)部分断定，对任意从点 p 出发的故障中轨迹 $x_f(t)$，其中 $p\in A(\delta_s,0)$ 且 $V(p)<V(\hat{\delta},0)$，如果轨迹 $x_f(t)$ 的逸出点位于 $W^s(\hat{\delta},0)$ 上，则故障中轨迹 $x_f(t)$ 必在穿过稳定流形 $W^s(\hat{\delta},0)$（即穿过稳定边界 $\partial A(\delta_s,0)$）之前穿过等能量面 $\partial V(\hat{\delta},0)$。这表明，针对故障中轨迹 $x_f(t)$，等能量面 $\partial V(\hat{\delta},0)$ 可用来对稳定边界 $\partial A(\delta_s,0)$ 的一部分（即稳定流形

$W^s(\hat{\delta},0)$ 这一部分)做出近似。事实上这正是主导 UEP 法的精髓(图 10.8)。

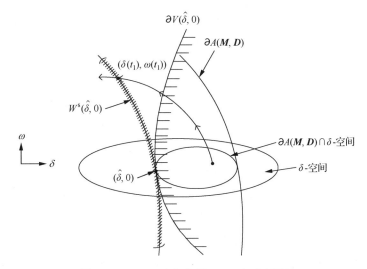

图 10.8　PEBS 法与主导 VEP 法对比图示

如果故障中轨迹 $x_f(t)$ 的逸出点位于 $W^s(\hat{\delta},0)$ 上,则连通等能量面 $\partial V(\hat{\delta},0)$ 可用于估计 $x_f(t)$ 稳定边界 $\partial A(\delta_s,0)$ 的一部分(即稳定流形 $W^s(\hat{\delta},0)$ 部分)。此时,故障中轨迹 $x_f(t)$ 必先穿出连通等能量面 $\partial V(\hat{\delta},0)$,然后再穿过稳定流形 $W^s(\hat{\delta},0)$

定理 10.15 的第(2)部分表明,故障中轨迹 $x_f(t)$ 有可能在穿过稳定流形 $W^s(\hat{\delta},0)$ 之后才穿过连通等能量面 $\partial V(\bar{\delta},\bar{\omega})$。因此,用连通等能量面 $\partial V(\bar{\delta},\bar{\omega})$ 来近似相关稳定边界(即稳定流形 $W^s(\hat{\delta},0)$)是不正确的(图 10.9)。显然,连通等能量面 $\partial V(\bar{\delta},\bar{\omega})$ 的一部分可能在稳定边界 $\partial A(\delta_s,0)$ 之外。因此,使用经过降阶系统逸出点的等能量面,PEBS 法给出的稳定评估既可能是冒进的,也可能是保守的。

此外,如果平衡点 $(\hat{\delta},0)$ 是 k 型的,则连通等能量面 $\partial V(\bar{\delta},\bar{\omega})$ 与稳定流形 $W^s(\hat{\delta},0)$ 的交集的维数为 $2n-k-1$。

总之,与主导 UEP 法不同,PEBS 法不能一致地给出保守的稳定估计。在电力系统暂态稳定分析中,它可能给出过低(即保守)或冒进的稳定估计。为详尽阐述这一观点,使用符号 $\delta(t_2)$ 表示 PEBS 上故障中轨迹投影的逸出点,用 $(\hat{\delta},0)$ 表示故障中轨迹的逸出点。PEBS 法的精髓在于使用通过 $(\delta(t_2),0)$ 的连通等能量面,即包含 SEP$(\delta_s,0)$ 的 $\{(\delta,\omega):V(\delta,\omega)=V_p(\delta(t_2))\}$ 作为原故障中轨迹$(\delta(t),$ $\omega(t))$ 相关稳定边界的局部近似。如果故障中轨迹 $x_f(t)$ 在穿过 $W^s(\hat{\delta},0)$ 之前,穿过等能量面 $\partial V(\delta(t_2),0)$,则 PEBS 法将给出保守的稳定估计。这种情况下,PEBS 法仍然可以为故障中轨迹 $x_f(t)$ 给出相关局部稳定边界的良好近似

（图 10.10）。

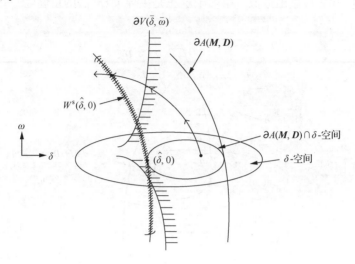

图 10.9　故障中轨迹 $x_f(t)$ 有可能在穿过稳定流形 $W^s(\hat{\delta},0)$ 之后再穿出连通
等能量面 $\partial V(\bar{\delta},\bar{\omega})$

因此，用连通等能量面 $\partial V(\bar{\delta},\bar{\omega})$ 对稳定边界的相应部分（即稳定流形 $W^s(\hat{\delta},0)$）进行估计是错误的

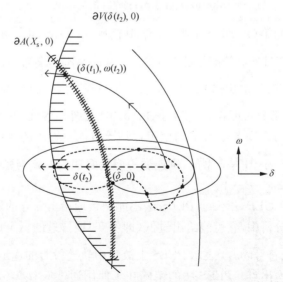

图 10.10　连通等能量面 $\partial V(\delta_1,\omega_1)$ 的一部分位于稳定边界 $\partial A(\delta_s,0)$ 之外

（1）连通等能量面 $\partial V(\bar{\delta},0)$ 可用来估计稳定边界 $\partial A(\delta_s,0)$ 的一部分（即稳定流形 $W^s(\hat{\delta},0)$ 部分））；

（2）使用连通等能量面 $\partial V(\delta_1,\omega_1)$ 来估计稳定边界的相应部分（即稳定流形 $W^s(\hat{\delta},0)$ 部分）是不合适的

　　另一方面,如果故障中轨迹 $x_f(t)$ 先穿过稳定流形 $W^s(\hat{\delta},0)$,然后再穿过等能量面 $\partial V(\delta(t_2),0)$,这时 PEBS 法会将不稳定事故判断为稳定事故,PEBS 法失效。这种情况下,故障中轨迹 $x_f(t)$ 在穿过稳定流形 $W^s(\hat{\delta},0)$ 之后,故障后系统不再稳定,但只要故障中轨迹没有穿过面 $\partial V(\delta(t_1),\omega(t_1))$,PEBS 法还将其归类成稳定事故(图 10.11)。因此,基于以上分析结论,可知满足以下条件时,针对给定的故障中轨迹 $(\delta(t),\omega(t))$,PEBS 法可以给出原系统相关局部稳定边界的良好近似。

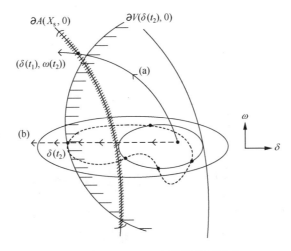

图 10.11　PEBS 法失效的情况图示

(a)故障中轨迹 $x_f(t)$ 先穿出曲面 $\partial V(\delta_1,0)$,然后再穿过稳定流形 $W^s(\hat{\delta},0)$,此时 PEBS 法仍能给出
故障中轨迹 $x_f(t)$ 相应稳定边界较好的局部估计;(b)故障中轨迹先穿过稳定流形 $W^s(\hat{\delta},0)$,然后再
穿出曲面 $\partial V(\delta_1,\omega_1)$,则此时 PEBS 法估计故障中轨迹 $x_f(t)$ 的相关稳定边界时会失效

　　充分条件:故障中轨迹 $(\delta(t),\omega(t))$ 穿过等能量面 $\partial V(\delta(t_2),0)$,先于穿过稳定流形 $W^s(\hat{\delta},0)$。

　　需要注意以下几点:

　　(1)上述充分条件等价于 $V(\delta(t_1),\omega(t_1)) > V(\delta(t_2),0)$;因此,PEBS 法给出保守的稳定估计,表现如下:①可能将稳定事故归类成不稳定事故。②将不稳定事故归类成不稳定事故。

　　(2)如果满足上述充分条件,且 $V(\delta(t_1),\omega(t_1)) > V(\delta(t_2),0) > V(\text{CUEP})$,则 PEBS 法给出保守而准确的稳定评估。在这些情况下,PEBS 法具有比主导 UEP 法更好的性能:PEBS 法把稳定事故归类成失稳事故的比例小于主导 UEP 法。

　　(3)如果满足上述充分条件,且 $V(\delta(t_1),\omega(t_1)) > V(\text{CUEP}) > V(\delta(t_2),0)$,则 PEBS 法给出的稳定评估比主导 UEP 法更保守。PEBS 法把稳定事故归类成失稳事故的比例大于主导 UEP 法。

(4) 如果不满足上述充分条件,即 $V(\delta(t_2),0) > V(\delta(t_1),\omega(t_1))$,则 PEBS 法给出冒进的稳定估计,表现如下:①可能将不稳定事故归类成稳定事故。②可能将不稳定事故归类成不稳定事故。③将稳定事故归类成稳定事故。

(5) 在以下充分条件下,得到 $V(\delta(t_2),0) > V(\text{CUEP})$:由逸出点 $\delta(t_2)$ 位于 $(\hat{\delta})$ 的稳定流形可知原模型逸出点 $(\delta(t_1),\omega(t_1))$ 位于 $(\hat{\delta},0)$ 的稳定流形上。这个充分条件包括两个子条件:① 平衡点 $(\hat{\delta})$ 在 PEBS 上,当且仅当平衡点 $(\hat{\delta},0)$ 位于原系统[式(10.40)]的稳定边界上。②逸出点 $\delta(t_2)$ 在稳定流形 $W^s_{(I)}(\hat{\delta})$ 上,当且仅当 $(\delta(t_1),\omega(t_1))$ 位于稳定流形 $W^s_{(M,D)}(\hat{\delta},0)$ 上。

在定理 10.14 中,我们已经证明了子条件①。

(6) 应用 PEBS 法时,检查上述条件(5)中的②是否成立并不实际。这主要是由于寻找故障中轨迹 $(\delta(t),\omega(t))$ 在原模型中的逸出点 $(\delta(t_1),\omega(t_1))$ 需要做大量计算。通常要通过五到六次时域仿真迭代,才能确定出原系统轨迹的逸出点。

10.8　本 章 小 结

基于启发式的观点,Kakimoto 等(1978,1984)提出了 PEBS 法。本章对 PEBS 法进行了详尽分析,提出了该法的理论基础,推导了 PEBS 法在直接法稳定分析中有效的若干充分条件。特别是推导了 PEBS 法能够给出相关稳定边界的良好局部近似的充分条件。推导了原系统与降阶系统之间的静态和动态关系。

(1) 静态关系:①原模型[式(10.40)]的势能函数 $V_P(\delta)$ 是降阶模型[式(10.42)]的一个能量函数。②$(\delta_s,0)$ 为原模型[式(10.40)]的一个 SEP,当且仅当 (δ_s) 为降阶模型[式(10.42)]的一个 SEP。③$(\delta,0)$ 为原模型[式(10.40)]的一个 k 型平衡点,当且仅当 (δ) 为降阶模型[式(10.42)]的一个 k 型平衡点。④原模型[式(10.40)]一个平衡点的能量函数值与降阶模型[式(10.42)]相应平衡点的能量函数值相等,即在平衡点处 $V(\delta_s,0) = V_P(\delta_s)$。

(2) 动态关系:①原模型[式(10.40)]的稳定边界等于稳定边界上平衡点的稳定流形的并集。②降阶模型[式(10.42)]的稳定边界等于稳定边界上平衡点的稳定流形的并集。③某些条件下,原模型[式(10.40)]中 SEP$(\delta_s,0)$ 稳定边界上的平衡点 $(\delta_i,0)$ 与降阶模型[式(10.42)]中 SEP(δ_s) 稳定边界上的平衡点 (δ_i) 互相对应。

本章所做的详尽分析具有一般性,并且在后续章节中可以看到,本章所采用的研究方法还有一些其他的应用。这些理论基础也为发展用于暂态稳定直接法分析的 BCU 法铺平了道路。这方面的进展将在第 15 章和 17 章中加以阐述。

第11章　主导不稳定平衡点法的理论部分

11.1　引　言

直接法稳定分析中，有多种方法可用来确定临界能量值。经典的最近 UEP 法用于电力系统暂态稳定分析时会得出过于保守的结果。PEBS 法能够快速地给出稳定评估，但可能不准确（即给出过高或过低的稳定估计）。理想的确定临界能量的方法能够对故障中轨迹趋向的相关稳定边界做出最准确的近似。这就是主导 UEP 法的精髓(Chiang,1991;Chiang et al.,1987)。

众所周知，在这些确定临界能量的方法中，主导 UEP 法用于实际电力系统直接法稳定分析是最可行的。主导 UEP 法使用经过主导 UEP 的等能量面近似故障中轨迹所趋向的部分稳定边界。如果故障清除后，系统状态位于经过主导 UEP 的等能量面之内，则故障后系统稳定（即故障后轨迹将最终趋向于稳定工作点）；否则故障后系统可能不稳定。而使用主导 UEP 法的前提是它能够找到正确的主导 UEP。

本章给出主导 UEP 法的详细介绍，并严格推导其理论基础。具体而言，我们将讨论主导 UEP 的概念，提出主导 UEP 法，并研究主导 UEP 法的理论基础，最后推导出主导 UEP 的动态特性和几何特征。这些特点可应用于开发主导 UEP 的求解方法。

11.2　主　导　UEP

主导 UEP 的概念可以追溯到 20 世纪 70 年代中期。Prabhakara 和 El-Abiad (1975)提出，主导 UEP 是离故障中轨迹最近的 UEP。Athay 等(1979)提出，主导 UEP 是故障中轨迹"指向"的 UEP。另一种对主导 UEP 的认识来源于物理上的论据。Ribbens-Pavella 和 Lemal (1976)将主导 UEP 与故障中率先失稳的一台或一组发电机联系起来。Fouad 和 Vittal (1991)将主导 UEP 与发电机的"失稳模式"相联系。这些概念已被用于开发主导 UEP 的数值算法。但这些方法存在一些问题：①得到的 UEP 不是主导 UEP；②这些方法会给出过于冒进或保守的稳定估计；③这些方法是启发式的，没有理论基础。

在进一步阐释主导 UEP 法之前,需要解释一下将要用到的逸出点的概念(图 11.1)。令 X_s^{pre} 为一个故障前 SEP, $X_f(t)$ 为相应的故障中轨迹。令 $A(X_s)$ 表示故障后 SEP X_s 的稳定域,则逸出点反映了故障中轨迹与故障后系统之间的联系。

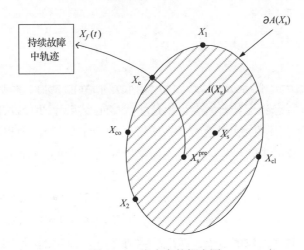

图 11.1　逸出点的概念图
持续故障中轨迹 $X_f(t)$ 向稳定边界 $\partial A(X_s)$ 移动并与稳定边界交于逸出点 X_e,
逸出点位于主导 UEP 的稳定流形上

定义 11.1:逸出点。

故障中轨迹与故障后 SEP 稳定边界的交点被称为故障中轨迹(相对于故障后系统)的逸出点。并且,故障中轨迹经过逸出点后离开稳定域。

逸出点的另一个等价定义如下。

定义 11.2:逸出点。

(持续)故障中轨迹与故障后 SEP 拟稳定边界的交点被称为故障中轨迹(相对于故障后系统)的逸出点。下面提出主导 UEP 的正式定义。

定义 11.3:主导 UEP。

故障中轨迹 $X_f(t)$ 的主导 UEP 为稳定流形包含逸出点的 UEP(即主导 UEP 是在逸出点处其稳定流形被故障中轨迹 $X_f(t)$ 穿越的第一个 UEP)。

主导 UEP 不仅位于稳定边界上,而且必然位于拟稳定边界上。故障中轨迹经过逸出点后就离开了稳定域。因此,主导 UEP 的定义并不适用于拟稳定域内部的 UEP,如图 11.2 所示。此外,从数学上讲,故障中轨迹可能与拟稳定边界有若干个交点;主导 UEP 是稳定流形与故障中轨迹相交于逸出点的第一个 UEP,如图 11.3 所示。第 11.3 节将讨论主导 UEP 的存在性和唯一性问题。

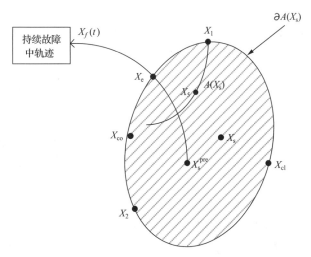

图 11.2　主导 UEP 位于拟稳定边界上而不在拟稳定域内

稳定边界上有五个 UEP $(X_\infty,X_1,X_2,X_{cl},X_5)$,拟稳定边界上有四个 UEP $(X_\infty,X_1,X_2,X_{cl})$,根据
定义,主导 UEP 必在拟稳定边界上,而不仅仅是位于稳定边界上,从而故障中轨迹在逸出点之后离
开稳定域,UEP X_5 不是主导 UEP,因为它不在拟稳定边界上

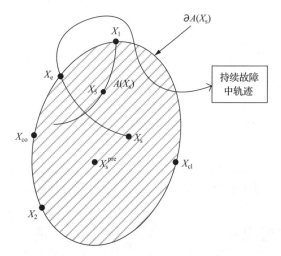

图 11.3　故障中轨迹可能与拟稳定边界多次相交的图示

根据定义,主导 UEP 总是其稳定流形与故障中轨迹相交于逸出点的第一个 UEP

11.3　存在性与唯一性

　　本节讨论关于故障中轨迹和故障后系统的主导 UEP 的存在性与唯一性问
题。首先给出拟稳定边界的完整刻画,这有益于阐释主导 UEP。

定理 11.1： 故障后稳定边界。

对于一般的故障后系统,该系统的一个 SEP 为 x_s,且具有一个能量函数 $V(\cdot):\mathbf{R}^n \to \mathbf{R}$,则拟稳定边界 $\partial A_p(x_s)$ 包含于稳定边界上 UEP 的稳定流形的并集中,即

$$\partial A_p(x_s) \subseteq \bigcup_{x_i \in \{E \cap \partial A_p(x_s)\}} W^s(x_i)$$

由于故障后系统 SEP 的拟稳定边界包含于其上的 UEP 稳定流形的并集中,逸出点必然位于拟稳定边界上某一 UEP 的稳定流形上,该 UEP 即为与故障中轨迹对应的主导 UEP。

定理 11.2： 存在性与唯一性。

给定故障前 SEP,故障中系统,以及 SEP 为 X_s 且具有一个能量函数 $V(\cdot):$
$\mathbf{R}^n \to \mathbf{R}$ 的故障后系统,令 X_s 的稳定域包含故障前 SEP,则故障中轨迹的主导 UEP 存在且唯一。

证明:若能量函数值沿着故障中轨迹是递增的,则可以肯定故障中轨迹的逸出点存在。这一结果是根据以下事实得出的。

事实 A:持续故障中轨迹必然离开故障后系统的稳定域。

事实 B:故障中轨迹的逸出点必然位于故障后系统稳定边界上某一 UEP 的稳定流形上。

事实 A 是以下两个条件的结果:①故障前 SEP 位于故障后 SEP 的稳定域内,即直接法的基本假设;②能量函数值沿故障中轨迹递增。事实 B 是定理 11.1 的结论。由事实 A 和事实 B 二者可得出结论。证毕。

在工程上,拟稳定域实际上就是稳定域。正如稳定域和稳定边界,拟稳定域是一个与 $\mathbf{R}^n$ 微分同胚的开的不变集,拟稳定边界是 $n-1$ 维闭的不变集。定理 4.7 阐述了稳定边界与拟稳定边界上 UEP 的主要区别。严格地讲,主导 UEP 是在拟稳定边界上的;但是从实际的观点看,可以说主导 UEP 位于故障后 SEP 的稳定边界上。因此,在本书后续部分中,主导 UEP 定义为稳定流形与故障中轨迹 $X_f(t)$ 相交的第一个 UEP。证毕。

11.4　主导 UEP 法

现在给出主导 UEP 法的正式描述。举例说明。在图 11.4 中,一条故障中轨迹 $X_f(t)$,向着稳定边界 $\partial A(X_s)$ 移动,在逸出点 X_e 与它相交。临界切除时间是故障前 SEP 与逸出点的时间差。如果在故障中轨迹到达逸出点之前清除故障,如在点 $X(t_{cl})$,则故障清除点必位于故障后 SEP 的稳定域中。因此,从故障清除点出

发,故障后轨迹必然收敛到故障后 SEP X_s,故障后系统是稳定的(图 11.4)。

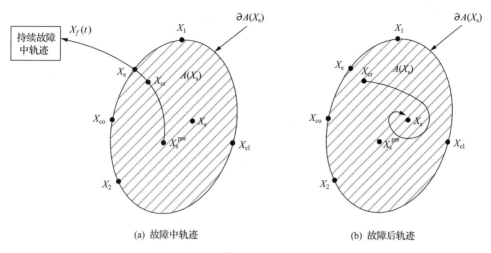

(a) 故障中轨迹　　　　　　　　　　(b) 故障后轨迹

图 11.4　逸出点前清除故障的故障中和故障后轨迹

如果在故障中轨迹达到逸出点 X_e 之前清除故障,那么故障清除点必在故障后系统 SEP 的稳定域中。

因此,从故障清除点出发的故障后轨迹必收敛到故障后 SEP X_s

现在问题是,在不做时域仿真或不知道逸出点的情况下,如何确定故障清除点 $x(t_{cl})$ 是否在故障后 SEP 的稳定域内。主导 UEP 法使用以下方法解决这个问题。主导 UEP 法不计算逸出点,使用经过主导 UEP 的等能量面来近似相关稳定边界。该方法将对逸出点的识别转化为对故障中轨迹与通过主导 UEP 的等能量面的交点的识别。后者只需比较故障后轨迹初始点处和主导 UEP 处的能量函数值即可,比前者要简单得多。

大规模电力系统直接法稳定分析的主导 UEP 法按以下步骤进行。

1. 确定临界能量

第 1.1 步:给定故障中轨迹 $X_f(t)$,找出主导 UEP X_{co}。

第 1.2 步:主导 UEP 处的能量函数值 $V(\cdot)$ 为临界能量 v_{cr},即

$$v_{cr} = V(X_{co}) \tag{11.1}$$

2. 直接稳定估计

第 2.1 步:计算故障清除时刻(如 t_{cl})的能量函数 $V(\cdot)$ 值:

$$v_f = V(X_f(t_{cl})) \tag{11.2}$$

第 2.2 步:如果 $v_f < v_{cr}$,则故障后系统稳定,否则可能失稳。

事实上,该法在计算上与以下方法是等价的。我们正是从这一观点出发,构造出了主导 UEP 法的分析框架。

主导 UEP 法的另一形式。

1. 确定临界能量

第 1.1 步:给定故障中轨迹 $X_f(t)$,找出主导 UEP X_{co}。

第 1.2 步:主导 UEP 处的能量函数值 $V(\cdot)$ 为临界能量 v_{cr},即

$$v_{cr} = V(X_{co}) \tag{11.3}$$

2. 近似相关稳定边界

使用包含 SEP X_s 且经过主导 UEP X_{co} 的连通等能量面 $V(\cdot)$ 对稳定边界与故障中轨迹 $X_f(t)$ 相关的部分做出近似。

3. 直接稳定评估

检验故障中轨迹在故障清除时刻(t_{cl})是否位于第 2.1 步构造的稳定边界内。该过程通过以下方式完成。

第 3.1 步:计算故障中轨迹在故障清除时刻 (t_{cl}) 的能量函数值:

$$v_f = V(X_f(t_{cl})) \tag{11.4}$$

第 3.2 步:如果 $v_f < v_{cl}$,则点 $X_f(t_{cl})$ 位于稳定边界内,故障后系统稳定,否则可能失稳。

上述过程表明,主导 UEP 法所得到的是在故障后系统中,对故障中轨迹趋向稳定边界的相关部分的近似。使用经过主导 UEP 的连通等能量面来近似稳定边界的相关部分。

为保证主导 UEP 法的保守性,故障中轨迹要先穿过包含主导 UEP 的等能量面,然后经过逸出点离开稳定域。如果在故障中轨迹到达这个等能量面之前清除故障,则故障后系统轨迹将收敛到 SEP,系统是稳定的(图 11.5)。为了检查故障中轨迹何时穿越包含主导 UEP 的等能量面,可以观察能量函数值 $V(X_f(t))$ 沿故障中轨迹 $X_f(t)$ 的变化情况,找出 $V(X_f(t)) = V(X_{co})$ 的时刻(图 11.5)。

上述分析表明,对于一个能量函数,主导 UEP 处的能量函数值被用做故障中轨迹的能量临界值,并将包含主导 UEP 的等能量面作为对稳定边界相关部分的估计,这正是主导 UEP 法的核心内容。第 11.5 节将对主导 UEP 法进行理论分析。

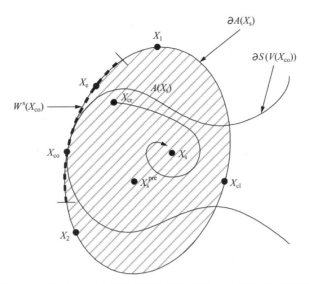

图 11.5　主导 UEP 法使用经过主导 UEP 的等能量面 $\partial S(V(X_{co}))$ 估计相关稳定边界
（主导 UEP 的稳定流形 $W^s(X_{co})$）

11.5　主导 UEP 法分析

　　主导 UEP 法使用主导 UEP 处的能量值作为故障中轨迹能量的临界值，从而对故障后系统的稳定性进行直接评估。定理 11.3 给出了主导 UEP 法的严格证明，该法通过比较故障清除时刻状态向量的能量值与主导 UEP 处的能量值，对故障后系统直接进行稳定分析。

　　定义分量：① $S(r)$ 是指包含 X_s 的能量水平集 $\{X \in \mathbf{R}^n \mid V(X) < r\}$ 的连通分支。② $\partial S(r)$ 是 $S(r)$ 的（拓扑）边界，是能量值为 r 的等能量面。

　　定理 11.3：用于近似相关稳定边界的主导 UEP 法。

　　对于一般的故障后系统，具有能量函数 $V(\cdot): \mathbf{R}^n \to \mathbf{R}$。令 X_{co} 为该系统 SEP X_s 稳定边界 $\partial A(X_s)$ 上的一个平衡点，则以下结论成立。

　　(1) 连通等能量面 $\partial S(V(X_{co}))$ 与稳定流形 $W^s(X_{co})$ 相交且仅有交点 X_{co}。此外，集合 $S(V(X_{co}))$ 与稳定流形 $W^s(X_{co})$ 的交集为空。

　　(2) 任意从点 $P \in \{S(V(X_{co})) \bigcap A(X_s)\}$ 出发并与 $W^s(X_{co})$ 相交的连通路径必然也与 $\partial S(V(X_{co}))$ 相交。

　　对上述的基本定理进行详细解释。结论(1)表明，$\partial S(V(X_{co})) \bigcap W^s(X_{co}) = X_{co}$，并且 $S(V(X_{co})) \bigcap W^s(X_{co}) = \varnothing$（图 11.5）。定理 11.3 的结论(1)和结论(2)表明，对从 $X_s^{pre} \in A(X_s)$ 出发且满足 $V(X_s^{pre}) < V(X_{co})$ 的任意故障中轨迹 $X_f(t)$，如果故障中轨迹 $X_f(t)$ 的逸出点位于 X_{co} 的稳定流形上，则故障中轨迹

$X_f(t)$ 必然先穿过 $\partial S(V(X_\infty))$，然后才穿过 X_∞ 的稳定流形（即离开稳定边界 $\partial A(X_s)$）。因此，连通等能量面 $S(V(X_\infty))$ 足以对稳定边界的相关部分做出近似。定理 11.3 还证实主导 UEP 法在直接稳定估计中略有保守性。当且仅当故障清除时，故障中轨迹 $X_f(t)$ 正处于连通等能量面 $S(V(X_\infty))$ 与稳定边界 X_∞ 之间（图 11.6），主导 UEP 法将给出保守的稳定估计。

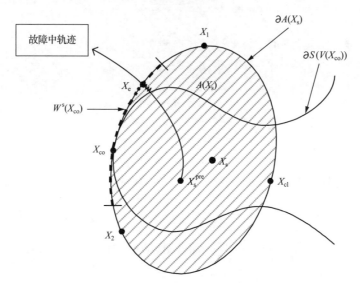

图 11.6　主导 UEP 法给出保守估计的唯一情况

当故障中轨迹 $X_f(t)$ 位于连通等能量面 $\partial S(V(X_\infty))$ 与 X_∞ 的稳定流形之间时故障被清除

使用主导 UEP 以外其他 UEP 的能量值作为临界能量，将给出错误的稳定估计。定理 11.4 证明，在稳定边界上的所有 UEP 中，主导 UEP 能给出最准确的临界能量。实际上，在稳定边界上往往有多个 UEP。因此，使用除主导 UEP 之外其他 UEP 的能量值作为临界能量是不适宜的。

定理 11.4： 主导 UEP 法计算准确临界能量。

对于一般的具有能量函数 $V(\cdot):\mathbf{R}^n \to \mathbf{R}$ 的故障后系统，令 X_∞ 为该系统 SEP X_s 稳定边界 $\partial A(X_s)$ 上的一个平衡点，则以下结论成立。

（1）若 X^u 为一个 UEP 且 $V(X^u)>V(X_\infty)$，则 $S(V(X^u))\bigcap W^s(X_\infty)\neq\varnothing$。

（2）若 X^u 为一个 UEP 且 $V(X^u)<V(X_\infty)$，则 $S(V(X^u))\bigcap W^s(X_\infty)=\varnothing$。

（3）若 $\hat{X}$ 为稳定边界上的一个状态向量，且不是最近 UEP，则经过 $\hat{X}$ 的等能量面与稳定域闭包的补集具有非空交集；即 $\partial S(V(\hat{X}))\bigcap (\bar{A}(X_s))^c \neq\varnothing$。

定理 11.4 的结论（1）和结论（3）断定，可能会出现以下两种情况。

情况 1：能量水平集 $S(V(X_1))$ 只包含稳定流形 $W^s(X_\infty)$ 的一部分（图 11.7）。

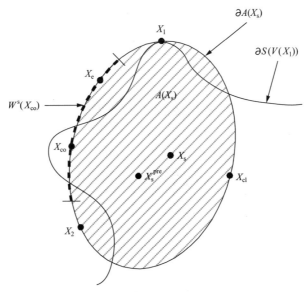

图 11.7　经过 UEP X_1 的等能量面，以及相应包含部分稳定流形 $W^s(X_{co})$ 的能量水平集

情况 2：能量水平集 $S(V(X_1))$ 包含稳定流形 $W^s(X_{co})$ 的整体（图 11.8）。

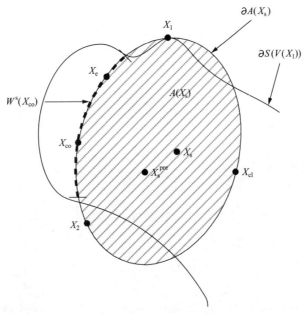

图 11.8　经过 UEP X_1 的等能量面，以及相应包含整个稳定流形 $W^s(X_{co})$ 的能量水平集

　　在情况 1 中，故障中轨迹 $X_f(t)$ 可能先穿过等能量面 $\partial S(V(X_1))$，然后穿过稳定流形 $W^s(X_{co})$（图 11.9）。这时将 X_1 误做主导 UEP 仍能给出准确的稳定估

计。但是，故障中轨迹 $X_f(t)$ 也可能在穿过等能量面 $\partial S(V(X_1))$ 之前，先穿过稳定流形 $W^s(X_{co})$（图 11.10）。此时使用 X_1 的能量值作为临界能量将给出不准确的稳定估计。这个稳定估计是不正确的。

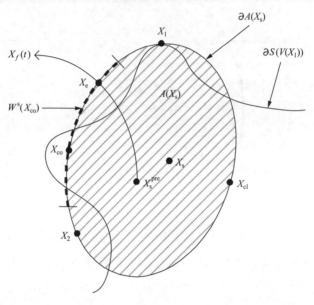

图 11.9　故障中轨迹 $X_f(t)$ 先穿出连通等能量面 $\partial S(V(X_1))$，然后穿过稳定流形 $W^s(X_{co})$

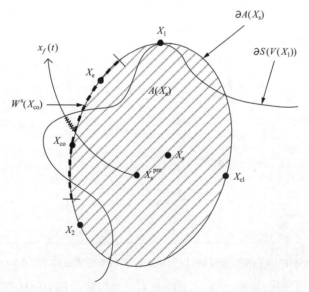

图 11.10　故障中轨迹 $X_f(t)$ 可能先穿过稳定边界，然后再穿出连通等能量面 $\partial S(V(X_1))$

在情况 2 中,故障中轨迹 $X_f(t)$ 在穿过等能量面 $\partial S(V(X_1))$ 之前,先穿过稳定流形 $W^s(X_{co})$ (图 11.11)。这时用 X_1 的能量值作为临界能量将给出不准确的稳定估计。特别是,它将把失稳的故障后轨迹归类成稳定的。

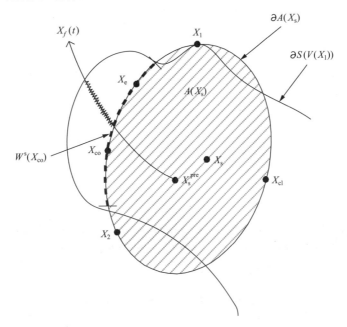

图 11.11　故障中轨迹 $X_f(t)$ 总是先穿过稳定边界,然后再穿出连通等能量面 $\partial S(V(X_1))$

定理 11.4 的结论(2)和结论(3)表明,集合 $S(V(X_1))$ 与稳定流形 $W^s(X_{co})$ 的交集为空集。这时故障中轨迹 $X_f(t)$ 总是先穿过连通等能量面 $\partial S(V(X_1))$,然后才穿过连通等能量面 $\partial S(V(X_{co}))$。因此,使用 X_1 的能量值作为临界能量进行稳定估计比使用主导 UEP X_{co} 更为保守。

从以上分析可见,给定故障中轨迹 $X_f(t)$,如果故障中轨迹 $X_f(t)$ 的逸出点位于 X_{co} 的稳定流形上,则取 X_{co} 以外其他 UEP 的能量值作为临界能量将会给出不正确的或相当保守的稳定估计;过于保守的稳定估计(如将稳定轨迹归类成失稳)或过于冒进的稳定评估(如将失稳轨迹归类成稳定)。因此,在直接法稳定分析中必须正确识别出主导 UEP。

历史上曾认为直接法只适于分析首摆稳定性。我们指出,只要故障后系统的初始点位于稳定域 $A(x_s)$ 内,故障后轨迹将在单个或多个摇摆后收敛到 X_s。由定理 11.3 与定理 11.4 可以断定,主导 UEP 法能够直接判断出首摆或多摆稳定性。

11.6　数值算例

用下面的简单数值算例阐明主导 UEP 的概念。它近似描述了一个 3 机系统，以 3 号机为参考机组：

$$\dot{\delta}_1 = \omega_1$$
$$\dot{\omega}_1 = -\sin\delta_1 - 0.5\sin(\delta_1 - \delta_2) - 0.4\omega_1$$
$$\dot{\delta}_2 = \omega_2 \tag{11.5}$$
$$\dot{\omega}_2 = -0.5\sin\delta_2 - 0.5\sin(\delta_2 - \delta_1) - 0.5\omega_2 + 0.05$$

易证以下函数是该系统的一个能量函数：

$$V(\delta_1, \delta_2, \omega_1, \omega_2) = \omega_1^2 + \omega_2^2 - 2\cos\delta_1 - \cos\delta_2 - \cos(\delta_1 - \delta_2) - 0.1\delta_2 \tag{11.6}$$

$X_s = (\delta_1^s, \omega_1^s, \delta_2^s, \omega_2^s) = (0.02001, 0, 0.06003, 0)$ 为上述故障后系统的 SEP。X_s 的稳定边界上有 6 个 2 型平衡点（表 11.1）和 6 个 1 型平衡点（表 11.2）。这些平衡点的不稳定流形都收敛到 SEP X_s。

表 11.1　X_s 稳定边界上 6 个 2 型平衡点的坐标

2 型平衡点	δ_1	ω_1	δ_2	ω_2
1	3.60829	0	1.58620	0
2	2.61926	0	4.25636	0
3	−2.67489	0	1.58620	0
4	−3.66392	0	−2.02684	0
5	−2.67489	0	−4.69699	0
6	2.61926	0	−2.02684	0

表 11.2　X_s 稳定边界上 6 个 1 型平衡点的坐标

1 型平衡点	δ_1	ω_1	δ_2	ω_2
1	3.24512	0	0.31170	0
2	3.04037	0	3.24387	0
3	0.03333	0	3.10823	0
4	−3.03807	0	0.3117	0
5	−3.24282	0	−3.03931	0
6	0.03333	0	−3.17496	0

稳定边界 $\partial A(X_s)$ 包含于 6 个 1 型平衡点和 6 个 2 型平衡点的稳定流形所构成的并集中。图 11.12 展示了稳定边界 $\partial A(X_s)$ 与角度空间 $\{(\delta_1,\delta_2) \mid \delta_1 \in \pi,$ $\delta_2 \in \mathbf{R}\}$ 的交集。作为图示，我们假定图 11.13 中 $X_f(t)$ 为故障中轨迹。故障中轨迹 $X_f(t)$ 从故障前 SEP X_s 出发，先与经过 1 型平衡点 $X_\infty = (0.03333,0,$ $3.10823,0)$ 的等能量面相交，然后与稳定边界 $\partial A(X_s)$ 相交，在逸出点 X_e 穿过 1 型平衡点 X_∞ 的稳定流形。在稳定边界上的 6 个 1 型平衡点中，故障中轨迹只穿过 1 型平衡点 X_∞ 的稳定流形。因此，X_∞ 是关于故障中轨迹 $X_f(t)$ 的主导 UEP。故障中轨迹上故障前 SEP X_s^{pre} 到逸出点 X_e 的这段时间为临界切除时间。如果在故障中轨迹到达逸出点之前清除故障，则故障后轨迹将收敛到 X_s。注意上述关系与定理 11.3 中的分析结果是一致的。

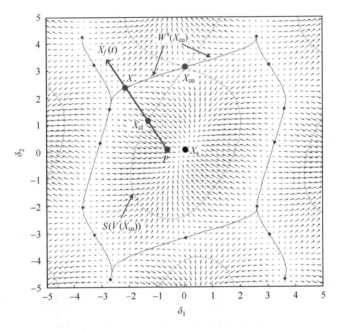

图 11.12　稳定边界 $\partial A(X_s)$ 与角度子空间的交集

集合中的稳定边界 $\partial A(X_s)$ 是 6 个 1 型平衡点及 6 个 2 型平衡点稳定流形的并集，图 11.12 中画出了经过一个平衡点的等能量面，并且图 11.12 中做出了多个点的向量场，可用于证实正确的稳定边界位置

给定故障中轨迹 $X_f(t)$ 及预设的故障清除时间，令 X_{cl} 为故障清除时刻的状态向量，它也是故障后轨迹的初始点。令 $W^s(X_\infty)$ 为相应主导 UEP X_∞ 的稳定流形。根据 $W^s(X_\infty)$ 来确定 X_s^{pre} 到逸出点 X_e 的这段故障中轨迹是否在稳定域 $A(X_s)$ 中，这项工作是非常困难的，原因是没有稳定流形的显式表达式。然而，如果未知稳定流形，但已知能量函数的话，这项工作就相对容易了。

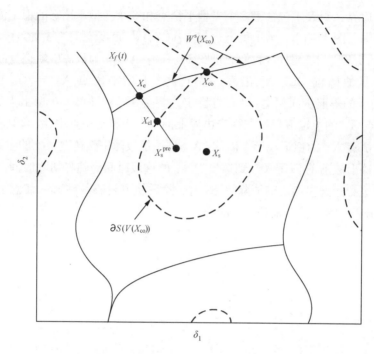

图 11.13 与故障相关的主导 UEP 图示说明

从故障前平衡点 SEP X_s 出发的故障中轨迹 $X_f(t)$ 先与经过 1 型平衡点 $X_{co} = (0.03333,0,3.10823,0)$ 的等能量面相交,然后与稳定边界 $\partial A(X_s)$ 相交于逸出点,而逸出点 X_e 位于 1 型平衡点 X_{co} 的稳定流形上,因此与故障相关的主导 UEP 为 1 型平衡点 $X_{co} = (0.03333,0,3.10823,0)$

为详细阐释这一点,我们来仔细观察图 11.13 中稳定流形 $W^s(X_{co})$ 与经过 X_{co} 的等能量面的关系。故障中轨迹 $X_f(t)$ 如果要穿过等能量面,点 X_{cl} 处能量值必须高于主导 UEP X_{co} 处的能量值,即 $V(X_{cl}) > V(X_{co})$。因此,确定 X_s^{pre} 至逸出点 X_e 的这段故障中轨迹是否在稳定域 $A(X_s)$ 中的问题,归结为两个标量 $V(X_{cl})$ 与 $V(X_{co})$ 的比较问题。如果 $V(X_{cl}) \leqslant V(X_{co})$,则主导 UEP 法断定,$X_{cl}$ 在稳定域中,即 X_s^{pre} 至逸出点 X_e 的这段故障中轨迹位于稳定域 $A(X_s)$ 中。此时,从 X_{cl} 出发的故障后轨迹将收敛到 SEP X_s。

反之,由主导 UEP 法可知,如果 $V(X_{cl}) > V(X_{co})$,则 X_{cl} 可能在稳定域之外;但是,X_s^{pre} 至逸出点 X_e 的这段故障中轨迹可能不是全部位于稳定域 $A(X_s)$ 中。可能会有两种情况:第一种情况,X_{cl} 在稳定域 $A(X_s)$ 之外,可得 $V(X_{co}) < V(X_e) < V(X_{cl})$,从 X_{cl} 出发的故障后轨迹将不会收敛到 X_s。第二种情况,X_{cl} 仍位于稳定域 $A(X_s)$ 中,可得 $V(X_{co}) < V(X_{cl}) < V(X_e)$,从 X_{cl} 出发的故障后轨迹仍将收敛到 X_s。第二种情况表明,主导 UEP 法在评估故障后轨迹稳定性时略有保守性。

11.7　动态特性和几何特征

本节推出主导 UEP 法的动态特性和几何特征。这些特性对主导 UEP 的计算与辨识提供了基础。拟稳定边界的概念和全部特性用于表述这些性质。

以下给出主导 UEP 的动态特性。

定理 11.5：主导 UEP 的动态特性。

给定故障前 SEP、故障中轨迹和故障后系统，且故障后系统的一个 SEP 为 X_s。设 X_s 的稳定域包含了故障前的 SEP。如果故障后系统存在一个能量函数，则故障中轨迹的主导 UEP X_∞ 总是存在的。如果 X_∞ 处满足横截性条件，则 X_∞ 的不稳定流形将收敛到 SEP X_s，即 $W^u(X_\infty) \bigcap A(X_s) \neq \varnothing$。并且，它的不稳定流形与稳定域闭包的补集相交，即 $W^u(X_\infty) \bigcap (\bar{A}(X_s))^c \neq \varnothing$。

证明：定理可由主导 UEP 的定义以及由定理 4.7 推出的以下事实得到。

事实 11.1：令 $A_p(X_s)$ 与 $A(X_s)$ 分别为一般非线性系统 SEP X_s 的拟稳定域和稳定域。令 $\sigma \neq X_s$ 为双曲平衡点。如果满足假设（A3.1）～假设（A3.3），则有以下两点结论。

(1) $\sigma \in \partial A_p$，当且仅当 $W^u(\sigma) \bigcap A \neq \varnothing$ 且 $W^u(\sigma) \bigcap (\bar{A})^c \neq \varnothing$。

(2) $\sigma \in \partial A$，当且仅当 $W^u(\sigma) \bigcap A \neq \varnothing$。

因此，主导 UEP 的不稳定流形收敛到 SEP，并且与稳定域闭包的补集相交。定理得证。

下面提出主导 UEP 的几何特征。已经证明，拟稳定边界是由其上所有临界元稳定流形的并集构成的。此外，这一特性可由以下定理得到深化，该定理表明拟稳定边界是其上所有 1 型 UEP 稳定流形闭包的并集构成的。将拟稳定边界的特性应用于主导 UEP 可得，主导 UEP 为一个 1 型 UEP，描述如下。

定理 11.6：几何特征。

给定故障前 SEP、故障中轨迹和故障后系统，且故障后系统的一个 SEP 为 X_s。设 X_s 的稳定域包含了故障前 SEP。如果故障后系统存在一个能量函数，则故障中轨迹的主导 UEP X_∞ 总是存在的。如果 X_s 稳定边界上的每一个平衡点均满足横截性条件，则 X_∞ 是一个 1 型 UEP。

证明：定理可由主导 UEP 的定义以及由定理 4.10 所推出的如下定理得证。

定理 11.7：令 $A_p(X_s)$ 为一般非线性系统 SEP X_s 的拟稳定域，且满足假设（A3.1）～假设（A3.3）。令 $\sigma_i, i = 1, 2, \cdots$ 为 SEP X_s 拟稳定边界 $\partial A_p(X_s)$ 上的 1 型平衡点，则

$$\partial A_p(X_s) = \bigcup_{\sigma_i \in \partial A_p(X_s)} \overline{W^s(\sigma_i)} \tag{11.7}$$

因此，主导 UEP 必为 1 型的，由此可得本定理。

由定理 11.5 与定理 11.6 可知,主导 UEP 为稳定边界上的一个 1 型平衡点,它的一维不稳定流形收敛到故障后 SEP,并且与"稳定域外"的区域相交(图 11.14)。

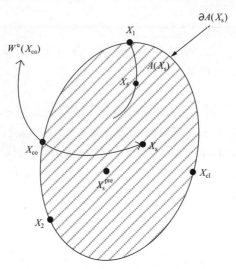

图 11.14　主导 UEP 与 SEP 的关系
主导 UEP 为稳定边界上的一个 1 型 UEP,它的一维不稳定流形总是收敛到故障后 SEP
并与"稳定域外"的区域相交

11.8　本 章 小 结

过去一些研究者使用李雅普诺夫函数理论来解释他们提出的方法在确定临界能量时的保守性。但是这种解释不能令人满意,因为李雅普诺夫函数不是为直接法稳定性评估而提出的。保守性有其他方面的原因,如方法本身没有与故障中轨迹形成联系。

经典的最近 UEP 法应用于电力系统暂态稳定分析时会给出过于保守的结果。我们已经证明,最近 UEP 法给出的故障后系统稳定边界的近似与故障中轨迹无关。因此,最近 UEP 法在暂态稳定分析中经常给出非常保守的结果。

本章介绍了主导 UEP 的概念,严格证明了其存在性与唯一性。研究了主导 UEP 法及其理论基础。推导了主导 UEP 的一些动态特性和几何特征。这些性质可用于开发主导 UEP 的求解方法。

主导 UEP 法将故障中轨迹纳入其中,而最近 UEP 法没有。最近 UEP 法试图以最优的方式近似故障后系统稳定边界的整体,而主导 UEP 法尝试以最优的方式近似故障后系统的相对稳定边界。显然,主导 UEP 法得到的临界能量总是大于等于最近 UEP 法得到的临界能量。因此,主导 UEP 法不会出现最近 UEP 法的过度保守性。如果故障中轨迹在穿过了最近 UEP 的等能量面,但没有到达

原模型的逸出点时清除故障,最近 UEP 法判断故障后轨迹将失稳,而主导 UEP
法则会正确地判断出系统是稳定的(图 11.15 和图 11.16)。只有在一种情况下,
主导 UEP 法会给出保守的稳定估计:当故障中轨迹穿过了经过主导 UEP 的等能
量面,而尚未到达逸出点时清除故障。实际上,这是主导 UEP 法将稳定事故判为
失稳的唯一情况;其他情况下,主导 UEP 法将失稳事故判定为失稳的,而将稳定
事故判定为稳定的。

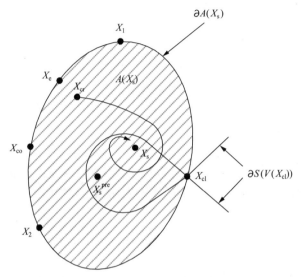

图 11.15　故障清除点位于经过最近 UEP 的等能量面与逸出点之间

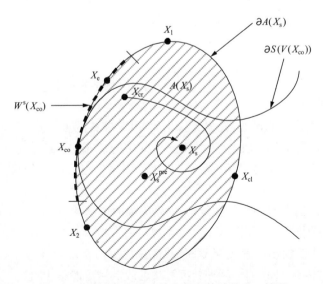

图 11.16　主导 UEP 法给出保守估计的唯一情况

第 12 章　主导不稳定平衡点法的计算部分

12.1　引　　言

众所周知,主导 UEP 法是实际电力系统直接稳定分析中最可行的方法。成功应用主导 UEP 法的关键在于能够找到正确的主导 UEP。然而,对一般电力系统暂态稳定模型的给定故障而言,寻找其主导 UEP 是一项非常有挑战性的任务。

理论方面,能够保证故障中轨迹对应的主导 UEP 的存在性与唯一性。计算方面,计算主导 UEP 中的挑战可以总结为以下七点,并将在第 12.2 节中加以介绍,在开发计算主导 UEP 的数值方法时必须考虑这些方面。这些挑战性问题可以解释之前文献中提出的方法不能计算出主导 UEP 的原因。我们注意到,由于主导 UEP 与稳定估计中采用的能量函数无关,能量函数的构造与主导 UEP 的计算互不影响。

本章着重于主导 UEP 法的计算方面,具体阐述以下方面:①阐明主导 UEP 计算中存在的挑战性问题,共计有七个主要方面。②SEP 和 UEP 通过求解一组约束非线性代数方程得到。③提出求解约束非线性代数方程组的数值计算方法。④提出平衡点的收敛域问题,着重强调这个问题产生的计算上的难点。⑤提出两个用于计算一般暂态稳定模型的主导 UEP 的概念性基准方法,并以一个简单稳定模型为例加以说明。

12.2　计算上的挑战

由于以下计算上的挑战,使得寻找主导 UEP 非常困难。

挑战Ⅰ:主导 UEP 是嵌入高维状态空间中的特殊的 UEP。

挑战Ⅱ:主导 UEP 是其稳定流形与故障中轨迹在逸出点处具有非空交集的第一个 UEP。

挑战Ⅲ:逸出点的计算非常复杂,通常需要时域迭代方法。

挑战Ⅳ:计算主导 UEP 需要求解大规模的带约束非线性方程组。

挑战Ⅴ:很难给出求解主导 UEP 的良好初值。

挑战Ⅵ:主导 UEP 关于某种数值算法的收敛域可能很小且很不规则。

挑战Ⅶ:以逸出点为初值的数值算法(如牛顿法)可能不会收敛到主导 UEP。

　　以上七个难题使得开发鲁棒性好的主导 UEP 计算方法极其困难。挑战Ⅰ～挑战Ⅲ使人们对直接计算暂态稳定模型主导 UEP 的方法产生质疑。这些挑战可以解释之前文献中提出的方法无法计算出主导 UEP 的原因。由于这些方法试图直接计算出主导 UEP,正如挑战Ⅰ～挑战Ⅲ所示,如果不用时域迭代法,即使可能也是极其困难的。

　　挑战Ⅰ～挑战Ⅲ的理论方面已经在主导 UEP 及其方法的理论基础中做了描述。对于挑战Ⅵ,我们知道,对于选定的数值计算方法,每个平衡点有其对应的收敛域(即从该域中一点出发,数值方法产生的序列将收敛到平衡点)。一些研究者通过观察和理论研究发现,使用牛顿法时,UEP 的收敛域远远小于 SEP 的收敛域(Thorp and Naqavi,1989)。此外,牛顿法中 SEP 或 UEP 的收敛域都是分形的(Thorp and Naqavi,1989),意味着收敛域的结构不能用典型的几何对象(如线、面、实心体等)来描述。不规则形状(无光滑边界)与自相似性(我们看到的每个微小片段与整体有相似的形状)是分形的特征。

　　由于 UEP 的收敛域较小且具有类似分形的不规则形状,主导 UEP 的计算很有挑战性。如果初值不是充分靠近主导 UEP,那么诸如牛顿法所产生的序列将发散或收敛到一个平衡点,这将会有以下几种可能。

　　情况 1:收敛到故障后 SEP。

　　情况 2:收敛到其他 SEP。

　　情况 3:收敛到稳定边界上的一个 UEP。

　　情况 4:收敛到稳定边界外的一个 UEP。

　　上述情况中,情况 1 容易检测到,其他情况则不易检测。如果某种方法遇到情况 2～情况 4,那么稳定估计的结果是错误的。不幸的是,找到充分靠近主导 UEP 的初值,使其位于主导 UEP 的收敛域内,是一项困难的工作。

　　文献中很多方法尝试根据物理推理来寻找主导 UEP(或称相关 UEP)。这些方法包括以下几类:发电机加速度法(Pavella and Murthy,1994;Ribbens-Pavella and Lemal,1976)、系统解列法(Fouad and Stanton,1981)和扰动模式(the mode of disturbance,MOD)法(Fouad and Vittal,1991)。不幸的是,这三类方法可能找不到主导 UEP,因为这三类方法给出的初始点可能远离主导 UEP,或位于主导 UEP 的收敛域之外。计算上,发电机加速度法与 MOD 法根据预测发电机的“模式”来提供初值,而且初值与负荷情况无关。当负荷发生变化时,模式也会发生变化,同时主导 UEP 的位置也发生变化。当负荷发生变化时,收敛域同样也会发生变化。但这些方法没有考虑到这些因素。

　　文献中忽略的另一个重要因素是,主导 UEP 是其稳定流形与故障中轨迹具有非空交集的第一个 UEP。这个事实应当结合到主导 UEP 的数值算法中。如果没有结合这一事实,数值算法就不能够保证可靠地找到正确的主导 UEP。这一因素已被结合到 BCU 法中,这将在后续章节中加以阐述。

12.3 有约束非线性方程组的平衡点

电力系统稳定模型一般可用以下的方程组进行描述:

$$\dot{x} = f(x, y)$$
$$0 = g(x, y)$$

(12.1)

故障后暂态稳定模型的 UEP 与 SEP 计算包括采用不同的初值(即算法的起始点)求解下列代数方程:

$$0 = f(x, y)$$
$$0 = g(x, y)$$

(12.2)

使用以下动态方程作为暂态稳定分析的示例。

12.3.1 转子运动方程

对发电机 i,在惯性中心(center of inertia,COI)坐标上的运动方程为(Fouad and Vittal,1991;La Salle and Lefschetz,1961;Sauer and Pai,1998):

$$\frac{\mathrm{d}\delta_i}{\mathrm{d}t} = \omega_i$$

$$\frac{\mathrm{d}\omega_i}{\mathrm{d}t} = P_{mi} - P_{ei} - \frac{M_i}{M_T} P_{\mathrm{COI}}$$

(12.3)

式中,δ_i 为发电机 i 的内节点相角;ω_i 为发电机 i 的角速度;P_{ei} 与 P_{mi} 分别为发电机 i 的输出电功率和输入机械功率;M_i 为发电机 i 的转动惯量;M_T 为整个系统的总惯量。P_{COI} 为 COI 的功率,按下式计算:

$$P_{\mathrm{COI}} = \sum_i (P_{mi} - P_{ei})$$

(12.4)

12.3.2 发电机电气方程

发电机 i 的电气方程如式(12.5)所示:

$$\frac{\mathrm{d}x_{ei}}{\mathrm{d}t} = f_{\mathrm{e}}(x, y)$$

(12.5)

式中,x_{ei} 可能包含 E'_{qi}、E'_{di}、E''_{qi}、E''_{di},以及发电机 i 的其他电气量。(x, y) 表示相关状态变量,根据发电机类型及研究的详细程度,式(12.5)可以有不同的表达式。

12.3.3　励磁系统和电力系统稳定器

发电机 i 的励磁系统与电力系统稳定器(power system stabilizer,PSS)可用式(12.6)表示:

$$\frac{\mathrm{d}x_{exi}}{\mathrm{d}t} = f_{ex}(x,y) \tag{12.6}$$

式中,x_{exi} 表示发电机 i 的励磁系统和 PSS 中的所有状态变量。励磁系统和 PSS 有很多种类,对不同种类的励磁系统和 PSS,式(12.6)具有不同的数学表达式。

12.3.4　网络方程

网络方程由有功功率网络方程和无功功率网络方程组成。

$$f_P(x,y) = 0$$
$$f_Q(x,y) = 0 \tag{12.7}$$

12.3.5　平衡点方程

平衡点(SEP 或 UEP)是动态方程[式(12.3),式(12.5),式(12.6)]右端项为零,并满足网络方程[式(12.7)]的状态向量。具体而言,一个 SEP 或 UEP 必须满足以下方程:

$$P_{mi} - P_{ei} - \frac{M_i}{M_T}P_{\mathrm{COI}} = 0$$
$$f_e(x,y) = 0$$
$$f_{ex}(x,y) = 0 \tag{12.8}$$
$$f_P(x,y) = 0$$
$$f_Q(x,y) = 0$$

需要注意以下几点。

(1) 如果考虑发电机的经典模型(即未对凸极效应与励磁系统进行建模),将平衡方程组[式(12.8)]简化为网络方程[式(12.7)],采用发电机经典模型进行暂态稳定分析的平衡方程为

$$P_{mi} - P_{ei} - \frac{M_i}{M_T}P_{\mathrm{COI}} = 0$$
$$f_P(x,y) = 0 \tag{12.9}$$
$$f_Q(x,y) = 0$$

(2) 如果考虑励磁系统,则电气动态效应与励磁系统使用单个增益、一个时间常数和一个限幅器来建模,可以表示为如下模型(无论采用哪种发电机详细模型)

(Fouad et al. ,1989)：

$$E_{fdi} = V_{qi} + I_{di}X_{di}$$

$$E_{fdi} = \begin{cases} E_{fd\max,i} & K_{exi}(V_{refi} - V_i) > E_{fd\max,i} \\ E_{fd\min,i} & K_{exi}(V_{refi} - V_i) < E_{fd\min,i} \\ K_{exi}(V_{refi} - V_i) \end{cases} \quad (12.10)$$

式中，V_{qi} 为发电机 i 机端电压的 q 轴分量；I_{di} 为发电机 i 电流的 d 轴分量；K_{exi} 为发电机 i 励磁系统和 PSS 的总增益；$E_{fd\max,i}$ 和 $E_{fd\min,i}$ 为发电机 i 励磁系统的上限和下限。因此，平衡点方程是一个有约束非线性代数方程组。

12.4　平衡点数值计算技术

主导 UEP 法需要两个平衡点：一个是故障后 SEP，另一个是主导 UEP。主导 UEP 是故障后 SEP 稳定边界上的一个 1 型平衡点，它的稳定流形包含故障中轨迹的逸出点。这两个平衡点的数值计算方法基本相同，唯一的区别在于求解一组有约束[式(12.10)]非线性代数方程[式(12.8)]所必需的初始点。计算故障后 SEP 时，故障前 SEP 常用做初始点。计算主导 UEP 时，最大的难点是给出满足挑战 Ⅱ 要求的好的初始点。

考虑下面的情况，发电机都用双轴模型，带有简化后的由单个增益、一个时间常数和一个限幅器表示的励磁器，需要求解的有约束非线性代数方程可表示如下：

（网络方程）
$$\left. \begin{array}{l} V_i \sum_{j=1}^{n+m} V_j (G_{ij}\cos\theta_{ij} + B_{ij}\sin\theta_{ij}) + P_{Li} - P_{Gi} = 0 \\ V_i \sum_{j=1}^{n+m} V_j (G_{ij}\sin\theta_{ij} - B_{ij}\cos\theta_{ij}) + Q_{Li} - Q_{Gi} = 0 \end{array} \right\} \quad i = 1,\cdots,n+m$$

$$(12.11)$$

（发电机方程）
$$\left. \begin{array}{l} E_{fdi} - E'_{qi} + (x_{di} - x'_{di})I_{di} = 0 \\ E'_{di} - (x_{qi} - x'_{qi})I_{qi} = 0 \\ P_{mi} - P_{ei} - \dfrac{M_i}{M_T}P_{COI} = 0 \\ -E_{fdi} + K_{exi}(V_{refi} - V_i) = 0 \end{array} \right\} \quad i = 1,2,\cdots,n$$

（励磁限幅器）
$$E_{fdi} = \begin{cases} E_{fd\max,i}, & E_{fdi} \geqslant E_{fd\max,i} \\ E_{fdi}, & E_{fd\min,i} < E_{fdi} < E_{fd\max,i} \\ E_{fd\min,i}, & E_{fd\min,i} \geqslant E_{fdi} \end{cases} \quad (12.12)$$

采用一种分割牛顿法（partitioned Newton method）求解上述有约束非线性方程组。该方法选取某一发电机机端母线作为平衡母线，求解步骤如下。

第 1 步：从初始点开始，计算 P_{COI}，E'_{qi}，E'_{di}、E_{fdi}，将 P_{COI} 分配到各台发电机（注意 P_{mi} 是固定的，而 P_{ei} 是未知量）

$$P_{ei} = P_{mi} - \frac{M_i}{M_T} P_{\mathrm{COI}}, \quad i = 1, 2, \cdots, n$$

第 2 步：将双轴模型转化为经典模型，将发电机内节点作为 PV 节点，每个 PV 节点指定 P_i 为 P_{ei}，V_i 为等效内节点电压 E'。

第 3 步：使用牛顿法求解网络潮流方程。

第 4 步：检验平衡母线的不平衡方程，来判断扩展的潮流方程是否收敛。如果不收敛（说明有功功率不平衡量较大），按下式将不平衡量在发电机间重新分配：

$$P_{ei} = P_{mi} - \frac{M_i}{M_T} (P_{\mathrm{COI}} + P_{\mathrm{Slack}}), \quad i = 1, 2, \cdots, n$$

第 5 步：重复第 3 步与第 4 步，直到平衡节点的有功不平衡量足够小。

第 6 步：检查发电机内节点有关的方程。如果各个内节点的不平衡量足够小，则停止计算，否则返回第 1 步。

上述的分割牛顿法可用于计算主导 UEP 和故障后 SEP。区别仅在于求解一组有约束非线性代数方程所使用的初始点不同。如前所述，故障前 SEP 常用做故障后 SEP 计算的初值。计算主导 UEP 时，最大的难题是给出满足挑战 II 要求的好的初始点。

需要注意的是，获得故障后 SEP 和主导 UEP 后，还需要将转子角度和电压相角转换到 COI 坐标中，来计算能量函数值，尤其是临界能量值。注意能量裕度是在 COI 坐标下计算的。

12.5　平衡点的收敛域

牛顿法及其改良方法因为计算效率高，在求解非线性方程组中应用广泛：

$$F(x) = 0 \tag{12.13}$$

式中，$F: \mathbf{R}^n \rightarrow \mathbf{R}^n$。如果初值在一定的邻域内，这些方法可以实现超线性收敛。但是，如果初始点离解不够近或遇到奇点，这类方法就会失效，即这些方法是局部收敛的，也不能保证得到解。

式(12.13)使用牛顿法求解的收敛域是有限的，不规则的，并且还可能是分形。对收敛域的研究出于确定初值的需要，以便牛顿法能够收敛到所求的解，并有可能提高求解的可靠性。对收敛域的探究还能避免从不同初始点重复访问同一个解，以提高数值计算的效率。

下面描述收敛域的几何定义。

定义 12.1：收敛域。

使用数值方法求式(12.13)的解 $\tilde{x}$ 时,收敛域 $C_F(\tilde{x})$ 为全部满足以下条件的点的集合,当采用这些点作为初值时,该数值算法能够收敛到方程的解 $\tilde{x}$。

非线性动力系统的每一个平衡点无论是否稳定,在某种数值算法下都有它的收敛域(Lee and Chiang,2001)。因此一个 SEP 会有收敛域,一个 UEP 也会有其特定的收敛域。一种算法下平衡点的收敛域很可能与另一种算法的收敛域不同。图 12.1 和图 12.2 展示了两种不同计算方法下主导 UEP 不同的收敛域。

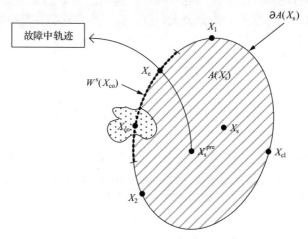

图 12.1　牛顿法下主导 UEP 的收敛域

由于用牛顿法时 UEP 的收敛域尺寸小,而且具有类似分形的不规则形状,主导 UEP 的计算很有挑战性,如果初值选取不是充分接近主导 UEP,则牛顿法生成的序列将会发散,或者收敛到其他平衡点

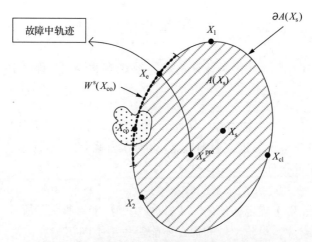

图 12.2　某种数值方法下主导 UEP 的收敛域

现已发现,牛顿法下 UEP 的收敛域相对较小,而 SEP 的收敛域相对较大。例如,Thorp 和 Naqavi (1989)的研究中应用高速计算机仿真获得了小规模电力系统稳定模型的收敛域。数值结果表明,SEP 与 UEP 的收敛域均具有分形边界。数值仿真还显示,在不同的负荷情况及使用直角坐标表示的潮流方程下,收敛域仍保持分形特征。值得注意的是,采用线搜索的拟牛顿法中收敛域同样保留了分形特征(Thorp and Naqavi,1989)。在其他工程领域中使用牛顿法时也出现了相似的分形收敛域。

使用牛顿法时,收敛域的分形特征与所研究系统的规模无关(Thorp and Naqavi,1989)。因此,大规模电力系统平衡点的收敛域也可预计同样具有一个分形边界。分形边界的重要性在于初值的微小变化将导致收敛到不同的平衡解。

通过观察与实验,SEP 与 UEP 相比更易于计算,这可能与收敛域的大小,以及 SEP 计算的初值易于选取有关。由于牛顿法下,UEP 的收敛域通常小于 SEP,并且收敛域的边界是分形的,如果初值远离正常工作点,基于牛顿法的平衡点算法会得出无法预计的结果。这些结果将导致:①由于收敛域的不同,以及提供初值的困难,求解 UEP 比 SEP 困难得多。②主导 UEP 收敛域的大小给初值提出了严格的要求,它必须充分接近所要求出的 UEP,如果初值不是靠近主导 UEP,则它可能收敛到其他的 UEP 或 SEP。例如,如果以逸出点作为初值,则它可能收敛到其他 UEP。如果初值接近逸出点,但远离主导 UEP,则它也可能收敛到其他 UEP。

12.6　计算主导 UEP 的概念方法

主导 UEP 是位于状态空间中的一个特殊的 UEP。此外,主导 UEP 是第一个其稳定流形与故障中轨迹在逸出点具有非空交集的 UEP。这两个事实使得验证计算出的 UEP (computed UEP)是否为主导 UEP 的工作很有挑战性。

本节提出两种计算主导 UEP 的概念性方法。“概念性”一词意味着,这些算法的计算量太大,不能够在实际中应用。但这两种方法可以用做计算正确主导 UEP 的基准方法。这两种方法中,一种是基于主导 UEP 的几何与动态特征,另一种则基于逸出点的计算,以及主导 UEP 的稳定流形包含逸出点这一事实。

1. 基于特征的主导 UEP 计算方法

第 1 步:在包含故障后 SEP 的某子区域中计算出故障后系统的所有 1 型平衡点。

第 2 步:确定出 1 维不稳定流形收敛到故障后 SEP 的 1 型平衡点。

第 3 步:对第 2 步中辨识出的 1 型平衡点的稳定流形做近似。

第 4 步:对故障中轨迹积分,在第 2 步找到的 1 型平衡点中,识别出故障中轨迹穿过其稳定流形的首个 1 型平衡点。这个 1 型平衡点就是该故障中轨迹的主导 UEP。

上述基于特征的主导 UEP 计算方法中,主要的计算工作为第 1 步和第 3 步。由于稳定流形精确的级数表达式可能无法计算,所以提出两种方法用以近似稳定流形,即超平面法和超曲面法。Yee 和 Spading(1997)提出的超平面是稳定边界的一阶近似,而 Cook 和 Eskicioglu(1983)提出的超曲面为二阶近似。尽管二阶近似法一般比一阶近似法更准确,但这两种方法的准确性都存在问题。

讨论一种能准确地计算主导 UEP 的时域方法。这种方法通过时域迭代计算原模型的逸出点,因此,计算速度较慢。这种方法将作为计算准确主导 UEP 的基准算法。因为现在还没有一种对任意故障都能够可靠计算出准确主导 UEP 的方法。此外,时域方法计算出的准确的主导 UEP 还可作为基准,以检验其他方法得到的主导 UEP 的正确性。

下面提出通过逸出点搜索事故相关主导 UEP 的时域计算方法。该法适用于一般的电力系统暂态稳定模型,且故障后电力系统不需要存在能量函数。该法只需与所研究的事故相关的主导 UEP 存在即可。保证主导 UEP 存在的一个充分条件是,电力系统模型具有能量函数,或者至少具有局部能量函数,且定义域能够覆盖稳定域中感兴趣的部分。

2. 主导 UEP 时域计算方法

第 1 步:使用时域方法计算故障中轨迹对应的逸出点。

第 2 步:使用逸出点作为初值,对故障后系统进行积分,直到故障后轨迹末端的范数小于一个阈值。

第 3 步:使用末端点作为初值,求解故障后系统平衡点。令解为 X_∞,则与故障中轨迹对应的准确的主导 UEP 为 X_∞。

需要注意以下几点:

(1)第 2 步需要有效的数值算法来确保仿真得到的故障后轨迹沿着稳定边界移动,并且保持与稳定边界足够接近。

(2)从计算的角度来讲,很难计算出精确的逸出点,因为仿真轨迹由沿整个轨迹的点列组成,因此通常由第 1 步给出的是一个接近逸出点的点。如果第 1 步计算出的点离逸出点不够近,则在第 3 步会出现收敛性问题。如果出现这种情况,建议减小第 1 步中采用的步长。该建议是根据一般非线性动力系统的系统轨迹是连续依赖于初值这个一般性质提出的。

(3)第 1 步所需时域方法如下所示。

3. 计算逸出点的时域方法

第 1 步：从故障中轨迹 $X_f(t)$ 上一点出发，对故障后系统进行积分。如果得到的故障后轨迹不收敛到故障后 SEP，则该点 $X_f(k_1 T)$ 位于稳定域外，停止计算并转到第 2 步；否则从故障中轨迹上下一点（沿时间正向）出发，重复对故障后系统的积分过程，直到故障中轨迹上第一个点，与其对应的故障后轨迹不能收敛到故障后 SEP，记该点为 $X_f(k_1 T)$，故障中轨迹上前一点记为 $X_f(k_2 T)$，转第 3 步。

第 2 步：从 $X_f[(k_1 - 1)T]$ 出发对故障后系统积分，如果得到的故障后轨迹并不收敛到故障后 SEP，则令 $k_1 = k_1 - 1$，重复第 2 步；否则令 $k_2 = k_1 - 1$，则转第 3 步。

第 3 步：逸出点 X_{ex} 位于点 $X_f(k_1 T)$ 与点 $X_f(k_2 T)$ 之间。用黄金分割法获取准确的逸出点。

12.7　数　值　研　究

为简要说明第 12.6 节所述主导 UEP 与主导 UEP 法，考虑以下方程，它近似描述了绝对角度坐标系中的一个 3 机系统（图 12.3）。此处系统模型为网络简化模型：

$$\dot{\delta}_1 = \omega_1$$
$$\dot{\delta}_2 = \omega_2$$
$$\dot{\delta}_3 = \omega_3 \qquad\qquad (12.14)$$
$$m_1 \dot{\omega}_1 = -d_1 \omega_1 + P_{m_1} - P_{e_1}(\delta_1, \delta_2, \delta_3)$$
$$m_2 \dot{\omega}_2 = -d_2 \omega_2 + P_{m_2} - P_{e_2}(\delta_1, \delta_2, \delta_3)$$
$$m_3 \dot{\omega}_3 = -d_3 \omega_3 + P_{m_3} - P_{e_3}(\delta_1, \delta_2, \delta_3)$$

式中，$P_{e_i}(\delta_1, \delta_2, \delta_3) = \sum_{j=1, j \neq i}^{3} E_i E_j [B_{ij} \sin(\delta_i - \delta_j) + G_{ij} \cos(\delta_i - \delta_j)]$[①]；且 $P_{m1} = 0.8980$；$P_{m2} = 1.3432$；$P_{m3} = 0.9419$；$E_1 = 1.1083$；$E_2 = 1.1071$；$E_3 = 1.0606$。故障前系统潮流见表 12.1。故障前系统（基态系统）的导纳矩阵见图 12.4。

---

① 译者注：本式中的 G_{ij}，B_{ij} 是指发电机内母线电势 E_i，E_j 之间的等值导纳，与网络节点导纳矩阵中的 G_{ij}，B_{ij} 不同。

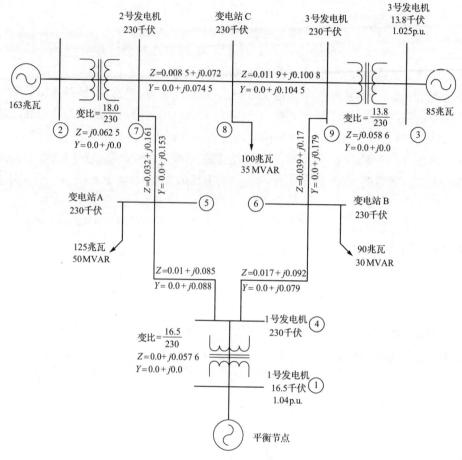

图 12.3   3 机 9 节点系统

Y 为线路对地导纳的一半

表 12.1   3 机 9 节点系统故障前潮流解

母线编号	母线类型	电压/p.u.	P_G/p.u.	Q_G/p.u.	P_L/p.u.	Q_L/p.u.
1	松弛	$1.1\angle 0°$	0.8980	0.1294	—	—
2	P-V	$1.0974\angle 4.8931°$	1.3432	0.0005	—	—
3	P-V	$1.0866\angle 3.249°$	0.9419	-0.2262	—	—
4	P-Q	$1.0942\angle -2.4631°$	—	—	—	—
5	P-Q	$1.0717\angle -4.6156°$	—	—	1.25	0.5
6	P-Q	$1.0844\angle -3.9824°$	—	—	0.9	0.3
7	P-Q	$1.1\angle 0.9051°$	—	—	—	—
8	P-Q	$1.0895\angle -1.1968°$	—	—	1.00	0.35
9	P-Q	$1.1\angle 0.6024°$	—	—	—	—

$$
\begin{bmatrix}
-j17.361 & 0 & 0 & j17.361 & 0 & 0 & 0 & 0 & 0 \\
0 & -j16 & 0 & 0 & 0 & 0 & j16 & 0 & 0 \\
0 & 0 & -j17.065 & 0 & 0 & 0 & 0 & 0 & j17.065 \\
j17.361 & 0 & 0 & 3.307-j39.309 & -1.365+j11.604 & -1.942+j10.511 & 0 & 0 & 0 \\
0 & 0 & 0 & -1.365+j11.604 & 2.553-j17.338 & 0 & -1.188+j5.975 & 0 & 0 \\
0 & 0 & 0 & -1.942+j10.511 & 0 & 3.224-j15.841 & 0 & 0 & -1.282+j5.588 \\
0 & j16 & 0 & 0 & -1.188+j5.975 & 0 & 2.805-j35.446 & -1.617+j13.698 & 0 \\
0 & 0 & 0 & 0 & 0 & 0 & -1.617+j13.698 & -2.7722-j23.303 & -1.1551+j9.7843 \\
0 & 0 & j17.065 & 0 & 0 & -1.282+j5.588 & 0 & -1.1551+j9.7843 & 2.437-j32.1540
\end{bmatrix}
$$

图 12.4　故障前系统(基态系统)的系统导纳矩阵

考虑均匀阻尼系数 $d_i/m_i = 0.1$，$(d_1,d_2,d_3) = (0.0125, 0.0034, 0.0016)$ 且负荷正常的情况。故障前 SEP 的坐标为 $(-0.0482, 0.1252, 0.1124)$。各故障的故障后 SEP 使用第 12.3 节所述的方法进行计算，则事故列表、对应故障和故障后 SEP 列于表 12.2。

表 12.2　事故列表、相关故障和故障后 SEP

事故编号	故障母线	故障清除形式	描述		故障后 SEP$(\delta_1, \delta_2, \delta_3)$
			首端母线	末端母线	
1	7	线路跳闸	7	5	$(-0.1204, 0.3394, 0.2239)$
2	7	线路跳闸	8	7	$(-0.0655, 0.2430, -0.0024)$
3	5	线路跳闸	7	5	$(-0.1204, 0.3394, 0.2239)$
4	5	线路跳闸	5	4	$(-0.0231, 0.0467, 0.0817)$
5	4	线路跳闸	4	6	$(-0.0319, 0.0949, 0.0492)$
6	4	线路跳闸	5	4	$(-0.0231, 0.0467, 0.0817)$
7	9	线路跳闸	6	9	$(-0.0967, 0.2180, 0.2958)$
8	9	线路跳闸	9	8	$(-0.0462, 0.0728, 0.2082)$
9	8	线路跳闸	9	8	$(-0.0462, 0.0728, 0.2082)$
10	8	线路跳闸	8	7	$(-0.0655, 0.2430, -0.0024)$
11	6	线路跳闸	4	6	$(-0.0319, 0.0949, 0.0492)$
12	6	线路跳闸	6	9	$(-0.0967, 0.2180, 0.2958)$

各事故的主导 UEP 采用主导 UEP 时域方法计算，结果见表 12.3。

表 12.3　各事故的主导 UEP

事故编号	主导 UEP $(\delta_1, \delta_2, \delta_3)$
1	$(-0.7589, 1.9528, 1.8079)$
2	$(-0.5424, 2.1802, -0.3755)$
3	$(-0.7589, 1.9528, 1.8079)$
4	$(-0.8364, 2.0797, 2.1466)$
5	$(-0.8256, 2.0830, 2.0549)$
6	$(-0.8364, 2.0797, 2.1466)$
7	$(-0.7576, 1.8583, 1.9986)$
8	$(-0.2910, -0.1011, 2.5008)$
9	$(-0.2910, -0.1011, 2.5008)$
10	$(-0.3495, 0.0745, 2.5864)$
11	$(-0.8256, 2.0830, 2.0549)$
12	$(-0.7576, 1.8583, 1.9986)$

　　为说明主导 UEP 法的计算过程,对一些事故的以下动态量进行数值仿真:
①故障前 SEP 和故障后 SEP;②故障后系统稳定边界上的 UEP;③故障后系统在
角度空间中的稳定边界;④故障中轨迹。

　　仿真这些动态量,是因为考虑到从故障前 SEP 出发的故障中轨迹与故障后系
统的稳定边界相交于逸出点,而逸出点位于主导 UEP 的稳定流形上。故障中轨
迹所趋向的相关稳定边界是主导 UEP 的稳定流形。

　　事故 10 中,母线 8 附近发生故障,母线 7 与母线 8 之间的线路被切除。角度
平面上准确的故障后系统稳定域可见图 12.5。如图 12.5 所示,故障中轨迹与主
导 UEP 的稳定流形相交,而主导 UEP 是一个 1 型平衡点。稳定边界上有两个 1
型平衡点和一个 2 型平衡点。其中一个 1 型平衡点(即主导 UEP)的稳定流形包
含了逸出点,即稳定边界与故障中轨迹的交点。逸出点距离主导 UEP 较远,而距
离稳定边界上的一个 2 型 UEP 较近。但使用该 2 型 UEP 作为主导 UEP 是错误的。

　　与文献中所宣称的相反,该算例清楚地表明,主导 UEP 不是最靠近故障中轨
迹的 UEP,而是其稳定流形包含逸出点的 UEP。

　　事故 2 中,母线 7 附近发生故障,母线 7 与母线 8 之间的线路被切除。角度平
面上准确的故障后系统稳定域可见图 12.6。如图 12.6 所示,故障中轨迹与主导
UEP 的稳定流形相交于逸出点。稳定边界上有两个 1 型平衡点和 1 个 2 型平衡
点。其中一个 1 型平衡点(即主导 UEP)的稳定流形包含了逸出点,即稳定边界与
故障中轨迹的交点。逸出点距离主导 UEP 较近,而距离稳定边界上的另一个 1 型
UEP 较远。有趣的是,逸出点距离 2 型 UEP 同样较近。

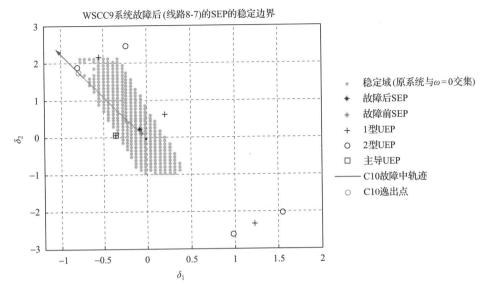

图 12.5　角度空间上事故 10 的故障后系统稳定域

故障中轨迹与主导 UEP 的稳定流形相交于逸出点。与文献中的结论相比，主导 UEP 不是
最靠近故障中轨迹的 UEP

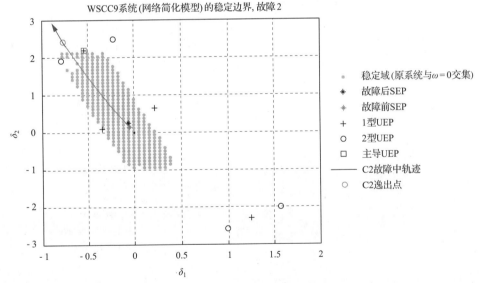

图 12.6　角度空间上事故 2 的故障后系统稳定域

故障中轨迹与主导 UEP 的稳定流形相交于逸出点，而主导 UEP 为一个 1 型平衡点

事故 7 中，母线 9 附近发生故障，母线 6 与母线 9 之间的线路被切除。角度平面上准确的故障后系统稳定域可见图 12.7。如图 12.7 所示，故障中轨迹与主导 UEP 的稳定流形相交于逸出点，稳定边界上只有 1 个 1 型平衡点。因此，故障后

系统的稳定边界在发电机转速方向上是无界的。

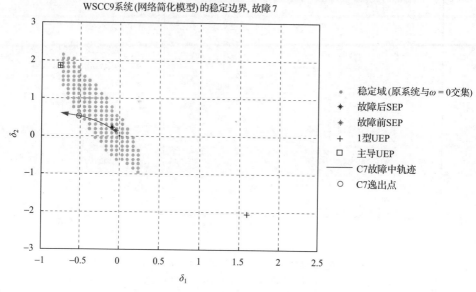

图 12.7　角度空间上事故 7 的故障后系统稳定域

稳定边界上只有一个 1 型平衡点,因此稳定域是无界的

事故 12 中,母线 6 附近发生故障,母线 6 与母线 9 之间的线路被切除。角度平面上准确的故障后系统稳定域可见图 12.8。如图 12.8 所示,故障中轨迹与主

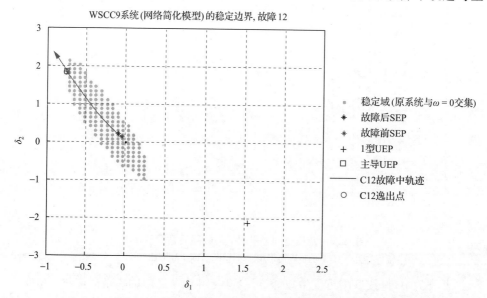

图 12.8　角度空间上事故 12 的故障后系统稳定域

故障中轨迹与主导 UEP 的稳定流形相交于逸出点,而该逸出点与主导 UEP 十分接近

导 UEP 的稳定流形相交于逸出点,稳定边界上只有一个 1 型平衡点。因此,故障后系统的稳定边界在发电机转速方向上是无界的。逸出点距离主导 UEP 很近。

12.8　本 章 小 结

　　鉴于本章中提出的七个挑战性的问题,计算主导 UEP 是非常困难的。这些挑战性问题可以解释之前文献中提出的方法无法正确计算出主导 UEP 的原因。究其失败的主要原因,是这些方法试图直接计算电力系统稳定模型的主导 UEP,而如挑战Ⅰ~挑战Ⅲ所言,如果不使用时域迭代法,也是极其困难的。之前提出的方法所忽略的另一个重要因素是,主导 UEP 为其稳定流形与故障中轨迹具有非空交集的第一个 UEP。该因素应当结合到主导 UEP 的数值算法中。

　　一些计算主导 UEP 的方法,如发电机加速度法(Pavella and Murthy,1994;Ribbens-Pavella and Lemal,1976)、系统解列法(Fouad and Stanton,1981)及MOD 法(Fouad and Vittal,1991)等,它们都有一些共同的特点:①这些方法基于启发式的或物理上的论据,为主导 UEP 的计算提供初值。②这些方法基于原电力系统模型。挑战Ⅰ~挑战Ⅲ使人们对直接计算电力系统稳定模型主导 UEP 的方法产生了质疑。本章提出的时域迭代法是唯一已知的能够计算电力系统稳定模型主导 UEP 的方法。

　　计算主导 UEP 的能力对直接法稳定分析至关重要。通过探究基础电力系统模型的特殊性质,结合物理和数学上的认识,能够富有成效地开发出搜索主导 UEP 的适当方法。我们将沿着这条计算电力系统暂态稳定模型主导 UEP 的路线提出一种系统性的方法,称之为 BCU 法。BCU 法没有直接计算电力系统稳定模型(也称原模型)的主导 UEP,而是计算一个降阶模型的主导 UEP,并建立计算出的主导 UEP 与原模型的主导 UEP 之间的联系。BCU 法的理论基础,以及它的数值实现将在后续章节中详细阐述。

第 13 章　结构保留暂态稳定模型主导
不稳定平衡点法基础

13.1　引　　言

网络简化模型是由一组常微分方程(ODE)描述的,针对网络简化模型目前已经提出过多种直接进行稳定分析的方法。这类经典模型在直接法发展的早期阶段较为常见。网络保留(即结构保留)暂态稳定模型最初在 20 世纪 80 年代提出,以弥补经典模型的一些不足。结构保留模型由一组 DAE 方程共同进行描述。与网络简化模型相比,使用结构保留模型进行直接法稳定性分析具有如下优点。

(1) 在模型方面,为电力系统中元件模型(如负荷和发电机等)的精确表达提供了空间。

(2) 在计算方面,可将稀疏矩阵技术应用于求解直接法中的非线性代数方程组。

(3) 在能量函数方面,模型中的转移电导远远小于网络简化模型,得到的能量函数更加"接近"(准确的)能量函数。

DAE 的非线性特性十分复杂。例如,DAE 平衡点的稳定流形必须位于 DAE 的代数子流形上,DAE 的稳定域也必须位于 DAE 的代数子流形上,它们的结构都很复杂。代数子流形上还存在奇异面,使得接近奇异面的系统轨迹难以分析(Chen and Aihara,2001;Chua and Deng,1989;Praprost and Loparo,1996)。此外,DAE 系统中存在跃变行为(Sastry and Desoer,1981;Sastry and Varaiya,1980)。这些跃变行为同样十分复杂,对其研究了解尚不全面。

就直接法稳定分析而言,DAE 模型在分析与计算上提出了很大挑战。例如,因为故障中系统的代数子流形与故障后系统的代数子流形不同,故障中轨迹不会与故障后系统 DAE 的稳定边界相交。对 DAE 而言,跃变行为包括外跃变和内跃变(Chiang et al.,1995;Zou et al.,2003)。内跃变是由于代数子流形中存在奇异面,而外跃变是因为故障中系统与故障后系统的代数子流形存在差异。事实上,DAE 与 ODE 的表达式是存在根本区别的。

提出奇异摄动方法是为了建立 ODE 系统与 DAE 系统之间的联系。例如,它提出将 DAE 系统转化为包含一组边界层方程的系统,以保证故障中轨迹与故障后边界层系统的稳定边界相交。因此,DAE 模型的主导 UEP 可由对应的奇异摄动模型的主导 UEP 来定义,而奇异摄动模型是一个 ODE 模型。

　　本章提出了结构保留暂态稳定模型的主导 UEP 法及其理论基础。结构保留暂态稳定模型的主导 UEP 是由对应的奇异摄动模型的主导 UEP 定义的。从数值上阐述 DAE 系统的主导 UEP 法怎样计算结构保留暂态稳定模型的主导 UEP、怎样使用经过主导 UEP 的等能量面对相关稳定边界进行估计,建议读者参考结构保留模型直接法稳定分析的扩展主导 UEP 法(Zou et al.,2003)。扩展主导 UEP 法检查外跃变,以及结构保留暂态稳定模型的约束稳定边界,并提出了相应的基础理论(Zou et al.,2003)。

13.2　系 统 模 型

　　结构保留暂态稳定模型在数学上用以下 DAE 方程描述:

$$
\begin{aligned}
\dot{x} &= f(x,y) \\
0 &= g(x,y)
\end{aligned}
\tag{13.1}
$$

式中,$x \in \mathbf{R}^n$,$y \in \mathbf{R}^m$ 分别为系统中相应的动态和静态变量。参照该 DAE 方程,暂态稳定问题可用以下数学形式进行表述。在故障前阶段,系统模型为

$$
\begin{aligned}
\dot{x} &= f_{\text{pre}}(x,y) \\
0 &= g_{\text{pre}}(x,y)
\end{aligned}
, \quad t \in (0, t_0^-)
\tag{13.2}
$$

在 t_0 时刻,系统发生了扰动,造成了网络拓扑的变化。假设故障持续时间限制为时间段 (t_0^+, t_{cl}^-)。在此期间,系统的故障中动态情况为

$$
\begin{aligned}
\dot{x} &= f_{\text{fault-on}}(x,y) \\
0 &= g_{\text{fault-on}}(x,y)
\end{aligned}
, \quad t \in (t_0^+, t_{\text{cl}}^-)
\tag{13.3}
$$

在 t_{cl} 时刻清除故障后,系统被称为故障后系统,此后可由式(13.4)进行描述:

$$
\begin{aligned}
\dot{x} &= f(x,y) \\
0 &= g(x,y)
\end{aligned}
, \quad t_{\text{cl}} \leqslant t \leqslant \infty
\tag{13.4}
$$

　　故障后系统的网络结构与故障前可能相同,也可能不同。记 t_{cl} 切换时刻的故障中状态为 $z(t_{\text{cl}}) = (x(t_{\text{cl}}), y(t_{\text{cl}}))$,DAE 系统[式(13.1)]可以解释为定义在代数流形 L 上的隐式动力系统:

$$
L = \{(x,y) \mid g(x,y) = 0\}
$$

所有的系统状态,如平衡点、稳定流形、不稳定流形和稳定域等都必定在上述的代数流形(或称约束流形)上。在流形 L 上可能存在以下定义的复杂集合,称其为奇异面:

$$S = \left\{ (x,y) \mid (x,y) \in L, \Delta(x,y) = \det \frac{\partial g}{\partial y}(x,y) = 0 \right\} \qquad (13.5)$$

如果存在奇异面,则它将代数流形 L 分解为一些不相连的分支。如果在某个分支上的点相应的雅可比矩阵 $\dfrac{\partial g}{\partial y}(x,y)$ 特征值均具有负实部,则这个分支是稳定的;否则是不稳定的。

因为奇异面上的向量场是无界的,DAE 系统在奇异面附近会出现复杂的动态行为。当接近奇异面时,轨迹移动会很快。一旦轨迹到达奇异面,将出现非光滑的跃变行为(即内跃变),迫使轨迹到达代数流形的另一个分支。

如果雅可比矩阵 $\dfrac{\partial g}{\partial y}(x,y)$ 非奇异,即系统在 DAE 的正则部分上,由隐函数定理,系统方程[式(13.1)]局部等价于以下方程:

$$\begin{aligned}
\dot{x} &= f(x,y) \\
\dot{y} &= -\left(\frac{\partial g}{\partial y}(x,y) \right)^{-1} \frac{\partial g}{\partial x}(x,y) f(x,y)
\end{aligned} \qquad (13.6)$$

假设函数 f,g 光滑且雅可比矩阵始终满秩,可以保证在一个邻域 N 中 DAE 解的存在性与唯一性(Hill and Mareels,1990)。如果 (x,y) 满足 $f(x,y) = 0$,$g(x,y) = 0$,则称 (x,y) 为系统[式(13.1)]的平衡点。如果一个正则平衡点是式(13.6)的一个 k 型平衡点,则它也是式(13.1)的一个 k 型平衡点。DAE 系统的一个平衡点的稳定性可用以下局部能量函数加以分析。

引理 13.1:平衡点的稳定性。

令 $(\bar{x},\bar{y})$ 为系统[式(13.1)]的平衡点,N 为 $(\bar{x},\bar{y})$ 在 L 中的一个小邻域。如果存在光滑的正定函数 $V:N \rightarrow \mathbf{R}$,使得

$$\dot{V} = \frac{\partial}{\partial y}V(x,y)f(x,y) - \frac{\partial}{\partial y}V(x,y)\left(\frac{\partial}{\partial y}g(x,y) \right)^{-1} \frac{\partial}{\partial x}g(x,y)f(x,y) \leqslant 0$$

则平衡点 $(\bar{x},\bar{y})$ 是稳定的。

一般很难将上述局部结果推广到全局范围,因为轨迹与奇异面 S 相交时,DAE 系统向量场的某些分量会无界。

13.3　稳　定　域

奇异面 S 将代数流形 L 分割为一些不相连的分支 Γ_i。如果某一 Γ_i 上所有点

的雅可比矩阵 $\dfrac{\partial}{\partial y}g(x,y)$ 的特征值均具有负实部，则 Γ_i 是稳定的；否则是不稳定的。令 Γ_s 为 L 中的稳定分支，且 $\phi_t(x,y)$ 为 DAE 系统[式(13.1)]从 (x,y) 出发的轨迹。DAE 系统[式(13.1)]中给定的 SEP (x_s,y_s) 的稳定域定义为

$$A(x_s,y_s) = \{(x,y) \in \Gamma_s \mid \lim_{t\to\infty}\phi_t(x,y) = (x_s,y_s)\} \tag{13.7}$$

这里将稳定域限制在稳定分支 Γ_s 上，并排除那些轨迹经由奇异面收敛到 SEP (x_s,y_s) 的其他稳定分支。同样，Γ_s 上平衡点 $(\bar{x},\bar{y})$ 的稳定流形和不稳定流形定义如下：

$$
\begin{aligned}
W^s(\bar{x},\bar{y}) &= \{(x,y) \in \Gamma_s \mid \lim_{t\to\infty}\phi_t(x,y) = (\bar{x},\bar{y})\} \\
W^u(\bar{x},\bar{y}) &= \{(x,y) \in \Gamma_s \mid \lim_{t\to-\infty}\phi_t(x,y) = (\bar{x},\bar{y})\}
\end{aligned}
\tag{13.8}
$$

最近已经有文献提出了对 DAE 系统稳定边界 $\partial A(x_s,y_s)$ 的刻画。已经证明，在某些条件下，稳定边界 $\partial A(x_s,y_s)$ 由两部分组成：第一部分是稳定边界上平衡点的稳定流形，第二部分包含轨迹到达奇异面的点集（Chiang and Fekih-Ahmed,1992；Fekih-Ahmed,1991）。第二部分可以进一步描述为稳定边界和部分奇异面上近似平衡点（pseudoequilibrium points）与半奇异点（semisingular points）稳定流形的并集。（Venkatasubramanian et al.,1991,1995a）。

13.4　奇异摄动法

奇异摄动法将 DAE 系统中的代数方程视为快速动态系统 $\varepsilon\dot{y} = g(x,y)$ 的极限形式。即当 ε 趋于 0 时，快速系统将趋近于代数流形。因此，对 DAE 系统[式(13.1)]可定义奇异摄动方程：

$$
\begin{aligned}
\dot{x} &= f(x,y) \\
\varepsilon\dot{y} &= g(x,y)
\end{aligned}
\tag{13.9}
$$

式中，ε 为充分小的正数。如果 f,g 都是光滑函数，并对所有 $(x,y) \in \mathbf{R}^{n+m}$ 有界，则向量场是全局适定的。系统[式(13.1)]的状态变量的动态变化速率差异很大，可以将其划分为两个不同的时间尺度，即慢速变量 x 和快速变量 y。DAE 系统及其对应的奇异摄动方程具有一些共同的动态性质。以下结论表明了二者平衡点的拓扑不变性。

定理 13.1：拓扑性质。

如果系统[式(13.1)]的平衡点 $(\bar{x},\bar{y})$ 位于约束流形的稳定分支 Γ_s 上，则存

在 $\varepsilon_0 > 0$ 使得对所有 $\varepsilon \in (0,\varepsilon_0)$ 有以下结论成立。

(1) $(\bar{x},\bar{y})$ 为 DAE 系统[式(13.1)]的一个双曲平衡点,当且仅当 $(\bar{x},\bar{y})$ 为奇异摄动方程[式(13.9)]的一个双曲平衡点;

(2) $(\bar{x},\bar{y})$ 为 DAE 系统[式(13.1)]的一个 k 型双曲平衡点,当且仅当 $(\bar{x},\bar{y})$ 为奇异摄动方程[式(13.9)]的一个 k 型平衡点。

上述结果表明,如果 ε 足够小,则 DAE 系统[式(13.1)]平衡点的类型与奇异摄动方程[式(13.9)]平衡点的类型相同。定理 13.2 将该局部结论推广到全局范围,并表明这两个系统的稳定边界在稳定分支上包含相同的平衡点。

定理 13.2: (Chiang and Fekih-Ahmed,1992;Fekih-Ahmed,1991;Venkata-subramanian et al. ,1991)。

令 (x_s,y_s) 和 (x_u,y_u) 分别为 DAE 系统[式(13.1)]稳定分支 $\varGamma_s$ 上的 SEP 和 UEP。假设对任意 $\varepsilon > 0$,相应的奇异摄动方程[式(13.9)]具有能量函数,且平衡点是孤立的,则存在 $\varepsilon_0 > 0$ 使得对所有 $\varepsilon \in (0,\varepsilon_0)$,$(x_u,y_u)$ 位于 DAE 系统[式(13.1)]的稳定边界 $\partial A_0(x_s,y_s)$ 上,当且仅当 (x_u,y_u) 位于奇异摄动方程[式(13.9)]的稳定边界 $\partial A_\varepsilon(x_s,y_s)$ 上。

上述定理为通过对应的奇异摄动方程(ODE 系统)的稳定分析,为进行结构保留系统直接法稳定分析提供了理论基础,使针对网络简化模型发展起来的主导 UEP 法能够扩展应用于结构保留暂态稳定模型。

通过奇异摄动方法,将主导 UEP 法扩展到 DAE 系统进行结构保留模型的直接稳定分析还具有以下几方面的优势:①能量函数。奇异摄动结构保留模型是一个 ODE 系统,能量函数容易得到。②主导 UEP 的计算。由于故障中轨迹的终态不在故障后系统的代数流形 L 上,故障中轨迹不会与故障后 DAE 系统的稳定边界相交。取而代之的是,故障中轨迹与故障后相应奇异摄动方程的稳定边界相交。因此,故障中轨迹的逸出点必然位于故障后奇异摄动方程主导 UEP 的稳定流形上。

注意奇异摄动方程[式(13.9)]的轨迹并没有被限制在代数流形 L 上,并且它们与原 DAE 系统[式(13.1)]的轨迹也并不完全相同。但是奇异摄动方程产生的轨迹仍是 DAE 系统轨迹的有效近似。无限时间区间上的吉洪诺夫定理(Hoppensteadt,1974;Khalil,2002;Sastry,1999)证明,原 DAE[式(13.1)]与奇异摄动方程[式(13.9)]轨迹间的差异是关于 $O(\varepsilon)$ 阶数一致有界的。

13.5 结构保留模型的能量函数

前面章节提出的能量函数理论、主导 UEP 法及其理论基础同样适用于 ODE 描述的暂态稳定模型。以下使用奇异摄动方法将能量函数理论从 ODE 系统扩展到 DAE 系统。

大多数现有的有损耗结构保留模型可以写为具有以下形式的 DAE 方程组 (Chu and Chiang,2005):

$$0 = -\frac{\partial U}{\partial u}(u,w,x,y) + g_1(u,w,x,y)$$

$$0 = -\frac{\partial U}{\partial w}(u,w,x,y) + g_2(u,w,x,y)$$

$$\boldsymbol{T}\dot{x} = -\frac{\partial U}{\partial x}(u,w,x,y) + g_3(u,w,x,y) \tag{13.10}$$

$$\dot{y} = z$$

$$\boldsymbol{M}\dot{z} = -\boldsymbol{D}z - \frac{\partial U}{\partial y}(u,w,x,y) + g_4(u,w,x,y)$$

式中, $u \in \mathbf{R}^k, w \in \mathbf{R}^l$ 为瞬时变量; $x \in \mathbf{R}^m, y \in \mathbf{R}^n, z \in \mathbf{R}^n$ 为状态变量。T 为正定矩阵,$\boldsymbol{M}$ 和 $\boldsymbol{D}$ 为正定的对角矩阵。此处的微分方程描述发电机和/或负荷动态特性,而代数方程表示各母线的潮流方程。$g_1(u,w,x,y), g_2(u,w,x,y), g_3(u,w,x,y),$ $g_4(u,w,x,y)$ 表示网络节点导纳矩阵 $\boldsymbol{Y}$ 中转移电导的影响。借助奇异摄动理论,有损结构保留模型的表达式为

$$\varepsilon_1 \dot{u} = -\frac{\partial U}{\partial u}(u,w,x,y) + g_1(u,w,x,y)$$

$$\varepsilon_2 \dot{w} = -\frac{\partial U}{\partial w}(u,w,x,y) + g_2(u,w,x,y)$$

$$\boldsymbol{T}\dot{x} = -\frac{\partial U}{\partial x}(u,w,x,y) + g_3(u,w,x,y) \tag{13.11}$$

$$\dot{y} = z$$

$$\boldsymbol{M}\dot{z} = -\boldsymbol{D}z - \frac{\partial U}{\partial y}(u,w,x,y) + g_4(u,w,x,y)$$

式中, ε_1 和 ε_2 为充分小的正数。奇异摄动结构保留模型[式(13.11)]与现有网络简化模型的形式是一致的。应用针对网络简化电力系统模型开发出的技术,我们可以为(无转移电导的)无损结构保留模型构造如下的解析能量函数。对于无转移电导的奇异摄动结构保留模型[式(13.11)],考虑以下函数 $W\!:\!\mathbf{R}^{k+l+2n+m} \to \mathbf{R}$:

$$W(u,w,x,y,z) = K(z) + U(u,w,x,y) = \frac{1}{2}z^{\mathrm{T}}Mz + U(u,w,x,y)$$

$$\tag{13.12}$$

如果沿系统［式（13.11）］的非平凡轨迹 $(u(t),w(t),x(t),y(t),z(t))$ 函数 $W(u,w,x,y,z)$ 有界，对 $t \in \mathbf{R}^+$，向量 $(u(t),w(t),x(t))$ 同样是有界的，则 $W(u,w,x,y,z)$ 为系统［式（13.11）］的一个能量函数。如第 6 章所述，函数［式(13.12)］为若干现有的无损耗结构保留模型的解析能量函数。

对于一般的有损结构保留模型，可以证明不存在能量函数的解析表达式。因此，必须采用数值能量函数。结构保留数值能量函数 $W_{\mathrm{num}}(u,w,x,y)$ 可以使用第 7 章描述的一些方法，将解析函数 $W_{\mathrm{ana}}(u,w,x,y,z)=K(z)+U(u,w,x,y)$ 与路径相关势能 $U_{\mathrm{path}}(u,w,x,y)$ 相结合来构造。

13.6　DAE 系统的主导 UEP

主导 UEP 在 ODE 描述的网络简化模型中是适定的。将主导 UEP 应用于结构保留模型的主要困难在于，故障中轨迹的终态不在故障后 DAE 系统的代数流形上，而是与对应的故障后奇异摄动方程的稳定边界相交。

因此，结构保留模型的主导 UEP 可以通过对应的奇异摄动模型的主导 UEP 来定义。为此，我们先研究奇异摄动模型［式(13.11)］的主导 UEP。

定义 13.1：奇异摄动模型的主导 UEP。

对给定足够小的 $\varepsilon > 0$，奇异摄动模型［式（13.11）］关于故障中轨迹的主导 UEP 为奇异摄动模型(式 13.11)稳定边界 $\partial A_\varepsilon(u_s,w_s,x_s,y_s,0)$ 上的 UEP，其稳定流形包含了故障中轨迹的逸出点。

这个定义是以逸出点必定位于故障后奇异摄动模型［式(13.11)］稳定边界上某 UEP 的稳定流形上这个事实为依据的。应用故障后奇异摄动方程［式(13.11)］的稳定边界的性质，可以证明奇异摄动方程［式(13.11)］主导 UEP 的存在性和唯一性。

定理 13.3：主导 UEP 的存在性和唯一性。

如果故障后奇异摄动方程［式(13.11)］同时满足以下假设条件。

（A13.1）所有平衡点是双曲的。

（A13.2）对充分小的 $\varepsilon > 0$，系统存在一个能量函数。

则对每个给定的 $\varepsilon > 0$，故障后奇异摄动方程［式(13.11)］与故障中轨迹相关的主导 UEP 存在且唯一。

明确了故障后奇异摄动方程［式(13.11)］主导 UEP 的存在性和唯一性后，需要建立故障后奇异摄动方程［式(13.11)］的主导 UEP 与 DAE 系统［式(13.1)］主导 UEP 之间的关系。换言之，需要研究 $\varepsilon \to 0$ 时，奇异摄动方程［式(13.11)］主导 UEP 的性质。在此之前，需要如定义 13.2 所示的一致主导 UEP 的定义。

定义 13.2：一致主导 UEP。

令 $(u_{co}^\varepsilon, w_{co}^\varepsilon, x_{co}^\varepsilon, y_{co}^\varepsilon, z_{co}^\varepsilon)$ 为故障后奇异摄动方程[式(13.11)]关于故障中轨迹 $(u^\varepsilon(t), w^\varepsilon(t), x^\varepsilon(t), y^\varepsilon(t), z^\varepsilon(t))$ 的主导 UEP。考虑映射 $\varepsilon \to (u_{co}^\varepsilon, w_{co}^\varepsilon, x_{co}^\varepsilon, y_{co}^\varepsilon, z_{co}^\varepsilon)$，如果存在 $\varepsilon^* > 0$，使得映射对所有的 $\varepsilon \in (0, \varepsilon^*)$ 保持不变，则 $(u_{co}^0, w_{co}^0, x_{co}^0, y_{co}^0, z_{co}^0) = (u_{co}^\varepsilon, w_{co}^\varepsilon, x_{co}^\varepsilon, y_{co}^\varepsilon, z_{co}^\varepsilon)$ 是对任何 $\varepsilon \in (0, \varepsilon^*)$ 关于故障中轨迹 $(u^\varepsilon(t), w^\varepsilon(t), x^\varepsilon(t), y^\varepsilon(t), z^\varepsilon(t))$ 的一致主导 UEP。

下面给出建立奇异摄动方程[式(13.5)]与 DAE 系统[式(13.1)]主导 UEP 间联系的分析结论。

定理 13.4：DAE 系统的主导 UEP 与一致主导 UEP。

考虑结构保留暂态稳定模型[式(13.10)]。令 $(u_s, w_s, x_s, y_s, 0)$ 为故障后系统在一个稳定约束分支上的一个 SEP。令 $(u_{co}^0, w_{co}^0, x_{co}^0, y_{co}^0, z_{co}^0)$ 为 DAE 系统[式(13.10)]对应稳定约束流形上故障后 DAE 轨迹 $(u^0(t), w^0(t), x^0(t), y^0(t), z^0(t))$ 的主导 UEP。如果故障后奇异摄动方程[式(13.11)]同时满足以下条件 (A13.1)、(A13.2)。

则以下结论成立：①给定 $\eta > 0$，存在 $\varepsilon^* > 0$，使得对所有 $\varepsilon \in (0, \varepsilon^*)$，奇异摄动故障中轨迹的逸出点与 DAE 故障中轨迹的逸出点是 η 接近的。②对所有 $\varepsilon \in (0, \varepsilon^*)$，故障后奇异摄动方程[式(13.11)]的平衡点 $(u_{co}^0, w_{co}^0, x_{co}^0, y_{co}^0, z_{co}^0)$ 通常是关于故障中轨迹 $(u^\varepsilon(t), w^\varepsilon(t), x^\varepsilon(t), y^\varepsilon(t), z^\varepsilon(t))$ 的一个一致主导 UEP。

定理 13.4 表明，在上述条件下，DAE 系统的主导 UEP 是故障后奇异摄动方程[式(13.11)]的一致主导 UEP。因此，该定理保证 DAE 系统[式(13.10)]的主导 UEP 可以通过计算奇异摄动方程[式(13.10)]的主导 UEP 得到。此外，可以证明若这些轨迹的初始点位于故障后奇异摄动方程[式(13.11)]的稳定域中，则故障后的 DAE 系统轨迹与奇异摄动方程轨迹具有同样的渐近性质。

13.7　DAE 系统的主导 UEP 法

现在提出用于一般的结构保留暂态稳定模型[式(13.10)]直接法稳定分析的主导 UEP 法。给定结构保留的故障中轨迹 $(u_f(t), w_f(t), x_f(t), y_f(t), z_f(t))$、故障后结构保留模型及故障后 DAE 结构保留模型[式(13.10)]的能量函数 $W(u, w, x, y, z)$，一般的结构保留暂态稳定模型主导 UEP 法的一般步骤如下所述。

第 1 步：确定临界能量。

第 1.1 步：找出关于故障中 DAE 轨迹 $(u_f(t), w_f(t), x_f(t), y_f(t), z_f(t))$ 的主导 UEP $(u_{co}, w_{co}, x_{co}, y_{co}, 0)$。

第1.2步：临界能量值 W_{cr} 是能量函数 $W(u,w,x,y,z)$ 在主导 UEP 处的函数值，即 $W_{cr} = W(u_\infty, w_\infty, x_\infty, y_\infty, 0)$。

第2步：直接确定故障后轨迹的稳定性。

第2.1步：使用故障中 DAE 轨迹 $(u_f(t_{cl}), w_f(t_{cl}), x_f(t_{cl}), y_f(t_{cl}), z_f(t_{cl}))$ 计算出故障清除时刻 t_{cl} 的系统状态向量。

第2.2步：使用故障后 DAE 系统和状态向量 $(u_f(t_{cl}), w_f(t_{cl}), x_f(t_{cl}), y_f(t_{cl}), z_f(t_{cl}))$ 计算故障后轨迹的初态，即 $(u(t_{cl}^+), w(t_{cl}^+), x(t_{cl}^+), y(t_{cl}^+), z(t_{cl}^+))$。

第2.3步：计算故障后轨迹初始点的能量函数值，即为 $W(u(t_{cl}^+), w(t_{cl}^+), x(t_{cl}^+), y(t_{cl}^+), z(t_{cl}^+))$。

第2.4步：如果 $W(u(t_{cl}^+), w(t_{cl}^+), x(t_{cl}^+), y(t_{cl}^+), z(t_{cl}^+)) < W_{cr}$，则结构保留模型故障后轨迹是稳定的。否则，可能是不稳定的。

下面提出结构保留暂态稳定模型主导 UEP 法的一个基本定理。

定理 13.5：基本定理。

考虑奇异摄动结构保留模型［式（13.10）］，它具有一个能量函数 $W(u,w,x,y,z)$。令 p_s 为故障后模型的 SEP，并令 $\hat{p}$ 为稳定边界 $\partial A(p_s)$ 上的平衡点。令 $r > W(p_s)$，以及有：① $S(r)$ 为包含 p_s 的集合 $\{x \in \mathbf{R}^n : W(x) < r\}$ 的连通分支。② $\partial S(r)$ 为包含 p_s 的集合 $\{x \in \mathbf{R}^n : W(x) = r\}$ 的连通分支。

则有如下几方面结论。

（1）连通等能量面 $\partial S(V(\hat{p}))$ 与稳定流形 $W^s(\hat{p})$ 仅在平衡点 $\hat{p}$ 处相交；此外，集合 $S(V(\hat{p}))$ 与稳定流形 $W^s(\hat{p})$ 交集为空，即 $\partial S(V(\hat{p})) \bigcap W^s(\hat{p}) = \hat{p}$ 且 $S(V(\hat{p})) \bigcap W^s(\hat{p}) = \varnothing$。

（2）如果 p_u 为一个平衡点，且 $V(p_u) > V(\hat{p})$，$S(V(p_u)) \bigcap W^s(\hat{p}) \neq \varnothing$。

（3）如果 $\hat{p}$ 为一个平衡点且 $V(\hat{p}) > V(p_u)$，$S(V(p_u)) \bigcap W^s(\hat{p}) = \varnothing$。

（4）如果 $\hat{p}$ 不是最近 UEP，则 $\partial S(V(\hat{p})) \bigcap (\bar{A}(p_s))^c \neq \varnothing$。

（5）任意从 $P \in \{S(V(\hat{p})) \bigcap A(p_s)\}$ 出发并穿过 $W^s(\hat{p})$ 的连通路径，必定先遇到 $\partial S(V(\hat{p}))$，然后才会遇到 $W^s(\hat{p})$。

上述定理与用于网络简化暂态稳定模型主导 UEP 法的基本定理相似。该定理表明，可以使用经过奇异摄动模型主导 UEP 的等能量面来近似结构保留模型故障中轨迹的相关稳定边界。如果故障后轨迹的初始点位于等能量面内，结构保留模型的故障后轨迹将收敛到故障后 DAE 系统的 SEP。因此，结构保留暂态稳定模型的直接法分析可以通过 DAE 模型［式（13.10）］的能量函数和主导 UEP 法来进行，并且稳定估计将会是保守的。

13.8　数　值　研　究

为说明第 13.7 节中提出的 DAE 系统的主导 UEP 法,考虑以下系统,它近似描述了绝对角度坐标下的一个 3 机 9 母线系统。前面的章节中对该系统进行过研究。现在考虑的系统模型为下面的 DAE 表示的结构保留模型:

$$\dot{\delta}_1 = \omega_1$$
$$\dot{\delta}_2 = \omega_2$$
$$\dot{\delta}_3 = \omega_3$$
$$m_1\dot{\omega}_1 = -d_1\omega_1 + P_{m1} - P_{G1}(\delta_1,\theta_1,V_1)$$
$$m_2\dot{\omega}_2 = -d_2\omega_2 + P_{m2} - P_{G2}(\delta_2,\theta_2,V_2)$$
$$m_3\dot{\omega}_3 = -d_3\omega_3 + P_{m3} - P_{G3}(\delta_3,\theta_3,V_3)$$

$$0 = \sum_{k=1}^{9} V_1 V_k \left[G_{1k}\cos(\theta_1-\theta_k) + B_{1k}\sin(\theta_1-\theta_k) \right] - P_{G_1}(\delta_1,\theta_1,V_1)$$

$$0 = \sum_{k=1}^{9} V_2 V_k \left[G_{2k}\cos(\theta_2-\theta_k) + B_{2k}\sin(\theta_2-\theta_k) \right] - P_{G_2}(\delta_2,\theta_2,V_2)$$

$$0 = \sum_{k=1}^{9} V_3 V_k \left[G_{3k}\cos(\theta_3-\theta_k) + B_{3k}\sin(\theta_3-\theta_k) \right] - P_{G_3}(\delta_3,\theta_3,V_3)$$

$$0 = \sum_{k=1}^{9} V_4 V_k \left[G_{4k}\cos(\theta_4-\theta_k) + B_{4k}\sin(\theta_4-\theta_k) \right]$$

$$\cdots$$
$$\cdots$$
$$\cdots$$

$$0 = \sum_{k=1}^{9} V_9 V_k \left[G_{9k}\cos(\theta_9-\theta_k) + B_{9k}\sin(\theta_9-\theta_k) \right]$$

$$0 = \sum_{k=1}^{9} V_1 V_k \left[G_{1k}\sin(\theta_1-\theta_k) - B_{1k}\cos(\theta_1-\theta_k) \right] - Q_{G_1}(\delta_1,\theta_1,V_1)$$

$$0 = \sum_{k=1}^{9} V_2 V_k \left[G_{2k}\sin(\theta_2-\theta_k) - B_{2k}\cos(\theta_2-\theta_k) \right] - Q_{G_2}(\delta_2,\theta_2,V_2)$$

$$0 = \sum_{k=1}^{9} V_3 V_k \left[G_{3k}\sin(\theta_3-\theta_k) - B_{3k}\cos(\theta_3-\theta_k) \right] - Q_{G_3}(\delta_3,\theta_3,V_3)$$

$$0 = \sum_{k=1}^{9} V_4 V_k \left[G_{4k}\sin(\theta_4-\theta_k) - B_{4k}\cos(\theta_4-\theta_k) \right]$$

$$\cdots$$
$$\cdots$$
$$\cdots$$

$$0 = \sum_{k=1}^{9} V_9 V_k \left[G_{9k} \sin(\theta_9 - \theta_k) - B_{9k} \cos(\theta_9 - \theta_k) \right]$$

式中，$E_1 = 1.0566$，$E_2 = 1.0502$，$E_3 = 1.016966$，

$$P_{G_i}(\delta,\theta,V) = \begin{cases} \dfrac{E'_{qi} V_i \sin(\delta_i - \theta_i)}{X'_{di}}, & i = 1,\cdots,3 \\ 0, & i = 4,\cdots,9 \end{cases}$$

$$Q_{G_i}(\delta,\theta,V) = \begin{cases} -\dfrac{V_i^2}{X'_{di}} + \dfrac{E'_{qi} V_i \sin(\delta_i - \theta_i)}{X'_{di}}, & i = 1,\cdots,3 \\ 0, & i = 4,\cdots,9 \end{cases}$$

$$P_{e_i}(\delta_1,\delta_2,\delta_3) = \sum_{j=1,j\neq i}^{3} E_i E_j \left[B_{ij} \sin(\delta_i - \delta_j) + G_{ij} \cos(\delta_i - \delta_j) \right]$$

考虑均匀阻尼下的正常负荷情况，$d_i/m_i = 0.1$，$[d_1,d_2,d_3] = [0.0125, 0.0034, 0.0016]$。事故列表与相关故障如表 13.1 所示。

表 13.1　事故列表与相关故障

事故编号	故障母线	故障清除形式	描述	
			首端母线	末端母线
1	7	线路跳闸	7	5
2	7	线路跳闸	8	7
3	5	线路跳闸	7	5
4	5	线路跳闸	5	4
5	4	线路跳闸	4	6
6	4	线路跳闸	5	4
7	9	线路跳闸	6	9
8	9	线路跳闸	9	8
9	8	线路跳闸	9	8
10	8	线路跳闸	8	7
11	6	线路跳闸	4	6
12	6	线路跳闸	6	9

为说明主导 UEP 的计算步骤，对两个事故的动态信息进行数值仿真：①故障前 SEP 和故障后 SEP；②故障后系统稳定边界上的 UEP；③角度空间中故障后系统的稳定边界；④故障中轨迹；⑤主导 UEP；⑥原模型的逸出点。

事故 10 中,母线 8 附近发生故障,切除母线 7 与母线 8 之间的线路后故障清除。角度平面上准确的故障后系统稳定域见图 13.1。如图 13.1 所示,故障中轨迹的投影与主导 UEP 的稳定流形相交,而主导 UEP 是一个 1 型 UEP。稳定边界上有两个 1 型 UEP 和一个 2 型 UEP。其中一个 1 型 UEP 即主导 UEP 的稳定流形包含了(原模型的)逸出点。该逸出点距离主导 UEP 较远,而距离稳定边界上的 2 型 UEP 较近。

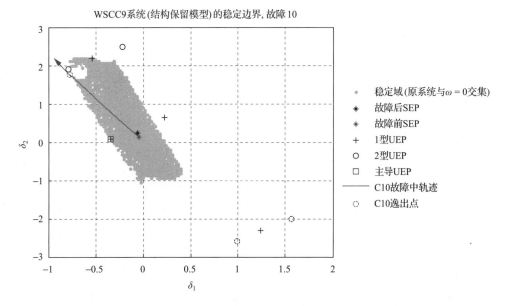

图 13.1　角度空间上事故 10 的故障后系统的准确稳定域

故障中轨迹投影与主导 UEP 的稳定流形相交于(原模型)逸出点,它与主导 UEP 相隔一段距离,
而距离一个 2 型平衡点较近,但该点不是主导 UEP

有趣的是,与文献所宣称的相反,这个算例清楚地显示,主导 UEP 不是最靠近故障中轨迹的 UEP,与故障中轨迹最靠近的是 2 型 UEP,然而使用这个 2 型 UEP 作为主导 UEP 却是错误的。

事故 2 中,母线 7 附近发生故障,切除母线 7 与母线 8 之间的线路后故障清除。角度平面上准确的故障后系统稳定域见图 13.2。如图 13.2 所示,故障中轨迹的投影与主导 UEP 的稳定流形相交,而主导 UEP 是一个 1 型 UEP。稳定边界上有两个 1 型 UEP 和一个 2 型 UEP。其中一个 1 型 UEP,即主导 UEP 的稳定流形包含了(原系统的)逸出点。该逸出点与主导 UEP 较近,但与另一个 1 型 UEP 却有一段距离。此外,逸出点也与 2 型 UEP 较近。

用 DAE 系统的主导 UEP 法来计算与每一个事故对应的主导 UEP。故障后SEP 以及与每一个事故对应的主导 UEP 可参见表 13.2～表 13.13。

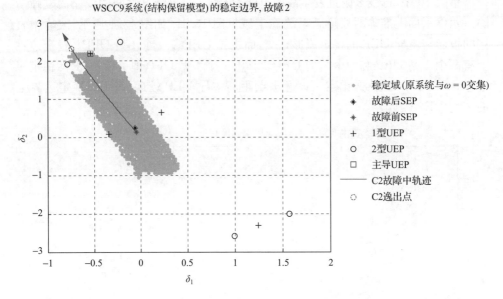

图 13.2　角度空间上事故 2 的故障后系统的准确稳定域

故障中轨迹投影与主导 UEP 的稳定流形相交于逸出点，共有两个 1 型平衡点和一个 2 型平衡点

表 13.2　故障 1 的故障后 SEP 和主导 UEP

平衡点	$(\delta_1, \delta_2, \delta_3)$	$(V_1, V_2, \cdots, V_9)$	$(\theta_1, \theta_2, \cdots, \theta_9)$
故障后 SEP	$(-0.1204, 0.3394,$ $0.2239)$	$(1.0781, 1.0845, 1.0669,$ $1.0511, 1.0066, 1.0402,$ $1.0802, 1.0657, 1.0740)$	$(-0.1584, 0.2091, 0.0756,$ $-0.1963, -0.2816, -0.1621,$ $0.1396, 0.0589, 0.0284)$
主导 UEP	$(-0.7589, 1.9528,$ $1.8079)$	$(0.8652, 0.9073, 0.6730,$ $0.6349, 0.608, 0.3222,$ $0.8113, 0.6945, 0.5598)$	$(-0.7557, 1.8228, 1.5978,$ $-0.7504, -0.8357, -0.3298,$ $1.7305, 1.6101, 1.4697)$

表 13.3　故障 2 的故障后 SEP 和主导 UEP

平衡点	$(\delta_1, \delta_2, \delta_3)$	$(V_1, V_2, \cdots, V_9)$	$(\theta_1, \theta_2, \cdots, \theta_9)$
故障后 SEP	$(-0.0655, 0.2430,$ $-0.0024)$	$(1.0930, 1.0940, 1.0538,$ $1.0801, 1.0547, 1.0615,$ $1.0947, 1.0235, 1.0568)$	$(-0.1048, 0.1129, -0.1534,$ $-0.1430, -0.1361, -0.2089,$ $0.0443, -0.2823, -0.2022)$
主导 UEP	$(-0.5424, 2.1802,$ $-0.3755)$	$(0.9045, 0.6391, 0.9241,$ $0.7114, 0.3721, 0.7647,$ $0.4195, 0.8577, 0.8856)$	$(-0.5447, 1.9911, -0.5301,$ $-0.5481, -0.3621, -0.6079,$ $1.7293, -0.6699, -0.5898)$

表 13.4　故障 3 的故障后 SEP 和主导 UEP

平衡点	$(\delta_1,\delta_2,\delta_3)$	$(V_1,V_2,\cdots,V_9)$	$(\theta_1,\theta_2,\cdots,\theta_9)$
故障后 SEP	$(-0.1204,0.3394,$ $0.2239)$	$(1.7081,1.0845,1.0669,$ $1.0511,1.0066,1.0402,$ $1.0802,1.0657,1.0740)$	$(-0.1584,0.2091,0.0756,$ $-0.1963,-0.2816,-0.1621,$ $0.1396,0.0589,0.0284)$
主导 UEP	$(-0.7589,1.9528,$ $1.8079)$	$(0.8652,0.9073,0.6730,$ $0.6349,0.6080,0.3222,$ $0.8113,0.6945,0.5598)$	$(-0.7557,1.8228,1.5978,$ $-0.7504,-0.8357,-0.3298,$ $1.7305,1.6101,1.4697)$

表 13.5　故障 4 的故障后 SEP 和主导 UEP

平衡点	$(\delta_1,\delta_2,\delta_3)$	$(V_1,V_2,\cdots,V_9)$	$(\theta_1,\theta_2,\cdots,\theta_9)$
故障后 SEP	$(-0.0231,0.0467,$ $0.0817)$	$(1.1056,1.0684,1.0732,$ $1.1043,0.9660,1.0858,$ $1.0558,1.0563,1.0821)$	$(-0.0579,-0.0843,-0.0649,$ $-0.0911,-0.3085,-0.1435,$ $-0.1559,-0.1715,-0.1111)$
主导 UEP	$(-0.8364,2.0797,$ $2.1466)$	$(0.8654,0.8759,0.6241,$ $0.6353,0.6997,0.2712,$ $0.7648,0.6470,0.4981)$	$(-0.8372,1.9429,1.9175,$ $-0.8386,1.6871,-0.5897,$ $1.8398,1.7801,1.7605)$

表 13.6　故障 5 的故障后 SEP 和主导 UEP

平衡点	$(\delta_1,\delta_2,\delta_3)$	$(V_1,V_2,\cdots,V_9)$	$(\theta_1,\theta_2,\cdots,\theta_9)$
故障后 SEP	$(-0.0319,0.0949,$ $0.0492)$	$(1.0986,1.0898,1.0654,$ $1.0910,1.0672,1.0205,$ $1.0884,1.0710,1.0720)$	$(-0.0718,-0.0362,-0.1005,$ $-0.1102,-0.1665,-0.2695,$ $-0.1056,-0.1577,-0.1482)$
主导 UEP	$(-0.8256,2.0830,$ $2.0549)$	$(0.8458,0.7324,0.8280,$ $0.5973,0.2403,0.7232,$ $0.5512,0.6318,0.7597)$	$(-0.8133,1.9274,1.8882,$ $-0.7917,-0.4936,1.6920,$ $1.7643,1.7541,1.8133)$

表 13.7　故障 6 的故障后 SEP 和主导 UEP

平衡点	$(\delta_1,\delta_2,\delta_3)$	$(V_1,V_2,\cdots,V_9)$	$(\theta_1,\theta_2,\cdots,\theta_9)$
故障后 SEP	$(-0.0231,0.0467,$ $0.0817)$	$(1.1056,1.0684,1.0732,$ $1.1043,0.9660,1.0858,$ $1.0558,1.0563,1.0821)$	$(-0.0579,-0.0843,-0.0649,$ $-0.0911,-0.3085,-0.1435,$ $-0.1559,-0.1715,-0.1111)$
主导 UEP	$(-0.8364,2.0797,$ $2.1466)$	$(0.8654,0.8759,0.6241,$ $0.6353,0.6997,0.2712,$ $0.7648,0.6470,0.4981)$	$(-0.8372,1.9429,1.9175,$ $-0.8386,1.6871,-0.5897,$ $1.8398,1.7801,1.7605)$

表 13.8　故障 7 的故障后 SEP 和主导 UEP

平衡点	$(\delta_1,\delta_2,\delta_3)$	$(V_1,V_2,\cdots,V_9)$	$(\theta_1,\theta_2,\cdots,\theta_9)$
故障后 SEP	$(-0.0967,0.2180,$ $0.2958)$	$(1.0836,1.0805,1.0614,$ $1.0617,1.0360,1.0294,$ $1.0742,1.0600,1.0667)$	$(-0.1352,0.0868,0.1464,$ $-0.1734,-0.1657,-0.2388,$ $0.0164,0.0160,0.0985)$
主导 UEP	$(-0.7576,1.8583,$ $1.9986)$	$(0.8530,0.7528,0.8390,$ $0.6116,0.2914,0.5929,$ $0.5806,0.6515,0.7739)$	$(-0.7406,1.7099,1.8361,$ $-0.7115,-0.3019,-0.7769,$ $1.5622,1.6264,1.7644)$

表 13.9　故障 8 的故障后 SEP 和主导 UEP

平衡点	$(\delta_1,\delta_2,\delta_3)$	$(V_1,V_2,\cdots,V_9)$	$(\theta_1,\theta_2,\cdots,\theta_9)$
故障后 SEP	$(-0.0462,0.0728,$ $0.2082)$	$(1.0942,1.0786,1.0802,$ $1.0825,1.0563,1.0710,$ $1.0716,1.0457,1.0915)$	$(-0.0868,-0.0599,0.0604,$ $-0.1262,-0.1860,-0.1223,$ $-0.1313,-0.1887,0.0141)$
主导 UEP	$(-0.2910,-0.1011,$ $2.5008)$	$(0.9326,0.9938,0.4550,$ $0.7666,0.8091,0.4447,$ $0.9423,0.9196,0.2993)$	$(-0.3080,-0.2298,2.1701,$ $-0.3312,-0.3764,-0.1971,$ $-0.3085,-0.3659,1.7890)$

表 13.10　故障 9 的故障后 SEP 和主导 UEP

平衡点	$(\delta_1,\delta_2,\delta_3)$	$(V_1,V_2,\cdots,V_9)$	$(\theta_1,\theta_2,\cdots,\theta_9)$
故障后 SEP	$(-0.0462,0.0728,$ $0.2082)$	$(1.0942,1.0786,1.0802,$ $1.0825,1.0563,1.0710,$ $1.0716,1.0457,1.0915)$	$(-0.0868,-0.0599,0.0604,$ $-0.1262,-0.1860,-0.1223,$ $-0.1313,-0.1887,0.0141)$
主导 UEP	$(-0.2910,-0.1011,$ $2.5008)$	$(0.9326,0.9938,0.4550,$ $0.7666,0.8091,0.4447,$ $0.9423,0.9196,0.2993)$	$(-0.3080,-0.2298,2.1701,$ $-0.3312,-0.3764,-0.1971,$ $-0.3085,-0.3659,1.7890)$

表 13.11　故障 10 的故障后 SEP 和主导 UEP

平衡点	$(\delta_1,\delta_2,\delta_3)$	$(V_1,V_2,\cdots,V_9)$	$(\theta_1,\theta_2,\cdots,\theta_9)$
故障后 SEP	$(-0.0655,0.2430,$ $-0.0024)$	$(1.0930,1.0910,1.0538,$ $1.0801,1.0547,1.0615,$ $1.0947,1.0235,1.0568)$	$(-0.1048,0.1129,-0.1534,$ $-0.1430,-0.1361,-0.2089,$ $0.0443,-0.2823,-0.2022)$
主导 UEP	$(-0.3495,0.0745,$ $2.5864)$	$(0.9318,1.0088,0.4284,$ $0.7647,08074,0.4451,$ $0.9633,0.2576,0.2660)$	$(-0.3387,-0.0384,2.2596,$ $-0.3239,-0.2914,-0.2163,$ $-0.1060,1.7530,1.8332)$

表 13.12　故障 11 的故障后 SEP 和主导 UEP

平衡点	$(\delta_1,\delta_2,\delta_3)$	$(V_1,V_2,\cdots,V_9)$	$(\theta_1,\theta_2,\cdots,\theta_9)$
故障后 SEP	$(-0.0319,0.0949,$ $0.0492)$	$(1.0986,1.0898,1.0654,$ $1.0910,1.0672,1.0205,$ $1.0884,1.0710,1.720)$	$(-0.0718,-0.0362,-0.1005,$ $-0.1102,-0.1665,-0.2695,$ $-0.1056,-0.1577,-0.1482)$
主导 UEP	$(-0.8256,2.0830,$ $2.0549)$	$(0.8458,0.7324,0.8280,$ $0.5973,0.2403,0.7232,$ $0.5512,0.6318,0.7597)$	$(-0.8133,1.9274,1.8882,$ $-0.7917,-0.4936,1.6920,$ $1.7643,1.7541,1.8133)$

表 13.13　故障 12 的故障后 SEP 和主导 UEP

平衡点	$(\delta_1,\delta_2,\delta_3)$	$(V_1,V_2,\cdots,V_9)$	$(\theta_1,\theta_2,\cdots,\theta_9)$
故障后 SEP	$(-0.0967,0.2180,$ $0.2958)$	$(1.0836,1.0805,1.0614,$ $1.0617,1.0360,1.0294,$ $1.0742,1.0600,1.0667)$	$(-0.1352,0.0868,0.1464,$ $-0.1737,-0.1657,-0.2388,$ $0.0164,0.0160,0.0985)$
主导 UEP	$(-0.7576,1.8583,$ $1.9986)$	$(0.8530,0.7528,0.8390,$ $0.6116,0.2914,0.5929,$ $0.5806,0.6515,0.7739)$	$(-0.7406,1.7099,1.8361,$ $-0.7115,-0.3019,-0.7769,$ $1.5622,1.6264,1.7644)$

考虑负荷提高 50% 后重载条件下的 9 母线系统。故障前 SEP 为 $(-0.0636,$ $0.1700,0.1379)$。事故列表及相关故障与正常负荷情况时相同。在重载情况下，与四个事故相对应的主导 UEP 的结果可参见表 13.14～表 13.17。

表 13.14　重载时故障 1 的故障后 SEP 和主导 UEP

平衡点	$(\delta_1,\delta_2,\delta_3)$	$(V_1,V_2,\cdots,V_9)$	$(\theta_1,\theta_2,\cdots,\theta_9)$
故障后 SEP	$(-0.1739,0.4922,$ $0.3192)$	$(1.0671,1.0913,1.0705,$ $1.0078,0.9331,0.9828,$ $1.0712,1.0412,1.0567)$	$(-0.2285,0.3122,0.1187,$ $-0.2868,-0.4207,-0.2352,$ $0.2110,0.0913,0.0490)$
主导 UEP	$(-0.6844,1.7827,$ $1.5845)$	$(0.8965,0.9498,0.7514,$ $0.6722,0.6224,0.4140,$ $0.8555,0.7441,0.6429)$	$(-0.6746,1.6131,1.3316,$ $-0.6591,-0.7930,-0.2173,$ $1.4935,1.3341,1.1872)$

表 13.15　重载时故障 2 的故障后 SEP 和主导 UEP

平衡点	$(\delta_1,\delta_2,\delta_3)$	$(V_1,V_2,\cdots,V_9)$	$(\theta_1,\theta_2,\cdots,\theta_9)$
故障后 SEP	$(-0.0943,0.3587,$ $-0.0217)$	$(1.0894,1.0949,1.0528,$ $1.0513,1.0002,1.0188,$ $1.0769,0.9760,1.0338)$	$(-0.1520,0.1771,-0.2272,$ $-0.2109,-0.2022,-0.3112,$ $0.0756,-0.4216,-0.3003)$
主导 UEP	$(-0.2910,-0.1011,$ $2.5008)$	$(0.9326,0.9938,0.4550,$ $0.7666,0.8091,0.4447,$ $0.9423,0.9196,0.2993)$	$(-0.3080,-0.2298,2.1701,$ $-0.3312,-0.3764,-0.1971,$ $-0.3085,-0.3659,1.7890)$

表 13.16　重载时故障 3 的故障后 SEP 和主导 UEP

平衡点	$(\delta_1,\delta_2,\delta_3)$	$(V_1,V_2,\cdots,V_9)$	$(\theta_1,\theta_2,\cdots,\theta_9)$
故障后 SEP	$(-0.1739,0.4922,$ $-0.3192)$	$(1.0671,1.0913,1.0705,$ $1.0078,0.9331,0.9828,$ $1.0712,1.0412,1.0567)$	$(-0.2285,0.3122,0.1187,$ $-0.2868,-0.4207,-0.2353,$ $0.2110,0.0913,0.0490)$
主导 UEP	$(-0.6844,1.7827,$ $1.5845)$	$(0.8965,0.9498,0.7514,$ $0.6722,0.6224,0.4140,$ $0.8555,0.7441,0.6429)$	$(-0.6746,1.6131,1.3316,$ $-0.6591,-0.7930,-0.2173,$ $1.4935,1.3341,1.1872)$

表 13.17　重载时故障 4 的故障后 SEP 和主导 UEP

平衡点	$(\delta_1,\delta_2,\delta_3)$	$(V_1,V_2,\cdots,V_9)$	$(\theta_1,\theta_2,\cdots,\theta_9)$
故障后 SEP	$(-0.0408,0.0966,$ $0.1152)$	$(1.1178,1.0564,1.0848,$ $1.1056,0.8661,1.0675,$ $1.0191,1.0220,1.0752)$	$(-0.0889,-0.0871,-0.0810,$ $-0.1357,-0.4247,-0.2094,$ $-0.1957,-0.2280,-0.1481)$
主导 UEP	$(-0.7973,1.9874,$ $2.0360)$	$(0.8965,0.9498,0.7514,$ $0.6722,0.6224,0.4140,$ $0.8555,0.7441,0.6429)$	$(-0.7821,1.8081,1.7507,$ $-0.7577,1.4365,-0.4324,$ $1.6655,1.5754,1.5533)$

13.9　本章小结

　　结构保留暂态稳定模型是由 DAE 方程组描述的。针对 ODE 描述的网络简化暂态稳定模型的主导 UEP 概念并不适用于结构保留暂态稳定模型。本章使用对应的奇异摄动模型的主导 UEP 定义了结构保留模型的主导 UEP,而该奇异摄动模型是一个 ODE 模型。

　　提出了用于结构保留暂态稳定模型的主导 UEP 法,并以一个简单电力系统模型为例进行了说明。此外,提出了结构保留暂态稳定模型的主导 UEP 法的理论基础。大规模结构保留暂态稳定模型主导 UEP 的计算将在第 16 章中进行阐述。

第 14 章　网络简化 BCU 法及其理论基础

14.1　引　　言

主导 UEP 的计算对直接稳定分析至关重要,然而计算出与给定故障对应的准确主导 UEP 是非常困难的。第 12 章中对主导 UEP 在计算上的挑战和复杂性进行了阐述,据此可以解释现有大多数方法失败的原因。通过探索电力系统暂态模型的特殊性质及其在物理和数学方面的特性,可以有效地开发出主导 UEP 的计算方法。本章提出一种主导 UEP 的计算方法:基于稳定域边界的主导 UEP 法(BCU) (Chiang,1995,1996;Chiang and Chu,1995;Chiang et al. ,1994)。

BCU 法是一种计算大规模电力系统主导 UEP 的系统的方法。它首先探索电力系统原有模型的特殊结构以便构造一个降阶模型,该模型能够捕获原模型稳定边界上的所有平衡点。其次通过计算降阶模型的主导 UEP 得到原模型的主导 UEP,这比直接计算原模型的主导 UEP 简单得多。给定一个具有某些性质的电力系统稳定模型,则存在一种与此对应的 BCU 法形式。BCU 法也有其他一些名称,如逸出点法(Electric Power Research Institute,1995;Fouad and Vittal,1991;Mokhtari et al. ,1994)和混合法(Pai,1989)等。

BCU 法已经引起世界范围的关注,研究人员和工程师们已经将其应用到一些实际的系统中。BCU 法用于在线 TSA 的实用性已由 Ontario Hydro 公司 (Kim,1994)以及 Northern States 电力公司(Ejebe et al. ,1999;Mokhtari et al. ,1994)证实。由 EPRI 资助的一项为期三年的项目通过大量的数值实验也证实了 BCU 法的实用性和可靠性(Rahimi,1990;Rahimi et al. ,1993)。值得注意的是 BCU 法是 EPRI 在其最新版本的 DIRECT 4.0(Electric Power Research Institute,1995)中唯一采用的直接法。此外,BCU 法还在一些诸如具有 12000 条母线的大型电力系统上完成大量测试(Chiang et al. ,2006;Tada et al. ,2004,2005)。BCU 法还可用于传输功率极限的快速计算(Tong et al. ,1993),以及有功功率重新调度以提高动态安全性(Kuo and Bose,1995)等。

BCU 法及其改进方法已经在世界各地的一些公司安装使用。该方法具有深厚的理论基础,是目前唯一具有理论基础并能高效计算主导 UEP 的方法。本章提出用于求解网络简化电力系统稳定模型的 BCU 法及其理论基础。本章大多数证明摘自文献 Chiang (1995)、Chiang 和 Chu (1995)。

14.2　降　阶　模　型

下面阐述 BCU 法基本思想。给定一个电力系统暂态稳定模型，BCU 法首先探索原模型的特殊结构，从而构造一个降阶模型，而该降阶模型可以捕捉原模型的某些静态和动态特性。为便于说明，考虑以下一般的网络简化模型，作为囊括现有网络简化模型的暂态稳定原模型：

$$T\dot{x} = -\frac{\partial U}{\partial x}(x,y) + \boldsymbol{g}_1(x,y)$$

$$\dot{y} = z \tag{14.1}$$

$$\boldsymbol{M}\dot{z} = -\boldsymbol{D}z - \frac{\partial U}{\partial y}(x,y) + \boldsymbol{g}_2(x,y)$$

式中，$x \in \mathbf{R}^n, y \in \mathbf{R}^n, z \in \mathbf{R}^n$ 为状态变量；T 为正定矩阵；$\boldsymbol{M}$ 和 $\boldsymbol{D}$ 为对角正定矩阵；向量 $\boldsymbol{g}_1(x,y)$ 和 $\boldsymbol{g}_2(x,y)$ 为转移电导。

选取一个与原模型对应的降阶模型：

$$T\dot{x} = -\frac{\partial U}{\partial x}(x,y) + \boldsymbol{g}_1(x,y)$$

$$\dot{y} = -\frac{\partial U}{\partial x}(x,y) + \boldsymbol{g}_2(x,y) \tag{14.2}$$

注意原模型[式(14.1)]的状态空间是 (x,y,z)，消去状态变量 z 得到降阶模型[式(14.2)]的状态空间 (x,y)。

与原模型对应的降阶模型必须满足以下静态和动态性质。

1. 静态性质

(S14.1) 降阶模型平衡点位置与原模型平衡点位置相对应。例如，$(\bar{x},\bar{y})$ 为降阶模型[式(14.2)]的一个平衡点，当且仅当 $(\bar{x},\bar{y},0)$ 为原模型[式(14.1)]的一个平衡点，其中 $0 \in \mathbf{R}^m$，m 为一个适当的整数。

(S14.2) 降阶模型平衡点的类型与原模型平衡点的类型保持一致。例如，(x_s,y_s) 为降阶模型[式(14.2)]的一个 SEP，当且仅当 $(x_s,y_s,0)$ 为原模型[式(14.1)]的一个 SEP。

2. 动态性质

(D14.1) 降阶模型至少存在一个能量函数。

(D14.2) 对于一个平衡点 (x_i,y_i)，它位于降阶模型稳定边界 $\partial A(x_s,y_s)$ 上，

当且仅当平衡点 $(x_i, y_i, 0)$ 位于原模型的稳定边界 $\partial A(x_s, y_s, 0)$ 上。

（D14.3）在不采用详细的时域仿真的前提下，能够快速有效地检测出何时故障中轨迹 $(x_f(t), y_f(t), z_f(t))$ 的投影 $(x_f(t), y_f(t))$ 与故障后降阶模型的稳定边界 $\partial A(x_s, y_s)$ 相交。

动态性质（D14.3）在 BCU 法的发展过程中起到了关键作用，它避免了使用时域迭代法计算原模型逸出点时的困难。BCU 法就是通过研究降阶模型的稳定边界的特殊结构和能量函数，从而计算出降阶模型的主导 UEP。给定一个电力系统稳定模型，就存在一个对应的降阶模型以及相应的 BCU 法。当然，降阶模型可能并不是唯一的。

14.3　分析结论

本节给出一般网络简化暂态稳定模型[式(14.1)]及其相关降阶模型[式(14.2)]的一些分析结论。分析结论显示，在某些条件下，原模型和降阶模型满足静态性质（S14.1）、（S14.2）以及动态性质（D14.1）、（D14.2）。下一节将探索这些性质，并据此发展出一种针对网络简化模型计算主导 UEP 的 BCU 法。注意 0 型平衡点为 SEP；1 型平衡点是指该平衡点对应的雅可比矩阵只有一个具有正实部的特征值；2 型平衡点是指该平衡点对应的雅可比矩阵有两个具有正实部的特征值；以此类推。

采用以下步骤证明降阶模型满足前述的静态和动态性质。每一步中，我们将确定原模型与降阶模型间的以下静态性质：①两个模型平衡点的位置之间的联系；②两个模型平衡点的类型之间的联系。

我们还将在每一步中对原模型与降阶模型间的以下动态性质进行确认：①各个模型稳定边界上的 UEP 之间的联系；②各个模型稳定边界的刻画。

第 1 步：确认降阶模型与以下模型的静态和动态关系：

$$\boldsymbol{T}\dot{x} = -\frac{\partial U}{\partial x}(x, y)$$

$$\dot{y} = -\frac{\partial U}{\partial x}(x, y) \tag{14.3}$$

第 2 步：确认模型[式(14.3)]与以下模型的静态和动态关系：

$$\boldsymbol{T}\dot{x} = -\frac{\partial U}{\partial x}(x, y)$$

$$\dot{y} = -\frac{\partial U}{\partial x}(x, y) \tag{14.4}$$

$$\boldsymbol{M}\dot{z} = -\boldsymbol{D}z$$

第3步：确认模型[式(14.4)]与以下单参数动态模型 $d(\lambda)$ 的静态和动态关系：

$$T\dot{x} = -\frac{\partial U}{\partial x}(x,y)$$

$$\dot{y} = (1-\lambda)z - \lambda\frac{\partial U}{\partial x}(x,y) \qquad (14.5)$$

$$M\dot{z} = -Dz + (\lambda-1)\frac{\partial U}{\partial y}(x,y)$$

第4步：确认模型[式(14.5)]与以下模型的静态和动态关系：

$$T\dot{x} = -\frac{\partial U}{\partial x}(x,y)$$

$$\dot{y} = z \qquad (14.6)$$

$$M\dot{z} = -Dz - \frac{\partial U}{\partial y}(x,y)$$

第5步：确认模型[式(14.6)]与原模型的静态和动态关系：

$$T\dot{x} = -\frac{\partial U}{\partial x}(x,y) + \boldsymbol{g}_1(x,y)$$

$$\dot{y} = z$$

$$M\dot{z} = -Dz - \frac{\partial U}{\partial y}(x,y) + \boldsymbol{g}_2(x,y)$$

上述5个步骤用以证明降阶模型[式(14.2)]满足静态性质(S14.1)、(S14.2)以及动态性质(D14.1)、(D14.2)，见图14.1。

下面推导每一步所述的性质。

第1步和第5步：这两个步骤需证明如果转移电导足够小，则以下性质成立。

静态性质：$(\bar{x},\bar{y})$ 为降阶模型[式(14.2)]的一个 k 型平衡点，当且仅当 $(\bar{x},\bar{y})$ 为模型[式(14.3)]的一个 k 型平衡点，其中 $U \in \mathbf{R}^m$，m 为适当的正数。

静态性质：$(\bar{x},\bar{y},0)$ 为模型[式(14.6)]的一个 k 型平衡点，当且仅当 $(\bar{x},\bar{y},0)$ 为原模型[式(14.1)]的一个 k 型平衡点。

动态性质：$(\bar{x},\bar{y})$ 是一个位于降阶模型[式(14.2)]的稳定边界 $\partial A(x_s,y_s)$ 上的平衡点，当且仅当平衡点 $(\bar{x},\bar{y})$ 位于模型[式(14.3)]的稳定边界 $\partial A(x_s,y_s)$ 上。

动态性质：$(x,y,0)$ 是一个位于模型[式(14.6)]的稳定边界 $\partial A(x_s,y_s,0)$ 上的平衡点，当且仅当平衡点 $(\bar{x},\bar{y},0)$ 位于原模型[式(14.1)]的稳定边界 $\partial A(x_s,y_s,0)$ 上，其中 $U \in \mathbf{R}^m$，m 为适当的正数。

静态和动态关系

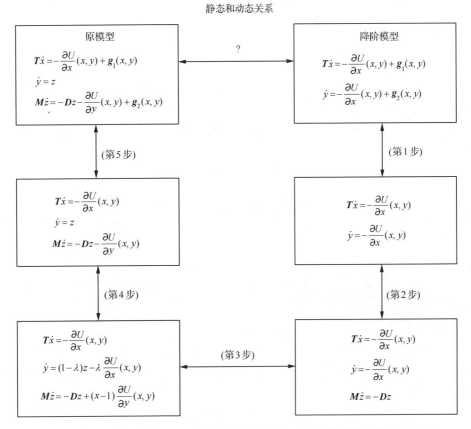

图 14.1　建立原模型 [式 (14.1)] 与降阶模型 [式 (14.2)] 之间的静态性质 (S14.1)、
(S14.2) 和动态性质 (D14.1)、(D14.2) 的 5 个步骤

第 2 步将证明以下性质。

静态性质：$(\bar{x}, \bar{y})$ 为模型 [式 (14.3)] 的一个 k 型平衡点，当且仅当 $(\bar{x}, \bar{y}, 0)$ 为模型 [式 (14.4)] 的一个 k 型平衡点。其中 $0 \in \mathbf{R}^m$, m 为适当的正数。

动态性质：$(\bar{x}, \bar{y})$ 是一个位于模型 [式 (14.3)] 的稳定边界 $\partial A(x_s, y_s)$ 上的平衡点，当且仅当平衡点 $(\bar{x}, \bar{y}, 0)$ 位于模型 [式 (14.4)] 的稳定边界 $\partial A(x_s, y_s, 0)$ 上。

第 3 步和第 4 步这两个步骤需要证明某些条件下以下性质成立。

静态性质：$(\bar{x}, \bar{y}, 0)$ 为模型 [式 (14.4)] 的一个 k 型平衡点，当且仅当 $(\bar{x}, \bar{y}, 0)$ 为模型 [式 (14.6)] 的一个 k 型平衡点，其中 $0 \in \mathbf{R}^m$, m 为适当的正数。

动态性质：$(\bar{x}, \bar{y}, 0)$ 是一个位于模型 [式 (14.4)] 的稳定边界 $\partial A(x_s, y_s, 0)$ 上的平衡点，当且仅当平衡点 $(\bar{x}, \bar{y}, 0)$ 位于模型 [式 (14.6)] 的稳定边界 $\partial A(x_s, y_s, 0)$ 上。

注意，$0 \in \mathbf{R}^m$, m 为适当的正数。

最后将上述 5 个步骤得出的结论加以综合，可以建立起原模型[式(14.1)]与降阶模型[式(14.2)]之间的联系。

下面推导第 1~5 步的相应分析结论。

第 1 步和第 5 步：在数学上，这两步是探讨在向量场的小扰动下平衡点的类型以及稳定边界上平衡点的"鲁棒性"。这里考虑向量场的 C^1（即连续可微）摄动。令 $f:M \to E$ 为 C^1 向量场，M 为向量空间 E 中的开集。令 $v(M)$ 为 M 上所有 C^1 向量场的集合。如果 E 上存在一个范数，C^1 向量场 $h \in v(M)$ 为所有数的最小上界：

$$\max\{|h(x)|, \|Dh(x)\|; x \in M\}$$

在这种拓扑下，$f \in v(M)$ 的一个邻域是 $v(M)$ 的子集，该子集包含形如 $g \in v(M)$ 的集合，且存在 $\varepsilon > 0$ 及 M 上的范数使得 $|g-f|_1 < \varepsilon$。我们称 g 为向量场 f 的一个 ε-C^1 摄动。

向量场的保留性质是比结构稳定性弱得多的概念。下面的定理证明，保留性质对"几乎所有"的 C^1 向量场都成立，但更强的结构稳定性无法满足这一点。

定理 14.1：保留性质。

令 $f:M \to E$ 为一个 C^1 向量场，M 为向量空间 E 中的一个开集。令 x_s 为一个 SEP，$\hat{x}$ 为稳定边界 $\partial A(x_s)$ 上的一个 k 型双曲平衡点，且满足横截性条件，则对任意 $\varepsilon > 0$，存在向量场 f 的一个 δ 邻域 $h \subset v(M)$ 以及 $\hat{x}$ 的邻域 $u \subset M$，使得对任意的 $g \in h$。

(1) 向量场 g 存在唯一的 k 型双曲平衡点 $\hat{x}^g$，使得 $\hat{x}^g \in u$。

(2) $\hat{x}^g$ 位于稳定边界 $\partial A(x_s^g)$ 上，其中 x_s^g 为向量场 g 的一个 SEP，且 $|x_s^g - x_s| < \varepsilon$。

证明：由于 $\hat{x}$ 为一个 k 型双曲平衡点，存在 f 的一个 δ_1 邻域使得对于任意 $g \in h$，$\hat{x}^g$ 同样是 k 型双曲平衡点。对于定理第 2 部分，因 $\hat{x}$ 位于稳定边界 $\partial A(x_s^g)$ 上，由定理 3.12 可得，

$$W^u(\hat{x}) \bigcap A(x_s) \neq \varnothing$$

即 $W^u(\hat{x})$ 与 $W^s(x_s)$ 横截相交。由横截性条件的开放性质可知，存在 f 的一个邻域 δ_2，使得在该邻域中的任意向量场 g 中，$W^u(\hat{x}^g)$ 均与 $W^s(x_s^g)$ 横截相交。由定理 3.12 可知，$\hat{x}^g$ 位于稳定边界 $\partial A(x_s^g)$ 上。取 $\delta = \min\{\delta_1, \delta_2\}$，定理证毕。

将上述结论推广到稳定边界上的所有平衡点。假定向量场 f 的平衡点都是双曲的。定理 14.1 表明，对一个平衡点 x_i，存在 f 的邻域 h_i 和 x_i 的邻域 u_i，使得任意向量场 $g \in h$ 有唯一临界元 $x_i(g) \in u_i$。用滤过的概念可以证明，邻域 h_i 和 u_i 可以收缩，使得 $x_i(g)$ 为完全包含在 u_i 中的 g 的最大不变集(Shub, 1987)。此外，

存在 f 的邻域 h，使得在 u_i 的并集之外不存在其他非游荡点。假设向量场 f 满足横截性条件。由横截性条件的开放性质可知，对两个临界元 x_i 与 x_j，其中 x_j 稳定且 $W^u(x_i) \bigcap W^s(x_j) \neq \varnothing$，存在 f 的邻域 ε，使得在该邻域中的任意向量场 g 中，$W^u(x_i(g))$ 与 $W^s(x_j(g))$ 均横截相交且交集非空。根据以上论述，可得以下定理。

定理 14.2： 稳定边界上平衡点的鲁棒性。

令 x_s 为向量场 f 的一个 SEP，令 $x_i, i = 1,2,\cdots,k$ 为 $\partial A(x_s)$ 上的双曲平衡点，$W^u(x_i)$ 与 $W^s(x_j)$ 满足横截性条件，且 $\partial A(x_s) = \bigcup W^s(x_i)$，则存在正数 ε，使得 f 的任意 $\varepsilon\text{-}C^1$ 摄动向量场 g，平衡点 $h(x_i), i = 1,2,\cdots,k$ 同样在 $h(x_s(g))$ 的稳定边界上，且 $\partial A(x_s(g)) = \bigcup W^s(x_i(g))$，其中 $h(\cdot)$ 为一一映射，$h(x_s(g))$ 为向量场 g 的一个 SEP。

第 2 步：观察模型［式(14.4)］的向量场，容易得出以下结论：① 模型［式(14.4)］中状态变量 (x,y) 的动态情况与状态变量 (z) 的动态情况完全解耦；② 模型［式(14.4)］中状态变量 (x,y) 的动态情况与模型［式(14.3)］中状态变量 (x,y) 的动态情况完全相同。

因此可得，

静态性质：$(\bar{x},\bar{y})$ 为模型［式(14.3)］的一个 k 型平衡点，当且仅当 $(\bar{x},\bar{y},0)$ 为模型［式(14.4)］的一个 k 型平衡点，其中 $0 \in \mathbf{R}^m$，m 为适当的正数。

动态性质：(x_i,y_i) 是一个位于模型［式(14.3)］的稳定边界 $\partial A(x_s,y_s)$ 上的平衡点，当且仅当平衡点 $(x_i,y_i,0)$ 位于模型［式(14.4)］的稳定边界 $\partial A(x_s,y_s,0)$ 上。

第 3 步和第 4 步：需要推出的主要结论是模型［式(14.4)］与［式(14.6)］平衡点的静态性质和动态性质。

定理 14.3： 静态性质。

如果 0 是 $\dfrac{\partial^2 U}{\partial x \partial y}(x_i,y_i)$ 的一个正则值，则 $(\bar{x},\bar{y},0)$ 为模型［式(14.4)］的一个 k 型平衡点，当且仅当 $(\bar{x},\bar{y},0)$ 为模型［式(14.6)］的一个 k 型平衡点。

证明：显然模型［式(14.4)］与模型［式(14.6)］具有相同的平衡点。模型［式(14.4)］的雅可比矩阵为

$$J_4 = \begin{bmatrix} -\boldsymbol{T}^{-1}\dfrac{\partial^2}{\partial x^2}U(x,y) & -\boldsymbol{T}^{-1}\dfrac{\partial^2}{\partial x \partial y}U(x,y) & 0 \\ -\dfrac{\partial^2}{\partial x \partial y}U(x,y) & -\dfrac{\partial^2}{\partial y^2}U(x,y) & 0 \\ 0 & 0 & -\boldsymbol{M}^{-1}\boldsymbol{D} \end{bmatrix}$$

模型[式(14.6)]的雅可比矩阵为

$$
\boldsymbol{J}_6 = \begin{bmatrix} -\boldsymbol{T}^{-1}\dfrac{\partial^2}{\partial x^2}U(x,y) & -\boldsymbol{T}^{-1}\dfrac{\partial^2}{\partial x\partial y}U(x,y) & 0 \\ 0 & 0 & \boldsymbol{I} \\ -\boldsymbol{M}^{-1}\dfrac{\partial^2}{\partial x\partial y}U(x,y) & -\boldsymbol{M}^{-1}\dfrac{\partial^2}{\partial y^2}U(x,y) & -\boldsymbol{M}^{-1}\boldsymbol{D} \end{bmatrix}
$$

应用西尔维斯特惯性定理可得,这两个矩阵具有负实部的特征值个数相等。证毕。

定理 14.4: 动态性质。

令 $(x_s, y_s, 0)$ 为模型[式(14.4)]的一个 SEP,如果如下单参数动力模型 $d(\lambda)$

$$
T\dot{x} = -\frac{\partial}{\partial x}U(x,y)
$$

$$
\dot{y} = (1-\lambda)z - \lambda\frac{\partial U}{\partial x}(x,y)
$$

$$
M\dot{z} = -Dz + (\lambda-1)\frac{\partial U}{\partial y}(x,y)
$$

稳定边界上的平衡点的稳定流形和不稳定流形的交集对于 $\lambda \in [0,1]$ 满足横截性条件,则:

(1) $(x_i, y_i, 0)$ 是一个位于模型[式(14.4)]的稳定边界 $\partial A(x_s, y_s, 0)$ 上的平衡点,当且仅当平衡点 $(x_i, y_i, 0)$ 位于模型[式(14.6)]的稳定边界上。

(2) 模型[式(14.4)]的稳定边界 $\partial A(x_s, y_s, 0)$ 是 $\partial A(x_s, y_s, 0)$ 上平衡点 $(x_i, y_i, 0)$, $i = 1, 2, \cdots, n$ 稳定流形的并集,而且模型[式(14.6)]的稳定边界 $\partial A(x_s, y_s, 0)$ 是 $\partial A(x_s, y_s, 0)$ 上平衡点 $(x_i, y_i, 0)$(即相同的平衡点),$i = 1, 2, \cdots, n$ 稳定流形的并集。

证明:证明此定理需要下述两个定理,其实质与定理 10.3 和 10.4 相同。这里我们只陈述结论,而不做详细证明。

可以注意到模型[式(14.5)]可以表示为如下的形式:

$$
\begin{bmatrix} \dot{x} \\ \dot{y} \\ \dot{z} \end{bmatrix} = -\left[\bar{\Gamma}(\lambda)\right] \begin{bmatrix} \dfrac{\partial W}{\partial x} \\ \dfrac{\partial W}{\partial y} \\ \dfrac{\partial W}{\partial z} \end{bmatrix}
$$

式中,$W(x, y, z) = U(x, y) + (1/2)z^\mathrm{T}z$ 为一个能量函数。

定理 14.5：稳定边界上的局部不变性质。

假设向量场 $d(\lambda_1)$ 满足横截性条件且 $(x_s, y_s, 0)$ 为一个 SEP，则存在 $\varepsilon > 0$，使得对满足 $\|\bar{\Gamma}(\lambda) - \bar{\Gamma}(\lambda_1)\| < \varepsilon$ 的所有 $\bar{\Gamma}(\lambda)$，平衡点 $(x_i, y_i, 0)$ 位于系统 $d(\lambda)$ 的稳定边界 $\partial A_{d(\lambda)}(x_s, y_s, 0)$ 上，当且仅当平衡点 $(x_i, y_i, 0)$ 位于系统 $d(\lambda_1)$ 的稳定边界 $\partial A_{d(\lambda_1)}(x_s, y_s, 0)$ 上。

定理 14.6：稳定边界上的全局不变性质。

令 X_s 为系统 $d(\lambda_1)$ 的一个 SEP，X_u 为稳定边界 $\partial A_{d(\lambda_1)}(X_s)$ 上的一个 UEP。令 $\varepsilon > 0$ 且足够小，$\bar{K} = \{k \in \mathbf{N}\}$ 为无穷正整数集合，并且有以下两式成立：

$$\|\bar{\Gamma}(\lambda_k) - \bar{\Gamma}(\lambda_1)\| < \varepsilon$$

当 $k \to k^*$ 且 $\|\bar{\Gamma}(\lambda_{k*}) - \bar{\Gamma}(\lambda_1)\| = \varepsilon$ 时，$\bar{\Gamma}(\lambda_k) \to \bar{\Gamma}(\lambda_{k*})$。

设对所有 $k \in \bar{K}$，$X_u \in \partial A_{d(\lambda_k)}(X_s)$，则 $X_u \in \partial A_{d(\lambda_{k*})}(X_s)$。

现在证明这个定理。令 E 为参数化系统[式(14.5)]的平衡点的集合，由定理 14.5 可得，存在 $\bar{\varepsilon}_0$ 和 $\bar{\varepsilon}_1 > 0$，使得

$$\|\bar{\Gamma}(\lambda) - \bar{\Gamma}(0)\| < \bar{\varepsilon}_0 \Rightarrow E \cap \partial A_{d(0)} \subseteq E \cap \partial A_{d(\lambda)}$$

$$\|\bar{\Gamma}(\lambda) - \bar{\Gamma}(1)\| < \bar{\varepsilon}_1 \Rightarrow E \cap \partial A_{d(1)} \subseteq E \cap \partial A_{d(\lambda)}$$

如果 $\bar{\varepsilon}_0 + \bar{\varepsilon}_1 > \|\bar{\Gamma}(0) - \bar{\Gamma}(1)\|$，则证明完毕。不失一般性，假设 $\bar{\varepsilon}_0 + \bar{\varepsilon}_1 \leqslant \|\bar{\Gamma}(0) - \bar{\Gamma}(1)\| = \bar{n}$，由定理 14.5，可得出结论：

$$\|\bar{\Gamma}(\lambda_1) - \bar{\Gamma}(0)\| < \bar{\varepsilon}_0 \Rightarrow E \cap \partial A_{d(0)} \subseteq E \cap \partial A_{d(\lambda_1)}$$

$$\|\bar{\Gamma}(\lambda_2) - \bar{\Gamma}(\lambda_1)\| < \bar{\varepsilon}_1 \Rightarrow E \cap \partial A_{d(\lambda_1)} \subseteq E \cap \partial A_{d(\lambda_2)}$$

由于 $\bar{n}$ 有限，且 $\bar{\Gamma}(0)$ 和 $\bar{\Gamma}(1)$ 生成的凸包 $C_0(\bar{\Gamma}(0), \bar{\Gamma}(1))$ 为紧集，则存在有限多个开覆盖。因此，将上述过程重复有限多次后，我们可以得出结论：

$$E \cap \partial A_{d(0)} \subseteq E \cap \partial A_{d(1)}$$

$$E \cap \partial A_{d(1)} \subseteq E \cap \partial A_{d(0)}$$

综合上述两个方程，证明完毕。

14.4　静态关系和动态关系

本节建立原系统[式(14.1)]与降阶系统[式(14.2)]的静态和动态关系。首先

结合上节第 1～5 步得出的分析结论,建立静态性质(S14.1)、(S14.2)和动态性质(D14.2),可将这些联系总结如下。

定理 14.7:静态关系。

考虑原系统[式(14.1)]和降阶系统[式(14.2)],如果对稳定边界 $\partial A(x_s,y_s,0)$ 上的所有 UEP $(x_i,y_i,0)$,0 为 $\frac{\partial^2 U}{\partial x\partial y}(x_i,y_i)$ 的一个正则值,则存在正数 $\varepsilon>0$,使得当原系统[式(14.1)]的转移电导满足 $G_{ij}<\varepsilon$ 时,$(\bar{x},\bar{y})$ 为降阶系统[式(14.2)]的一个 k 型平衡点,当且仅当 $(\bar{x},\bar{y},0)$ 为原系统[式(14.1)]的一个 k 型平衡点。

定理 14.7 表明,在上述条件下,对于原模型[式(14.1)]与降阶模型[式(14.2)],静态性质(S14.1)和(S14.2)是成立的。它不仅建立了静态联系,同时也证明了建立降阶模型[式(14.2)]稳定域 $A(x_s,y_s)$ 与原模型[式(14.1)]稳定域 $A(x_s,y_s,0)$ 之间的联系是合理的。

定理 14.8:动态关系。

令 (x_s,y_s) 为降阶模型[式(14.2)]的一个 SEP。如果对稳定边界 $\partial A(x_s,y_s)$ 上的所有 UEP (x_i,y_i),0 为 $\frac{\partial^2 U}{\partial x\partial y}(x_i,y_i)$ 的一个正则值,则存在 $\varepsilon>0$,若原模型[式(14.1)]的转移电导满足 $G_{ij}<\varepsilon$ 且单参数动态模型 $d(\lambda)$ 稳定边界 $\partial A(x_s,y_s,0)$ 上平衡点的稳定流形和不稳定流形的交集对于 $\lambda\in[0,1]$ 满足横截性条件,则

(1) 平衡点 $(x_i,y_i,0)$ 位于原模型[式(14.1)]的稳定边界 $\partial A(x_s,y_s,0)$ 上,当且仅当平衡点 (x_i,y_i) 位于降阶模型[式(14.2)]的稳定边界 $\partial A(x_s,y_s)$ 上。

(2) 原模型[式(14.1)]的稳定边界 $\partial A(x_s,y_s,0)$ 为 $\partial A(x_s,y_s,0)$ 上所有平衡点 $(x_i,y_i,0),i=1,2,\cdots$ 稳定流形的并集,即

$$\partial A(x_s,y_s,0)=\bigcup W^s(x_i,y_i,0) \tag{14.7}$$

(3) 降阶模型[式(14.2)]的稳定边界 $\partial A(x_s,y_s)$ 为 $\partial A(x_s,y_s)$ 上所有平衡点 $(x_i,y_i),i=1,2,\cdots$ 稳定流形的并集,即

$$\partial A(x_s,y_s)=\bigcup W^s(x_i,y_i) \tag{14.8}$$

定理 14.8 表明,在上述条件下,动态性质(D14.2)可以得到满足。此外,原模型与降阶模型的稳定边界完全由式(14.7)和式(14.8)刻画出来。至于动态性质(D14.1),可以证明,对降阶模型[式(14.2)]状态空间中的任意紧集 S,存在正数 α,使得当模型中转移电导满足 $|G|<\alpha$ 时,存在定义在这个紧集 S 上的能量函数。

14.5　动态特性

本节证明降阶模型[式(14.2)]满足动态性质。为此,需要提出一种无须时域

数值积分就可以直接计算逸出点[即故障中轨迹 $(x_f(t),y_f(t))$ 投影与故障后降阶系统稳定边界 $\partial A(x_s,y_s)$ 的交点]的数值方法。已经推出原模型[式(14.1)]的一种数值能量函数具有以下形式,它是数值势能函数与动能函数之和：

$$
\begin{aligned}
W_{\mathrm{num}}(x,y,z) &= W_{\mathrm{ana}}(x,y,z)+U_{\mathrm{path}}(x,y) \\
&= \frac{1}{2}z^{\mathrm{T}}\boldsymbol{M}z+U(x,y)+U_{\mathrm{path}}(x,y) \\
&= \frac{1}{2}z^{\mathrm{T}}\boldsymbol{M}z+U_{\mathrm{num}}(x,y)
\end{aligned}
\tag{14.9}
$$

数值计算方法如下所述。

第 1 步：沿故障中轨迹 $(x(t),y(t),z(t))$,检测出故障中轨迹 $(x(t),y(t))$ 投影达到式(14.9)中数值势能函数 $U_{\mathrm{num}}(x,y)$ (沿着故障中轨迹)第一个局部极大值的点 (x^*,y^*)。

第 2 步：点 (x^*,y^*) 为逸出点,它是故障后降阶模型[式(14.2)]的稳定边界与故障中轨迹 $(x(t),y(t))$ 投影交点的近似值。

上述数值方法无须做详细的故障后系统时域仿真。现已发现,该数值方法对梯度系统或广义梯度系统等这类特殊的非线性动力系统的计算非常有效。下面是另一种检测降阶系统稳定边界上逸出点的方法。

沿着故障中轨迹 $(x(t),y(t),z(t))$ 计算以下两个向量的点积：①故障中发电机速度向量,②故障后每个积分时段的功率不平衡向量。当点积符号由正变为负时,检测到逸出点。

下面给出一个数值例子来说明,不需要时域仿真就可以检测出梯度系统的稳定边界的数值方法。考虑如下梯度系统：

$$
\begin{aligned}
x_1 &= f_1(x_1,x_2)=-2\sin x_1-\sin(x_1-x_2)+0.1 \\
x_2 &= f_2(x_1,x_2)=-2\sin x_2-\sin(x_2-x_1)+0.3
\end{aligned}
\tag{14.10}
$$

SEP $(0.10037,0.20094)$ 的稳定边界上有 4 个 1 型平衡点。由于系统[式(14.10)]是一个梯度系统,并且

$$
\frac{\partial f_1}{\partial x_2}=\frac{\partial f_2}{\partial x_1}=\cos(x_1-x_2)
\tag{14.11}
$$

采用下面的步骤构造一个能量函数：

$$
g(x)=\frac{\partial V}{\partial x}=-f(x)
$$

因此,

$$\dot{V}(x_1,x_2) = \left\langle \frac{\partial V}{\partial x}, f(x) \right\rangle$$

$$= g^{\mathrm{T}}(x)f(x) = -\parallel f(x) \parallel^2 < 0, \forall x \notin \{x \mid f(x) = 0\}$$

故

$$g_1(x) = 2\sin x_1 + \sin(x_1 - x_2) - 0.1$$

$$g_2(x) = 2\sin x_2 + \sin(x_2 - x_1) - 0.3$$

系统[式(14.10)]的一个能量函数如下所示：

$$V(x_1,x_2) = \int_0^x \langle g(x), \mathrm{d}x \rangle$$

$$= \int_0^{x_1} g_1(y_1, 0)\mathrm{d}y_1 + \int_0^{x_2} g_2(x_1, y_2)\mathrm{d}y_2$$

$$= (-3\cos y_1 - 0.1y_1) \mid_0^{x_1} + (-\cos y_2 - \cos(y_2 - x_1) - 0.3y_2) \mid_0^{x_2}$$

$$= -2\cos x_1 - \cos x_2 - \cos(x_1 - x_2) - 0.1x_1 - 0.3x_2 + 4$$

$$(14.12)$$

应用上述的数值方法来确定梯度系统[式(14.10)]的稳定边界。从 SEP 出发做一条射线，检测出射线与稳定边界的交点，按数值方法沿射线计算出能量函数值。沿着射线，能量函数的第一个局部极大值出现在射线与稳定边界交点的邻域内。从 SEP (0.10037, 0.20094)起做出 36 条射线，找出射线与稳定边界的交点，然后把这 36 个点连起来构成近似的稳定边界。在数值实验中，36 条射线的角度在$[0, 2\pi]$范围内均匀分布，沿射线的步长设为 0.0033。数值结果显示，在$\left\{(x_1, x_2) \middle| \mid x_1 \mid \leqslant 5.5, \mid x_2 \mid \leqslant 5.5 \right\}$区域内找到 35 个这样的局部极大值点。

根据定理 3.10，SEP $x_s = (0.10037, 0.20094)$ 准确的稳定边界是稳定边界上平衡点稳定流形的并集

$$\partial A(x_s) = \bigcup_{x_i \in \partial A(x_s)} W^s(x_i)$$

图 14.2 中实线表示 SEP x_s 的准确的稳定边界。中心绘出的是 SEP x_s。近似的稳定边界用虚线表示，圆圈表示相应的局部极大值点。如图 14.2 所示，用所提出的方法得到的近似稳定边界与准确的稳定边界非常接近。这样可以明显地观察到准确的稳定边界与近似的稳定边界的比较结果。可以看到，数值方法在稳定边界上 1 型平衡点附近表现很好，而在 2 型平衡点附近准确性往往就不那么优秀。为便于比较和观察，图 14.3 给出了能量函数的曲面图。

总之，降阶模型[式(14.2)]属于广义梯度系统，本节提出的数值方法能有效检测出广义梯度系统的逸出点。因此，降阶模型[式(14.2)]满足动态性质。

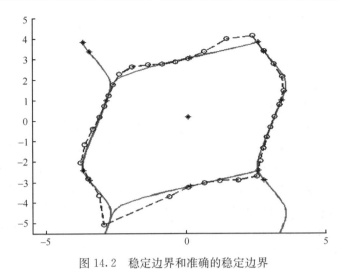

图 14.2　稳定边界和准确的稳定边界

虚线表示近似的稳定边界,圆圈表示对应的局部极大值。实线标出的是准确的稳定边界

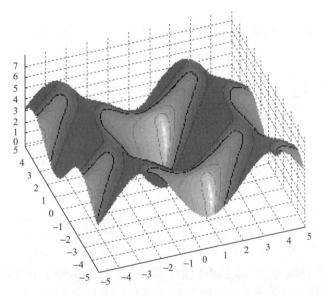

图 14.3　简单梯度系统等能量曲面的轮廓

14.6　网络简化 BCU 的概念方法

定理 14.7 和定理 14.8 推导出的结论提示我们可以通过计算降阶模型的主导 UEP 来找到原模型的主导 UEP。下面为一般网络简化模型,提出一种基于理论的方法,即 BCU 法。

第 1 步：从故障中轨迹 $(x(t),y(t),z(t))$ 上检测出逸出点 (x^*,y^*)，该点处轨迹投影 $(x(t),y(t))$ 离开降阶系统的稳定边界。故障中轨迹投影 $(x(t),y(t))$ 由原故障中轨迹 $(x(t),y(t),z(t))$ 去掉分量 $z(t)$ 得到。

第 2 步：以点 (x^*,y^*) 作为初值，对故障后降阶系统进行积分，以计算降阶系统的主导 UEP(x_∞^*,y_∞^*)。

第 3 步：对应于故障中轨迹的主导 UEP 为 $(x_\infty^*,y_\infty^*,0)$。

本质上，BCU 法通过高效地计算降阶系统的主导 UEP 得到原系统的主导 UEP。BCU 概念方法的第 1 步和第 2 步计算降阶系统[式(14.2)]的主导 UEP，第 3 步将降阶系统的主导 UEP 与原系统[式(14.1)]的主导 UEP 联系起来。故障后降阶轨迹从第 2 步得到的逸出点 (u^*,w^*,x^*,y^*) 出发，收敛到一个平衡点，即降阶系统的主导 UEP。主导 UEP 总是存在且唯一，并且降阶系统主导 UEP $(u_\infty,w_\infty,x_\infty,y_\infty)$ 的稳定流形包含逸出点 (u^*,w^*,x^*,y^*)（图 14.4）。第 3 步将故障中轨迹投影对应的降阶系统的主导 UEP 与原系统主导 UEP 联系起来（图 14.5）。

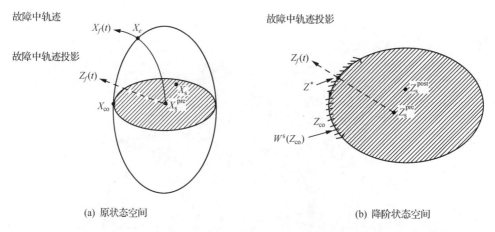

(a) 原状态空间　　　　(b) 降阶状态空间

图 14.4　BCU 概念方法的第 1 步和第 2 步

定理 14.8 可以为第 2 步提供理论基础，并为上述 BCU 概念方法的第 3 步提供一定的理论依据。事实上，点 (x^*,y^*) 必然位于降阶系统主导 UEP 的稳定流形上。因此从点 (x^*,y^*) 开始对故障后降阶系统进行数值积分，就能得到收敛到降阶系统主导 UEP 的一条轨迹。BCU 概念法的关键在第 3 步，因此，BCU 概念法最为关心的是，要保证 $(x_\infty^*,y_\infty^*,0)$ 为原系统关于故障中轨迹的主导 UEP。

下面提出一个充分条件，在该条件下，BCU 法能够找到对应给定故障的正确的主导 UEP：故障中轨迹投影的逸出点 $(x(t),y(t))$ 在稳定流形 $W^s(\hat{x},\hat{y})$ 上，当且仅当故障中轨迹的逸出点 $(x(t),y(t),z(t))$ 在稳定流形 $W^s(\hat{x},\hat{y},0)$ 上。定理 14.7 和定理 14.8 为这个充分条件的成立提供了理论基础。定理 14.8 表明，满足

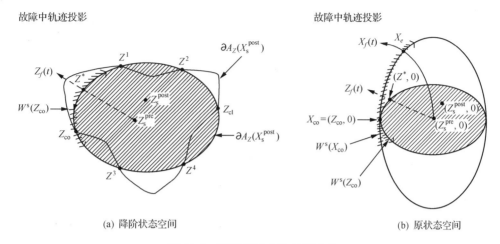

(a) 降阶状态空间　　　　　　　　　　　　　　(b) 原状态空间

图 14.5　BCU 概念方法的第 3 步

另一角度解读 BCU 概念方法的第 2 步, 其中 $\partial A_Z(X_s^{post})$ 为降阶系统与稳定边界 $\partial A(X_s^{post})$ 的交集,

而 $\partial A(Z_s^{post})$ 为降阶系统 Z_s^{post} 的稳定边界

单参数横截性条件时, 平衡点 $(\hat{x}, \hat{y})$ 位于降阶系统的稳定边界 $\partial A(x, y)$ 上, 当且仅当平衡点 $(\hat{x}, \hat{y}, 0)$ 位于原系统的稳定边界 $\partial A(\hat{x}, \hat{y}, 0)$ 上。

对电力系统模型, BCU 概念法有若干种可行的数值实现方法。下一章将给出该方法的一种数值实现方式。

14.7　本 章 小 结

主导 UEP 的计算对直接法稳定分析至关重要, 可是大多数现有方法不能计算出主导 UEP, 其主要原因是直接计算原暂态稳定模型的主导 UEP 即使可能, 也是非常困难的。文献中的方法忽略的另一个重要因素是, 主导 UEP 是稳定流形与故障中轨迹相交且交集非空的第一个 UEP。这个事实应当结合到计算主导 UEP 的数值方法中去, 否则, 数值算法就不能够保证找到正确的主导 UEP。本章提出的 BCU 法结合了这一事实, 网络简化的 BCU 法利用了电力系统暂态稳定模型的特殊性质以及对系统模型在物理和数学上的一些分析结论。第 16 章将提出结构保留 BCU 法。

BCU 法是计算大规模电力系统主导 UEP 的系统性方法。它通过计算降阶模型的主导 UEP 来计算原模型的主导 UEP, 这比直接计算原模型的主导 UEP 简单得多。本章推导得出 BCU 法计算正确的主导 UEP 的一个充分条件, 并深入地探讨了该充分条件成立的理论依据。下一章将提出用于大规模电力系统的网络简化 BCU 数值方法。

第 15 章 网络简化 BCU 的数值方法

15.1 引　言

下面阐述网络简化 BCU 法的基本思想。下列具有一般性的模型涵盖了现有的网络简化模型：

$$T\dot{x} = -\frac{\partial U}{\partial x}(x,y) + \boldsymbol{g}_1(x,y)$$

$$\dot{y} = z \tag{15.1}$$

$$\boldsymbol{M}\dot{z} = -\boldsymbol{D}z - \frac{\partial U}{\partial y}(x,y) + \boldsymbol{g}_2(x,y)$$

式中，$x \in \mathbf{R}^n, y \in \mathbf{R}^n, z \in \mathbf{R}^n$，为状态变量；$\boldsymbol{T}$ 为正定矩阵；$\boldsymbol{M}$ 和 $\boldsymbol{D}$ 均为对角正定矩阵；向量 $\boldsymbol{g}_1(x,y), \boldsymbol{g}_2(x,y)$ 为转移电导。已经证明，下列对应于原模型构造出的降阶模型满足静态性质（S14.1）、（S14.2）和动态性质（D14.1）、（D14.2）和（D14.3）：

$$T\dot{x} = -\frac{\partial U}{\partial x}(x,y) + \boldsymbol{g}_1(x,y)$$

$$\dot{y} = -\frac{\partial U}{\partial y}(x,y) + \boldsymbol{g}_2(x,y) \tag{15.2}$$

前面章节探讨过这些性质，并提出了一种针对网络简化模型的 BCU 概念方法计算主导 UEP。注意，降阶模型并非仅有一个。在 BCU 法中，只要模型同时满足静态和动态性质，就可以使用。

网络简化 BCU 概念方法有多种可行的数值实现方法。本章提出一种网络简化模型的 BCU 数值方法，并给出详尽的解释，最后将其应用到一些测试系统中进行说明。首先提出网络简化模型的 BCU 数值方法。需要注意的是，还可以开发出其他的网络简化模型的数值 BCU 法。

第 1 步：构造故障后系统的数值能量函数：

$$W_{\text{num}}(x,y,z) = \frac{1}{2}z^{\text{T}}\boldsymbol{M}z + U_{\text{num}}(x,y)$$

第 2 步：由故障中轨迹 $(x_f(t), y_f(t), z_f(t))$，找出沿着故障中轨迹方向，故

障中轨迹投影 $(x_f(t),y_f(t))$ 达到的数值势能函数 $U_{\mathrm{num}}(x,y)$ 的第一个局部极大值点,并将该点 (x^*,y^*) 作为逸出点。

第 3 步:以 (x^*,y^*) 为初始点,对故障后降阶系统进行积分,找出沿降阶系统故障后轨迹,降阶系统向量场的范数达到的第一个局部极小值的点,将其记为最小梯度点(minimum gradientpoint,MGP),即如下函数的第一个局部极小值:

$$\| -\frac{\partial}{\partial x}U(x,y)+\boldsymbol{g}_1(x,y) \| + \| -\frac{\partial}{\partial y}U(x,y)+\boldsymbol{g}_2(x,y) \|$$

式中,$U(x,y),g_1(x,y),g_2(x,y)$ 为故障后降阶系统向量场的分量,在 (x_o^*,y_o^*) 处找到 MGP。

第 4 步:以 (x_o^*,y_o^*) 为初值,求解下列非线性代数方程组。令解为 (x_{co}^*,y_{co}^*):

$$\| -\frac{\partial}{\partial x}U(x,y)+\boldsymbol{g}_1(x,y) \| + \| -\frac{\partial}{\partial y}U(x,y)+\boldsymbol{g}_2(x,y) \| = 0$$

第 5 步:对应于故障中轨迹 $(x_f(t),y_f(t),z_f(t))$ 的主导 UEP 为 $(x_{co}^*,y_{co}^*,0)$。

第 6 步:临界能量 v_{cr} 为主导 UEP 处的数值能量函数 $W_{\mathrm{num}}(\cdot)$ 值,即 $v_{\mathrm{cr}} = W_{\mathrm{num}}(x_{co}^*,y_{co}^*,0)$。

第 7 步:使用故障中轨迹计算故障清除时刻 (t_{cl}) 的数值能量函数值 $W_{\mathrm{num}}(\cdot)$

$$v_f = W_{\mathrm{num}}(x_f(t_{\mathrm{cl}}),y_f(t_{\mathrm{cl}}),z_f(t_{\mathrm{cl}}))$$

第 8 步:如果 $v_f < v_{\mathrm{cr}}$,则点 $(x_f(t_{\mathrm{cl}}),y_f(t_{\mathrm{cl}}),z_f(t_{\mathrm{cl}}))$ 在故障后系统的稳定边界之内,故障后轨迹是稳定的;否则,可能是不稳定的。

第 1～5 步是实现网络简化法的基本计算步骤,而第 6～8 步是实现主导 UEP 法的基本步骤。

第 2 步计算出的逸出点不在降阶系统的稳定边界上,而是在稳定边界的一个邻域内。因此,第 3 步产生的轨迹不但不在降阶系统主导 UEP 的稳定流形上,并且会远离稳定流形。这一步中的一个难点是得到第 4 步中的一条轨迹,使得它沿着降阶系统的稳定边界移动,并趋向降阶主导 UEP(即降阶模型对应于故障中轨迹投影的主导 UEP)。为此,需要提出在数值上实现第 4 步的稳定边界跟踪技术。故障后降阶模型在数值上是刚性的,这要使用刚性的微分方程求解算法实现第 3 步。第 4 步中计算降阶系统的主导 UEP 需要一个鲁棒非线性代数方程求解算法。第 3 步求得的 MGP 通常比较接近降阶系统的主导 UEP。

15.2　逸出点的计算

故障中轨迹投影与故障后降阶系统的稳定边界相交于逸出点。以计算角度来看,它是沿着故障中轨迹投影的第一个势能极大值点。如果在故障清除之前没有检测到逸出点,仍可以通过仿真得到故障清除后的持续故障中轨迹。因此在计算上,(第 2 步中计算的)逸出点可以刻画为(持续)故障中轨迹投影上势能的第一个局部极大值点。

检测逸出点的另一个方法是在每个积分时段计算故障中速度向量与故障后功率不平衡向量的点积。当点积符号由正变负时,即检测到逸出点。

沿故障中轨迹,势能函数对时间的导数按下式计算:

$$\frac{\mathrm{d}V_{\mathrm{PE}}}{\mathrm{d}t} = -\sum_{i=1}^{n}(P_{\mathrm{mi}} - P_{\mathrm{ei}})\frac{\mathrm{d}\delta_i}{\mathrm{d}t}$$

上式的右端即为所求点积。如果沿故障中轨迹点积符号由正变负,则表明(持续)故障中轨迹投影刚刚经过了一个局部势能极大值点。之后计算出点积为零的点,就可以准确计算出逸出点。

由于数字计算机通过生成沿轨迹的一个序列对故障中轨迹进行数值近似,计算出的逸出点不会刚好位于降阶系统的稳定边界上。沿着仿真故障中轨迹,有两种可行的逸出点检测方法:一种是沿仿真故障中轨迹取点积由正变负的前一点,另一种是取后一点。通常两种方法都足以计算出准确的逸出点。但在一定条件下,对逸出点的准确性有较高的要求时,可以通过下述的线性插值方法来提高逸出点计算的准确性。

假设沿持续故障中轨迹投影,t_1 时刻的点积值为 d_1,$d_1 > 0$,积分一步到时间 t_2,得到点积 $d_2 < 0$。在区间 $[t_1, t_2]$ 上应用线性插值法,得到插值时刻 $t_0 \in [t_1, t_2]$,

$$t_0 = \frac{d_2 t_1 - d_1 t_2}{d_2 - d_1}$$

计算 t_0 时刻的点积值,记为 d_0。如果 d_0 的绝对值足够小,则 t_0 可作为穿过 PEBS 的时刻或者逸出点时刻。如果 d_0 的绝对值不够小,则可能出现两种情况:$d_0 > 0$ 或 $d_0 < 0$。前者可对时间区间 $[t_0, t_2]$ 再做一次线性插值;后者可对时间区间 $[t_1, t_0]$ 再做一次插值。

重复上述过程直到插值点点积的绝对值小于指定的容许误差。通常要做 3～4 次插值才能达到收敛误差的要求。应用线性插值法准确计算逸出点的实现步骤如下。

第 1 步:对故障中轨迹积分,直到点积在时间区间 $[t_1, t_2]$ 中改变符号。

第 2 步:对时间区间 $[t_1, t_2]$ 应用线性插值法,得到中间时刻 t_0。计算故障后降阶系统在 t_0 时刻精确的点积,如果该值小于某一阈值,则检测到逸出点,计算停止;否则转第 3 步。

第 3 步：如果点积为正值，则用 t_0 替换 t_1；否则用 t_0 替换 t_2，转第 2 步。

15.3 稳定边界跟踪技术

逸出点、MGP 和主导 UEP 的计算是 BCU 数值法的三个重要步骤。MGP 的意义是被用做计算主导 UEP 的初始条件。主导 UEP 计算的鲁棒性取决于 MGP 的计算质量，而不准确的逸出点数值计算可能会造成 MGP 计算上的困难。同样 MGP 计算不准确，可能会导致计算主导 UEP 时存在问题。众所周知，如果 MGP 足够靠近主导 UEP，则牛顿法从 MGP 产生的序列将收敛到主导 UEP。否则，序列可能会收敛到另一个平衡点，或者发散（图 15.1）。

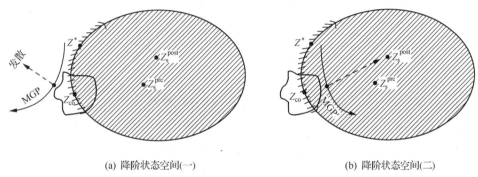

(a) 降阶状态空间(一)   (b) 降阶状态空间(二)

图 15.1 若 MGP 不在牛顿法收敛域的两种情况

如果 MGP 不在牛顿法的收敛域内，则牛顿法从 MGP 开始所产生的序列将不会收敛到主导 UEP，而可能如图(a)所示发散，或者可能收敛到 SEP，如图(b)所示

如果逸出点计算不准确，且与主导 UEP 距离较远，则会出现以下数值问题：数值方法找不到 MGP；找到的 MGP 不够接近主导 UEP，使得非线性代数方程求解算法发散，或收敛到错误的主导 UEP。

为了得到一个合适的 MGP，从而可靠地计算主导 UEP，采用以下的稳定边界跟踪技术引导搜索过程，可以获得改进的 MGP，见图 15.2～图 15.7。

稳定边界跟踪技术的步骤如下。

第 1 步：从当前点出发，对故障后降阶模型[式(15.2)]做一定步数的积分，如沿故障后降阶轨迹积分 4 或 5 步。首次迭代时，将逸出点作为当前点；之后的迭代过程中，将所得 4 个或 5 个点中的最后一个点作为当前点。

第 2 步：沿故障后降阶轨迹检验轨迹是否达到降阶模型向量场的相对的局部极小值。如果达到，则向量场的局部极小值点为 MGP，转下一步；否则转第 6 步。

第 3 步：采用牛顿法等非线性代数方程求解算法，以 MGP 为初值计算降阶主导 UEP。

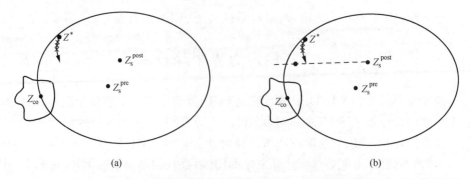

图 15.2　以稳定域内逸出点作为初始点的稳定边界跟踪技术图一

(a)本例中以降阶系统稳定域内的逸出点作为初始点对故障后降阶系统积分几个步长,如 5 个时间步长;
(b)画出轨迹上当前点与故障后降阶系统 SEP 的连线,使用校正过的逸出点代替当前点,前者是从 SEP
出发,在射线上势能的第一个局部极大值点

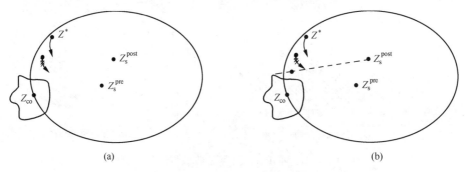

图 15.3　以稳定域内逸出点作为初始点的稳定边界跟踪技术图二

(a)以(已校正的)逸出点作为初始点对故障后降阶系统积分几个步长,如 5 个时间步长;(b)画出轨迹
上当前点与故障后降阶系统 SEP 的连线,使用校正过的逸出点代替当前点,前者是从 SEP 出发,在射
线上势能的第一个局部极大值点

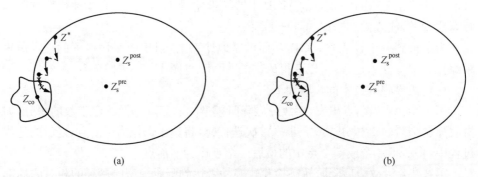

图 15.4　以稳定域内逸出点作为初始点的稳定边界跟踪技术图三

(a)以(已校正的)逸出点作为初始点对故障后降阶系统积分几个步长,如 5 个时间步长,轨迹终点位于
主导 UEP(关于牛顿法)的收敛域内,因此牛顿法以该点为起始点所产生的序列将收敛到主导 UEP,如
(b)所示

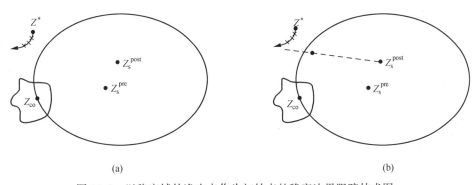

图 15.5　以稳定域外逸出点作为初始点的稳定边界跟踪技术图一

(a)本例中以降阶系统稳定域外的逸出点作为初始点对故障后降阶系统积分几个步长,如 5 个时间步长;(b)画出轨迹上当前点与故障后降阶系统 SEP 的连线,使用校正过的逸出点代替当前点,前者是从 SEP 出发,在射线上势能的第一个局部极大值点

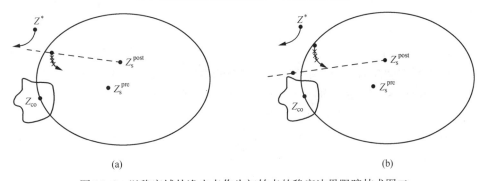

图 15.6　以稳定域外逸出点作为初始点的稳定边界跟踪技术图二

(a)以(已校正的)逸出点作为初始点对故障后降阶系统积分几个步长,如 5 个时间步长;(b)画出轨迹上当前点与故障后降阶系统 SEP 的连线,使用校正过的逸出点代替当前点,前者是从 SEP 出发,在射线上势能的第一个局部极大值点

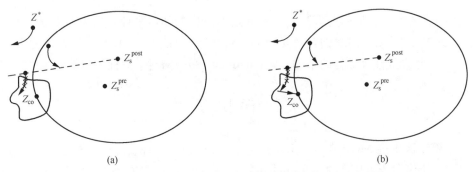

图 15.7　以稳定域外逸出点作为初始点的稳定边界跟踪技术图三

(a)以(已校正的)逸出点作为初始点对故障后降阶系统积分几个步长,如 5 个时间步长。轨迹终点位于主导 UEP(关于牛顿法)的收敛域内,因此牛顿法以该点为起始点所产生的序列将收敛到主导 UEP,如(b)所示

第4步：检查得到的主导UEP的有效性。如果它是故障后SEP，或者计算出的主导UEP与MGP距离很远，则弃用该点，转下一步；否则，将计算出的主导UEP作为降阶主导UEP输出，终止流程。

第5步：如果稳定边界跟踪过程中的调整次数大于某一阈值，则停止跟踪过程，返回逸出点检测过程，计算出一个改进的逸出点，重新开始稳定边界跟踪过程；否则将MGP作为当前点，转第1步。

第6步：作一条连接故障后降阶轨迹上当前点和故障后降阶系统SEP的射线。

第7步：从当前点出发，沿射线移动，找到第一个势能函数局部极大值点。将该点作为当前点，转第1步。

降阶系统稳定边界的结构是上述稳定边界跟踪技术的理论基础。稳定边界由稳定边界上UEP的稳定流形构成。第6步和第7步基于逸出点算法。因此，这两步用来保证稳定边界跟踪过程沿稳定边界移动。第7步实际可以通过检查功率不平衡向量与速度向量点积穿过零点来实现。从"轨迹"上的当前点出发进行搜索，相比于从SEP出发，能够提高穿过零点检测的速度。当前点处点积的符号确定了局部极大值搜索的起始方向。由于主导UEP是1型平衡点（相应雅可比矩阵只有1个特征值具有正实部的UEP），该性质的一个应用是可将其作为稳定边界上的一个"相对SEP"。

上述稳定边界跟踪技术产生了一个接近稳定边界的搜索过程。将跟踪过程中第1步产生的当前点用沿着射线上能量函数的局部极大值点代替，可以保证将MGP的搜索过程限制在稳定边界附近。在数值实现中，当稳定边界跟踪过程所产生序列的范数达到某一较小的数时，稳定边界跟踪过程可能会在主导UEP附近遇到数值振荡问题。当范数小于某一阈值时，我们终止上述过程，运用牛顿法等鲁棒的非线性代数方程求解算法，以更新过的点作为初值来计算精确的主导UEP。收敛到主导UEP的过程通常是光滑的，不会遇到数值上的问题。MGP接近于主导UEP对收敛性有很好的帮助。Treinen等(1996)描述了一种类似的方法。

15.4　保障方案

BCU法中的MGP在数学上不是适定的，它是BCU法在计算过程中的产物。MGP是计算主导UEP的一个好的初始点。BCU法中没有使用MGP的坐标和能量函数值。

以向量场范数的第一个局部极小值为目标，在寻找MGP的稳定边界跟踪技术中可能会出现一些"病态"现象。降阶模型的向量场是一个梯度向量。这种病态现象会在范数很小(幅值接近于 0)时出现;这时得到的局部极小值常由计算中的舍入误差引起,而并非所需的 MGP。为了防止这种 MGP 检测中的错误,可在检验向量场范数之前添加范数变化量与一定阈值比较大小步骤,从而构成保护措施。

　　用 9 母线系统的事故 7 作为数值例子来说明这个现象。从逸出点$[-0.5084,$ $0.5167, 2.8945]$开始的稳定边界跟踪过程中,第 1 个局部极小值点出现在$[-0.5169, 0.5465, 2.8978]$,由图 15.8 可见,这并非真正的极小值点。随着 MGP 搜索过程的继续,出现了第 2 个局部极小值点$[-0.7653, 1.6882, 2.4208]$,从图上可以看出,这是真正的局部(数值)极小值点。因此该点就是 MGP。从 MGP 出发,牛顿法收敛到主导 UEP$[-0.7576, 1.8583, 1.9986]$。图中也从数值上显示了稳定边界的跟踪过程。

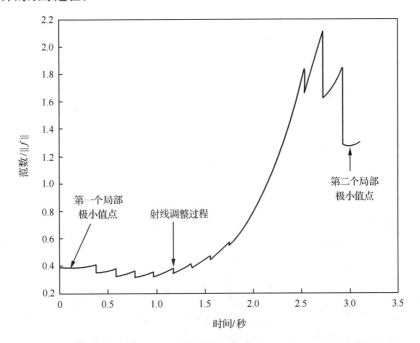

图 15.8　稳定边界跟踪过程中的数值"病态"产生的 MGP 计算错误示例

第一个局部极小值点不是一个 MGP,而"稳定边界跟踪轨迹"上第二个局部极小值点是一个 MGP,

纵轴表示降阶系统状态向量的范数

15.5　示　　例

　　为简要说明网络简化模型的 BCU 数值方法,考虑一个简单的 3 机系统,以 1 号机为参考机,系统模型可由式(15.3)加以描述:

$$\dot{\delta}_1 = \omega_1$$

$$\dot{\delta}_2 = \omega_2$$

$$\dot{\delta}_3 = \omega_3 \tag{15.3}$$

$$m_1 \dot{\omega}_1 = -d_1 \omega_1 + P_{m_1} - P_{e_1}(\delta_1, \delta_2, \delta_3)$$

$$m_2 \dot{\omega}_2 = -d_2 \omega_2 + P_{m_2} - P_{e_2}(\delta_1, \delta_2, \delta_3)$$

$$m_3 \dot{\omega}_3 = -d_3 \omega_3 + P_{m_3} - P_{e_3}(\delta_1, \delta_2, \delta_3)$$

式中，

$$P_{e_i}(\delta_1, \delta_2, \delta_3) = \sum_{j=1}^{3} E_i E_j (B_{ij} \sin(\delta_i - \delta_j) + G_{ij} \cos(\delta_i - \delta_j)) \text{ [1]}$$

$m_1 = 0.1254; m_2 = 0.034; m_3 = 0.016; P_{m_1} = 0.8980; P_{m_2} = 1.3432; P_{m_3} = 0.9419; d_1 = 0.01254; d_2 = 0.0034; d_3 = 0.0016; E_1 = 1.1083; E_2 = 1.1071; E_3 = 1.0606$。

BCU 法中相应的降阶模型为

$$\dot{\delta}_1 = P_{m_1} - P_{e_1}(\delta_1, \delta_2, \delta_3)$$

$$\dot{\delta}_2 = P_{m_2} - P_{e_2}(\delta_1, \delta_2, \delta_3) \tag{15.4}$$

$$\dot{\delta}_3 = P_{m_3} - P_{e_3}(\delta_1, \delta_2, \delta_3)$$

这个简单例子将说明网络简化 BCU 法是如何计算逸出点、MGP 以及降阶系统主导 UEP 的。3 机系统在 COI 坐标中表示如下：

$$\dot{\tilde{\delta}}_1 = \tilde{\omega}_1$$

$$\dot{\tilde{\delta}}_2 = \tilde{\omega}_2$$

$$\dot{\tilde{\delta}}_3 = \tilde{\omega}_3 \tag{15.5}$$

$$M_1 \dot{\tilde{\omega}}_1 = P_{m_1} - P_{e_1}(\tilde{\delta}) - \frac{M_1}{M_T} P_{\mathrm{COI}} - D_1 \omega_1$$

$$M_2 \dot{\tilde{\omega}}_2 = P_{m_2} - P_{e_2}(\tilde{\delta}) - \frac{M_2}{M_T} P_{\mathrm{COI}} - D_2 \omega_2$$

$$M_3 \dot{\tilde{\omega}}_3 = P_{m_3} - P_{e_3}(\tilde{\delta}) - \frac{M_3}{M_T} P_{\mathrm{COI}} - D_3 \omega_3$$

---

[1] 译者注：本式中的 G_{ij}，B_{ij} 指的是发电机内母线电势 E_j，E_j 之间的等值导纳，与网络节点导纳矩阵中的 G_{ij}，B_{ij} 不同。

式中，$\delta_0 = \dfrac{1}{M_T} \sum\limits_{i=1}^{3} M_i \delta_i$；$\omega_0 = \dfrac{1}{M_T} \sum\limits_{i=1}^{3} M_i \omega_i$；$M_T = \sum\limits_{i=1}^{3} M_i$；对于 $i = 1,2,3, \tilde{\delta}_i = \delta_i - \delta_0$；对于 $i = 1,2,3, \tilde{\omega}_i = \omega_i - \omega_0$；对于 $i = 1,2,\cdots,9, \tilde{\theta}_i = \theta_i - \delta_0$；

$$P_{ei}(\tilde{\delta}) = \sum_{j=1}^{3} E'_{qi} E'_{qj} (G_{ij} \cos(\tilde{\delta}_i - \tilde{\delta}_j) + B_{ij} \sin(\tilde{\delta}_i - \tilde{\delta}_j))$$

$$P_{\text{COI}} = \sum_{i=1}^{3} P_{m_i} - \sum_{i=1}^{3} \sum_{j=1}^{3} E'_{qi} E'_{qj} (G_{ij} \cos(\tilde{\delta}_i - \tilde{\delta}_j) + B_{ij} \sin(\tilde{\delta}_i - \tilde{\delta}_j)) \; [1]$$

系统的雅可比矩阵如下所示：

$$\begin{bmatrix} 0 & 0 & 0 & 1 & 0 & 0 \\ 0 & 0 & 0 & 0 & 1 & 0 \\ 0 & 0 & 0 & 0 & 0 & 1 \\ & & & -\dfrac{D_1}{M_1} & 0 & 0 \\ & A^{\text{COI}} & & 0 & -\dfrac{D_2}{M_2} & 0 \\ & & & 0 & 0 & -\dfrac{D_3}{M_3} \end{bmatrix}$$

式中，

$$a_{ij}^{\text{COI}} = \begin{cases} [-E_i E_j (G_{ij} \sin(\tilde{\delta}_i - \tilde{\delta}_j) - B_{ij} \cos(\tilde{\delta}_i - \tilde{\delta}_j))] \cdot \dfrac{1}{M_i} - \dfrac{1}{M_T} \dfrac{\partial P_{\text{COI}}}{\partial \tilde{\delta}_i} & i \neq j \\[4mm] \sum\limits_{k=1}^{3} E_i E_k (G_{ik} \sin(\tilde{\delta}_i - \tilde{\delta}_k) + B_{ik} \cos(\tilde{\delta}_i - \tilde{\delta}_k)) \cdot \dfrac{1}{M_i} - \dfrac{1}{M_T} \dfrac{\partial P_{\text{COI}}}{\partial \tilde{\delta}_i} & i = j \end{cases}$$

$$\frac{\partial P_{\text{COI}}}{\partial \tilde{\delta}_i} = 2 \sum_{k \neq i} E_i E_k \sin(\tilde{\delta}_i - \tilde{\delta}_k)$$

相应的降阶模型为

$$\dot{\tilde{\delta}}_1 = P_{m_1} - P_{e_1}(\tilde{\delta}) - \frac{M_1}{M_T} P_{\text{COI}}$$

$$\dot{\tilde{\delta}}_2 = P_{m_2} - P_{e_2}(\tilde{\delta}) - \frac{M_2}{M_T} P_{\text{COI}} \qquad (15.6)$$

$$\dot{\tilde{\delta}}_3 = P_{m_3} - P_{e_3}(\tilde{\delta}) - \frac{M_3}{M_T} P_{\text{COI}}$$

---

① 译者注：本式中的 G_{ij}，B_{ij} 指的是发电机内母线电势 E'_{qi}，E'_{qj} 之间的等值导纳，与网络节点导纳矩阵中的 G_{ij}，B_{ij} 不同。

如果引入新变量 $\delta_{2,1} = \delta_2 - \delta_1$ 和 $\delta_{3,1} = \delta_3 - \delta_1$，则 $P_{e_i}(\delta_1, \delta_2, \delta_3)$ 可以表示为 $\delta_{2,1}$ 和 $\delta_{3,1}$ 的函数，如下所示：

$$P_{e_i}(\delta_{2,1}, \delta_{3,1}) = \sum_{j=1, j \neq i}^{3} E_i E_j (B_{ij} \sin(\delta_{i,1} - \delta_{j,1}) + G_{ij} \cos(\delta_{i,1} - \delta_{j,1}))$$

上述网络简化模型可以转化为以下形式：

$$\dot{\delta}_{2,1} = \omega_2 - \omega_1$$

$$\dot{\delta}_{3,1} = \omega_3 - \omega_1$$

$$m_1 \dot{\omega}_1 = -d_1 \omega_1 + P_{m_1} - P_{e_1}(\delta_{2,1}, \delta_{3,1})$$

$$m_2 \dot{\omega}_2 = -d_2 \omega_2 + P_{m_2} - P_{e_2}(\delta_{2,1}, \delta_{3,1})$$ (15.7)

$$m_3 \dot{\omega}_3 = -d_3 \omega_3 + P_{m_3} - P_{e_3}(\delta_{2,1}, \delta_{3,1})$$

相应的降阶系统为

$$\dot{\delta}_{2,1} = P_{m_2} - P_{e_2}(\delta_{2,1}, \delta_{3,1})$$

$$\dot{\delta}_{3,1} = P_{m_3} - P_{e_3}(\delta_{2,1}, \delta_{3,1})$$ (15.8)

下面给出用 BCU 数值方法分析事故 6 的数值结果，事故中母线 4 附近发生故障，为了清除故障，切断母线 4 和 5 之间线路，从故障前 SEP ($\omega_1, \omega_2, \omega_3, \delta_1, \delta_2, \delta_3$) = (0, 0, 0, −0.0482, 0.1252, 0.1124) 出发，仿真得到原故障中轨迹。逸出点的计算见表 15.1 和图 15.9。可见，点积在 SEP 处从 0 开始单调下降，达到局部极小值，然后又单调上升到 0，这时故障中轨迹投影与降阶系统稳定边界相交于逸出点。需要注意的是，时间在 1 到 532 步之间时，点积为负值，而步数为 533 时，点积为正值。因此，逸出点可以使用第 532 步或 533 步的状态向量来近似。

表 15.1 跟踪过程中每个迭代步的状态向量和点积

迭代次数	δ_1	δ_2	δ_3	点积
1	−0.0482178	0.1252317347	0.1124204947	−0.0166233464
10	−0.0484520348	0.1256719991	0.1133240227	−0.0168545339
20	−0.0492385989	0.1271518699	0.1163549871	−0.0176657158
30	−0.0505863339	0.1296921547	0.1215385856	−0.0191797409
50	−0.0549632136	0.137981287	0.1382890802	−0.0251638405
70	−0.0615782079	0.1506184635	0.1633723149	−0.0372302798
90	−0.0704268774	0.1677217182	0.1965024533	−0.0588388746

迭代次数	δ_1	δ_2	δ_3	点积
110	-0.0815049891	0.1894487449	0.237310955	-0.0942420812
130	-0.0948086152	0.2159903883	0.2853611887	-0.1481712075
150	-0.1103342291	0.2475605049	0.3401707459	-0.2254730133
170	-0.1280786947	0.284393908	0.4012157244	-0.3306957017
190	-0.1480393709	0.3267354	0.4679548727	-0.4676617494
210	-0.1702140598	0.3748293155	0.5398514134	-0.6390393906
230	-0.1946009049	0.4289144394	0.6163830494	-0.8459066033
250	-0.2211983241	0.4892153515	0.6970598442	-1.0873349471
270	-0.250004768	0.5559315787	0.7814453859	-1.3599942812
290	-0.281018506	0.629233358	0.8691641168	-1.6577449526
310	-0.3142373933	0.7092548431	0.9599139478	-1.971244116
330	-0.3496590478	0.7960984758	1.0534583536	-2.2875377044
350	-0.3872802065	0.889818948	1.1496554197	-2.5897565795
370	-0.4270971339	0.9904332985	1.2484395799	-2.8568421154
390	-0.4691050968	1.0979084054	1.3498440844	-3.06351182
410	-0.5132986856	1.2121684831	1.4539875866	-3.180480125
430	-0.5596718492	1.333096534	1.5610713282	-3.1751479615
450	-0.6082177562	1.4605304777	1.6713862785	-3.0128950156
470	-0.6589296269	1.594284845	1.7852735452	-2.6591475404
490	-0.7117999082	1.7341293542	1.9031634431	-2.0822917871
510	-0.7668218287	1.8798338674	2.0254921196	-1.2576158807
530	-0.8239879682	2.0311260593	2.1527803286	-0.1719108308
531	-0.8269024287	2.0388322166	2.159284793	-0.1107527615
532	-0.8298222527	2.0465525653	2.1658012081	-0.048953087
533	-0.8327474193	2.0542861779	2.17233138	0.0134905258

获得 $(\omega_1,\omega_2,\omega_3,\delta_1,\delta_2,\delta_3)=(-2.9278,7.7395,6.5385,-0.8327,2.0543,2.1723)$ 作为逸出点后,BCU 法的下一步是要从逸出点出发,找出 MGP。为得到 MGP,稳定边界跟踪过程的中间结果可见表 15.2 和图 15.10。通过稳定边界跟踪技术计算得出一个 MGP:

$$(\delta_1,\delta_2,\delta_3)=(-0.8363340225,2.0785399417,2.1489304533)$$

观察可见,从逸出点出发,在稳定边界跟踪过程中,状态向量的范数从一个正

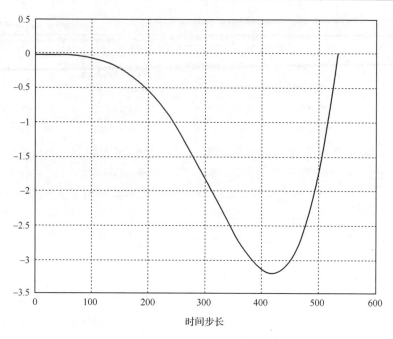

图 15.9　逸出点计算过程中每步迭代的点积

表 15.2　稳定边界跟踪过程中状态向量及其范数

迭代次数	δ_1	δ_2	δ_3	向量场的范数
1	−0.8327474193	2.0542861779	2.17233138	0.0586610068
2	−0.832235193	2.0541649491	2.1685662088	0.0549363158
3	−0.8329685897	2.0570625194	2.1681652281	0.0507681272
4	−0.8329106923	2.0579172055	2.1658932397	0.0474005642
5	−0.833102442	2.0593221919	2.1644118605	0.0441331274
10	−0.8340972253	2.0655525606	2.1589774149	0.0306781155
15	−0.8346554728	2.0695451766	2.1548725071	0.0215092562
20	−0.8350300009	2.0722873221	2.1519835081	0.0152470273
25	−0.8353597421	2.0743582661	2.1501699001	0.0108223884
30	−0.8355930747	2.0758093797	2.1489170283	0.0077729197
35	−0.8357438527	2.076792088	2.1480117324	0.0057555441
36	−0.8357625985	2.0769366881	2.1478515035	0.0054698814
37	−0.8357792166	2.0770691849	2.1477002979	0.0052157099
38	−0.8363340225	2.0785399417	2.1489304533	0.004544846
39	−0.8358425257	2.0773775361	2.1475418862	0.0046087424

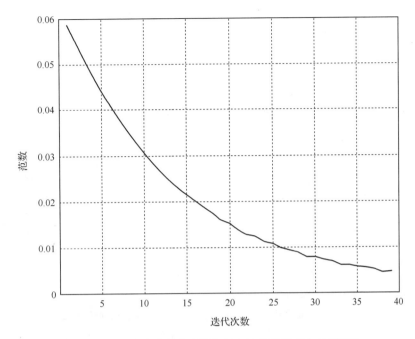

图 15.10　稳定边界跟踪过程中每次迭代的状态向量的范数

数开始单调下降,直到到达 MGP。由于计算出的逸出点并不是精确地位于稳定边界上,并且跟踪过程中不可避免在数值上存在舍入误差,稳定边界跟踪过程中向量场的范数不会减小到 0。此外,经过 MGP 后,状态向量的范数开始增长。从表 15.2 可见,状态向量的范数在第 38 次迭代时达到局部极小值,所得 MGP 的坐标为

$$(\delta_1,\delta_2,\delta_3) = (-0.8363340225, 2.0785399417, 2.1489304533)$$

从第 39 步开始,向量的范数开始增大。

从 MGP 出发,牛顿法收敛到与故障中轨迹投影对应的主导 UEP:

$$(\delta_1,\delta_2,\delta_3) = (-0.8363517729, 2.0796982602, 2.1466069919)$$

因此原故障中轨迹的主导 UEP 为

$$(\omega_1,\omega_2,\omega_3,\delta_1,\delta_2,\delta_3) = (0,0,0,-0.8363517729, 2.0796982602, 2.1466069919)$$

15.6　数 值 算 例

使用网络简化模型 BCU 数值方法分析简单 3 机系统[式(15.3)]的 10 个事故。故障前 SEP 为[−0.0482,0.1252,0.1124],故障类型为三相故障,故障位置

包括发电机母线和负荷母线。表15.3列出了10项事故,以及各事故后SEP情况。表15.3的事故编号1显示,母线7处发生三相故障,母线7和母线5之间的输电线路由于线路两端断路器动作而被切除,形成了故障后系统。故障后系统的SEP为[−0.1204, 0.3394, 0.2239]。

表15.3　事故列表与每个事故的故障后SEP

| 事故编号 | 事故母线 | 故障清除形式 | 描述 | | 故障后SEP |
			首端母线	末端母线	$(\delta_1,\delta_2,\delta_3)$
1	7	线路跳闸	7	5	(−0.1204, 0.3394, 0.2239)
2	7	线路跳闸	8	7	(−0.0655, 0.2430, −0.0024)
3	5	线路跳闸	7	5	(−0.1204, 0.3394, 0.2239)
4	4	线路跳闸	4	6	(−0.0319, 0.0949, 0.0492)
5	9	线路跳闸	6	9	(−0.0967, 0.2180, 0.2958)
6	9	线路跳闸	9	8	(−0.0462, 0.0728, 0.2082)
7	8	线路跳闸	9	8	(−0.0462, 0.0728, 0.2082)
8	8	线路跳闸	8	7	(−0.0655, 0.2430, −0.0024)
9	6	线路跳闸	4	6	(−0.0319, 0.0949, 0.0492)
10	6	线路跳闸	6	9	(−0.0967, 0.2180, 0.2958)

对每个事故,网络简化模型的BCU法计算3个重要状态,即逸出点、MGP和主导UEP。所列10项事故的3个状态见表15.4。表15.4的第2行显示,对于事故1,BCU法计算出的逸出点、MGP和主导UEP分别为[−0.8387, 2.6561, 0.9391]、[−0.7590, 1.9534, 1.8078]和[−0.7589, 1.9528, 1.8079]。

表15.4　结构保留BCU法计算出的各事故逸出点、MGP和主导UEP

事故编号	逸出点$(\delta_1,\delta_2,\delta_3)$	MGP$(\delta_1,\delta_2,\delta_3)$	主导UEP$(\delta_1,\delta_2,\delta_3)$
1	(−0.8387, 2.6561, 0.9391)	(−0.7590, 1.9534, 1.8078)	(−0.7589, 1.9528, 1.8079)
2	(−0.7694, 2.4080, 0.9224)	(−0.5425, 2.1803, −0.3754)	(−0.5424, 2.1802, −0.3755)
3	(−0.7786, 2.0854, 1.6808)	(−0.7591, 1.9535, 1.8078)	(−0.7589, 1.9528, 1.8079)
4	(−0.8298, 2.0461, 2.1667)	(−0.8259, 2.0824, 2.0586)	(−0.8256, 2.0830, 2.0549)
5	(−0.5084, 0.5167, 2.8945)	(−0.7653, 1.6882, 2.4208)	(−0.7576, 1.8583, 1.9986)
6	(−0.4686, 0.4964, 2.6252)	(−0.2911, −0.1010, 2.5009)	(−0.2910, −0.1011, 2.5008)
7	(−0.7754, 1.7590, 2.3495)	(−0.2913, −0.1002, 2.5008)	(−0.2910, −0.1011, 2.5008)
8	(−0.7731, 1.7540, 2.3421)	(−0.3495, 0.0746, 2.5864)	(−0.3495, 0.0745, 2.5864)
9	(−0.8298, 2.0159, 2.2310)	(−0.8258, 2.0824, 2.0582)	(−0.8256, 2.0830, 2.0549)
10	(−0.7585, 1.8366, 2.0523)	(−0.7576, 1.8574, 2.0007)	(−0.7576, 1.8583, 1.9986)

　　BCU 法计算 CCT t_{cl} 比时域仿真法快得多。表 15.5 给出了 BCU 法和时域数值积分法的结果比较。表 15.5 第 1 行显示,母线 4 处发生三相故障,母线 4 和母线 5 之间的输电线路由于线路两端断路器动作而被切除,形成了故障后系统。故障后系统的 SEP 为(15.44709,9.98168)。BCU 法估计出的 CCT 为 0.32s,而时域仿真估计出的 CCT 同样是 0.32s。

表 15.5　BCU 法和时域仿真法分别估计出的故障 CCT

事故母线	跳闸线路	BCU 法估计的 CCT/s	时域仿真法估计的 CCT/s
4	4-5	0.32	0.32
4	4-6	0.31	0.32
5	5-7	0.33	0.33
6	6-9	0.34	0.34
7	7-8	0.35	0.36
8	8-9	0.26	0.27

　　为说明网络简化 BCU 法的计算过程,针对两个不同故障,我们对下述与 BCU 法相关的内容进行了数值仿真:①故障前 SEP 和故障后 SEP;②故障后降阶模型稳定边界上的 UEP;③故障后降阶模型稳定边界;④故障中轨迹投影;⑤与故障中轨迹投影对应的主导 UEP。选择这些内容是因为故障中轨迹投影与故障后降阶模型的稳定边界相交于逸出点,而逸出点位于降阶主导 UEP 的稳定流形上。

　　事故 7 中,母线 9 处附近发生故障,母线 6 与母线 9 之间的线路被切除。故障后降阶模型准确的稳定边界见图 15.11。降阶系统的稳定边界上有两个 1 型 UEP,没有 2 型 UEP,可知,故障后降阶模型的稳定域是无界的。图中描述了故障中轨迹投影与其主导 UEP(1 型 UEP)的稳定流形相交于逸出点的情况。需要注意的是,降阶系统的主导 UEP 与原系统的主导 UEP 是互相对应的。

　　事故 12 中,母线 6 处附近发生故障,母线 6 与母线 9 之间的线路被切除。故障后降阶模型准确的稳定边界见图 15.12。降阶系统的稳定边界上有两个 1 型 UEP,没有 2 型 UEP,故障后降阶模型的稳定域是无界的。图中描述了故障中轨迹投影与其主导 UEP(1 型 UEP)的稳定流形相交于逸出点,逸出点距离主导 UEP 很近,图中很难将两者区分开来。

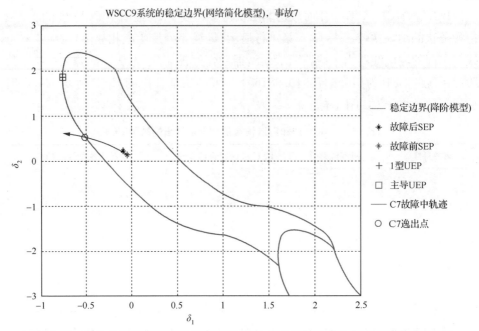

图 15.11　事故 7 的故障前 SEP 和故障后 SEP，以及故障后降阶模型的准确稳定边界
稳定边界上有 2 个 1 型平衡点，没有 2 型平衡点，降阶模型主导 UEP 与原模型主导 UEP 相对应

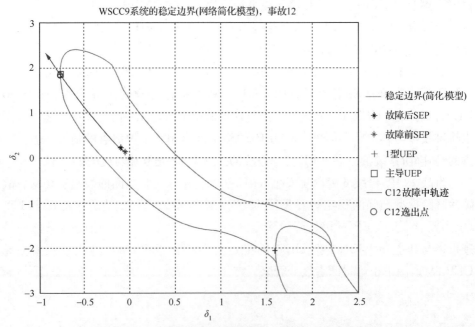

图 15.12　系统角度平面上事故 12 的故障后准确稳定域
如图所示，故障中轨迹投影与一个 1 型主导 UEP 的稳定流形相交，逸出点与主导 UEP 非常接近，图中不易分辨

15.7 IEEE 测试系统

本节对网络简化模型的 BCU 法在一个含有 50 个机组,145 条母线的系统中的应用进行阐述。这是一个 IEEE 测试系统(IEEE Committee Report,1992)。故障类型为三相故障,故障位置包括发电机母线和负荷母线。研究中系统采用网络简化电力系统模型,发电机采用经典模型。表 15.6 展示了使用两种不同方法,时域仿真法和 BCU 法估计出的一些故障系统的 CCT 情况。时域仿真结果用做评判标准。

表 15.6 IEEE 50 机 145 母线测试系统网络简化 BCU 法和时域仿真法 CCT 估计结果

事故母线	跳闸线路	BCU 法估计的 CCT/s	时域仿真法估计的 CCT/s
7	7-6	0.115	0.126
6	6-12	0.170	0.197
12	12-14	0.170	0.197
102	63-102	0.195	0.201
97	97-66	0.260	0.260
67	67-66	0.175	0.278
98	98-72	0.205	0.206
96	96-73	0.242	0.244
108	108-75	0.270	0.278
109	109-73	0.310	0.320
82	82-75	0.300	0.312
91	91-75	0.295	0.297
100	100-72	0.315	0.324
103	103-59	0.290	0.296
89	89-59	0.265	0.272
90	90-92	0.265	0.277
33	33-1	0.480	0.517
95	95-138	0.110	0.123
135	135-138	0.130	0.136

下面解释表 15.6。表 15.6 显示,母线 7 处发生三相故障,母线 6 和母线 7 之间的输电线路由于线路两端断路器动作而被切除。BCU 法估计出的 CCT 为 0.115s,而时域仿真法估计出的 CCT 是 0.126s。应当指出的是,在这些仿真结果中,BCU 法估计 CCT 时一致地给出略为保守的结果。这与主导 UEP 法的理论分

析是一致的,即尽管这些仿真中使用的是数值能量函数,主导 UEP 处的临界能量将给出准确但略为保守的稳定估计。

表 15.7 和表 15.8 展示了 IEEE 测试系统在一些故障情况下,使用 6 种不同方法估计出的 CCT。这 6 种方法为时域仿真法、BCU 法、MOD 法(Fouad and Vittal,1991)、逸出点法(Electric Power Research Institute,1995)、hybrid 法 (Tang et al. ,1994)和 DEEAC 法(Xue et al. ,1992),以时域仿真法的结果作为评判基准。

表 15.7　IEEE50 机 145 母线测试系统几种直接法稳定分析仿真结果(一)

事故母线	跳闸线路	时域仿真法 /ms	BCU 法 /ms	误差/%	MOD 法 /ms	误差/%	逸出点法 /ms	误差/%
7	7-6	108.2	102.0	−5.73	112.5	3.9	112.5	3.9
7*	7-6	107.5	106.2	−1.2	127.5	18.6	142.5	32.6
59	59-72	224.5	224.1	−0.18	242.5	8.0	197.5	−12.0
73	73-84	215.5	194.2	−9.88	**	**	**	**
112	112-69	248.6	235.4	−5.63	237.5	−4.4	237.5	−4.4
66	66-67	171.0	160.2	−6.31	**	**	**	**
115	115-116	292.5	288.3	−1.43	287.5	−1.7	287.5	−1.7
100	100-72	260.0	253.6	−2.46	252.9	−2.9	252.9	−2.9
101	101-73	248.0	238.2	−3.95	237.5	−3.5	237.5	−3.5
91	91-75	188.0	187.7	−0.15	187.5	−0.3	187.5	−0.3
6	6-1	171.0	155.0	−9.3	**	**	237.5	38.9
12	12-14	173.5	163.0	−6.1	**	**	**	**
6	6-10	177.0	165.0	−6.8	**	**	**	**
33	33-39	386.0	385.0	−0.3	**	**	347.5	−10.0
33	33-49	387.5	387.0	−0.1	432.5	11.6	347.5	−10.3
66	66-111	175.5	163.5	−6.8	**	**	**	**
106	106-74	185.5	172.0	−7.3	−172.5	−7.0	172.5	−7.0
69	69-32	205.3	186.2	−9.3	**	**	**	**
69	69-112	205.1	185.0	−9.8	**	**	**	**
105	105-73	213.5	206.5	−3.3	**	**	**	**
73	73-75	215.1	196.0	−8.9	**	**	**	**
67	67-65	233.7	227.4	−2.7	**	**	**	**
59	59-103	222.6	220.0	−1.7	**	**	242.5	8.6
12	12-14,12-14	169.7	160.0	−5.7	**	**	**	**
105	105-73,105-73	120.0	114.0	−5.0	127.5	6.3	127.5	6.3

续表

事故母线	跳闸线路	时域仿真法 /ms	BCU 法 /ms	误差/%	MOD 法 /ms	误差/%	逸出点法 /ms	误差/%
66	66-8,66-8	178.5	171.0	−4.2	**	**	**	**
6	6-1,6-2,6-7	39.4	39.2	−0.5	72.5	84.0	52.5	33.2
6	6-9,6-10, 6-12,6-12	81.5	77.0	−5.5	**	**	>500	**
33	33-37,33-38, 33-39,33-40, 33-49,33-50	360.5	355.0	−1.4	>600	**	>700	**
33	33-37,33-38, 33-39,33-40	378	373.4	−1.2	352.5	−6.7	>700	**
66	66-111,66-111, 66-111	83.0	80.0	−3.6	**	**	112.5	35.5
73	73-26,73-72, 73-82,73-101	214.5	195.0	−9.1	**	**	**	**
73	73-69,73-75, 73-91,73-96, 73-109	190.5	190.1	−0.20	**	**	77.5	−59.3

注：标有 * 的算例的负载较其他同类型算例的负载更重,标号 ** 表明相应的方法在当前算例中不收敛

表 15.8　IEEE50 机 145 母线测试系统几种直接法稳定分析仿真结果(二)

事故母线	跳闸线路	时域仿真法 /ms	BCU 法 /ms	误差/%	混合法 /ms	误差/%	DEEAC 法 /ms	误差/%
7	7-6	108.2	102.0	−5.73	107.5	−0.7	108	−0.18
7 *	7-6	107.5	106.2	−1.2	107.5	0.0	118	9.7
59	59-72	224.5	224.1	−0.18	222.5	−0.9	227	1.3
73	73-84	215.5	194.2	−9.88	207.5	−3.7	209	−3.0
112	112-69	248.6	235.4	−5.63	247.5	−0.4	246	−1.0
66	66-67	171.0	160.2	−6.31	162.5	−5.0	165	−3.5
115	115-116	292.5	288.3	−1.43	292.5	0.0	291	−0.5
100	100-72	260.0	253.6	−2.46	257.5	−1.0	261	0.4
101	101-73	248.0	238.2	−3.95	247.5	0.6	244	−0.8
91	91-75	188.0	187.7	−0.15	187.5	−0.3	190	1.06
6	6-1	171.0	155.0	−9.3	167.5	−2.0	162	−5.2
12	12-14	173.5	163.0	−6.1	172.5	−0.6	168	−3.1
6	6-10	177.0	165.0	−6.8	172.5	−2.5	173	−2.2

续表

事故母线	跳闸线路	时域仿真法 /ms	BCU 法 /ms	误差/%	混合法 /ms	误差/%	DEEAC 法 /ms	误差/%
33	33-39	386.0	385.0	−0.3	382.5	−0.9	383	−0.8
33	33-49	387.5	387.0	−0.1	382.5	−1.3	383	−0.8
66	66-111	175.5	163.5	−6.8	167.5	−4.6	168	−4.2
106	106-74	185.5	172.0	−7.3	182.5	−1.6	181	−2.4
69	69-32	205.3	186.2	−9.3	202.5	−1.4	203	−1.1
69	69-112	205.1	185.0	−9.8	207.5	1.2	199	−2.9
105	105-73	213.5	206.5	−3.3	207.5	−2.8	207	−3.0
73	73-75	215.1	196.0	−8.9	212.5	−1.2	209	−2.8
67	67-65	233.7	227.4	−2.7	232.5	−0.5	199	−14.8
59	59-103	222.6	220.0	−1.7	222.5	−0.0	227	2.0
12	12-14,12-14	169.7	160.0	−5.7	167.5	−1.3	165	−2.8
105	105-73,105-73	120.0	114.0	−5.0	117.5	−2.0	127	5.8
66	66-8,66-8	178.5	171.0	−4.2	167.5	−6.2	173	−3.1
6	6-1,6-2,6-7	39.4	39.2	−0.5	22.5	−42.9	—	—
6	6-9,6-10, 6-12,6-12	81.5	77.0	−5.5	77.5	−4.9	69	−15.3
33	33-37,33-38, 33-39,33-40, 33-49,33-50	360.5	355.0	−1.4	352.5	−2.2	344	−4.5
33	33-37,33-38, 33-39,33-40	378	373.4	−1.2	372.5	−1.5	368	−2.6
66	66-111,66-111, 66-111	83.0	80.0	−3.6	82.5	−0.6	82	−1.2
73	73-26,73-72, 73-82,73-101	214.5	195.0	−9.1	207.5	−3.3	209	−2.5
73	73-69,73-75, 73-91,73-96, 73-109	190.5	190.1	−0.20	187.5	−1.6	179	−6.0

注:标有 * 的算例的负载较其他同类型算例的负载更重

表 15.7 和表 15.8 中第 1 行显示,母线 7 处附近发生故障,母线 6 与母线 7 之间线路由于两端断路器动作而被切除。BCU 法估计出的 CCT 为 0.102s,而时域仿真估计出的精确的 CCT 是 0.108s。MOD 法、逸出点法、hybrid 法和混合 DEE-AC 法估计出的 CCT 分别为 0.1125s、0.1125s、0.1075s 和 0.108s。表 15.7 和表

15.8 中的 ** 表示对应的方法在该算例中无法收敛到一个 UEP。表 15.7 和表 15.8 中显示的除 BCU 法以外的所有仿真结果取自 CIGRE Task Force Report (1992) 和文献 Pavella 和 Murthy (1994，第 203、235 页)，BCU 法的结果取自文献 Chiang 等 (1995)。

应当指出的是，在这些仿真结果中，BCU 法再次一致地给出略为保守的 CCT 估计。这些估计符合主导 UEP 法的分析结论，证实了如果使用精确的能量函数，主导 UEP 的临界能量值将会给出略为保守的稳定估计。这些仿真结果还显示，其他方法可能会高估或者低估 CCT。冒进地高估 CCT 是不希望出现的，因为这可能导致将不稳定事故判为稳定的。在这些仿真中使用的是数值能量函数。

15.8　本 章 小 结

对于电力系统暂态稳定模型，BCU 概念方法有多种可行的数值实现手段，本章提出了网络简化 BCU 概念方法的一种数值实现方式。该法包括一些数值计算流程，如可靠地检测逸出点的数值方法，用于计算 MGP 的稳定边界跟踪技术，计算主导 UEP 的非线性方程求解算法，以及数值能量函数的计算过程等。

数值研究表明，网络简化 BCU 法一致地给出略为保守的 CCT 估计结果，尽管仿真中采用的是数值能量函数，这种保守性与主导 UEP 法的理论是相符合的。虽然网络简化暂态稳定模型并没有在实际中进行应用，但是网络简化 BCU 法的发展是有意义的，它为结构保留 BCU 数值方法的发展指出了方向，后续两章将对此进行详细的论述。

第 16 章 结构保留 BCU 法及其理论基础

16.1 引　言

本章提出用于以下一般网络保留暂态稳定模型的直接稳定分析的结构保留 BCU 法

$$0 = -\frac{\partial U}{\partial u}(u,w,x,y) + \boldsymbol{g}_1(u,w,x,y)$$

$$0 = -\frac{\partial U}{\partial w}(u,w,x,y) + \boldsymbol{g}_2(u,w,x,y)$$

$$\boldsymbol{T}\dot{x} = -\frac{\partial U}{\partial x}(u,w,x,y) + \boldsymbol{g}_3(u,w,x,y) \tag{16.1}$$

$$\dot{y} = z$$

$$\boldsymbol{M}\dot{z} = -\boldsymbol{D}z - \frac{\partial U}{\partial y}(u,w,x,y) + \boldsymbol{g}_4(u,w,x,y)$$

式中，$u \in \mathbf{R}^k, w \in \mathbf{R}^l$，为瞬时变量；$x \in \mathbf{R}^m, y \in \mathbf{R}^n, z \in \mathbf{R}^n$，为状态变量；$\boldsymbol{T}$ 为正定矩阵；$\boldsymbol{M}$ 和 $\boldsymbol{D}$ 为正定对角矩阵。此处微分方程描述了发电机和/或负荷动态，代数方程描述了各母线处的潮流方程。函数 $U(u,w,x,y)$ 为一个标量函数。为方便起见，未标示出变量的物理约束。现有的结构保留暂态稳定模型可以改写为上述一组一般的 DAE(Chu and Chiang, 2005)。

本章提出结构保留 BCU 法(即用于结构保留暂态稳定模型的 BCU 法)及其理论基础。发展 BCU 法的基本思想可做如下解释：给定一个电力系统暂态稳定模型，称之为原模型，它具有一个能量函数，BCU 法首先探索原模型的特殊性质以构造一个降阶模型，使降阶模型能够捕捉到原模型的特定的静态和动态性质。下一节将讨论与原模型[式(16.1)]对应的一个降阶模型。

16.2 降 阶 模 型

为给定的电力系统暂态稳定模型开发 BCU 法时，必须定义一个对应的降阶模型。对于原模型[式(16.1)]，选取下列微分—代数方程组作为降阶模型：

$$0 = -\frac{\partial U}{\partial u}(u,w,x,y) + \boldsymbol{g}_1(u,w,x,y)$$

$$0 = -\frac{\partial U}{\partial w}(u,w,x,y) + \boldsymbol{g}_2(u,w,x,y)$$

$$\boldsymbol{T}\dot{x} = -\frac{\partial U}{\partial x}(u,w,x,y) + \boldsymbol{g}_3(u,w,x,y) \qquad (16.2)$$

$$\dot{y} = -\frac{\partial U}{\partial y}(u,w,x,y) + \boldsymbol{g}_4(u,w,x,y)$$

下面证明,原模型[式(16.1)]与降阶模型[式(16.2)]满足以下静态性质和动态性质。

1. 静态性质

(S1) 降阶模型[式(16.2)]平衡点的位置与原模型[式(16.1)]平衡点的位置是相互对应的。例如,$(\bar{u},\bar{w},\bar{x},\bar{y})$ 为降阶模型[式(16.2)]的一个平衡点,当且仅当 $(\bar{u},\bar{w},\bar{x},\bar{y},0)$ 为原模型[式(16.1)]的一个平衡点,式中 $0 \in \mathbf{R}^m$,m 为一个适当的正数。

(S2) 降阶模型[式(16.2)]平衡点的类型与原模型[式(16.1)]平衡点的类型保持一致。例如,(u_s,w_s,x_s,y_s) 为降阶模型[式(16.2)]的一个 SEP,当且仅当 $(u_s,w_s,x_s,y_s,0)$ 为原模型[式(16.1)]的一个 SEP。(u_u,w_u,x_u,y_u) 为降阶模型[式(16.2)]的一个 k 型平衡点,当且仅当 $(u_u,w_u,x_u,y_u,0)$ 为原模型[式(16.1)]的一个 k 型平衡点。

2. 动态性质

(D1) 降阶模型[式(16.2)]至少存在一个能量函数。

(D2) $(\bar{u},\bar{w},\bar{x},\bar{y})$ 是一个位于降阶模型[式(16.2)]的稳定边界 $\partial A(u_s,w_s,x_s,y_s)$ 上的平衡点,当且仅当平衡点 $(\bar{u},\bar{w},\bar{x},\bar{y},0)$ 位于原模型[式(16.1)]的稳定边界 $\partial A(u_s,w_s,x_s,y_s,0)$ 上。

(D3) 不采用时域迭代过程,能够快速高效地检测出故障中轨迹投影 $(u(t),w(t),x(t),y(t))$ 与故障后降阶模型[式(16.2)]稳定边界 $\partial A(u_s,w_s,x_s,y_s)$ 的交点,以得到故障后降阶模型[式(16.2)]的逸出点。

动态性质(D3)在发展 BCU 法中扮演了重要角色,该性质避免使用时域迭代法计算原模型的逸出点时的困难。BCU 法通过探索稳定边界的特殊结构和降阶系统[式(16.2)]的能量函数,得到降阶模型的主导 UEP,随后 BCU 法建立起降阶模型[式(16.2)]的主导 UEP 与原模型[式(16.1)]的主导 UEP 之间的联系。

给定一个电力系统稳定模型,则存在 BCU 法的相应版本。BCU 法不直接计算原模型的主导 UEP,原因是计算原模型的逸出点需要时域迭代过程,这是计算主导 UEP 的关键;BCU 法代之以计算降阶模型[式(16.2)]的主导 UEP 来得到原模型[式(16.1)]的主导 UEP。

我们提出以下 7 个步骤来建立原模型[式(16.1)]与降阶模型[式(16.2)]之间的静态性质(S1)、(S2)和动态性质(D2):

第 1 步:确认降阶模型[式(16.2)]与以下奇异摄动方程之间的静态以及动态关系:

$$
\begin{aligned}
\varepsilon_1 \dot{u} &= -\frac{\partial}{\partial u} U(u,w,x,y) + \boldsymbol{g}_1(u,w,x,y) \\
\varepsilon_2 \dot{w} &= -\frac{\partial}{\partial w} U(u,w,x,y) + \boldsymbol{g}_2(u,w,x,y) \\
\boldsymbol{T}\dot{x} &= -\frac{\partial}{\partial x} U(u,w,x,y) + \boldsymbol{g}_3(u,w,x,y) \\
\dot{y} &= -\frac{\partial}{\partial y} U(u,w,x,y) + \boldsymbol{g}_4(u,w,x,y)
\end{aligned}
\tag{16.3}
$$

第 2 步:确认模型[式(16.3)]与以下非线性动力系统模型之间的静态以及动态关系:

$$
\begin{aligned}
\varepsilon_1 \dot{u} &= -\frac{\partial}{\partial u} U(u,w,x,y) \\
\varepsilon_2 \dot{w} &= -\frac{\partial}{\partial w} U(u,w,x,y) \\
\boldsymbol{T}\dot{x} &= -\frac{\partial}{\partial x} U(u,w,x,y) \\
\dot{y} &= -\frac{\partial}{\partial y} U(u,w,x,y)
\end{aligned}
\tag{16.4}
$$

第 3 步:确认模型[式(16.4)]与以下模型之间的静态以及动态关系:

$$
\begin{aligned}
\varepsilon_1 \dot{u} &= -\frac{\partial}{\partial u} U(u,w,x,y) \\
\varepsilon_2 \dot{w} &= -\frac{\partial}{\partial w} U(u,w,x,y) \\
\boldsymbol{T}\dot{x} &= -\frac{\partial}{\partial x} U(u,w,x,y) \\
\dot{y} &= -\frac{\partial}{\partial y} U(u,w,x,y)
\end{aligned}
\tag{16.5}
$$

$$
\boldsymbol{M}\dot{z} = -\boldsymbol{D}z
$$

第 4 步：确认模型[式(16.5)]与以下单参数动力系统 $d(\lambda)$ 模型之间的静态以及动态关系：

$$\varepsilon_1 \dot{u} = -\frac{\partial}{\partial u} U(u,w,x,y)$$

$$\varepsilon_2 \dot{w} = -\frac{\partial}{\partial w} U(u,w,x,y)$$

$$\boldsymbol{T}\dot{x} = -\frac{\partial}{\partial x} U(u,w,x,y) \qquad (16.6)$$

$$\dot{y} = (1-\lambda)z - \lambda \frac{\partial}{\partial y} U(u,w,x,y)$$

$$\boldsymbol{M}\dot{z} = -\boldsymbol{D}z - (1-\lambda)\frac{\partial}{\partial y} U(u,w,x,y)$$

第 5 步：确认模型[式(16.6)]与以下非线性系统模型之间的静态以及动态关系：

$$\varepsilon_1 \dot{u} = -\frac{\partial}{\partial u} U(u,w,x,y)$$

$$\varepsilon_2 \dot{w} = -\frac{\partial}{\partial w} U(u,w,x,y)$$

$$\boldsymbol{T}\dot{x} = -\frac{\partial}{\partial x} U(u,w,x,y) \qquad (16.7)$$

$$\dot{y} = z$$

$$\boldsymbol{M}\dot{z} = -\boldsymbol{D}z - \frac{\partial}{\partial y} U(u,w,x,y)$$

第 6 步：确认模型[式(16.7)]与以下中间系统模型之间的静态以及动态关系：

$$\varepsilon_1 \dot{u} = -\frac{\partial}{\partial u} U(u,w,x,y) + \boldsymbol{g}_1(u,w,x,y)$$

$$\varepsilon_2 \dot{w} = -\frac{\partial}{\partial w} U(u,w,x,y) + \boldsymbol{g}_2(u,w,x,y)$$

$$\boldsymbol{T}\dot{x} = -\frac{\partial}{\partial x} U(u,w,x,y) + \boldsymbol{g}_3(u,w,x,y) \qquad (16.8)$$

$$\dot{y} = z$$

$$\boldsymbol{M}\dot{z} = -\boldsymbol{D}z - \frac{\partial}{\partial y} U(u,w,x,y) + \boldsymbol{g}_4(u,w,x,y)$$

第 7 步：确认模型[式(16.8)]与原系统模型[式(16.1)]之间的静态以及动态关系。

综合这 7 个步骤证明原系统模型[式(16.1)]和降阶模型[式(16.2)]满足静态性质(S1)、(S2)以及动态性质(D2)，这 7 个步骤及其相互关系见图 16.1。

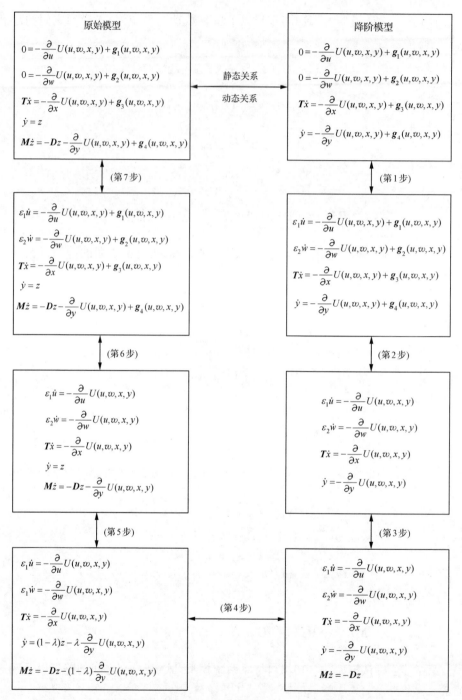

图 16.1　建立原模型［式(16.1)］与降阶模型［式(16.2)］的静态性质(S1)、(S2)
和动态性质(D1)、(D2)的 7 个步骤

16.3　静态性质和动态性质

本节给出的分析结论表明,在一定条件下,原系统[式(16.1)]与降阶系统[式(16.2)]满足静态性质(S1)、(S2)以及动态性质(D2)。降阶模型[式(16.2)]至少存在一个能量函数,因此动态性质(D1)成立。我们提出一种计算方法,将其结合到网络保留 BCU 法中,以确保动态关系(D3)成立。

下面推导各个步骤所述的性质。

第 1 步和第 7 步:在这两个步骤中,我们用奇异摄动技术的理论证明,对足够小的值 ε_1、ε_2,以下性质成立。

静态性质:$(\bar{u},\bar{w},\bar{x},\bar{y})$ 为模型[式(16.2)]的一个 k 型平衡点,当且仅当 $(\bar{u},\bar{w},\bar{x},\bar{y})$ 为模型[式(16.3)]的一个 k 型平衡点。特别地,(u_s,w_s,x_s,y_s) 为模型[式(16.2)]的一个 SEP,当且仅当 (u_s,w_s,x_s,y_s) 为模型[式(16.3)]的一个 SEP。

静态性质:$(\bar{u},\bar{w},\bar{x},\bar{y},0)$ 为模型[式(16.1)]的一个 k 型平衡点,当且仅当 $(\bar{u},\bar{w},\bar{x},\bar{y},0)$ 为模型[式(16.8)]的一个 k 型平衡点。特别地,$(u_s,w_s,x_s,y_s,0)$ 为模型[式(16.1)]的一个 SEP,当且仅当 $(u_s,w_s,x_s,y_s,0)$ 为模型[式(16.8)]的一个 SEP。

动态性质:(u_i,w_i,x_i,y_i) 为一个位于模型[式(16.2)]稳定边界 $\partial A(u_s,w_s,x_s,y_s)$ 上的平衡点,当且仅当平衡点 (u_i,w_i,x_i,y_i) 位于模型[式(16.3)]的稳定边界 $\partial A(u_s,w_s,x_s,y_s)$ 上。

动态性质:$(u_i,w_i,x_i,y_i,0)$ 为一个位于模型[式(16.1)]稳定边界 $\partial A(u_s,w_s,x_s,y_s,0)$ 上的平衡点,当且仅当平衡点 $(u_i,w_i,x_i,y_i,0)$ 位于模型[式(16.8)]的稳定边界 $\partial A(u_s,w_s,x_s,y_s,0)$ 上。

第 3 步:推导这一步中各性质时,计入了变量 z 的动态与其他变量解耦这一性质。

静态性质:$(\bar{u},\bar{w},\bar{x},\bar{y})$ 为模型[式(16.4)]的一个 k 型平衡点,当且仅当 $(\bar{u},\bar{w},\bar{x},\bar{y},0)$ 为模型[式(16.5)]的一个 k 型平衡点,其中 $0 \in \mathbf{R}^m$,m 为一个适当的正数。

动态性质:$(\bar{u},\bar{w},\bar{x},\bar{y})$ 为一个位于模型[式(16.4)]稳定边界 $\partial A(u_s,w_s,x_s,y_s)$ 上的平衡点,当且仅当平衡点 $(\bar{u},\bar{w},\bar{x},\bar{y},0)$ 位于模型[式(16.5)]的稳定边界 $\partial A(u_s,w_s,x_s,y_s,0)$ 上。

第 4 步和第 5 步:这两个步骤证明在某些条件下以下性质成立。

静态性质:$(\bar{u},\bar{w},\bar{x},\bar{y},0)$ 为模型[式(16.7)]的一个 k 型平衡点,当且仅当 $(\bar{u},\bar{w},\bar{x},\bar{y},0)$ 为模型[式(16.6)]的一个 k 型平衡点。特别地,$(u_s,w_s,x_s,y_s,0)$

为模型[式(16.7)]的一个 SEP, 当且仅当 $(u_\mathrm{s}, w_\mathrm{s}, x_\mathrm{s}, y_\mathrm{s}, 0)$ 为模型[式(16.6)]的一个 SEP。

动态性质: $(u_i, w_i, x_i, y_i, 0)$ 为一个位于模型[式(16.7)]稳定边界 $\partial A(u_\mathrm{s}, w_\mathrm{s}, x_\mathrm{s}, y_\mathrm{s}, 0)$ 上的平衡点, 当且仅当平衡点 $(u_i, w_i, x_i, y_i, 0)$ 位于模型[式(16.6)]稳定边界 $\partial A(u_\mathrm{s}, w_\mathrm{s}, x_\mathrm{s}, y_\mathrm{s}, 0)$ 上。

第 2 步和第 6 步: 在这两个步骤中证明如果转移电导足够小, 则以下性质成立。

静态性质: $(\bar{u}, \bar{w}, \bar{x}, \bar{y})$ 为模型[式(16.3)]的一个 k 型平衡点, 当且仅当 $(\bar{u}, \bar{w}, \bar{x}, \bar{y})$ 为模型[式(16.4)]的一个 k 型平衡点。特别地, $(u_\mathrm{s}, w_\mathrm{s}, x_\mathrm{s}, y_\mathrm{s})$ 为模型[式(16.3)]的一个 SEP, 当且仅当 $(u_\mathrm{s}, w_\mathrm{s}, x_\mathrm{s}, y_\mathrm{s})$ 为模型[式(16.4)]的一个 SEP。

静态性质: $(\bar{u}, \bar{w}, \bar{x}, \bar{y}, 0)$ 为模型[式(16.7)]的一个 k 型平衡点, 当且仅当 $(\bar{u}, \bar{w}, \bar{x}, \bar{y}, 0)$ 为模型[式(16.8)]的一个 k 型平衡点。特别地, $(u_\mathrm{s}, w_\mathrm{s}, x_\mathrm{s}, y_\mathrm{s}, 0)$ 为模型[式(16.7)]的一个 SEP, 当且仅当 $(u_\mathrm{s}, w_\mathrm{s}, x_\mathrm{s}, y_\mathrm{s}, 0)$ 为模型[式(16.8)]的一个 SEP。

动态性质: (u_i, w_i, x_i, y_i) 为一个位于模型[式(16.3)]稳定边界 $\partial A(u_\mathrm{s}, w_\mathrm{s}, x_\mathrm{s}, y_\mathrm{s})$ 上的平衡点, 当且仅当平衡点 (u_i, w_i, x_i, y_i) 位于模型[式(16.4)]的稳定边界 $\partial A(u_\mathrm{s}, w_\mathrm{s}, x_\mathrm{s}, y_\mathrm{s})$ 上。

动态性质: $(u_i, w_i, x_i, y_i, 0)$ 为一个位于模型[式(16.7)]稳定边界 $\partial A(u_\mathrm{s}, w_\mathrm{s}, x_\mathrm{s}, y_\mathrm{s}, 0)$ 上的平衡点, 当且仅当平衡点 $(u_i, w_i, x_i, y_i, 0)$ 位于模型[式(16.8)]的稳定边界 $\partial A(u_\mathrm{s}, w_\mathrm{s}, x_\mathrm{s}, y_\mathrm{s}, 0)$ 上。

把第 1~7 步推导出的结论进行综合, 可以建立原模型[式(16.1)]与降阶模型[式(16.2)]的总体联系。

16.4　分析结论

证明第 3 步所述静态和动态性质。

定理 16.1: 静态和动态性质。

(u_i, w_i, x_i, y_i) 为模型[式(16.4)]的一个 k 型平衡点, 当且仅当 $(u_i, w_i, x_i, y_i, 0)$ 为模型[式(16.5)]的一个 k 型平衡点。此外, (u_i, w_i, x_i, y_i) 为一个位于模型[式(16.4)]稳定边界 $\partial A(u_\mathrm{s}, w_\mathrm{s}, x_\mathrm{s}, y_\mathrm{s})$ 上的平衡点, 当且仅当平衡点 $(u_i, w_i, x_i, y_i, 0)$ 位于模型[式(16.5)]的稳定边界 $\partial A(u_\mathrm{s}, w_\mathrm{s}, x_\mathrm{s}, y_\mathrm{s}, 0)$ 上。

证明: 式(16.5)的向量场中, 变量 z 与 (u, w, x, y) 解耦, 式(16.5)中包含 (u, w, x, y) 的向量场与式(16.4)的向量场相同。同样, 模型[式(16.5)]中因为矩阵 M 和 D 正定, 状态变量 z 是完全稳定的。因此定理得证。

下面证明第 4 步和第 5 步所述的性质。

定理 16.2：静态性质。

若对于模型[式(16.5)]的所有平衡点，0 是 $\dfrac{\partial^4 U(u_i,w_i,x_i,y_i)}{\partial u \partial w \partial x \partial y}$ 的一个正则值，则 (u_i,w_i,x_i,y_i) 为模型[式(16.5)]的一个 k 型平衡点，当且仅当 $(u_i,w_i,x_i,y_i,0)$ 为模型[式(16.7)]的一个 k 型平衡点。

证明：令 $\boldsymbol{J}_\lambda(u_e,w_e,x_e,y_e,0)$ 为平衡点 $(u_e,w_e,x_e,y_e,0)$ 处系统的雅可比矩阵，则

$$\boldsymbol{J}_\lambda(u_e,w_e,x_e,y_e,0)=\begin{bmatrix}\varepsilon_1^{-1} & 0 & 0 & 0 & 0 \\ 0 & \varepsilon_2^{-1} & 0 & 0 & 0 \\ 0 & 0 & \boldsymbol{T}^{-1} & 0 & 0 \\ 0 & 0 & 0 & \lambda & (\lambda-1)\boldsymbol{M}^{-1} \\ 0 & 0 & 0 & (\lambda-1)\boldsymbol{M}^{-1} & \boldsymbol{M}^{-1}\boldsymbol{D}\boldsymbol{M}^{-1}\end{bmatrix}$$

令

$$\boldsymbol{H}(u_e,w_e,x_e,y_e)=\begin{bmatrix}-\nabla^2 U(u_e,w_e,x_e,y_e) & 0 \\ 0 & -\boldsymbol{M}^{-1}\end{bmatrix}$$

显然 $\boldsymbol{H}(u_e,w_e,x_e,y_e)$ 是一个非奇异的埃尔米特矩阵，且对所有 $\varepsilon \mid \in I$，

$$\boldsymbol{J}_\lambda(u_e,w_e,x_e,y_e,0)\boldsymbol{H}(u_e,w_e,x_e,y_e)+\boldsymbol{H}(u_e,w_e,x_e,y_e)^{\mathrm{T}}\boldsymbol{J}_\lambda(u_e,w_e,x_e,y_e,0)^{\mathrm{T}}$$
$$= \text{block diag}[2\varepsilon_1^{-1},2\varepsilon_2^{-1},2\boldsymbol{T}^{-1},2\lambda\boldsymbol{I},2\boldsymbol{M}^{-1}\boldsymbol{D}\boldsymbol{M}^{-1}]\geqslant 0$$

由西尔维斯特惯性定理，

$$In(\boldsymbol{J}_\lambda(u_e,w_e,x_e,y_e,0))=In(\boldsymbol{H}(u_e,w_e,x_e,y_e))$$

证毕。

定理 16.3：动态性质。

令 $(u_s,w_s,x_s,y_s,0)$ 为模型[式(16.5)]的一个 SEP，假设对所有 UEP (u_i,w_i,x_i,y_i)，$i=1,2,\cdots,k$，0 为 $\dfrac{\partial^4 U(u_i,w_i,x_i,y_i)}{\partial u \partial w \partial x \partial y}$ 的一个正则值，如果对于 $\lambda \in [0,1]$，单参数动力模型 $d(\lambda)$ [式(16.6)]稳定边界 $\partial A(u_s,w_s,x_s,y_s,0)$ 上平衡点的稳定流形与不稳定流形的所有交集满足横截性条件，则

（1）平衡点 $(u_i,w_i,x_i,y_i,0)$ 位于模型[式(16.5)]的稳定边界 $\partial A(u_s,w_s,x_s,y_s,0)$ 上，当且仅当平衡点 $(u_i,w_i,x_i,y_i,0)$ 位于模型[式(16.7)]的稳定边界 $\partial A(u_s,w_s,x_s,y_s,0)$ 上。

（2）模型[式(16.5)]的稳定边界 $\partial A(u_s,w_s,x_s,y_s,0)$ 为其上所有平衡点 $(u_i,$

$w_i,x_i,y_i,0),i=1,2,\cdots$ 稳定流形的并集，即 $\partial A(u_s,w_s,x_s,y_s,0)=\bigcup W^s(u_i,w_i,x_i,y_i,0)$。

（3）模型[式(16.7)]的稳定边界 $\partial A(u_s,w_s,x_s,y_s,0)$ 为其上所有平衡点 $(u_i,w_i,x_i,y_i,0),i=1,2,\cdots$ 稳定流形的并集，即 $\partial A(u_s,w_s,x_s,y_s,0)=\bigcup W^s(u_i,w_i,x_i,y_i,0)$。

第2步与第6步：从数学的角度，这两个步骤需要研究以下性质：①在向量场的微小摄动下，平衡点类型不发生改变；②稳定边界上的平衡点在向量场发生微小摄动后，仍保持在稳定边界上。

将定理14.1用于模型[式(16.4)]和模型[式(16.7)]，得到以下结论。

定理16.4：保持性质。

令 (u_s,w_s,x_s,y_s) 为模型[式(16.4)]的一个 SEP，并且其稳定边界 $\partial A(u_s,w_s,x_s,y_s)$ 包含有限多个 UEP $(u_i,w_i,x_i,y_i),i=1,2,\cdots,n$，若同时满足以下两个条件：①稳定边界上平衡点稳定流形与不稳定流形的所有交集满足横截性条件；②对于稳定边界上的所有 UEP，0 为 $\dfrac{\partial^4 U(u_i,w_i,x_i,y_i)}{\partial u\partial w\partial x\partial y}$ 的一个正则值。那么，以下结论成立。

（1）存在正数 $\delta>0$ 和 $\varepsilon>0$，若对所有 j 和 k，模型[式(16.3)]中转移电导满足 $G_{jk}<\delta$，则模型[式(16.3)]存在唯一的 SEP $(\hat{u}_s,\hat{w}_s,\hat{x}_s,\hat{y}_s)$，满足 $\|(u_s,w_s,x_s,y_s)-(\hat{u}_s,\hat{w}_s,\hat{x}_s,\hat{y}_s)\|<\varepsilon$。

（2）对模型[式(16.4)]的每个 UEP (u_i,w_i,x_i,y_i)，模型[式(16.3)]存在唯一的双曲平衡点 $(\hat{u}_i,\hat{w}_i,\hat{x}_i,\hat{y}_i)$，满足 $\|(u_i,w_i,x_i,y_i)-(\hat{u}_i,\hat{w}_i,\hat{x}_i,\hat{y}_i)\|<\varepsilon$，并且有：① (u_i,w_i,x_i,y_i) 与 $(\hat{u}_i,\hat{w}_i,\hat{x}_i,\hat{y}_i)$ 为相同类型的 UEP；② $(\hat{u}_i,\hat{w}_i,\hat{x}_i,\hat{y}_i)$ 位于模型[式(16.3)]的稳定边界 $\partial A(\hat{u}_s,\hat{w}_s,\hat{x}_s,\hat{y}_s)$ 上；③除去 $(\hat{u}_i,\hat{w}_i,\hat{x}_i,\hat{y}_i)$，$i=1,2,\cdots,n$，模型[式(16.3)]的稳定边界 $\partial A(\hat{u}_s,\hat{w}_s,\hat{x}_s,\hat{y}_s)$ 上不存在其他的平衡点。

定理16.5：保持性质。

令 $(u_s,w_s,x_s,y_s,0)$ 为模型[式(16.7)]的一个 SEP 且稳定边界 $\partial A(u_s,w_s,x_s,y_s,0)$ 包含有限多个 UEP $(u_i,w_i,x_i,y_i,0),i=1,2,\cdots,n$，若同时满足以下两个条件：①稳定边界上平衡点稳定流形与不稳定流形的所有交集满足横截性条件；②对于稳定边界上的所有 UEP，0 为 $\dfrac{\partial^4 U(u_i,w_i,x_i,y_i)}{\partial u\partial w\partial x\partial y}$ 的一个正则值。那么，以下结论成立。

（1）存在正数 $\delta>0$ 和 $\varepsilon>0$，若对所有 j 和 k，模型[式(16.8)]中转移电导满足 $G_{jk}<\delta$，则模型[式(16.8)]存在唯一的 SEP $(\hat{u}_s,\hat{w}_s,\hat{x}_s,\hat{y}_s,0)$，满足 $\|(u_s,w_s,$

$x_s, y_s, 0) - (\hat{u}_s, \hat{w}_s, \hat{x}_s, \hat{y}_s, 0) \| < \varepsilon$。

（2）对模型[式(16.7)]的每个 UEP $(u_i, w_i, x_i, y_i, 0)$，模型[式(16.8)]存在唯一的双曲平衡点 $(\hat{u}_i, \hat{w}_i, \hat{x}_i, \hat{y}_i, 0)$，满足 $\| (u_i, w_i, x_i, y_i, 0) - (\hat{u}_i, \hat{w}_i, \hat{x}_i, \hat{y}_i, 0) \| < \varepsilon$，并且有：① $(u_i, w_i, x_i, y_i, 0)$ 与 $(\hat{u}_i, \hat{w}_i, \hat{x}_i, \hat{y}_i, 0)$ 为相同类型的 UEP；② $(\hat{u}_i, \hat{w}_i, \hat{x}_i, \hat{y}_i, 0)$ 位于模型[式(16.8)]的稳定边界 $\partial A(\hat{u}_s, \hat{w}_s, \hat{x}_s, \hat{y}_s, 0)$ 上；③除去 $(\hat{u}_i, \hat{w}_i, \hat{x}_i, \hat{y}_i, 0)$，$i = 1, 2, \cdots, n$，模型[式(16.8)]的稳定边界 $\partial A(\hat{u}_s, \hat{w}_s, \hat{x}_s, \hat{y}_s, 0)$ 上不存在其他的 UEP。

第 1 步与第 7 步：第 1 步中需要探讨降阶模型[式(16.2)]与相应的奇异摄动方程[式(16.3)]之间的静态性质(S1)、(S2)和动态性质(D2)。可以证明，存在 $\varepsilon^* > 0$，使得对于任意 $\varepsilon \in (0, \varepsilon^*)$，降阶模型[式(16.2)]与相应的奇异摄动方程[式(16.3)]满足静态性质(S1)和(S2)，并且稳定流形与代数流形稳定分支的交集包含相同的 UEP。在第 7 步中需要探讨原系统[式(16.1)]与相应的奇异摄动方程[式(16.8)]之间的静态性质(S1)、(S2)和动态性质(D2)。可以证明，存在 $\varepsilon^* > 0$，使得对于任意 $\varepsilon \in (0, \varepsilon^*)$，原系统[式(16.1)]与相应的奇异摄动方程[式(16.8)]满足静态性质(S1)和(S2)，且稳定流形与代数流形稳定分支的交集包含相同的 UEP（Alberto and Chiang, 2009; Fekih-Ahmed, 1991; Zou et al., 2003）。

以下定理建立了原系统[式(16.1)]与相应的奇异摄动方程[式(16.8)]，以及降阶模型[式(16.2)]与相应的奇异摄动方程[式(16.3)]之间的静态性质(S1)、(S2)。

定理 16.6：静态性质。

如果原系统[式(16.1)]的一个平衡点 $(u_i, w_i, x_i, y_i, 0)$ 位于约束流形的一个稳定分支 Γ_s 上，则存在 $\hat{\varepsilon} > 0$ 使得对任意 $\varepsilon \in (0, \hat{\varepsilon})$，可得：① $(u_i, w_i, x_i, y_i, 0)$ 为原系统[式(16.1)]的一个双曲平衡点，当且仅当 $(u_i, w_i, x_i, y_i, 0)$ 为奇异摄动方程[式(16.8)]的一个双曲平衡点；② $(u_i, w_i, x_i, y_i, 0)$ 为原系统[式(16.1)]的一个 k 型平衡点，当且仅当 $(u_i, w_i, x_i, y_i, 0)$ 为奇异摄动方程[式(16.8)]的一个 k 型平衡点。

定理 16.7：静态性质。

如果降阶模型[式(16.2)]的一个平衡点 (u_i, w_i, x_i, y_i) 位于约束流形的一个稳定分支 Γ_s 上，则存在 $\hat{\varepsilon} > 0$，使得对于任意 $\varepsilon \in (0, \hat{\varepsilon})$，可得：① (u_i, w_i, x_i, y_i) 为降阶模型[式(16.2)]的一个双曲平衡点，当且仅当 (u_i, w_i, x_i, y_i) 为奇异摄动方程[式(16.3)]的一个双曲平衡点；② (u_i, w_i, x_i, y_i) 为降阶模型[式(16.2)]的一个 k 型平衡点，当且仅当 (u_i, w_i, x_i, y_i) 为奇异摄动方程[式(16.3)]的一个 k 型平衡点。

上述结论表明,假设 ε 足够小的话,原系统[式(16.1)]各个平衡点的类型(或降阶模型[式(16.2)]各个平衡点的类型)与奇异摄动方程[式(16.8)](或奇异摄动方程[式(16.3)])中对应平衡点的类型相同。以下两个定理中将证明,两个系统的稳定边界在稳定分支上包含相同的平衡点集。

定理 16.8:动态关系。

令 $(u_s,w_s,x_s,y_s,0)$ 和 $(u_i,w_i,x_i,y_i,0)$ 分别为原系统[式(16.1)]的一个稳定分支 Γ_s 上的 SEP 和 UEP,假设对任意 $\varepsilon > 0$,对应的奇异摄动方程[式(16.8)]存在至少一个能量函数,且其平衡点是孤立的,则存在 $\hat{\varepsilon} > 0$ 使得对任意 $\varepsilon \in (0,\hat{\varepsilon})$,$(u_i,w_i,x_i,y_i,0)$ 位于原系统[式(16.1)]的稳定边界 $\partial A_0(u_s,w_s,x_s,y_s,0)$ 上,当且仅当 $(u_i,w_i,x_i,y_i,0)$ 位于奇异摄动方程[式(16.8)]的稳定边界 $\partial A_\varepsilon(u_s, w_s,x_s,y_s,0)$ 上。

定理 16.9:动态关系。

令 (u_s,w_s,x_s,y_s) 和 (u_i,w_i,x_i,y_i) 分别为降阶系统[式(16.2)]的一个稳定分支 Γ_s 上的 SEP 和 UEP,假设对任意 $\varepsilon > 0$,对应的奇异摄动方程[式(16.3)]存在至少一个能量函数,且其平衡点是孤立的,则存在 $\hat{\varepsilon} > 0$ 使得对任意 $\varepsilon \in (0,\hat{\varepsilon})$,$(u_i,w_i,x_i,y_i)$ 位于降阶系统[式(16.2)]的稳定边界 $\partial A_0(u_s,w_s,x_s,y_s)$ 上,当且仅当 (u_i,w_i,x_i,y_i) 位于奇异摄动方程[式(16.3)]的稳定边界 $\partial A_\varepsilon(u_s,w_s,x_s, y_s)$ 上。

16.5 静态和动态联系的整合

综合第 1～7 步推导出的关系,可以确立以下关于原系统[式(16.1)]和降阶模型[式(16.2)]之间静态以及动态关系的结论,假定研究中所涉及的原系统[式(16.1)]与降阶模型[式(16.2)]的 SEP 和 UEP 分别位于各自的稳定分支 Γ_s 上。

定理 16.10:静态关系。

令 (u_s,w_s,x_s,y_s) 为降阶模型[式(16.2)]稳定分支 Γ_s 上的一个 SEP,如果同时满足以下条件:①对于稳定分支 Γ_s 上的所有 UEP (u_i,w_i,x_i,y_i),$i=1,2,\cdots,k$,0 为 $\dfrac{\partial^4 U(u_i,w_i,x_i,y_i)}{\partial u \partial w \partial x \partial y}$ 的一个正则值;②降阶模型[式(16.2)]的转移电导足够小。

则 $(\hat{u}_i,\hat{w}_i,\hat{x}_i,\hat{y}_i)$ 为降阶模型[式(16.2)]的一个 k 型平衡点,当且仅当 $(\hat{u}_i,\hat{w}_i,\hat{x}_i,\hat{y}_i,0)$ 为原系统[式(16.1)]的一个 k 型平衡点。

定理 16.10 表明,在给出的条件下,原系统[式(16.1)]与降阶模型[式(16.2)]之间的静态性质(S1)和(S2)成立。

对于动态性质(D1),可以证明,降阶模型[式(16.2)]至少存在一个数值能量

函数。此外可以证明,对模型[式(16.2)]状态空间中的任意紧集 S,存在正数 α,若模型中转移电导满足 $|G| < \alpha$,则存在定义在该紧集 S 上的一个能量函数。因此动态性质(D1)是成立的。

定理 16.11 由第 1~7 步的分析得出,用于检验动态性质 D2。事实上,定理 16.11 表明,在给定的条件下,动态性质(D2)是成立的。此外,下述结论对原模型与降阶模型的稳定边界进行了完整的刻画,并且它们包含"相同的"平衡点。

定理 16.11: 动态关系。

令 (u_s, w_s, x_s, y_s) 为降阶模型[式(16.2)]的一个 SEP,如果同时满足以下条件:①对稳定边界 $\partial A(u_s, w_s, x_s, y_s)$ 上的所有 UEP (u_i, w_i, x_i, y_i), $i = 1, 2, \cdots, k$, 0 为 $\dfrac{\partial^4 U(u_i, w_i, x_i, y_i)}{\partial u \partial w \partial x \partial y}$ 的一个正则值;②降阶模型[式(16.2)]的转移电导足够小;③对于 $\lambda \in [0, 1]$,单参数动态模型 $d(\lambda)$[式(16.6)]稳定边界 $\partial A(u_s, w_s, x_s, y_s, 0)$ 上平衡点稳定流形与不稳定流形的所有交集满足横截性条件。则以下结论成立。

(1) 平衡点 (u_i, w_i, x_i, y_i) 位于模型[式(16.2)]的稳定边界 $\partial A(u_s, w_s, x_s, y_s)$ 上,当且仅当平衡点 $(u_i, w_i, x_i, y_i, 0)$ 位于模型[式(16.1)]的稳定边界上。

(2) 降阶模型[式(16.2)]的稳定边界 $\partial A(u_s, w_s, x_s, y_s)$ 为其上所有平衡点 (u_i, w_i, x_i, y_i), $i = 1, 2, \cdots$, 稳定流形的并集,即 $\partial A(u_s, w_s, x_s, y_s) = \bigcup W^s(u_i, w_i, x_i, y_i)$。

(3) 原模型[式(16.1)]的稳定边界 $\partial A(u_s, w_s, x_s, y_s, 0)$ 为其上所有平衡点 $(u_i, w_i, x_i, y_i, 0)$, $i = 1, 2, \cdots$, 稳定流形的并集,即 $\partial A(u_s, w_s, x_s, y_s, 0) = \bigcup W^s(u_i, w_i, x_i, y_i, 0)$。

16.6　动态性质

本节提出一种数值方法,不需要进行详细的时域数值仿真就能够高效地检测出故障中轨迹投影 $(u_f(t), w_f(t), x_f(t), y_f(t))$ 与故障后降阶模型稳定边界 $\partial A_0(u_s, w_s, x_s, y_s)$ 的交点。这种数值方法的存在保证了降阶模型[式(16.2)]满足动态性质(D3)。前面已经推出原系统的数值能量函数可表示如下,它由数值势能函数与动能函数两部分组成。

$$
\begin{aligned}
W_{\text{num}}(u, w, x, y, z) &= W_{\text{ana}}(u, w, x, y, z) + U_{\text{path}}(u, w, x, y) \\
&= \frac{1}{2} z^{\text{T}} \boldsymbol{M} z + U(u, w, x, y) + U_{\text{path}}(u, w, x, y) \\
&= \frac{1}{2} z^{\text{T}} \boldsymbol{M} z + U_{\text{num}}(u, w, x, y)
\end{aligned}
\tag{16.9}
$$

数值方法按以下步骤进行。

第1步：沿故障中轨迹 $(u_f(t), w_f(t), x_f(t), y_f(t), z_f(t))$ 检测出点 (u^*, w^*, x^*, y^*)，在该点处故障中轨迹投影 $(u_f(t), w_f(t), x_f(t), y_f(t))$（沿故障中轨迹）达到式（16.9）中的数值势能函数 $U_{num}(u, w, x, y)$ 的第一个局部极大值。

第2步：点 (u^*, w^*, x^*, y^*) 为仿真得到的逸出点，它是（故障后）降阶模型[式（16.2）]的稳定边界与故障中轨迹投影 $(u_f(t), w_f(t), x_f(t), y_f(t))$ 交点的近似解。

以下为另一种检测降阶模型稳定边界逸出点的数值方法。

第1步：沿故障中轨迹 $(u_f(t), w_f(t), x_f(t), y_f(t), z_f(t))$ 计算以下两个向量的点积：①故障中发电机速度向量；②故障后每个积分步中的功率不平衡向量。当点积符号由正变负时，即检测到逸出点。

上述数值方法能够在不需要详细的故障后系统时域仿真的前提下，高效地检测出逸出点，因此动态性质（D3）是成立的。

16.7　结构保留BCU的概念方法

本节提出结构保留BCU的概念方法及其理论基础，用于计算一般结构保留模型[式（16.1）]的主导UEP。

结构保留BCU的概念方法的步骤如下。

第1步：积分原结构保留模型[式（16.1）]的（持续）故障中轨迹 $(u_f(t), w_f(t), x_f(t), y_f(t), z_f(t))$，直到检测出逸出点 (u^*, w^*, x^*, y^*)。在该点处故障中轨迹投影 $(u_f(t), w_f(t), x_f(t), y_f(t))$ 与故障后降阶模型[式（16.2）]的稳定边界相交。

第2步：从逸出点 (u^*, w^*, x^*, y^*) 出发，对故障后降阶模型[式（16.2）]积分直到一个UEP处，将其记为 $(u_\infty, w_\infty, x_\infty, y_\infty)$。

第3步：结构保留模型[式（16.1）]关于故障中轨迹 $(u_f(t), w_f(t), x_f(t), y_f(t), z_f(t))$ 的主导UEP为 $(u_\infty, w_\infty, x_\infty, y_\infty, 0)$。

本质上，BCU法通过计算降阶模型[式（16.2）]主导UEP来得到原模型[式（16.1）]的主导UEP，而其中降阶模型[式（16.2）]的主导UEP是易于计算的。结构保留BCU概念方法的第1步和第2步找出降阶模型的主导UEP（即与故障中轨迹投影对应的主导UEP），第3步将降阶模型[式（16.2）]的主导UEP与原模型的主导UEP联系起来。

根据定理16.11的结论（2），第1步计算出的逸出点 (u^*, w^*, x^*, y^*) 必然位于降阶系统[式（16.2）]一个UEP的稳定流形上，因为降阶模型[式（16.2）]的稳定边界 $\partial A(u_s, w_s, x_s, y_s)$ 为稳定边界上平衡点稳定流形的并集。因此，第2步

中从逸出点 (u^*,w^*,x^*,y^*) 出发的降阶系统轨迹必然收敛到降阶模型[式 (16.2)]的一个 UEP $(u_\infty,w_\infty,x_\infty,y_\infty)$。定理 16.11 的结论(1)表明,在所述条件下,平衡点 $(u_\infty,w_\infty,x_\infty,y_\infty)$ 位于降阶系统[式(16.2)]的稳定边界 $\partial A(u_s,w_s,x_s,y_s)$ 上,当且仅当平衡点 $(u_\infty,w_\infty,x_\infty,y_\infty,0)$ 位于原模型[式(16.1)]的稳定边界 $\partial A(u_s,w_s,x_s,y_s,0)$ 上。因此,结构保留 BCU 概念方法的第 3 步建立了降阶系统[式(16.2)]的主导 UEP $(u_\infty,w_\infty,x_\infty,y_\infty)$ 与原模型[式(16.1)]的主导 UEP $(u_\infty,w_\infty,x_\infty,y_\infty,0)$ 之间的联系。

应当指出,BCU 法的第 2 步是一个动态搜索降阶系统的主导 UEP 的过程,这一步骤通过探索(相关)稳定边界的结构寻找主导 UEP。文献中提出过一些改进 BCU 的方法,但成功案例不多。例如,曾提出过用以下步骤代替第 2 步:以点 (u^*,w^*,x^*,y^*) 作为初值,应用牛顿法计算一个 UEP。这个建议中的一个关键问题是,以点 (u^*,w^*,x^*,y^*) 为初值,应用牛顿法会遇到下列情况之一:①由于这里提出的是一种静态搜索方法,没有考虑到主导 UEP 的动态特性,因此它可能会收敛到稳定域外的一个 UEP;②由于使用牛顿法时逸出点有可能不在 UEP 的收敛域之内,因此它可能会发散;③即便能够收敛,除非在特定条件下,收敛到的 UEP 可能并不是主导 UEP。另一种提议是使用以下步骤代替第 2 步:以点 (u^*,w^*,x^*,y^*) 为初值,通过一种优化方法来计算 UEP。这个建议中的一个关键问题是,以点 (u^*,w^*,x^*,y^*) 为初值,优化方法有可能出现以下情况之一:①它是一种静态搜索方法,没有考虑主导 UEP 的动态特性;②即使能够收敛,除非在特定条件下,收敛到的 UEP 可能并不是主导 UEP,因为逸出点可能距离主导 UEP 很远。

结构保留 BCU 概念方法的步骤 3 中,存在一个问题是 UEP $(u_\infty^*,w_\infty^*,x_\infty^*,y_\infty^*,0)$ 是否确实为对应于故障中轨迹的主导 UEP。解决该问题的一个方法是推导出 $(u_\infty^*,w_\infty^*,x_\infty^*,y_\infty^*,0)$ 的稳定流形,以及理论上所有 UEP 的稳定流形,然后判断哪一个 UEP 的稳定流形首先与故障中轨迹相交。这是一个非常艰巨的任务,因为现在还没有一种方法能求出一个平衡点的稳定流形。在后面的章节中,我们将提出一种验证方案检验 $(u_\infty^*,w_\infty^*,x_\infty^*,y_\infty^*,0)$ 是否位于原模型[式(16.1)]的稳定边界上。

将结构保留 BCU 概念方法用于电力系统模型有多种可能的数值实现方式,下一章将提出该方法计算主导 UEP 的一种数值实现方法。

为阐明结构保留 BCU 法所包含的计算过程,针对两种不同的故障,我们对以下与 BCU 法相关的内容进行了数值仿真:①故障前 SEP 和故障后 SEP;②故障后降阶模型的稳定边界;③故障后降阶模型稳定边界上的 UEP;④故障中轨迹投影;⑤与故障中轨迹投影对应的主导 UEP。同样地,选择这些内容是因为故障中轨迹投影与故障后降阶模型的稳定边界相交于逸出点,它位于与故障中轨迹投影对应的主导 UEP 的稳定流形上。

　　事故 10 中,母线 8 处附近发生故障,切除母线 7 与母线 8 之间的线路后故障得到清除。准确的故障后降阶模型稳定边界见图 16.2。从图中可见,主导 UEP 是一个 1 型平衡点,故障中轨迹投影与主导 UEP 的稳定流形相交,降阶系统的稳定边界上共有 4 个 1 型平衡点和 4 个 2 型平衡点,与故障中轨迹投影对应的主导 UEP 的稳定流形包含有逸出点,逸出点与主导 UEP 相隔一段距离,而距离稳定边界上的一个 2 型 UEP 较近,但使用这个 2 型 UEP 作为主导 UEP 是错误的。可以看出此数值实验中,两个 UEP(即对应于故障中轨迹投影的主导 UEP 与对应于原故障中轨迹的主导 UEP)是相互对应的。

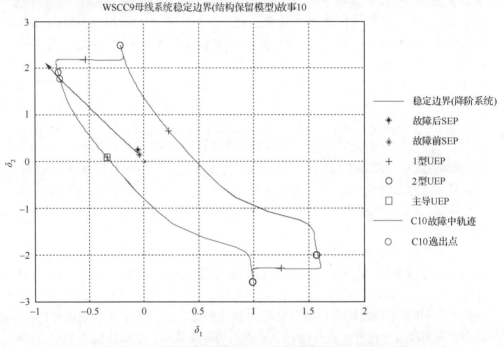

图 16.2　事故 10 的故障前、故障后 SEP,以及故障后降阶系统的准确稳定边界
故障中轨迹投影与一个 1 型主导 UEP 的稳定流形相交于逸出点,降阶系统的主导 UEP 与
原系统的主导 UEP 相对应

　　事故 2 中,母线 7 处附近发生故障,切除母线 7 与母线 8 之间的线路后故障得到清除。准确的故障后降阶模型稳定边界见图 16.3。图中可见,降阶系统的稳定边界上共有 4 个 1 型平衡点和 4 个 2 型平衡点。主导 UEP 是一个 1 型平衡点,它的稳定流形包含有逸出点,逸出点与主导 UEP 较近,但远离其他 1 型平衡点,降阶系统的主导 UEP 与原系统的主导 UEP 是相互对应的。计算出的逸出点略微离开降阶系统的稳定边界,然而该逸出点计算的准确性可以得到提升。

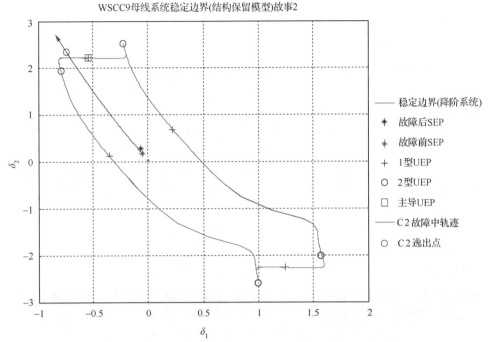

图 16.3　事故 2 的故障前、故障后 SEP,以及故障后降阶系统的准确稳定边界

稳定边界上有 4 个 1 型平衡点和 4 个 2 型平衡点,降阶系统的主导 UEP 与原系统的主导 UEP 相对应

16.8　本章小结

　　主导 UEP 让人质疑任何一种直接计算原电力系统稳定模型主导 UEP 的方法是否正确。这些难点也可以用来解释为什么文献中提出的多种方法无法计算出主导 UEP。这些方法试图直接计算电力系统稳定模型的主导 UEP,如果不借助于时域仿真进行计算,这即使可能也是非常困难的。

　　主导 UEP 的计算对直接法稳定分析至关重要。本章我们已经证明,通过利用电力系统暂态稳定模型的特殊性质,结合一些系统在物理上以及数学上的特性,开发量身定做的主导 UEP 搜索方法是可行的。沿着这条路线,本章着重发展这样一种方法:结构保留 BCU 法。给定一般的结构保留暂态稳定模型,首先,结构保留 BCU 法构造一个能够捕捉原模型静态和动态性质的降阶模型。其次,BCU 法通过探索降阶模型稳定边界的特殊结构以及能量函数来计算降阶模型的主导 UEP。最后,它将建立起降阶模型的主导 UEP 与原模型的主导 UEP 之间的联系。下一章将提出结构保留 BCU 概念方法的一种数值实现方式。在第 18 章和第 19 章中我们将进行分析研究,并提出检验原模型[式(16.1)]与降阶模型[式(16.2)]之间静态与动态关系的数值方法。

第 17 章　结构保留 BCU 的数值方法

17.1　引　言

给定一个电力系统暂态稳定模型,则存在一种 BCU 法相应的版本。有多种方法可以构造满足静态性质(S1)、(S2)和动态性质(D1)、(D2)、(D3)的降阶模型,上一章提出的降阶模型是比较有效的一种。此外,动态性质(D2)可以放宽为:降阶系统的(降阶)主导 UEP 与原系统的主导 UEP 互相对应,将其记为(D2′)。

BCU 法没有直接计算原模型的主导 UEP,因为计算主导 UEP 必须首先计算原模型的逸出点,而计算后者是非常困难的,通常需要做时域积分。BCU 法首先探索基本稳定模型的特殊结构,以构造出能够捕捉原电力系统稳定模型稳定边界上的所有平衡点的降阶模型。

$$
\begin{aligned}
0 &= -\frac{\partial U}{\partial u}(u,w,x,y) + \boldsymbol{g}_1(u,w,x,y) \\
0 &= -\frac{\partial U}{\partial w}(u,w,x,y) + \boldsymbol{g}_2(u,w,x,y) \\
\boldsymbol{T}\dot{x} &= -\frac{\partial U}{\partial x}(u,w,x,y) + \boldsymbol{g}_3(u,w,x,y) \\
\dot{y} &= z \\
\boldsymbol{M}\dot{z} &= -\boldsymbol{D}z - \frac{\partial U}{\partial y}(u,w,x,y) + \boldsymbol{g}_4(u,w,x,y)
\end{aligned}
\tag{17.1}
$$

其次,通过计算以下降阶模型[式(17.2)]的主导 UEP 来得出原模型的主导 UEP。该步骤不需要借助时域积分就能够实现:

$$
\begin{aligned}
0 &= -\frac{\partial U}{\partial u}(u,w,x,y) + \boldsymbol{g}_1(u,w,x,y) \\
0 &= -\frac{\partial U}{\partial w}(u,w,x,y) + \boldsymbol{g}_2(u,w,x,y) \\
\boldsymbol{T}\dot{x} &= -\frac{\partial U}{\partial x}(u,w,x,y) + \boldsymbol{g}_3(u,w,x,y) \\
\dot{y} &= -\frac{\partial U}{\partial y}(u,w,x,y) + \boldsymbol{g}_4(u,w,x,y)
\end{aligned}
\tag{17.2}
$$

原模型的数值能量函数如下,它是数值势能函数与动能函数之和:

$$W_{num}(u,w,x,y,z) = W_{ana}(u,w,x,y,z) + U_{path}(u,w,x,y)$$

$$= \frac{1}{2}z^T \boldsymbol{M}z + U(u,w,x,y) + U_{path}(u,w,x,y) \quad (17.3)$$

$$= \frac{1}{2}z^T \boldsymbol{M}z + U_{num}(u,w,x,y)$$

对于结构保留电力系统模型,BCU 概念方法有若干可行的数值实现方法。下面提出该法的一种数值实现方式——结构保留 BCU 法。

第 1 步:对原模型[式(17.1)]的故障中系统进行积分,得到若干个时间步长的故障中轨迹 $(u_f(t), w_f(t), x_f(t), y_f(t), z_f(t))$。在每个时间步长中,计算得到故障后系统的初始状态 $(u(t_{cl}^+), \omega(t_{cl}^+), x(t_{cl}^+), y(t_{cl}^+), z(t_{cl}^+))$。

第 2 步:使用式(17.3)构造故障后系统的数值能量函数,在第 1 步的各个时间段中计算数值势能。

$$W_{num}(u,w,x,y,z) = W_{ana}(u,w,x,y,z) + U_{path}(u,w,x,y)$$

$$= \frac{1}{2}z^T \boldsymbol{M}z + U(u,w,x,y) + U_{path}(u,w,x,y)$$

$$= \frac{1}{2}z^T \boldsymbol{M}z + U_{num}(u,w,x,y)$$

以下为 BCU 步骤。

第 3 步:检测出逸出点 (u^*, w^*, x^*, y^*),在该点处故障中轨迹投影 $(u_f(t), w_f(t), x_f(t), y_f(t))$（沿故障中轨迹）达到数值势能 $U_{num}(u,w,x,y)$ 的第一个局部极大值。

第 4 步:使用逸出点 (u^*, w^*, x^*, y^*) 作为初始点,对故障后降阶系统[式(17.2)]进行积分,直到故障后降阶系统[式(17.2)]轨迹的以下范数达到第一个局部极小值点,即沿故障后降阶轨迹以下范数的第一个局部极小值点:

$$\| \frac{\partial U}{\partial u}(u,w,x,y) + \boldsymbol{g}_1(u,w,x,y) \|$$

$$+ \| \frac{\partial U}{\partial w}(u,w,x,y) + \boldsymbol{g}_2(u,w,x,y) \|$$

$$+ \| \frac{\partial U}{\partial x}(u,w,x,y) + \boldsymbol{g}_3(u,w,x,y) \|$$

$$+ \| \frac{\partial U}{\partial y}(u,w,x,y) + \boldsymbol{g}_4(u,w,x,y) \|$$

将该局部极小值点记为 $(u_0^*, w_0^*, x_0^*, y_0^*)$,称之为最小梯度点(MGP)。

第 5 步:以 MGP $(u_0^*, w_0^*, x_0^*, y_0^*)$ 为初值,求解以下非线性代数方程组:

$$\| \frac{\partial U}{\partial u}(u,w,x,y) + \boldsymbol{g}_1(u,w,x,y) \|$$

$$+\| \frac{\partial U}{\partial w}(u,w,x,y) + \boldsymbol{g}_2(u,w,x,y) \|$$

$$+\| \frac{\partial U}{\partial x}(u,w,x,y) + \boldsymbol{g}_3(u,w,x,y) \|$$

$$+\| \frac{\partial U}{\partial y}(u,w,x,y) + \boldsymbol{g}_4(u,w,x,y) \| = 0$$

将解记为 $(u_{co},w_{co},x_{co},y_{co})$。

第6步：原系统对应于故障中轨迹 $(u(t),w(t),x(t),y(t),z(t))$ 的主导 UEP 为 $(u_{co},w_{co},x_{co},y_{co},0)$。

以下为直接稳定性评估的各步骤。

第7步：临界能量 v_{cr} 为数值能量函数 $W_{num}(u,w,x,y,z)$ 在主导 UEP 处的值，即 $v_{cr} = W_{num}(u_{co},w_{co},x_{co},y_{co},0)$。

第8步：使用故障后轨迹的初始状态计算故障清除时刻 (t_{cl}) 的数值能量函数值，即 $v_f = W_{num}(u(t_{cl}^+),w(t_{cl}^+),x(t_{cl}^+),y(t_{cl}^+),z(t_{cl}^+))$

第9步：如果 $v_f < v_{cr}$，则故障后轨迹的初始点 $(u(t_{cl}^+),w(t_{cl}^+),x(t_{cl}^+),y(t_{cl}^+),z(t_{cl}^+))$ 位于故障后系统稳定边界之内，因而故障后轨迹稳定；否则可能不稳定。

第3~5步计算了降阶系统[式(17.2)]的主导 UEP。注意在第4步中，从逸出点 (u^*,w^*,x^*,y^*) 出发的故障后降阶轨迹将沿着降阶系统[式(17.2)]主导 UEP 的稳定流形移动。$z_{co} = (u_{co},w_{co},x_{co},y_{co})$ 的稳定流形包含逸出点 (u^*,w^*,x^*,y^*)（图17.1）。第6步建立了对应于故障中轨迹投影的主导 UEP 与对应于原故障中轨迹 $X_f(t) = (Z_f(t),z_f(t)) = (u_f(t),w_f(t),x_f(t),y_f(t),z_f(t))$ 的主导 UEP $(u_{co},w_{co},x_{co},y_{co},0)$ 之间的联系（图17.2）。

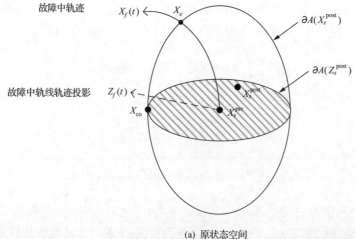

(a) 原状态空间

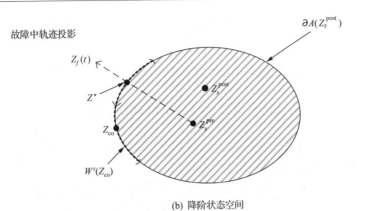

(b) 降阶状态空间

图 17.1　结构保留 BCU 法的第 1 步和第 3 步

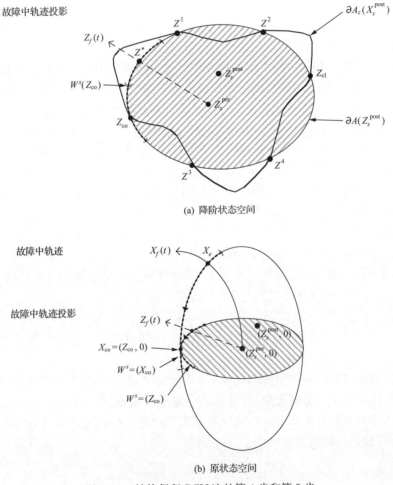

(a) 降阶状态空间

(b) 原状态空间

图 17.2　结构保留 BCU 法的第 4 步和第 5 步

我们探讨一些与上述结构保留 BCU 法有关的计算问题,并针对这些问题提出数值上的解决方案。将这些数值方法结合到结构保留 BCU 法中,就构成结构保留 BCU 数值方法。最后,将在两个测试系统上对 BCU 数值方法加以说明。

17.2　计算方面的考虑

上一节提出的用于直接性稳定分析的结构保留 BCU 法包含 9 个步骤,本节探讨每个步骤中存在的计算问题,并加以解决。

第 1 步可以直接数值实现,这一步中需要对故障中系统进行数值积分,并初始化故障后系统。为得到第 2 步中沿故障中轨迹的数值能量函数值,需采用以下步骤:①计算故障后 SEP;②通过仿真对故障中轨迹上各点和故障后 SEP 之间的路径相关项进行近似计算,得到各点的能量函数值。

在第 1 步和第 2 步中,即使故障已经清除,只要故障中轨迹还没有达到逸出点,就必须做故障中轨迹仿真。这种情况下,在到达逸出点之前,需要对(持续)故障中轨迹一直进行仿真。第 1 步和第 2 步需要求解两个 DAE,可以采用分步求解的方法。在每个时间步长中,微分方程组可以采用变步长积分算法独立求解,然后代数方程组通过在注入电流算法中应用因子分解后的 Y 矩阵进行求解。

第 3 步的一项挑战是在不使用时域积分法的前提下,如何快速地检测出逸出点,这需要对前面章节中的方法进行扩展,并用于第 3 步的实现过程中。下一节将讨论扩展的方法。第 4 步的一项挑战是如何产生一条"轨迹",使它能够沿降阶系统的稳定边界移动,并趋近于降阶主导 UEP。概略地说,第 4 步是一个动态搜索降阶主导 UEP 的过程。它包括以下步骤:①从逸出点 (u^*, w^*, x^*, y^*) 出发,沿(相关)稳定边界移动,其中相关稳定边界是降阶主导 UEP 稳定流形的一部分;②检测出靠近降阶主导 UEP 的 MGP。

后面将提出第 5 步中降阶模型主导 UEP 计算中所需的鲁棒非线性代数方程求解算法。其中,第 4 步中得到的 MGP 通常距降阶主导 UEP 较近。

17.3　逸出点检测的数值方法

为高效地检测出降阶系统的逸出点,从而满足动态性质(D3)的需求,可以在故障中轨迹的每个积分时段中,计算故障中速度向量和故障后功率不平衡向量的点积。当点积的符号由正变负时就检测到了逸出点。沿故障中轨迹,故障后系统势能对时间求导可得:

$$\frac{\mathrm{d}V_{\mathrm{PE}}}{\mathrm{d}t} = -\sum_{i=1}^{n}(P_{mi} - P_{ei})\frac{\mathrm{d}\delta_i}{\mathrm{d}t}$$

上述方程的右边即为所需的点积。某些情况下相应的主导 UEP 对逸出点的准确性非常敏感,BCU 法计算主导 UEP 时会遇到数值收敛性问题。为解决该问题,可以应用第 15 章中所述的线性插值方法提升逸出点计算的准确性。另外还可能会出现某些数值病态问题。例如,基于点积符号变化(由正变负)进行逸出点检测的过程中,当点积很小(如幅值接近于 0)时会出现病态情况,其符号变化常由舍入误差引起,而不是到达实际逸出点的信号。防止逸出点检测错误的一个保障措施是在符号检查之前增加一个阈值检查步骤。只在点积幅值大于给定阈值时,才检查符号变化情况。这个阈值应当足够大,以屏蔽掉舍入误差的不利影响,阈取为0.0001 较为适宜。

计算上,积分过程中非刚性系统可用亚当斯法积分,刚性系统可用 BDF 法(Brenan et al.,1989)。代数方程采用隐式阻抗矩阵法求解,该法能一次性获得 Y 矩阵的稀疏 LDU 分解因子。根据电流注入法采用前推回代方法计算母线电压,解出的母线电压随后重新带入微分方程中计算导数。在每个步长内,除了需要对故障中轨迹积分外,还必须求解故障后方程以完成检测逸出点的点积计算。

可靠计算出主导 UEP 的 MGP 必须采用稳定边界跟踪技术以指导搜索更优的 MGP。下面基于定理 16.11 所述的降阶系统稳定边界的特征,提出一种稳定边界跟踪方法。

第 1 步:对故障后降阶模型[式(17.2)]做一定步数的积分,如 4 步或 5 步,将得到的最后一个记作当前点。

第 2 步:沿故障后降阶轨迹检验向量场的范数是否达到相对的局部极小值。如果是,则将向量场范数的局部极小值点记为 MGP,转下一步;否则转第 6 步。

第 3 步:采用非线性代数求解方法,如牛顿法,以 MGP 为初值计算降阶主导 UEP。

第 4 步:检验计算出的主导 UEP 的正确性。如果它是故障后 SEP,或者它与 MGP 距离很远,则放弃该点,转下一步;否则将计算出的主导 UEP 作为降阶主导 UEP 输出结果,终止计算。

第 5 步:如果稳定边界跟踪过程中的调整次数大于某一阈值,则终止跟踪过程,返回到逸出点检测过程,并得到一个改进精度的逸出点,再转第 1 步;否则用 MGP 作为起始点,转第 1 步。

第 6 步:做一条连接故障后降阶轨迹上当前点和故障后降阶系统 SEP 的射线。

第 7 步:从故障后降阶轨迹上的当前点出发,沿射线移动,找到故障后原系统[式(17.1)]的第一个局部能量极大值点。将该点作为当前点,转第 1 步。

第 8 步:可以通过检查功率不平衡向量与速度向量点积穿过零点来实现。从

"轨迹"上的当前点出发进行搜索,相比于从 SEP 出发,能够提高穿过零点检测的速度。当前点处点积的符号确定了极大值搜索的起始方向。

降阶系统稳定边界的结构是上述稳定边界跟踪过程的理论基础。稳定边界由稳定边界上 UEP 的稳定流形构成。第 6 步和第 7 步基于这种计算方法实现逸出点的检测。因此,这两步用来保证稳定边界跟踪过程是沿着故障后降阶系统的稳定边界移动。由于主导 UEP 是 1 型平衡点(相应雅可比矩阵只有 1 个具有正实部的特征值的 UEP),该性质的一个应用是可将其作为稳定边界上的一个"相对SEP"。

上述稳定边界跟踪技术给出了一个靠近稳定边界的搜索过程。将跟踪过程中第 1 步产生的当前点用第 7 步中产生的射线上能量函数的局部极大值点代替,可以将 MGP 的搜索过程限制在稳定边界附近。

在数值实现中,当稳定跟踪过程所产生点列的范数达到某一较小的数时,稳定边界跟踪过程可能会在主导 UEP 附近出现数值振荡问题。当范数小于某一阈值时,终止上述过程,运用牛顿法等鲁棒的非线性代数方程求解算法,以当前点作为初值计算降阶 UEP。由于 MGP 十分靠近主导 UEP,到主导 UEP 的收敛过程通常是光滑的,不会遇到数值上的问题。

17.4　MGP 的 计 算

BCU 法中的 MGP 在数学上不是适定的,它是 BCU 法在计算过程中的产物。MGP 是计算主导 UEP 的一个好的初始点,在 BCU 法中没有使用 MGP 的坐标和能量函数值,而是将 MGP 的信息用于以下过程。

(1) 终止稳定边界跟踪过程。

(2) 启动降阶主导 UEP 的搜索过程。

稳定边界跟踪过程的计算量会很大。我们观察到,跟踪过程可能会计算数十个当前点。对每个当前点,稳定边界跟踪过程需做 4 到 5 个时间步长的故障后降阶轨迹积分。为提高计算速度,故障后降阶轨迹仿真可用变步长积分方法实现,但这是故障后降阶轨迹仿真的准确性与计算量之间的一种权衡。此外,故障后降阶系统可能是刚性的,变步长积分法要用很小的步长才能达到精度要求,这将大大减缓稳定边界跟踪过程。

因此希望能够发展一种计算 MGP 和降阶主导 UEP 的积分方法,以达成准确性与计算量之间的折中。由于故障后降阶轨迹并不重要,稳定边界跟踪过程可以使用一种快速的积分方法来计算 MGP,得到的 MGP 可能与变步长积分法得到的 MGP 不同,对于主导 UEP 计算来说,存在不同的 MGP 并不是问题,因为它们只是在计算主导 UEP 时作为非线性代数方程求解的初值,而主导 UEP 是唯一的状态点。

以向量场范数的第一个局部极小值为指导,在计算 MGP 的稳定边界跟踪过程中可能会出现"病态"现象。这种病态现象会在范数很小(幅值接近于 0)时出现,这时得到的局部极小值常由计算中的舍入误差引起。防止这种 MGP 错误检测的保障措施是,在检查向量场范数之前,增加一个范数变化量与阈值进行比较的检验步骤。

17.5 平衡点的计算

主导 UEP 和 BCU 法中需要两类平衡点:一种是故障后 SEP,另一种是主导 UEP。求解这两种平衡点的方法基本相同,唯一的区别是,求解故障后 SEP 时使用故障前 SEP 作初值,而计算主导 UEP 时,BCU 法使用 MGP 作为初值。

本节提出这两类平衡点的计算方法。由于这两类平衡点计算过程中需求解相同的描述故障后电力系统的非线性代数方程组,我们提出计算大规模暂态稳定模型平衡点的数值方法。为便于说明,下面再次列出用于暂态稳定分析的动态方程。

17.5.1 转子运动方程

发电机 i 在 COI 坐标下的转子运动方程如下:

$$\frac{\mathrm{d}\delta_i}{\mathrm{d}t} = \omega_i \tag{17.4}$$

$$\frac{\mathrm{d}\omega}{\mathrm{d}t} = P_{mi} - P_{ei} - \frac{M_i}{M_T}P_{\mathrm{COI}}$$
$$P_{\mathrm{COI}} = \sum_i (P_{mi} - P_{ei}) \tag{17.5}$$

17.5.2 发电机电气动态方程

发电机 i 的电气动态方程如下:

$$\frac{\mathrm{d}X_{ei}}{\mathrm{d}t} = f_e(X) \tag{17.6}$$

17.5.3 励磁系统和 PSS

发电机 i 的励磁系统和 PSS 方程如下:

$$\frac{\mathrm{d}X_{exi}}{\mathrm{d}t} = f_{ex}(X) \tag{17.7}$$

17.5.4　网络方程

一般电力系统的网络方程由有功网络方程和无功网络方程组成：

$$G_p(X) = 0$$
$$G_Q(X) = 0 \tag{17.8}$$

17.5.5　平衡点

故障后动态方程的向量场在 SEP 或 UEP 处为零，即 SEP 或 UEP 必须满足下列方程：

$$P_{mi} - P_{ei} - \frac{M_i}{M_T} P_{\mathrm{COI}} = 0$$
$$f_e(X) = 0$$
$$f_{ex}(X) = 0 \tag{17.9}$$
$$G_p(X) = 0$$
$$G_Q(X) = 0$$

如果考虑励磁系统，则电气动态和励磁系统的影响用式（17.10）表示（无论采用哪一种发电机详细模型）。为简单起见，采用简化的单时间常数、单增益励磁模型作为例子阐述求解算法。同理可以得到原励磁模型 UEP 和 SEP 的解法：

$$E_{fdi} = V_{qi} + I_{di} X_{di}$$

$$E_{fdi} = \begin{cases} E_{fd\max,i} & K_{exi}(V_{refi} - V_i) > E_{fd\max,i} \\ E_{fd\min,i} & K_{exi}(V_{refi} - V_i) < E_{fd\min,i} \\ K_{exi}(V_{refi} - V_i) & \text{其他} \end{cases} \tag{17.10}$$

式中，V_{qi} 为发电机 i 机端电压的 q 轴分量；I_{di} 为发电机 i 电流的 d 轴分量；K_{exi} 为发电机 i 励磁系统和 PSS 的总增益；$E_{fd\max,i}$ 和 $E_{fd\min,i}$ 分别为发电机 i 励磁系统的上下限。我们将式（17.9）和式（17.10）称为扩展的潮流方程组。

1）SEP 算法

第 1 步：使用基态潮流数据（即故障前 SEP）计算直轴暂态电抗 x'_d 后的电势 E'。

第 2 步：对电力系统网络进行扩展以包含所有发电机的直轴暂态电抗 x'_d。将每个扩展出的母线视为电压幅值限定为 E' 的 PV 母线。

第 3 步：用牛顿法或其改进方法计算扩展潮流方程。

第 4 步：计算 E_{fd} 并按式（17.10）做饱和调整。

第 5 步：使用第 4 步更新过的 E_{fd} 计算 E'。

第 6 步：根据算出的 E' 值检验收敛判据。如果收敛则转下一步；否则转第 3 步。

第 7 步：输出扩展潮流方程的解作为（故障后）SEP（图 17.3）。

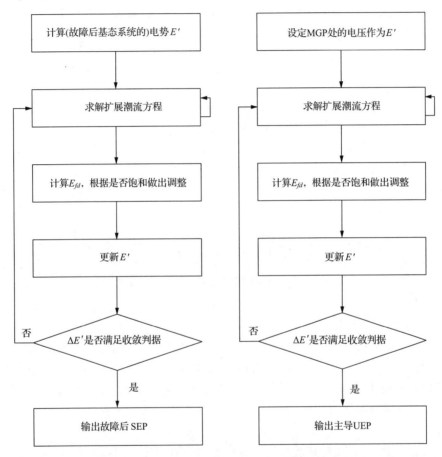

图 17.3　计算 SEP 和主导 UEP 的扩展潮流方程算法

2）主导 UEP 算法

第 1 步：将 MGP 处电压幅值取作 E'。

第 2 步：对电力系统网络进行扩展以包含所有发电机的直轴暂态电抗 x_d'。将每个扩展出的母线视为电压幅值限定为 E' 的 PV 母线。

第 3 步：用牛顿法或其改进方法计算扩展潮流方程。

第 4 步：计算 E_{fd} 并按式（17.10）做饱和调整。

第 5 步：用第 4 步更新过的 E_{fd} 计算 E'。

第 6 步：根据算出的 E' 值检验收敛判据。如果收敛则转下一步；否则转第 3 步。

第 7 步：输出扩展潮流方程的解作为主导 UEP。

第 3 步对扩展潮流方程进行求解，这一步可以通过以下步骤进行数值实现。选取某一发电机机端母线作平衡节点后，主导 UEP 的求解步骤如下所述。

第 1 步：从初始 MGP 开始计算 P_{COI}、E'_{qi}、E'_{di} 和 E_{fdi}，并将 P_{COI} 分配到各发电机（注意 P_{mi} 是固定值，而 P_{ei} 为未知量）：

$$P_{ei} = P_{mi} - \frac{M_i}{M_T} P_{COI}, i = 1, 2, \cdots, n$$

第 2 步：将发电机两轴模型转化成经典模型，将发电机内节点视为 PV 节点，将 P_i 设定为 P_{ei}，V_i 设定为等值内节点电压 E'。

第 3 步：将发电机内节点视为 PV 节点，应用牛顿法求解网络方程。

第 4 步：通过检验平衡母线不平衡方程来检验扩展潮流方程是否收敛。如果收敛则转第 6 步；否则（这意味着有功功率不平衡量仍较大）用下式将不平衡量重新分配到各发电机：

$$P_{ei} - P_{mi} = -\frac{M_i}{M_T} (P_{COI} + P_{Slack}), i = 1, 2, \cdots, n$$

第 5 步：重复第 3 步和第 4 步直到平衡母线不平衡量足够小。

第 6 步：检查与发电机内节点相关的方程。如果这些方程也收敛，则终止计算；否则返回到第 1 步。

在获得故障后 SEP 与主导 UEP 之后，为了得到能量函数值，特别是临界能量值，必须仔细调整转子角度和电压相角，以满足 COI 坐标。注意能量裕度的计算是在 COI 坐标下进行的。上述两个用于求解准确的 SEP 和 UEP 的算法可能速度较慢。为克服速度慢的缺点，如图 17.4 所示，提出了只包含一个内部循环的改进算法。

3）故障后 SEP 改进算法

第 1 步：使用基态潮流数据（即故障前 SEP）计算直轴暂态电抗 x'_d 后计算电势 E'。

第 2 步：对电力系统网络进行扩展以包含所有发电机的直轴暂态电抗 x'_d。将每个扩展出的母线视为电压幅值限定为 E' 的 PV 母线。

第 3 步：对扩展潮流方程进行一次迭代计算。

第 4 步：使用当前 E' 值检验是否满足收敛判据。如果收敛则转第 7 步；否则转下一步。

第 5 步：计算 E_{fd} 并按式（17.10）做饱和调整。

第 6 步：用第 5 步更新过的 E_{fd} 计算 E'，转第 3 步。

第 7 步：输出扩展潮流方程的解作为（故障后）SEP。

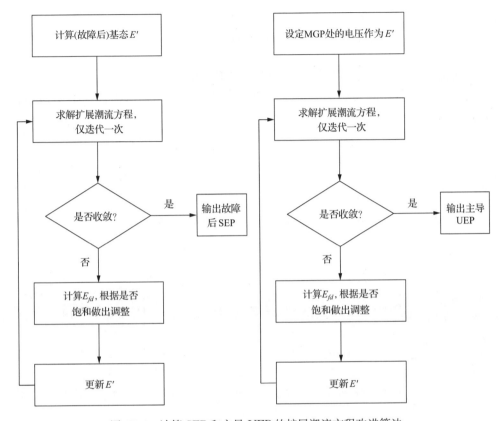

图 17.4　计算 SEP 和主导 UEP 的扩展潮流方程改进算法

4) 主导 UEP 改进算法

第 1 步：将 MGP 处电压幅值取作 E'。

第 2 步：对电力系统网络进行扩展以包含所有发电机的直轴暂态电抗 x'_d。将每个扩展出的母线视为电压幅值限定为 E' 的 PV 母线。

第 3 步：对扩展潮流方程进行一次迭代计算。

第 4 步：使用当前 E' 值检验是否满足收敛判据。如果收敛则转第 7 步；否则转下一步。

第 5 步：计算 E_{fd} 并按式(17.10)做饱和调整。

第 6 步：用第 5 步更新过的 E_{fd} 计算 E'，转第 3 步。

第 7 步：输出扩展潮流方程的解作为主导 UEP。

改进算法速度很快，在大多数测试中，与原算法相比，只需要额外迭代 1 或 2 次。

17.6　数值算例

为简要说明前面各节提出的结构保留 BCU 数值方法,考虑下面的例子,它在绝对角度坐标中近似描述了一个简单的 3 机系统。系统模型由以下 DAE 进行描述:

$$\dot{\delta}_1 = \omega_1$$

$$\dot{\delta}_2 = \omega_2$$

$$\dot{\delta}_3 = \omega_3$$

$$m_1 \dot{\omega}_1 = -d_1 \omega_1 + P_{m_1} - P_{e_1}(\delta_1, \theta_1, V_1)$$

$$m_2 \dot{\omega}_2 = -d_2 \omega_2 + P_{m_2} - P_{e_2}(\delta_2, \theta_2, V_2)$$

$$m_3 \dot{\omega}_3 = -d_3 \omega_3 + P_{m_3} - P_{e_3}(\delta_3, \theta_3, V_3)$$

$$0 = \sum_{k=1}^{9} V_1 V_k (G_{1k} \cos(\theta_1 - \theta_k) + B_{1k} \sin(\theta_1 - \theta_k)) - P_{G_1}(\delta_1, \theta_1, V_1)$$

$$0 = \sum_{k=1}^{9} V_2 V_k (G_{2k} \cos(\theta_2 - \theta_k) + B_{2k} \sin(\theta_2 - \theta_k)) - P_{G_2}(\delta_2, \theta_2, V_2)$$

$$0 = \sum_{k=1}^{9} V_3 V_k (G_{3k} \cos(\theta_3 - \theta_k) + B_{3k} \sin(\theta_3 - \theta_k)) - P_{G_3}(\delta_3, \theta_3, V_3)$$

$$0 = \sum_{k=1}^{9} V_4 V_k (G_{4k} \cos(\theta_4 - \theta_k) + B_{4k} \sin(\theta_4 - \theta_k))$$

$$\cdots$$
$$\cdots$$
$$\cdots$$

$$0 = \sum_{k=1}^{9} V_9 V_k (G_{9k} \cos(\theta_9 - \theta_k) + B_{9k} \sin(\theta_9 - \theta_k))$$

$$0 = \sum_{k=1}^{9} V_1 V_k (G_{1k} \sin(\theta_1 - \theta_k) - B_{1k} \cos(\theta_1 - \theta_k)) - Q_{G_1}(\delta_1, \theta_1, V_1)$$

$$0 = \sum_{k=1}^{9} V_2 V_k (G_{2k} \sin(\theta_2 - \theta_k) - B_{2k} \cos(\theta_2 - \theta_k)) - Q_{G_2}(\delta_2, \theta_2, V_2)$$

$$0 = \sum_{k=1}^{9} V_3 V_k (G_{3k} \sin(\theta_3 - \theta_k) - B_{3k} \cos(\theta_3 - \theta_k)) - Q_{G_3}(\delta_3, \theta_3, V_3)$$

$$0 = \sum_{k=1}^{9} V_4 V_k (G_{4k} \sin(\theta_4 - \theta_k) - B_{4k} \cos(\theta_4 - \theta_k))$$

$$\cdots$$
$$\cdots$$
$$\cdots$$

$$0 = \sum_{k=1}^{9} V_9 V_k (G_{9k} \sin(\theta_9 - \theta_k) - B_{9k} \cos(\theta_9 - \theta_k)) \qquad (17.11)$$

式中,各发电机阻尼系数均为 0.1,

$$P_{Gi}(\delta, \theta, V) = \begin{cases} \dfrac{E'_{qi} V_i \sin(\delta_i - \theta_i)}{X'_{di}} & i = 1, 2, 3 \\ 0 & i = 4, 5, \cdots, 9 \end{cases}$$

$$Q_{Gi}(\delta, \theta, V) = \begin{cases} -\dfrac{V_i^2}{X'_{di}} + \dfrac{E'_{qi} V_i \cos(\delta_i - \theta_i)}{X'_{di}} & i = 1, 2, 3 \\ 0 & i = 4, 5, \cdots, 9 \end{cases}$$

记系统方程为

$$0 = h_i^1(V, \theta, \delta) \text{——有功平衡}$$
$$0 = h_i^2(V, \theta, \delta) \text{——无功平衡}$$
$$\dot{\delta}_i = f_i(\omega) \text{——角度动态情况}$$
$$\dot{\omega}_i = g_i(V, \theta, \delta, \omega) \text{——角速度动态情况}$$

式中,

$$h_i^1 : \mathbf{R}^{21} \to \mathbf{R}, \quad f_i : \mathbf{R}^3 \to \mathbf{R}$$
$$h_i^2 : \mathbf{R}^{21} \to \mathbf{R}, \quad g_i : \mathbf{R}^{24} \to \mathbf{R}$$

结构保留 BCU 法所对应的降阶模型为

$$0 = h_i^1(V, \theta, \delta)$$
$$0 = h_i^2(V, \theta, \delta)$$
$$\dot{\delta}_1 = P_{m_1} - P_{e_1}(\delta_1, \theta_1, V_1)$$
$$\dot{\delta}_2 = P_{m_2} - P_{e_2}(\delta_2, \theta_2, V_2) \qquad (17.12)$$
$$\dot{\delta}_3 = P_{m_3} - P_{e_3}(\delta_3, \theta_3, V_3)$$

3 机系统在 COI 角度坐标中可表示如下:

$$0 = \sum_{k=1}^{9} V_1 V_k (G_{1k} \cos(\tilde{\theta}_1 - \tilde{\theta}_k) + B_{1k} \sin(\tilde{\theta}_1 - \tilde{\theta}_k)) - P_{G_1}(\tilde{\delta}_1, \tilde{\theta}_1, V_1)$$

$$0 = \sum_{k=1}^{9} V_2 V_k \left(G_{2k} \cos(\widetilde{\theta}_2 - \widetilde{\theta}_k) + B_{2k} \sin(\widetilde{\theta}_2 - \widetilde{\theta}_k) \right) - P_{G_2}(\widetilde{\delta}_2, \widetilde{\theta}_2, V_2)$$

$$0 = \sum_{k=1}^{9} V_3 V_k \left(G_{3k} \cos(\widetilde{\theta}_3 - \widetilde{\theta}_k) + B_{3k} \sin(\widetilde{\theta}_3 - \widetilde{\theta}_k) \right) - P_{G_3}(\widetilde{\delta}_3, \widetilde{\theta}_3, V_3)$$

$$0 = \sum_{k=1}^{9} V_4 V_k \left(G_{4k} \cos(\widetilde{\theta}_4 - \widetilde{\theta}_k) + B_{4k} \sin(\widetilde{\theta}_4 - \widetilde{\theta}_k) \right)$$

$$\cdots$$
$$\cdots$$
$$\cdots$$

$$0 = \sum_{k=1}^{9} V_9 V_k \left(G_{9k} \cos(\widetilde{\theta}_9 - \widetilde{\theta}_k) + B_{9k} \sin(\widetilde{\theta}_9 - \widetilde{\theta}_k) \right)$$

$$0 = \sum_{k=1}^{9} V_1 V_k \left(G_{1k} \sin(\widetilde{\theta}_1 - \widetilde{\theta}_k) - B_{1k} \cos(\widetilde{\theta}_1 - \widetilde{\theta}_k) \right) - Q_{G_1}(\widetilde{\delta}_1, \widetilde{\theta}_1, V_1)$$

$$0 = \sum_{k=1}^{9} V_2 V_k \left(G_{2k} \sin(\widetilde{\theta}_2 - \widetilde{\theta}_k) - B_{2k} \cos(\widetilde{\theta}_2 - \widetilde{\theta}_k) \right) - Q_{G_2}(\widetilde{\delta}_2, \widetilde{\theta}_2, V_2)$$

$$0 = \sum_{k=1}^{9} V_3 V_k \left(G_{3k} \sin(\widetilde{\theta}_3 - \widetilde{\theta}_k) - B_{3k} \cos(\widetilde{\theta}_3 - \widetilde{\theta}_k) \right) - Q_{G_3}(\widetilde{\delta}_3, \widetilde{\theta}_3, V_3)$$

$$0 = \sum_{k=1}^{9} V_4 V_k \left(G_{4k} \sin(\widetilde{\theta}_4 - \widetilde{\theta}_k) - B_{4k} \cos(\widetilde{\theta}_4 - \widetilde{\theta}_k) \right)$$

$$(17.13)$$

$$\cdots$$
$$\cdots$$
$$\cdots$$

$$0 = \sum_{k=1}^{9} V_9 V_k \left(G_{9k} \sin(\widetilde{\theta}_9 - \widetilde{\theta}_k) - B_{9k} \cos(\widetilde{\theta}_9 - \widetilde{\theta}_k) \right)$$

$$\dot{\widetilde{\delta}}_1 = \widetilde{\omega}_1$$

$$\dot{\widetilde{\delta}}_2 = \widetilde{\omega}_2$$

$$\dot{\widetilde{\delta}}_3 = \widetilde{\omega}_3$$

$$M_1 \dot{\widetilde{\omega}}_1 = P_{m1} - P_{e1}(\widetilde{\delta}_1, \widetilde{\theta}_1, V_1) - \frac{M_1}{M_T} P_{COI} - D_1 \widetilde{\omega}_1$$

$$M_2 \dot{\widetilde{\omega}}_2 = P_{m2} - P_{e2}(\widetilde{\delta}_2, \widetilde{\theta}_2, V_2) - \frac{M_2}{M_T} P_{COI} - D_2 \widetilde{\omega}_2$$

$$M_3 \dot{\widetilde{\omega}}_3 = P_{m3} - P_{e3}(\widetilde{\delta}_3, \widetilde{\theta}_3, V_3) - \frac{M_3}{M_T} P_{COI} - D_3 \widetilde{\omega}_3$$

式中，$\delta_0 = \dfrac{1}{M_T} \sum_{i=1}^{3} M_i \delta_i, \omega_0 = \dfrac{1}{M_T} \sum_{i=1}^{3} M_i \omega_i, M_T = \sum_{i=1}^{3} M_i$；对于 $i = 1,2,3, \widetilde{\delta}_i =$

$\delta_i - \delta_0$；对于 $i = 1,2,3,\tilde{\omega}_i = \omega_i - \omega_0$；对于 $i = 1,2,\cdots,9,\tilde{\theta}_i = \theta_i - \delta_0$，

$$P_{e_i}(\tilde{\delta}) = \sum_{j=1}^{9} E'_{qi} V_j (G_{ij}\cos(\tilde{\delta}_i - \tilde{\delta}_j) + B_{ij}\sin(\tilde{\delta}_i - \tilde{\delta}_j))$$

$$P_{\text{COI}} = \sum_{i=1}^{3} P_{m_i} - \sum_{i=1}^{3}\sum_{j=1}^{9} E'_{qi} V_j (G_{ij}\cos(\tilde{\delta}_i - \tilde{\delta}_j) + B_{ij}\sin(\tilde{\delta}_i - \tilde{\delta}_j))^{①}$$

对应的降阶模型如下：

$$0 = h_{\text{COI}_i}^1 (V,\tilde{\theta},\tilde{\delta})$$

$$0 = h_{\text{COI}_i}^2 (V,\tilde{\theta},\tilde{\delta})$$

$$\dot{\tilde{\delta}}_1 = P_{m_1} - P_{e_1}(\tilde{\delta}_1,\tilde{\theta}_1,V_1) - \frac{M_1}{M_T}P_{\text{COI}}$$

$$\dot{\tilde{\delta}}_2 = P_{m_2} - P_{e_2}(\tilde{\delta}_2,\tilde{\theta}_2,V_2) - \frac{M_2}{M_T}P_{\text{COI}} \tag{17.14}$$

$$\dot{\tilde{\delta}}_3 = P_{m_3} - P_{e_3}(\tilde{\delta}_3,\tilde{\theta}_3,V_3) - \frac{M_3}{M_T}P_{\text{COI}}$$

应用结构保留数值 BCU 法对 10 个事故进行分析。故障前 SEP 见表 17.1。故障类型为三相故障，故障位置包括发电机母线和负荷母线。

表 17.1　故障前 SEP 坐标

参数	值	参数	值	参数	值
E'_{q1}	1.108278	V_1	1.1	θ_1	-0.09302
E'_{q2}	1.107144	V_2	1.097355	θ_2	-0.00761
E'_{q3}	1.060563	V_3	1.08662	θ_3	-0.0363
δ_1	-0.04822	V_4	1.094222	θ_4	-0.136
δ_2	0.125232	V_5	1.071755	θ_5	-0.17357
δ_3	0.11242	V_6	1.084448	θ_6	-0.16252
ω_1	0	V_7	1.1	θ_7	-0.07721
ω_2	0	V_8	1.089489	θ_8	-0.1139
ω_3	0	V_9	1.1	θ_9	-0.0825

表 17.2 列出 10 个事故以及各事故后 SEP。表 17.2 的第 2 行显示，母线 7 处发生三相故障，母线 7 和母线 5 之间的输电线路由于线路两端断路器动作而被切除，形成故障后系统。故障后系统的 SEP 为 $[\delta_1,\delta_2,\delta_3] = [-0.1204,0.3394,0.2239]$，

---

① 译者注：本式中的 G_{ij}、B_{ij} 是指结构保留模型下的系统导纳矩阵中的元素，与原始系统导纳矩阵中的元素不同。

$[\theta_1, \theta_2, \cdots, \theta_9] = [-0.1584, 0.2091, 0.0756, -0.1963, -0.2816, -0.1621, 0.1396,$
$0.0589, 0.0284]$, $[V_1, V_2, \cdots, V_9] = [1.0781, 1.0845, 1.0669, 1.0511, 1.0066,$
$1.0402, 1.0802, 1.0657, 1.0740]$。

表 17.2　事故列表和各事故的故障后 SEP

故障编号	故障母线	首端母线	末端母线	故障后 SEP $(\delta_1 \quad \delta_2 \quad \delta_3)$, $(\theta_1 \quad \theta_2 \quad \cdots \quad \theta_9)$	故障后 SEP $(V_1 \quad V_2 \quad \cdots \quad V_9)$
1	7	7	5	$(-0.1204, 0.3394, 0.2239)$, $(-0.1584, 0.2091, 0.0756,$ $-0.1963, -0.2816, -0.1621,$ $0.1396, 0.0589, 0.0284)$	$(1.0781, 1.0845, 1.0669,$ $1.0511, 1.0066, 1.0402,$ $1.0802, 1.0657, 1.0740)$
2	7	8	7	$(-0.0655, 0.2430, 0.0024)$, $(-0.1048, 0.1129, -0.1534,$ $-0.1430, -0.1361, -0.2089,$ $0.0443, -0.2823, -0.2022)$	$(1.0930, 1.0940, 1.0538,$ $1.0801, 1.0547, 1.0615,$ $1.0947, 1.0235, 1.0568)$
3	5	7	5	$(-0.1204, 0.3394, 0.2239)$, $(-0.1584, 0.2091, 0.0756,$ $-0.1963, -0.2816, -0.1621,$ $0.1396, 0.0589, 0.0284)$	$(1.0781, 1.0845, 1.0669,$ $1.0511, 1.0066, 1.0402,$ $1.0802, 1.0657, 1.0740)$
4	4	4	6	$(-0.0319, 0.0949, 0.0492)$, $(-0.0718, -0.0362, 0.1005,$ $-0.1102, -0.1665, -0.2695,$ $-0.1056, -0.1577, 0.1482)$	$(1.0986, 1.0898, 1.0654,$ $1.0910, 1.0672, 1.0205,$ $1.0884, 1.0710, 1.0720)$
5	9	6	9	$(-0.0967, 0.2180, 0.2958)$, $(-0.1352, 0.0868, 0.1464,$ $-0.1734, -0.1657, -0.2388,$ $0.0164, 0.0160, 0.0985)$	$(1.0836, 1.0805, 1.0614,$ $1.0617, 1.0360, 1.0294,$ $1.0742, 1.0600, 1.0667)$
6	9	9	8	$(-0.0462, 0.0728, 0.2082)$, $(-0.0868, -0.0599, 0.0604,$ $-0.1262, -0.1860, -0.1223,$ $-0.1313, -0.1887, 0.0141)$	$(1.0942, 1.0786, 1.0802,$ $1.0825, 1.0563, 1.0710,$ $1.0716, 1.0457, 1.0915)$
7	8	9	8	$(-0.0462, 0.0728, 0.2082)$, $(-0.0579, -0.0843, 0.0649,$ $-0.0911, -0.3085, -0.1435,$ $-0.1559, -0.1715, 0.1111)$	$(1.0942, 1.0786, 1.0802,$ $1.0825, 1.0563, 1.0710,$ $1.0716, 1.0457, 1.0915)$

故障编号	故障母线	首端母线	末端母线	故障后 SEP	
				$(\delta_1 \quad \delta_2 \quad \delta_3)$, $(\theta_1 \quad \theta_2 \quad \cdots \quad \theta_9)$	$(V_1 \quad V_2 \quad \cdots \quad V_9)$
8	8	8	7	$(-0.0655, 0.2430, 0.0024)$, $(-0.1048, 0.1129, -0.1534,$ $-0.1430, -0.1361, -0.2089,$ $0.0443, -0.2823, -0.2022)$	$(1.0930, 1.0940, 1.0538,$ $1.0801, 1.0547, 1.0615,$ $1.0947, 1.0235, 1.0568)$
9	6	4	6	$(-0.0319, 0.0949, 0.0492)$, $(-0.0718, -0.0362, 0.1005,$ $-0.1102, -0.1665, -0.2695,$ $-0.1056, -0.1577, 0.1482)$	$(1.0986, 1.0898, 1.0654,$ $1.0910, 1.0672, 1.0205,$ $1.0884, 1.0710, 1.0720)$
10	6	6	9	$(-0.0967, 0.2180, 0.2958)$, $(-0.1352, 0.0868, 0.1464,$ $-0.1734, -0.1657, -0.2388,$ $0.0164, 0.0160, 0.0985)$	$(1.0836, 1.0805, 1.0614,$ $1.0617, 1.0360, 1.0294,$ $1.0742, 1.0600, 1.0667)$

对每个事故,结构保留 BCU 法计算三个重要状态点,即逸出点、MGP 和主导 UEP。对这 10 个事故,将每一事故下的这 3 个状态分别列于表 17.3~表 17.12。

表 17.3　结构保留 BCU 法算出的事故 1 的逸出点、MGP 和主导 UEP

状态点	$(\delta_1 \quad \delta_2 \quad \delta_3)$	$(V_1 \quad V_2 \quad \cdots \quad V_9)$	$(\theta_1 \quad \theta_2 \quad \cdots \quad \theta_9)$
逸出点	$(-0.8387, 2.6561,$ $0.9392)$	$(0.9074, 0.7281, 0.5341,$ $0.7172, 0.6868, 0.4487,$ $0.5556, 0.3860, 0.3640)$	$(-0.8499, 2.4488, 0.9226,$ $-0.8663, -0.9516, -0.6509,$ $2.2331, 1.8114, 0.9069)$
MGP	$(-0.7614, 1.9630,$ $1.8063)$	$(0.8648, 0.9065, 0.6722,$ $0.6342, 0.6073, 0.3201,$ $0.8102, 0.6931, 0.5583)$	$(-0.7589, 1.8323, 1.6007,$ $-0.7547, -0.8401, -0.3364,$ $1.7393, 1.6179, 1.4750)$
主导 UEP	$(-0.7589, 1.9528,$ $1.8079)$	$(0.8652, 0.9073, 0.6730,$ $0.6349, 0.6080, 0.3222,$ $0.8113, 0.6945, 0.5598)$	$(-0.7557, 1.8228, 1.5978,$ $-0.7504, -0.8357, -0.3298,$ $1.7305, 1.6101, 1.4697)$

表 17.4　结构保留 BCU 法算出的事故 2 的逸出点、MGP 和主导 UEP

状态点	$(\delta_1 \quad \delta_2 \quad \delta_3)$	$(V_1 \quad V_2 \quad \cdots \quad V_9)$	$(\theta_1 \quad \theta_2 \quad \cdots \quad \theta_9)$
逸出点	$(-0.7694, 2.4080,$ $0.9225)$	$(0.8146, 0.6600, 0.7192,$ $0.5398, 0.2085, 0.5061,$ $0.4315, 0.6285, 0.6490)$	$(-0.7232, 2.3240, 0.5265,$ $-0.6332, -0.5674, -0.3118,$ $2.2115, 0.2412, 0.3213)$

续表

状态点	$(\delta_1 \quad \delta_2 \quad \delta_3)$	$(V_1 \quad V_2 \quad \cdots \quad V_9)$	$(\theta_1 \quad \theta_2 \quad \cdots \quad \theta_9)$
MGP	$(-0.5453, 2.1827,$ $-0.3584)$	$(0.9042, 0.6390, 0.9236,$ $0.7109, 0.3714, 0.7643,$ $0.4191, 0.8574, 0.8853)$	$(-0.5463, 1.9943, -0.5175,$ $-0.5477, -0.3625, -0.6033,$ $1.7331, -0.6590, -0.5789)$
主导 UEP	$(-0.5424, 2.1802,$ $-0.3755)$	$(0.9045, 0.6391, 0.9241,$ $0.7114, 0.3721, 0.7647,$ $0.4195, 0.8577, 0.8856)$	$(-0.5447, 1.9911, -0.5301,$ $-0.5481, -0.3621, -0.6079,$ $1.7293, -0.6699, -0.5898)$

表 17.5 结构保留 BCU 法算出的事故 3 的逸出点、MGP 和主导 UEP

状态点	$(\delta_1 \quad \delta_2 \quad \delta_3)$	$(V_1 \quad V_2 \quad \cdots \quad V_9)$	$(\theta_1 \quad \theta_2 \quad \cdots \quad \theta_9)$
逸出点	$(-0.7785, 2.0851,$ $1.6806)$	$(0.8669, 0.8913, 0.6679,$ $0.6383, 0.6113, 0.3260,$ $0.7911, 0.6725, 0.5470)$	$(-0.7766, 1.9271, 1.5336,$ $-0.7734, -0.8588, -0.3687,$ $1.8120, 1.6557, 1.4417)$
MGP	$(-0.7627, 1.9683,$ $1.8053)$	$(0.8646, 0.9061, 0.6718,$ $0.6338, 0.6070, 0.3190,$ $0.8096, 0.6924, 0.5575)$	$(-0.7605, 1.8372, 1.6021,$ $-0.7569, -0.8423, -0.3397,$ $1.7438, 1.6218, 1.4776)$
主导 UEP	$(-0.7589, 1.9528,$ $1.8079)$	$(0.8652, 0.9073, 0.6730,$ $0.6349, 0.6080, 0.3222,$ $0.8113, 0.6945, 0.5598)$	$(-0.7557, 1.8228, 1.5978,$ $-0.7504, -0.8357, -0.3298,$ $1.7305, 1.6101, 1.4697)$

表 17.6 结构保留 BCU 法算出的事故 4 的逸出点、MGP 和主导 UEP

状态点	$(\delta_1 \quad \delta_2 \quad \delta_3)$	$(V_1 \quad V_2 \quad \cdots \quad V_9)$	$(\theta_1 \quad \theta_2 \quad \cdots \quad \theta_9)$
逸出点	$(-0.8298, 2.0463,$ $2.1662)$	$(0.8451, 0.7347, 0.8223,$ $0.5960, 0.2366, 0.7184,$ $0.5506, 0.6286, 0.7547)$	$(-0.8191, 1.9147, 1.9717,$ $-0.8002, -0.5119, 1.7625,$ $1.7766, 1.7952, 1.8838)$
MGP	$(-0.8263, 2.0693,$ $2.0900)$	$(0.8456, 0.7336, 0.8265,$ $0.5970, 0.2396, 0.7221,$ $0.5516, 0.6314, 0.7586)$	$(-0.8142, 1.9211, 1.9138,$ $-0.7929, -0.4953, 1.7132,$ $1.7658, 1.7654, 1.8345)$
主导 UEP	$(-0.8256, 2.0830,$ $2.0549)$	$(0.8458, 0.7324, 0.8280,$ $0.5973, 0.2403, 0.7232,$ $0.5512, 0.6318, 0.7597)$	$(-0.8133, 1.9274, 1.8882,$ $-0.7917, -0.4936, 1.6920,$ $1.7643, 1.7541, 1.8133)$

表 17.7　结构保留 BCU 法算出的事故 5 的逸出点、MGP 和主导 UEP

状态点	$(\delta_1 \quad \delta_2 \quad \delta_3)$	$(V_1 \quad V_2 \quad \cdots \quad V_9)$	$(\theta_1 \quad \theta_2 \quad \cdots \quad \theta_9)$
逸出点	$(-0.5084, 0.5168,$ $2.8945)$	$(0.9768, 0.7264, 0.4160,$ $0.8522, 0.6829, 0.8262,$ $0.5374, 0.3018, 0.2558)$	$(-0.5069, 0.3896, 2.5487,$ $-0.5051, -0.3925, -0.5705,$ $0.2528, 0.5637, 2.0773)$
MGP	$(-0.7672, 1.6695,$ $2.4758)$	$(0.8588, 0.7249, 0.7662,$ $0.6225, 0.3010, 0.6036,$ $0.5276, 0.5711, 0.6912)$	$(-0.7574, 1.6111, 2.1939,$ $-0.7409, -0.4017, -0.8063,$ $1.5472, 1.7582, 2.0554)$
主导 UEP	$(-0.7576, 1.8583,$ $1.9986)$	$(0.8530, 0.7528, 0.8390,$ $0.6116, 0.2914, 0.5929,$ $0.5806, 0.6515, 0.7739)$	$(-0.7406, 1.7099, 1.8361,$ $-0.7115, -0.3019, -0.7769,$ $1.5622, 1.6264, 1.7644)$

表 17.8　结构保留 BCU 法算出的事故 6 的逸出点、MGP 和主导 UEP

状态点	$(\delta_1 \quad \delta_2 \quad \delta_3)$	$(V_1 \quad V_2 \quad \cdots \quad V_9)$	$(\theta_1 \quad \theta_2 \quad \cdots \quad \theta_9)$
逸出点	$(-0.4687, 0.4965,$ $2.6252)$	$(0.8977, 0.9257, 0.4509,$ $0.6996, 0.7115, 0.3752,$ $0.8589, 0.8382, 0.2713)$	$(-0.4362, 0.2556, 2.4131,$ $-0.3875, -0.2550, -0.3129,$ $0.0945, 0.0371, 2.1439)$
MGP	$(-0.2912, -0.1006,$ $2.5014)$	$(0.9326, 0.9937, 0.4548,$ $0.7665, 0.8090, 0.4446,$ $0.9422, 0.9195, 0.2990)$	$(-0.3082, -0.2294, 2.1711,$ $-0.3314, -0.3764, -0.1976,$ $-0.3082, -0.3656, 1.7902)$
主导 UEP	$(-0.2910, -0.1011,$ $2.5008)$	$(0.9326, 0.9938, 0.4550,$ $0.7666, 0.8091, 0.4447,$ $0.9423, 0.9196, 0.2993)$	$(-0.3080, -0.2298, 2.1701,$ $-0.3312, -0.3764, -0.1971,$ $-0.3085, -0.3659, 1.7890)$

表 17.9　结构保留 BCU 法算出的事故 7 的逸出点、MGP 和主导 UEP

状态点	$(\delta_1 \quad \delta_2 \quad \delta_3)$	$(V_1 \quad V_2 \quad \cdots \quad V_9)$	$(\theta_1 \quad \theta_2 \quad \cdots \quad \theta_9)$
逸出点	$(-0.7753, 1.7588,$ $2.3490)$	$(0.7574, 0.7138, 0.5445,$ $0.4276, 0.2471, 0.1603,$ $0.5325, 0.5196, 0.3848)$	$(-0.7373, 1.5592, 2.2012,$ $-0.6441, -0.0386, -0.3873,$ $1.3423, 1.2849, 2.0696)$
MGP	$(-0.2936, -0.0920,$ $2.5014)$	$(0.9325, 0.9934, 0.4549,$ $0.7663, 0.8086, 0.4444,$ $0.9419, 0.9192, 0.2991)$	$(-0.3095, -0.2225, 2.1713,$ $-0.3314, -0.3742, -0.1976,$ $-0.3024, -0.3598, 1.7906)$
主导 UEP	$(-0.2910, -0.1011,$ $2.5008)$	$(0.9326, 0.9938, 0.4550,$ $0.7666, 0.8091, 0.4447,$ $0.9423, 0.9196, 0.2993)$	$(-0.3080, -0.2298, 2.1701,$ $-0.3312, -0.3764, -0.1971,$ $-0.3085, -0.3659, 1.7890)$

表 17.10　结构保留 BCU 法算出的事故 8 的逸出点、MGP 和主导 UEP

状态点	$(\delta_1 \quad \delta_2 \quad \delta_3)$	$(V_1 \quad V_2 \quad \cdots \quad V_9)$	$(\theta_1 \quad \theta_2 \quad \cdots \quad \theta_9)$
逸出点	$(-0.7730, 1.7539,$ $2.3416)$	$(0.7545, 0.7335, 0.5334,$ $0.4229, 0.2369, 0.1729,$ $0.5545, 0.3647, 0.3766)$	$(-0.7290, 1.5896, 2.1378,$ $-0.6198, 0.0313, -0.2920,$ $1.4185, 1.8724, 1.9526)$
MGP	$(-0.3515, 0.0793,$ $2.5920)$	$(0.9313, 1.0082, 0.4277,$ $0.7639, 0.8063, 0.4436,$ $0.9625, 0.2558, 0.2641)$	$(-0.3406, -0.0349, 2.2696,$ $-0.3257, -0.2914, -0.2205,$ $-0.1033, 1.7658, 1.8459)$
主导 UEP	$(-0.3495, 0.0745,$ $2.5864)$	$(0.9318, 1.0088, 0.4284,$ $0.7647, 0.8074, 0.4451,$ $0.9633, 0.2576, 0.2660)$	$(-0.3387, -0.0384, 2.2596,$ $-0.3239, -0.2914, -0.2163,$ $-0.1060, 1.7530, 1.8332)$

表 17.11　结构保留 BCU 法算出的事故 9 的逸出点、MGP 和主导 UEP

状态点	$(\delta_1 \quad \delta_2 \quad \delta_3)$	$(V_1 \quad V_2 \quad \cdots \quad V_9)$	$(\theta_1 \quad \theta_2 \quad \cdots \quad \theta_9)$
逸出点	$(-0.8296, 2.0153,$ $2.2308)$	$(0.8455, 0.7351, 0.8171,$ $0.5967, 0.2381, 0.7136,$ $0.5494, 0.6251, 0.7497)$	$(-0.8186, 1.8968, 2.0171,$ $-0.7992, -0.5100, 1.7987,$ $1.7720, 1.8106, 1.9200)$
MGP	$(-0.8262, 2.0695,$ $2.0886)$	$(0.8456, 0.7335, 0.8266,$ $0.5970, 0.2397, 0.7222,$ $0.5517, 0.6314, 0.7587)$	$(-0.8141, 1.9210, 1.9127,$ $-0.7927, -0.4948, 1.7122,$ $1.7654, 1.7647, 1.8335)$
主导 UEP	$(-0.8256, 2.0830,$ $2.0549)$	$(0.8458, 0.7324, 0.8280,$ $0.5973, 0.2403, 0.7232,$ $0.5512, 0.6318, 0.7597)$	$(-0.8133, 1.9274, 1.8882,$ $-0.7917, -0.4936, 1.6920,$ $1.7643, 1.7541, 1.8133)$

表 17.12　结构保留 BCU 法算出的事故 10 的逸出点、MGP 和主导 UEP

状态点	$(\delta_1 \quad \delta_2 \quad \delta_3)$	$(V_1 \quad V_2 \quad \cdots \quad V_9)$	$(\theta_1 \quad \theta_2 \quad \cdots \quad \theta_9)$
逸出点	$(-0.7584, 1.8363,$ $2.0522)$	$(0.8532, 0.7524, 0.8341,$ $0.6119, 0.2914, 0.5933,$ $0.5782, 0.6468, 0.7687)$	$(-0.7419, 1.6992, 1.8745,$ $-0.7135, -0.3073, -0.7789,$ $1.5622, 1.6414, 1.7956)$
MGP	$(-0.7579, 1.8486,$ $2.0216)$	$(0.8531, 0.7527, 0.8370,$ $0.6117, 0.2915, 0.5931,$ $0.5797, 0.6497, 0.7718)$	$(-0.7411, 1.7051, 1.8525,$ $-0.7122, -0.3038, -0.7776,$ $1.5620, 1.6326, 1.7777)$
主导 UEP	$(-0.7576, 1.8583,$ $1.9986)$	$(0.8530, 0.7528, 0.8390,$ $0.6116, 0.2914, 0.5929,$ $0.5806, 0.6515, 0.7739)$	$(-0.7406, 1.7099, 1.8361,$ $-0.7115, -0.3019, -0.7769,$ $1.5622, 1.6264, 1.7644)$

17.7　大规模测试系统

结构保留 BCU 数值方法同样已经在一些电力系统上进行了测试,系统模型为由经典发电机和静态非线性负荷构成的结构保留模型。静态非线性负荷模型 ZIP 是恒功率负荷、恒阻抗负荷与恒电流负荷的组合。本节的仿真结果基于 IEEE 50 机、145 母线测试系统(IEEE Committee Report,1992)和 IEEE 202 机、1293 母线系统得到的(Chiang,1999)。

表 17.13 展示了 IEEE 50 机、145 母线测试系统在不同位置的三相故障下,使用时域仿真法和结构保留 BCU 法的 CCT 估计结果。数值实验中使用的负荷模型为 20%恒功率、20%恒电流和 60%恒阻抗负荷的组合。将时域仿真法估计出的 CCT 作为基准,下面对表 17.13 加以解释。表 17.13 第 1 行表明,母线 7 处发生三相故障,母线 6 和母线 7 之间的输电线路由于线路两端断路器动作而被切除,形成了故障后系统。结构保留 BCU 法估计出的 CCT 为 0.097s,而时域仿真法估计出的 CCT 是 0.103s,相对误差为−5.8%,这意味着与精确的 CCT 相比较,结构保留 BCU 法估计出的 CCT 具有 5.8%的保守性。应当指出的是,在这些仿真结果中,结构保留 BCU 法估计 CCT 时一致地给出了略为保守的结果,保守程度在 1.1%～11.8%不等,这与主导 UEP 法的理论分析相符,虽然仿真中使用的是数值能量函数,但这一保守性与主导 UEP 方法的理论分析一致,即基于主导 UEP 的临界能量可以给出准确但略为保守的稳定性估计。仿真结果也同样表明结构保留 BCU 法计算出了这些事故的正确的主导 UEP。

表 17.13　结构保留建模的 IEEE50 机 145 母线测试系统结构保留 BCU 法仿真结果

事故母线	跳闸线路	BCU 法估计的 CCT/s	时域仿真法估计的 CCT/s	相对误差/%
7	7-6	0.097	0.103	−5.8
59	59-72	0.208	0.222	−6.3
73	73-74	0.190	0.215	−11.8
112	112-69	0.235	0.248	−5.2
66	66-69	0.156	0.168	−7.1
115	115-116	0.288	0.292	−1.3
110	110-72	0.245	0.260	−5.7
101	101-73	0.232	0.248	−6.4
91	91-75	0.187	0.189	−1.1
6	6-1	0.153	0.170	−10.0

事故母线	跳闸线路	BCU 法估计的 CCT/s	时域仿真法估计的 CCT/s	相对误差/%
12	12-14	0.163	0.173	−5.8
6	6-10	0.162	0.177	−9.4
66	66-111	0.157	0.172	−9.7
106	106-74	0.170	0.186	−9.6
69	69-32	0.186	0.202	−7.9
69	69-112	0.110	0.118	−6.7
105	105-73	0.191	0.211	−9.4
73	73-75	0.194	0.210	−7.6
67	67-65	0.230	0.231	−0.4
59	59-103	0.221	0.223	−0.9
12	12-14,12-14	0.156	0.167	−6.5
105	105-73,105-73	0.110	0.118	−6.7
66	66-8,66-8	0.167	0.174	−4.0
66	66-111,66-111,66-111	0.070	0.080	−12.5
73	73-26,73-72,73-82,73-101	0.192	0.212	−9.4
73	73-69,73-75,73-96,73-109	0.182	0.190	−4.2

　　表 17.14 展示了一个 IEEE 202 机、1293 母线测试系统在不同位置的三相故障下,使用时域仿真法和结构保留 BCU 法的 CCT 估计结果。数值实验中使用的负荷模型有两种:①恒阻抗负荷;②20％恒功率、20％恒电流和 60％恒阻抗负荷组成的静态非线性负荷。将时域仿真估计出的 CCT 作为基准。下面对表 17.14 加以解释。表 17.14 最后一行显示,母线 360 处发生三相故障,母线 360 和母线 362 之间的输电线路由于线路两端断路器动作而被切除,从而形成了故障后系统。对于恒阻抗负荷,结构保留 BCU 法估计出的 CCT 为 0.262s,而时域仿真估计出的 CCT 是 0.272s,相对误差为 −3.6％,意味着与精确的 CCT 相比较,结构保留 BCU 法估计出的 CCT 具有 3.6％的保守性。对于恒定 ZIP 负荷,BCU 法估计出的 CCT 为 0.261s,而时域仿真估计出的 CCT 是 0.272s,相对误差为 −4.1％,意味着与精确的 CCT 相比较,结构保留 BCU 法估计出的 CCT 具有 4.1％的保守性。应当指出的是,在这些仿真结果中,结构保留 BCU 法估计 CCT 时一致地给出了略为保守的结果。对于恒阻抗负荷和恒定 ZIP 负荷,保守程度在 0.7％～16.3％不等。这与主导 UEP 法的理论分析相符,即尽管仿真中使用的是数值能量函数,基于主导 UEP 的临界能量给出准确但略为保守的稳定估计。

表 17.14　结构保留建模的 IEEE202 机 1293 母线测试系统结构保留 BCU 法仿真结果

事故母线	跳闸线路	负荷模型（1）			负荷模型（2）		
		时域法给出的 CCT/s	BCU 法给出的 CCT/s	相对误差/%	时域法给出的 CCT/s	BCU 法给出的 CCT/s	相对误差/%
77	77-124	0.325	0.320	−1.6	0.325	0.320	−1.6
74	74-76	0.343	0.313	−9.7	0.336	0.305	−9.2
75	75-577	0.210	0.212	−0.9	0.210	0.212	−0.9
136	136-103	0.262	0.260	−0.7	0.262	0.260	−0.7
248	248-74	0.165	0.160	−3.1	0.165	0.160	−3.1
360	360-345	0.273	0.262	−4.1	0.271	0.261	−3.6
559	559-548	0.215	0.197	−9.3	0.212	0.190	−11.3
634	634-569	0.212	0.197	−7.1	0.205	0.188	−9.2
661	661-669	0.123	0.103	−16.3	0.123	0.103	−16.3
702	702-1376	0.233	0.224	−3.8	0.230	0.222	−3.4
221	221-223	0.220	0.214	−3.2	0.216	0.209	−3.2
175	175-172	0.276	0.269	−3.5	0.272	0.262	−3.6
198	198-230	0.156	0.145	−7.1	0.155	0.145	−6.4
245	245-246	0.230	0.224	−2.6	0.228	0.220	−3.5
319	319-332	0.230	0.198	−13.9	0.229	0.198	−13.5
360	360-362	0.272	0.262	−3.6	0.272	0.261	−4.1

　　总之，尽管仿真中使用的是数值能量函数，结构保留 BCU 法估计 CCT 时能够一致地给出略为保守的结果，这与主导 UEP 法的理论分析是相符的。并且，结构保留 BCU 法应用于不同的静态负荷模型时，表现出很高的一致性。

17.8　本章小结

　　对于电力系统暂态稳定模型的 BCU 概念方法有多种可行的数值实现方式。本章提出了结构保留 BCU 法的一种数值方法，其中包括一系列数值计算方法，如可靠地检测逸出点的数值方法，高效的稳定边界跟踪技术，MGP 与主导 UEP 的计算流程，以及能量值计算过程等。

　　我们提出了两类平衡点的计算方法，即故障后 SEP 和主导 UEP 的解法。求解这两类平衡点的技术基本上是一样的，即求解大规模约束非线性方程组。区别之处在于，计算故障后 SEP 时使用故障前 SEP 作为初值，而计算主导 UEP 时，BCU 法使用 MGP 作为初值。得到 SEP 和主导 UEP 后，需要对转子角度和电压相角进行调整,以满足 COI 参考标架的要求,因为能量裕度的计算是在 COI 参考标架下进行的。

数值研究表明,尽管仿真中采用了数值能量函数,结构保留 BCU 法能够一致地给出略为保守的 CCT 估计结果。这种保守性与主导 UEP 法是相符的。此外,结构保留 BCU 法应用于不同的静态负荷模型时,保守程度和计算性能表现出高度的一致性。

第18章 从稳定边界角度出发的BCU法数值研究

BCU法计算降阶模型的主导UEP，并探索原模型主导UEP与降阶模型主导UEP之间的动态关系，以实现其主要目标，即计算原模型的主导UEP。因此，该动态关系和降阶模型降阶主导UEP的计算在BCU法中起到了至关重要的作用。换言之，BCU法能否成功计算出主导UEP取决于降阶主导UEP的计算，以及降阶主导UEP与原模型主导UEP之间的对应情况。

本章对BCU法中降阶模型UEP的计算过程，以及原模型主导UEP和降阶模型主导UEP之间动态关系的计算过程进行数值研究。BCU法的计算过程用原模型与降阶模型的稳定边界进行数值验证。这些数值研究对动态性质(D2)进行了验证，并推动了BCU法所需的动态性质(D2)的进一步发展。

18.1 引　　言

对给定的电力系统稳定模型开发BCU法时，首先需要构造一个对应的降阶模型，考虑一般的结构保留暂态稳定模型，重述如下：

$$0 = -\frac{\partial U}{\partial u}(u,w,x,y) + \boldsymbol{g}_1(u,w,x,y)$$

$$0 = -\frac{\partial U}{\partial w}(u,w,x,y) + \boldsymbol{g}_2(u,w,x,y)$$

$$\boldsymbol{T}\dot{x} = -\frac{\partial U}{\partial x}(u,w,x,y) + \boldsymbol{g}_3(u,w,x,y) \tag{18.1}$$

$$\dot{y} = z$$

$$\boldsymbol{M}\dot{z} = -\boldsymbol{D}z - \frac{\partial U}{\partial y}(u,w,x,y) + \boldsymbol{g}_4(u,w,x,y)$$

式中，$U(u,w,x,y)$为一个标量函数。关于原模型[式(18.1)]，选取以下微分—代数方程组作为相应的降阶模型：

$$0 = -\frac{\partial U}{\partial u}(u,w,x,y) + \boldsymbol{g}_1(u,w,x,y)$$

$$0 = -\frac{\partial U}{\partial w}(u,w,x,y) + \boldsymbol{g}_2(u,w,x,y)$$

$$\boldsymbol{T}\dot{x} = -\frac{\partial U}{\partial x}(u,w,x,y) + \boldsymbol{g}_3(u,w,x,y)$$

$$\dot{y} = -\frac{\partial U}{\partial y}(u,w,x,y) + \boldsymbol{g}_4(u,w,x,y)$$

(18.2)

前面章节已经证明,在一定条件下,原模型[式(18.1)]与降阶模型[式(18.2)]满足静态性质(S1)、(S2)和动态性质(D2)。此外,降阶模型必须具备动态性质(D1)和(D3)。

从稳定域和稳定边界的角度对上述静态性质和动态性质进行数值研究。数值实验的目的有以下几点。

(1) 揭示原模型稳定边界与降阶模型稳定边界之间的联系。

(2) 从状态空间的角度对 BCU 法的算法加以展现。

(3) 检验 BCU 法中动态性质(D3)实现的效果。

(4) 阐述 BCU 法是如何探索动态性质(D2)的,从而通过降阶模型主导 UEP 的计算来得出原模型的主导 UEP。

18.2　网络简化模型的稳定边界

通过一个 9 母线测试系统及一些事故,对网络简化模型中的静态关系和动态关系进行数值研究。首先考虑事故 7,其中故障母线为 ♯9,切除母线 6 与母线 9 之间线路以清除故障。因此,故障中系统和故障后模型是给定的,相应的降阶故障中和故障后模型也是给定的。

故障后(原)模型与故障后降阶模型的静态关系见表 18.1,可以看出,在涉及的状态空间内满足静态关系(S1)和(S2)。

表 18.1　事故 7 中故障后(原)模型与故障后降阶模型的静态关系

降阶模型		原模型	
	$(\delta_1,\delta_2,\delta_3)$		$(\delta_1,\delta_2,\delta_3,\omega_1,\omega_2,\omega_3)$
故障前 SEP	$(-0.048\,2,0.125\,2,0.112\,4)$	故障前 SEP	$(-0.048\,2,0.125\,2,0.112\,4,0,0,0)$
故障后 SEP	$(-0.096\,69,0.218,0.295\,9)$	故障后 SEP	$(-0.096\,69,0.218,0.295\,9,0,0,0)$
1 型 UEP ♯1	$(-0.757\,6,1.858,1.999\,5)$	1 型 UEP ♯1	$(-0.757\,6,1.858,1.999\,5,0,0,0)$
1 型 UEP ♯2	$(1.604,-2.064,-8.209)$	1 型 UEP ♯2	$(1.604,-2.064,-8.209,0,0,0)$

下面对 BCU 法中的动态对象进行计算。

（1）原模型的动态对象：①故障中轨迹；②状态空间中的一点，该点在降阶模型状态空间中的投影为逸出点；③主导 UEP。

（2）降阶模型的动态对象：①故障中轨迹的投影；②逸出点（位于降阶模型的状态空间）；③降阶主导 UEP（对应于故障中轨迹投影）。

逸出点、主导 UEP 和降阶主导 UEP 的情况见表 18.2，显然，BCU 法计算出的降阶主导 UEP 与对应于故障中轨迹的主导 UEP 相对应。我们注意到，逸出点为降阶模型稳定边界与故障中轨迹投影的交点，因此，其坐标分量个数与降阶模型的维数相同。表中还显示了原故障中轨迹上与逸出点相对应的点。

表 18.2　事故 7 中故障后(原)模型逸出点与主导 UEP 之间的关系以及故障后降阶模型的逸出点与主导 UEP 之间的关系

降阶模型		原模型	
	$(\delta_1, \delta_2, \delta_3)$		$(\delta_1, \delta_2, \delta_3, \omega_1, \omega_2, \omega_3)$
逸出点	$(-0.5085, 0.5169, 2.8945)$	原状态空间的逸出点	$(-0.5085, 0.5169, 2.8945, -2.3737, 1.1341, 16.2316)$
降阶主导 UEP	$(-0.7576, 1.858, 1.9995)$	主导 UEP	$(-0.7576, 1.858, 1.9995, 0, 0, 0)$

降阶模型至少存在一个能量函数，这保证动态关系(D1)是成立的。下面用时域仿真方法对降阶模型稳定边界和原模型稳定边界进行仿真来检验动态性质(D2)和(D3)，特别是仿真下列的稳定边界以及相关的动态对象。

（1）原模型(图 18.1)的动态对象：①稳定域截面，即原模型稳定域与角度子空间的交集；②稳定边界截面上(原模型)的平衡点；③角度子空间上的故障前 SEP、故障后 SEP 和逸出点。

（2）降阶模型(图 18.2)的动态对象：①降阶模型的稳定边界；②故障中轨迹投影；③对应于故障中轨迹投影的主导 UEP；④稳定边界上(降阶模型)的平衡点；⑤降阶模型故障前和故障后 SEP。

从这些数值仿真中，可以观察到以下结果。原模型稳定边界上只有一个 1 型 UEP，该 UEP 也是故障中轨迹的主导 UEP。注意，故障前 SEP 位于故障后 SEP 的稳定域内，因此满足主导 UEP 的基本假设。故障中轨迹投影与降阶模型稳定边界相交于逸出点(图 18.2)。

可以看到，计算出的逸出点与降阶模型的稳定边界较近，见图 18.2。因此，逸出点的直接检测方法和降阶模型的构造满足动态特性(D3)。事实上，计算出的逸出点非常接近于逸出点的确切位置，它是故障中轨迹投影与降阶模型稳定边界的交点。降阶模型稳定边界上有两个 1 型平衡点，而原模型稳定边界上只有一个 1 型

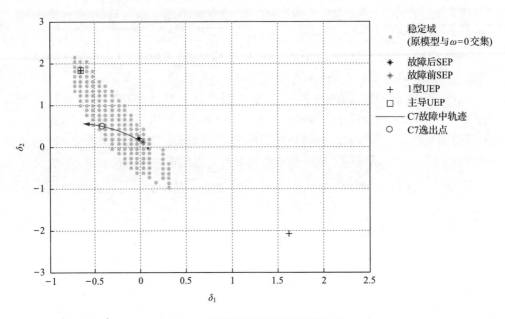

图 18.1　原模型稳定域截面(事故 7)

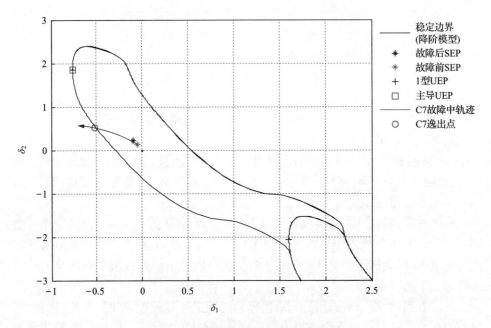

图 18.2　降阶模型稳定边界(事故 7)

平衡点。因此,动态特性(D2)不成立。然而,对应于该事故的主导 UEP 刚好是位于原模型的稳定边界上的唯一一个 1 型平衡点(图 18.1),并与降阶模型稳定边界上的 1 型平衡点存在对应关系。

尽管在事故 7 中动态特性(D2)不成立,BCU 法仍然计算出了正确的主导 UEP,原因是降阶主导 UEP 满足稳定边界性质(boundary property)(即降阶主导 UEP 位于降阶模型稳定边界上,当且仅当相应的主导 UEP 位于原模型的稳定边界上),而其他的 UEP 不必满足稳定边界性质。需要强调的是,动态特性(D2)只是 BCU 法计算出的 UEP 位于原模型稳定边界上的一个充分条件,而不是一个必要条件。因此,动态特性(D2)可以由以下条件代替,而不会影响 BCU 法计算出正确的主导 UEP。

动态特性(D2′):降阶主导 UEP 位于降阶模型稳定边界上,当且仅当相应的主导 UEP 位于原模型的稳定边界上。

图 18.3 中用仿真故障中轨迹、原模型稳定域截面及其边界上的 UEP、降阶模型的稳定边界及其边界上的 UEP 说明 BCU 法计算原模型主导 UEP 时是如何利用上述动态关系的。图中清楚地展示了在成功计算出逸出点后,BCU 法通过沿着降阶主导 UEP 的稳定流形"移动"计算出了降阶主导 UEP,而降阶主导 UEP 与原模型主导 UEP 是互相对应的。

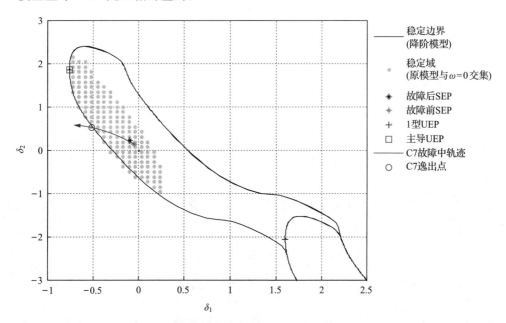

图 18.3　原模型稳定域截面与降阶模型稳定边界之间的关系(事故 7)

对于原模型稳定边界与降阶模型稳定边界之间的关系,可以观察到以下结果。

(1) 事故 7 中,原模型稳定边界与角度空间的交集没有位于降阶模型稳定边界的一个小邻域内。

(2) 事故 7 中,原模型相关稳定边界与角度空间的交集位于降阶模型相关稳定边界的一个小邻域内。

相关稳定边界取决于故障中轨迹。降阶模型的相关稳定边界是降阶模型对应于故障中轨迹投影的降阶主导 UEP 的稳定流形,而原模型的相关稳定边界是对应于故障中轨迹的主导 UEP 的稳定流形。以下为用 BCU 法计算出正确的主导 UEP 的一个充分条件:降阶模型的相关稳定边界与原模型的相关稳定边界和角度空间的交集必须足够接近。

考虑事故 12,其中故障母线为 6,切除母线 6 与母线 9 之间线路以清除故障。因此,故障中系统和故障后模型是给定的,相应的降阶故障中和故障后模型也是给定的。比较事故 12 与事故 7,相应的两个故障后模型是相同的,因此有相同的故障后稳定域。此外,由于相应的故障中系统不同,两个事故会有不同的逸出点。对于事故 12,我们从数值上说明以下关系:①原模型中的故障前 SEP、故障后 SEP、故障中轨迹(投影)、逸出点、主导 UEP、角度空间中的稳定域截面(图 18.4);②降阶模型中的降阶模型稳定边界、故障中轨迹投影、逸出点、降阶主导 UEP 以及稳定边界上的其他 1 型 UEP(图 18.5)。这些仿真对象集中见图 18.4~图 18.6。

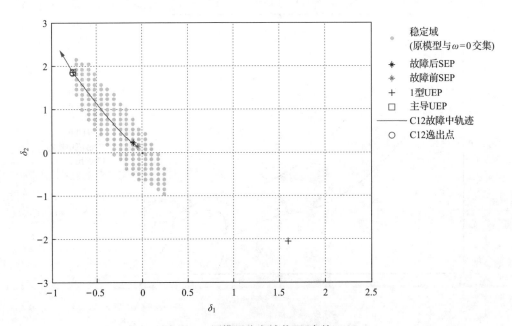

图 18.4　原模型稳定域截面(事故 12)

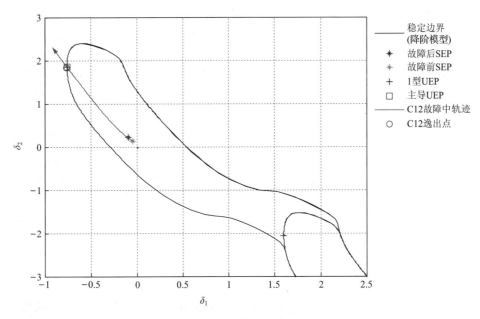

图 18.5 降阶模型稳定边界(事故 12)

由于逸出点非常接近降阶主导 UEP,这两个点不易分辨

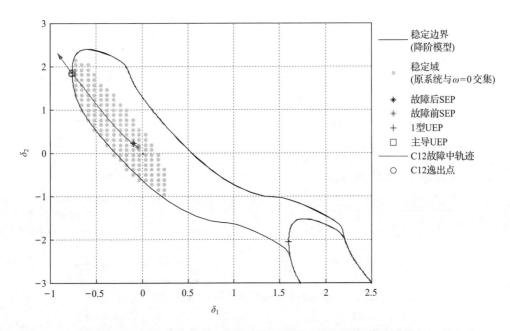

图 18.6 原模型稳定域截面与降阶模型稳定边界之间的关系(事故 12)

从图 18.5 可以看到,故障中轨迹在角度空间中的投影与降阶模型稳定边界相交于逸出点,BCU 法计算出的逸出点与实际逸出点非常接近。因此,动态性质 (D3) 得到满足。计算出的逸出点靠近于原模型稳定边界在角度子空间中的截面,并且非常接近降阶主导 UEP,从得到的逸出点出发,BCU 法随后通过沿着计算出的逸出点所在的稳定流形移动,计算降阶主导 UEP。原模型的稳定边界上只有一个 1 型平衡点,它就是原模型的主导 UEP;同样,降阶主导 UEP 与主导 UEP 是对应的。应当注意,故障前 SEP 位于故障后 SEP 的稳定域内,因此,主导 UEP 法的基本假设得到满足。

这个例子中动态性质 (D2) 不成立,但 (D2′) 是成立的。BCU 法通过探索动态性质计算主导 UEP。事实上正是动态性质 (D2′),而不是动态性质 (D2),保证了 BCU 法计算主导 UEP 的正确性。

18.3 结构保留模型

对一个 9 母线测试系统结构保留模型的一些事故进行数值研究,9 母线结构保留模型状态空间的维数是 21,数值研究的重点是原模型与降阶模型之间的静态和动态关系。

首先考虑事故 2,其中故障母线为 7,切除母线 7 与母线 8 之间线路以清除故障。因此,故障中系统和故障后模型是给定的,相应的降阶故障中和故障后模型也是给定的。

原模型故障前、故障后 SEP 与降阶模型故障前、故障后 SEP 之间的静态关系见表 18.3。可以看出,在涉及的状态空间内,静态关系 (S1) 与 (S2) 是成立的。

表 18.3 原模型和降阶模型的事故后系统结构保留模型间的静态关系(事故 2)

降阶模型		原模型	
$\begin{pmatrix}\delta_1,\delta_2,\delta_3,V_1,V_2,V_3,V_4,V_5,V_6,V_7\\ V_8,V_9,\theta_1,\theta_2,\theta_3,\theta_4,\theta_5,\theta_6,\theta_7,\theta_8,\theta_9\end{pmatrix}$		$\begin{pmatrix}\delta_1,\delta_2,\delta_3,\omega_1,\omega_2,\omega_3,V_1,V_2,V_3,V_4,V_5,V_6\\ V_7,V_8,V_9,\theta_1,\theta_2,\theta_3,\theta_4,\theta_5,\theta_6,\theta_7,\theta_8,\theta_9\end{pmatrix}$	
故障前 SEP	$(-0.048\,2, 0.125\,2, 0.112\,4, 1.1,$ $1.097\,4, 1.086\,6, 1.094\,2, 1.071\,8,$ $1.084\,4, 1.1, 1.089\,5, 1.1, -0.093,$ $-0.007\,6, -0.036\,3, -0.136,$ $-0.173\,6, -0.162\,5, -0.077\,2,$ $-0.113\,9, -0.082\,5)$	故障前 SEP	$(-0.048\,2, 0.125\,2, 0.112\,4, 0, 0, 0,$ $1.1, 1.097\,4, 1.086\,6, 1.094\,2,$ $1.071\,8, 1.084\,4, 1.1, 1.089\,5,$ $1.1, -0.093, -0.007\,6, -0.036\,3,$ $-0.136, -0.173\,6, -0.162\,5,$ $-0.077\,2, -0.113\,9, -0.082\,5)$

续表

降阶模型	原模型
$\begin{pmatrix}\delta_1,\delta_2,\delta_3,V_1,V_2,V_3,V_4,V_5,V_6,V_7\\V_8,V_9,\theta_1,\theta_2,\theta_3,\theta_4,\theta_5,\theta_6,\theta_7,\theta_8,\theta_9\end{pmatrix}$	$\begin{pmatrix}\delta_1,\delta_2,\delta_3,\omega_1,\omega_2,\omega_3,V_1,V_2,V_3,V_4,V_5,V_6\\V_7,V_8,V_9,\theta_1,\theta_2,\theta_3,\theta_4,\theta_5,\theta_6,\theta_7,\theta_8,\theta_9\end{pmatrix}$
故障后 SEP　$(-0.065\ 5,0.243,-0.002\ 4,1.093,$ $1.094,1.053\ 8,1.080\ 1,1.054\ 7,$ $1.061\ 5,1.097,1.023\ 5,1.056\ 8,$ $-0.104\ 8,0.112\ 9,-0.153\ 4,$ $-0.143,-0.136\ 1,-0.208\ 9,$ $0.044\ 3,-0.282\ 3,-0.202\ 2)$	故障后 SEP　$(-0.065\ 5,0.243,-0.002\ 4,0,0,$ $0,1.093,1.094,1.053\ 8,1.080\ 1,$ $1.054\ 7,1.061\ 5,1.094\ 7,1.023\ 5,$ $1.056\ 8,-0.104\ 8,0.112\ 9,-0.153\ 4,$ $-0.143,-0.136\ 1,-0.208\ 9,0.044\ 3,$ $-0.282\ 3,-0.202\ 2)$

下面对 BCU 法中以下关键的动态对象进行计算。

（1）故障中轨迹和故障中轨迹的投影。

（2）逸出点以及状态空间中的一点，该点在故障中轨迹上的投影为逸出点。

（3）降阶主导 UEP 和主导 UEP。

逸出点、降阶主导 UEP 和主导 UEP 见表 18.4。显然，BCU 法计算出的降阶主导 UEP 与主导 UEP 互相对应。因此，BCU 法计算出了正确的主导 UEP。

表 18.4　原模型和降阶模型的逸出点和主导 UEP

降阶模型	原模型
$\begin{pmatrix}\delta_1,\delta_2,\delta_3,V_1,V_2,V_3,V_4,V_5,V_6,V_7\\V_8,V_9,\theta_1,\theta_2,\theta_3,\theta_4,\theta_5,\theta_6,\theta_7,\theta_8,\theta_9\end{pmatrix}$	$\begin{pmatrix}\delta_1,\delta_2,\delta_3,\omega_1,\omega_2,\omega_3,V_1,V_2,V_3,V_4,V_5,V_6\\V_7,V_8,V_9,\theta_1,\theta_2,\theta_3,\theta_4,\theta_5,\theta_6,\theta_7,\theta_8,\theta_9\end{pmatrix}$
逸出点　$(-0.741\ 8,2.310\ 1,0.914,0.820\ 1,$ $0.664\ 3,0.734\ 6,0.552\ 7,0.233\ 1,$ $0.528\ 1,0.443\ 2,0.647\ 5,0.668\ 5,$ $-0.680\ 7,2.188\ 3,0.520\ 2,$ $-0.564\ 4,-0.356\ 9,0.266\ 4,$ $2.029\ 4,0.242\ 1,0.322\ 2)$	投影为逸出点的点　$(-0.741\ 8,2.310\ 1,0.914,3.040\ 7,$ $10.763\ 4,0.995\ 6,0.820\ 1,0.664\ 3,$ $0.734\ 6,0.552\ 7,0.233\ 1,0.528\ 1,$ $0.443\ 2,0.647\ 5,0.668\ 5,-0.680\ 7,$ $2.188\ 3,0.520\ 2,-0.564\ 4,$ $-0.356\ 9,-0.266\ 4,2.029\ 4,$ $0.242\ 1,0.322\ 2)$
降阶主导 UEP　$(-0.542\ 4,2.180\ 2,-0.375\ 5,0.904\ 5,$ $0.639\ 1,0.924\ 1,0.711\ 4,0.372\ 1,$ $0.764\ 7,0.419\ 5,0.857\ 7,0.885\ 6,$ $-0.544\ 7,1.991\ 1,-0.530\ 1,$ $-0.548\ 1,-0.362\ 1,-0.607\ 9,$ $1.729\ 3,-0.669\ 9,-0.589\ 8)$	主导 UEP　$(-0.542\ 4,2.180\ 2,-0.375\ 5,0.0,$ $0.0,0.0,0.904\ 5,0.639\ 1,0.924\ 1,$ $0.711\ 4,0.372\ 1,0.764\ 7,0.419\ 5,$ $0.857\ 7,0.885\ 6,-0.544\ 7,1.991\ 1,$ $-0.530\ 1,-0.548\ 1,-0.362\ 1,$ $-0.607\ 9,1.729\ 3,-0.669\ 9,$ $-0.589\ 8)$

下面说明 BCU 法计算主导 UEP 时是如何探索动态关系的。对降阶模型、原模型的稳定边界进行数值研究，特别是要仿真如下的稳定边界：①稳定边界截面，

即原模型稳定边界与角度空间的交集,以及(原模型)稳定边界截面上的平衡点(图
18.7);②降阶模型的稳定边界及稳定边界上的(降阶模型)平衡点(图 18.8)。

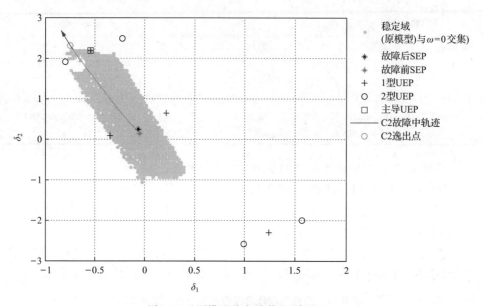

图 18.7　原模型稳定域截面(事故 2)

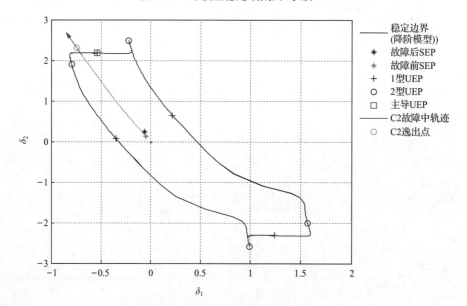

图 18.8　降阶模型稳定边界(事故 12)

投影在角度空间中的故障中轨迹与降阶模型的稳定边界相交于逸出点,见图 18.8。计算出的逸出点距离降阶模型的稳定边界非常接近。因此,BCU 法中的逸出点检测过程满足动态性质(D3)。

原模型的稳定边界上有两个 1 型平衡点,其中一个是故障中轨迹的主导 UEP。此外,稳定边界上存在一个 2 型平衡点。在两个位于稳定边界上的 1 型 UEP 中,故障中轨迹距离主导 UEP 比较近。需要注意的是故障前 SEP 位于故障后 SEP 的稳定域内,因此满足主导 UEP 法的基本假设。

关于降阶模型的稳定边界,稳定边界上有四个 1 型 UEP 和四个 2 型 UEP,其中有两个 1 型平衡点(包括降阶主导 UEP)和一个 2 型平衡点在原模型的稳定边界上。因此,动态性质(D2′)是成立的,而动态性质(D16.2)不成立。

降阶模型的稳定边界、稳定域、原模型的稳定边界和故障中轨迹投影见图 18.9。该例中,主导 UEP 实际上与 BCU 法计算出的降阶主导 UEP 相对应,用这种对应关系计算主导 UEP。同样,尽管事故 2 不满足动态性质(D16.2),但因为满足动态性质(D2′),BCU 法仍计算出了正确的主导 UEP。

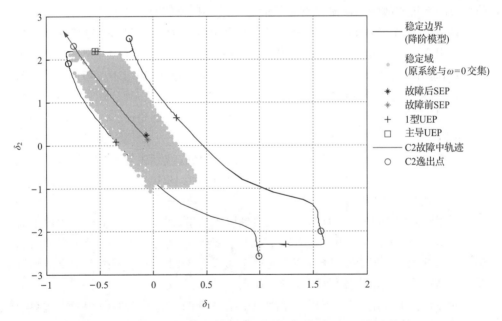

图 18.9 原模型稳定域截面和降阶模型稳定边界之间的关系(事故 2)

关于原模型稳定边界、降阶模型稳定边界的关系,可以观察到以下结果。

(1) 事故 2 中,原模型稳定边界与角度子空间的交集没有位于降阶模型稳定边界的一个小邻域内。

(2) 事故 2 中,原模型相关稳定边界与角度子空间的交集位于降阶模型相关稳定边界的一个小邻域内。

18.4　主导 UEP 的一个动态性质

应当强调的是,必须利用主导 UEP 的动态性质,才能计算出正确的主导 UEP,否则可能计算出其他的 UEP。从 18.3 节中的数值研究中可见,逸出点可能非常靠近某个平衡点,而远离主导 UEP,这种情况下,以逸出点为初始点,用非线性代数方程求解算法计算主导 UEP 将会失败。

文献中曾出现过以逸出点为初始点,使用牛顿法计算主导 UEP 的一些方法。这些方法没有考虑到主导 UEP 的动态性质,因此,当逸出点远离主导 UEP 时,它们将计算出错误的主导 UEP。下面举例说明,网络简化模型和结构保留模型中,逸出点都可能会离主导 UEP 较远。

考虑事故 10,母线 8 故障,切除母线 7 和 8 间的线路以清除故障。因此,故障中系统和故障后模型是给定的,相应的降阶故障中和故障后模型也是给定的。故障后(原)系统与故障后降阶模型满足静态关系(S1)和(S2)。

该故障中,故障中轨迹在角度空间中的投影与降阶模型稳定边界相交于逸出点。逸出点位置靠近一个 2 型 UEP,但并不是主导 UEP。主导 UEP 是一个 1 型 UEP,离逸出点较远。实际上,逸出点(角度空间中)的坐标是(−0.775 1,1.758 7,2.347 8),它靠近 2 型 UEP(−0.791 9,1.907,2.164 7),该 UEP 既在降阶模型的稳定边界上,又在原模型的稳定边界上。主导 UEP 的坐标是(−0.349 5,0.074 5,2.586 5,0,0,0),它距离逸出点较远。

显然,从逸出点出发,牛顿法或其改良方法不会收敛到主导 UEP,失败的原因在于计算方法中没有结合主导 UEP 的动态性质,但 BCU 法利用了这个性质,从而找到正确的主导 UEP。

对于降阶模型的稳定边界,可以观察到以下结果(图 18.10):①稳定边界上有四个 1 型平衡点;②稳定边界上有四个 2 型平衡点;③每个 2 型平衡点位于两个 1 型平衡点的稳定流形上;④降阶模型的稳定边界等于四个 1 型平衡点稳定流形以及四个 2 型平衡点稳定流形(即 2 型平衡点本身)的并集。

对原模型的稳定边界,可以观察到以下结果(图 18.11):①原模型稳定边界上只有两个 1 型平衡点和一个 2 型平衡点;②故障中轨迹的主导 UEP 为这两个 1 型平衡点之一;③原模型稳定边界上的两个 1 型平衡点与降阶模型稳定边界上的两个 1 型平衡点互相对应;④原模型稳定边界上存在一个 2 型平衡点,它与降阶模型稳定边界上的 2 型平衡点互相对应;⑤逸出点与一个 2 型 UEP 距离较近,而远离主导 UEP。

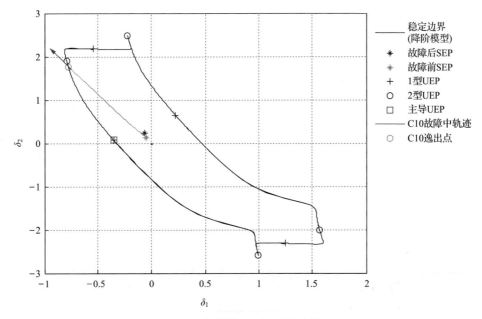

图 18.10　降阶模型稳定边界(事故 10)

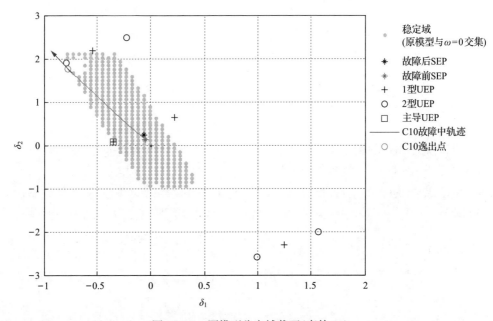

图 18.11　原模型稳定域截面(事故 10)

　　由图可见,逸出点位置距离降阶主导 UEP 较远而靠近于一个 2 型 UEP。首先,BCU 法检测出逸出点,并通过沿着降阶主导 UEP 的稳定流形移动,找到降阶主导 UEP,其中沿稳定流形移动是应用稳定边界跟踪技术实现的。其次,BCU 法将降阶主导 UEP 与原模型主导 UEP 联系起来(图 18.12)。

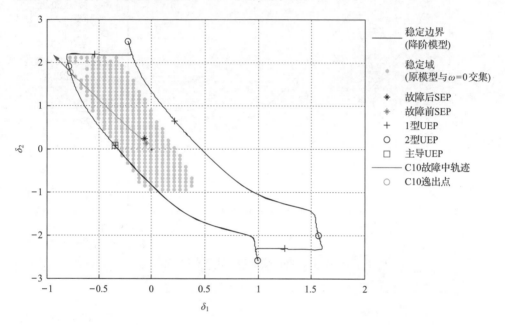

图 18.12　原模型稳定域截面与降阶模型稳定边界间的关系(事故 10)

　　下面考虑结构保留模型的事故 10,其中,故障母线为 8,切除母线 7 与母线 8 之间的线路以清除故障。通过计算得到故障前、故障后的 SEP,并证实了静态关系(S1)。

　　下面对 BCU 法中以下主要的动态对象进行计算:故障中轨迹、逸出点和降阶主导 UEP。该事故中,故障中轨迹投影与降阶模型稳定边界相交于逸出点,计算出的逸出点与实际逸出点十分接近。因此 BCU 法的逸出点检测过程满足动态性质(D3)。计算出的逸出点距离一个 2 型 UEP 较近,但距离主导 UEP 较远,并且主要 UEP 是一个 1 型平衡点。显然,从逸出点出发,牛顿法或其改良方法将不会收敛到主导 UEP。为计算出正确的主导 UEP,BCU 法探索了降阶主导 UEP 的稳定流形并利用了动态性质(D2)。逸出点的计算过程见图 18.13,主导 UEP 的计算过程见图 18.14。

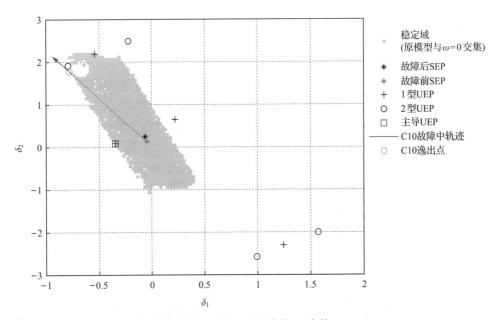

图 18.13 原模型稳定域截面(事故 10)

事故 10 中,故障中轨迹投影到达逸出点,该逸出点与一个 2 型平衡点距离较近,

图中区域为角度空间中原模型的稳定域

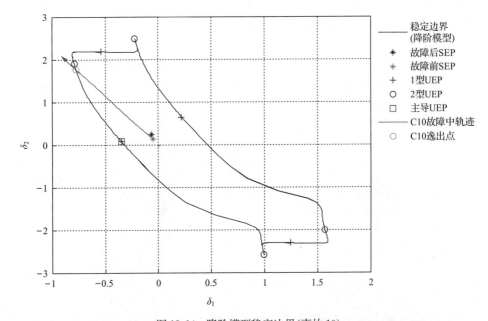

图 18.14 降阶模型稳定边界(事故 10)

稳定边界跟踪过程从逸出点出发到达最小梯度点(MGP),由 MGP 使用牛顿法得到降阶

主导 UEP,与 2 型 UEP 不同,逸出点远离主导 UEP,图中标出了降阶模型的稳定边界(事故 10)

18.5　本章小结

本章做了一些数值研究来检验原模型稳定边界与降阶模型稳定边界之间的动态关系,该关系从状态空间的角度展示了BCU法的计算过程。

一方面,故障中轨迹在角度空间中的投影与降阶模型稳定边界相交于逸出点;另一方面,对所研究的每个事故,BCU法计算出的逸出点与实际逸出点非常接近,由此可知满足动态特性(D3)。

尽管不是每个事故都满足动态性质(D2),BCU法仍然能计算出正确的主导UEP,原因是降阶主导UEP满足稳定边界性质(即降阶主导UEP位于降阶模型稳定边界上,当且仅当相应的主导UEP位于原模型的稳定边界上)。需要强调的是,动态性质(D2)只是BCU法计算出的UEP位于原模型稳定边界上的充分条件,而不是必要条件。因此,动态特性(D2)可用以下条件代替,而不会影响BCU法计算出正确的主导UEP。

动态性质(D2′):降阶主导UEP位于降阶模型稳定边界上,当且仅当相应的主导UEP位于原模型的的稳定边界上。

我们已经说明BCU法是如何通过探索动态关系来计算原模型主导UEP的。首先,BCU法通过沿着降阶主导UEP的稳定流形计算出对应于故障中轨迹投影的降阶主导UEP。其次,通过利用动态性质(D2′),BCU法将降阶主导UEP与主导UEP联系起来。

此外还推导出一些用BCU法计算出正确的主导UEP的条件。例如,BCU法计算出正确的主导UEP的一个充分条件为:如果降阶模型的相关稳定边界与原模型相关稳定边界和角度空间的交集足够接近,则BCU法能够计算出正确的主导UEP。

第 19 章　BCU 法横截性条件的研究

19.1　引　　言

横截性条件在动力系统理论发展中起到了重要作用,这个条件就是所谓莫尔斯—斯梅尔系统的三个条件之一。违反横截性条件常常会导致全局分岔,因此横截性条件的验证十分重要。过去大量工作投入开发验证横截性条件的工具上,尽管付出很多努力,但这方面的进展仍旧缓慢。大家已经认识到验证横截性条件非常具有挑战性,除了计算量很大的数值方法以外,目前还没有可供使用的工具。

单参数横截性条件在 BCU 概念方法的理论基础中具有重要作用。违反单参数横截性条件会导致动态性质(D2)不成立,因而导致 BCU 法计算主导 UEP 时出错,而这个性质是 BCU 法所必需的。然而由于实际电力系统模型的复杂性,可能不能够总满足横截性条件。一些反例表明(Llamas et al.,1995),对一个 3 母线系统,BCU 法可能会给出不正确的稳定估计,而将第二摇摆失稳的系统判为稳定的。这些反例对 BCU 法在一般电力系统模型中的应用提出了质疑。Ejebe 和 Tong (1995)认为,如同上述 3 母线系统的轻阻尼系统非常少,而 BCU 法对典型的故障往往是有效的。

需要强调的是,不满足动态性质(D2)不一定会使 BCU 法计算出错误的主导 UEP。如前面章节所述,一个比(D2)弱一些的条件就足以保证 BCU 法计算出正确的主导 UEP,即动态性质(D2′)。

文献 Paganini 和 Lesieutre (1997,1999)提出并研究了关于 BCU 法的以下几个观点:

(1) BCU 法能够找到主导 UEP 的一个充分条件,即下述稳定边界性质:全模型(即原模型)与梯度模型(即降阶模型)在稳定边界上应有相同的 UEP[换言之,满足动态性质(D2)]。

(2) 上述边界特性不是电力系统模型的通有性质。

(3) 单参数变换并不能很好地对稳定边界性质进行理论验证,它只是把问题转换成了一个无法验证的横截性条件。

本章将对这个问题进行阐述。此外,针对横截性条件的分析结论将应用于单参数横截性条件中。单参数变换能够为稳定边界性质提供理论分析验证,但无法给出一个可行的计算验证方法。下一章将提出验证稳定边界性质和动态性质 (D2′)的计算方法。

19.2 参 数 研 究

本节检验一个单机无限大系统的稳定边界性质,系统由一台凸极机通过无损线路与无限大母线相连构成:

$$\begin{cases} \dot{\delta} = \dfrac{\mathrm{d}\delta}{\mathrm{d}t} = \omega \\ \dot{\omega} = -D\omega + P_m - P_{e1}\sin\delta + P_{e2}\sin2\delta \end{cases} \tag{19.1}$$

该模型是一个含有 5 个参数的微分方程,由于提出这些参数含有物理方面的动机,可在 5 维参数空间中研究稳定边界性质的通有性。

与原模型[式(19.1)]对应的降阶模型为

$$\dot{\delta} = P_m - P_{e1}\sin\delta + P_{e2}\sin2\delta \tag{19.2}$$

注意 $\bar{\delta}$ 为降阶模型[式(19.2)]的一个平衡点,当且仅当 $(\bar{\delta},0)$ 为原模型[式(19.1)]的一个平衡点。这个性质与阻尼系数 D 无关。进一步可以证明,对于任意的正阻尼系数 D,δ_s 为降阶模型[式(19.2)]的 SEP,当且仅当 $(\delta_s,0)$ 为原模型[式(19.1)]的 SEP。

改变阻尼系数 D 的值,保持其他参数 $P_{e1} = 3.02$,$P_{e2} = 0.416$,$P_m = 0.91$,$M = 0.0138$ 不变,研究降阶模型[式(19.2)]与原模型[式(19.1)]的静态和动态关系。

D 为正值时,存在一个 SEP $(\delta_s,0)$,它被两个 UEP 包围,两个 UEP 分别记为 $(\delta_1,0)$ 和 $(\delta_2,0)$。原模型[式(19.1)]SEP $(\delta_s,0)$ 与 UEP $(\delta_1,0)$、$(\delta_2,0)$ 的动态关系取决于阻尼系数 D,降阶模型[式(19.2)]SEP (δ_s) 与 UEP (δ_1)、(δ_2) 的动态关系则与阻尼系数无关,δ_1 和 δ_2 总是位于降阶模型[式(19.2)]的稳定边界 $\partial A(\delta_s)$ 上。

D 较大时,$(\delta_1,0)$ 和 $(\delta_2,0)$ 位于原模型[式(19.1)]的稳定边界 $\partial A(\delta_s,0)$ 上,稳定边界 $\partial A(\delta_s,0)$ 即为 $(\delta_1,0)$ 和 $(\delta_2,0)$ 稳定流形的并集,因此 D 较大时稳定边界性质得到满足。此时,$(\delta_s,0)$ 处的稳定流形和不稳定流形的交集以及 $(\delta_1,0)$ 与 $(\delta_2,0)$ 稳定流形与不稳定流形的交集均满足横截性条件(图 19.1)。D 较大时,原模型[式(19.1)]与降阶模型[式(19.2)]都是结构稳定的。

应当指出,D 较大时,在 D 的较小变化下,稳定边界 $\partial A(\delta_s,0)$ 的结构是相似的。具体而言,稳定边界 $\partial A(\delta_s,0)$ 即为 $(\delta_1,0)$ 和 $(\delta_2,0)$ 稳定流形的并集。稳定边界

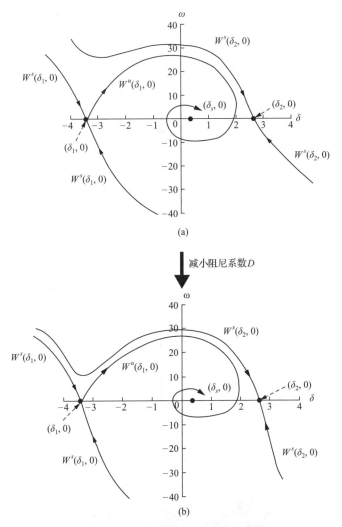

图 19.1　$D > D_{cr}$ 时的稳定边界

D 很大时,UEP$(\delta_1,0)$ 和$(\delta_2,0)$ 都位于原模型[式(19.1)]的稳定边界 $\partial A(\delta_s,0)$ 上,
稳定边界 $\partial A(\delta_s,0)$ 等于$(\delta_1,0)$ 和$(\delta_2,0)$ 稳定流形的并集,横截性条件和稳定边界性质都成立

$\partial A(\delta_s,0)$ 为$(\delta_1,0)$ 和$(\delta_2,0)$ 稳定流形的并集,直到阻尼系数 D 减小到临界值 $D_{cr} = 0.046\,87$。从这个意义上来说,稳定边界 $\partial A(\delta_s,0)$ 的结构对于 D 的小变化保持"稳定"。

　　当阻尼系数 D 穿过临界值时,稳定边界 $\partial A(\delta_s,0)$ 的结构发生急剧的变化。当 $D = D_{cr}$ 时,$(\delta_1,0)$,$(\delta_2,0)$ 仍然位于稳定边界 $\partial A(\delta_s,0)$ 上,并且稳定边界$\partial A(\delta_s,0)$ 仍为$(\delta_1,0)$ 和$(\delta_2,0)$ 稳定流形的并集,但$(\delta_1,0)$ 的不稳定流形和$(\delta_2,0)$ 的稳定流形的交集不再满足横截性条件。当 $D = D_{cr}$ 时,稳定边界性质仍然成立。

　　当 $D = D_{cr}$ 时，$(\delta_1, 0)$ 与 $(\delta_2, 0)$ 之间存在一条鞍点—鞍点连接轨迹。从 D_{cr} 起当 D 值发生变化时，鞍点—鞍点连接轨迹的结构被破坏(图 19.2)。当阻尼系数 D 穿过临界值 D_{cr} 时，原模型[式(19.1)]发生了全局分岔。具体而言，当 D 经过 D_{cr} 时，稳定边界 $\partial A(\delta_s, 0)$ 的结构发生急剧变化。当 $D < D_{cr}$ 时，UEP $(\delta_2, 0)$ 仍位于稳定边界 $\partial A(\delta_s, 0)$ 上，但 UEP $(\delta_1, 0)$ 不在稳定边界上(图 19.3)；此外，稳定

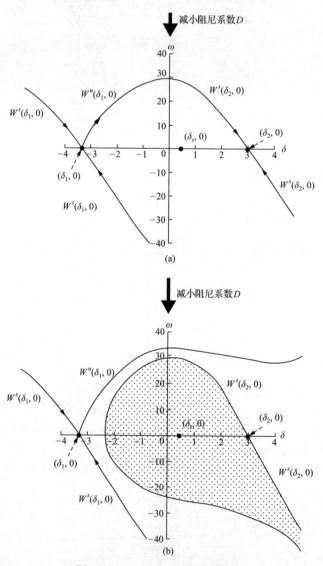

图 19.2　$D = D_{cr}$ 时的稳定边界

当阻尼系数穿过临界值时，稳定边界 $\partial A(\delta_s, 0)$ 的结构发生急剧变化。$D = D_{cr}$ 时 $(\delta_1, 0)$ 和 $(\delta_2, 0)$ 仍位于稳定边界 $\partial A(\delta_s, 0)$ 上，且稳定边界 $\partial A(\delta_s, 0)$ 仍为 $(\delta_1, 0)$ 和 $(\delta_2, 0)$ 稳定流形的并集，稳定边界性质仍成立，但横截性条件不成立

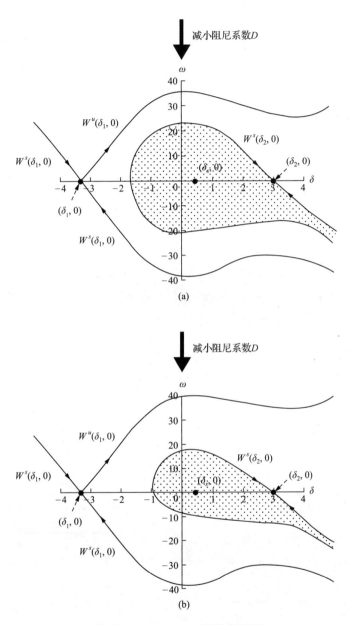

图 19.3　$D < D_{\mathrm{cr}}$ 时的稳定边界

当 $D < D_{\mathrm{cr}}$ 时，UEP$(\delta_2, 0)$ 仍位于稳定边界 $\partial A(\delta_s, 0)$ 上，但 $(\delta_1, 0)$ 在稳定边界 $\partial A(\delta_s, 0)$ 之外，稳定边界 $\partial A(\delta_s, 0)$ 只由 $(\delta_2, 0)$ 的稳定流形构成，此时 δ_1 位于稳定边界 $\partial A(\delta_s)$ 上，而 $(\delta_1, 0)$ 不在稳定边界 $\partial A(\delta_s, 0)$ 上。稳定边界性质不成立，但横截性条件成立

边界 $\partial A(\delta_s,0)$ 只由 $(\delta_2,0)$ 的稳定流形构成。这种情况下，(δ_1) 位于稳定边界 $\partial A(\delta_s)$ 上，而 $(\delta_1,0)$ 没有位于稳定边界 $\partial A(\delta_s,0)$ 上。根据以上分析可知，原模型 [式(19.1)] 与降阶模型 [式(19.2)] 的稳定边界性质只在阻尼系数足够大时成立，即满足 $D \geqslant D_{cr}$，以上分析结论见表19.1。

表 19.1　阻尼系数、稳定边界性质和横截性条件的关系

阻尼	原模型	降阶模型	稳定边界性质	横截性条件
高阻尼	$(\delta_1,0),(\delta_2,0) \in \partial A(\delta_s,0)$ $= W^s(\delta_1,0) \bigcup W^s(\delta_2,0)$	$\begin{cases} \delta_1 \in \partial A(\delta_s) \\ \delta_2 \in \partial A(\delta_s) \end{cases}$	满足	满足
临界阻尼	$(\delta_1,0),(\delta_2,0) \in \partial A(\delta_s,0)$ $= W^s(\delta_1,0) \bigcup W^s(\delta_2,0)$	$\begin{cases} \delta_1 \in \partial A(\delta_s) \\ \delta_2 \in \partial A(\delta_s) \end{cases}$	满足	不满足
低阻尼	$\begin{cases} (\delta_2,0) \in \partial A(\delta_s,0) = W^s(\delta_2,0) \\ (\delta_1,0) \notin \partial A(\delta_s,0) \end{cases}$	$\begin{cases} \delta_1 \in \partial A(\delta_s) \\ \delta_2 \in \partial A(\delta_s) \end{cases}$	不满足	满足

除去 D 之外，下面改变发电机转动惯量 M，当 $(\delta_1,0)$ 和 $(\delta_2,0)$ 稳定流形与不稳定流形的交集不满足横截相交时，记下参数值，并在 M-D 平面上标示出来。图 19.4 中展示了因违反横截相交而发生全局分岔的参数值。从图中可以看到，$\dfrac{D}{M}$ 位于曲线上方的区域时，稳定边界性质成立，即 $\dfrac{D}{M}$ 值位于曲线上方的高阻尼系统满足稳定边界性质，而 $\dfrac{D}{M}$ 值位于曲线下方的低阻尼系统不满足稳定边界性质。

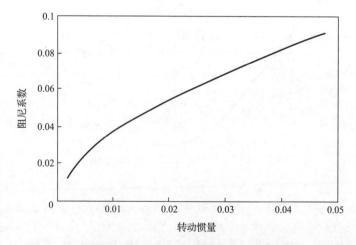

图 19.4　UEP $(\delta_1,0)$ 和 $(\delta_2,0)$ 的稳定和不稳定流形不横截相交的参数值 (M,D)

稳定边界性质在高阻尼系统中成立,在低阻尼系统中可能不成立,如何确定临界阻尼值使得稳定边界性质成立这一问题仍然需要大量的研究。临界阻尼值取决于多种因素,包括网络拓扑、负荷状况、所采用的系统模型等。还应指出,即使边界条件成立,仍不能保证 BCU 法通过研究故障中轨迹的投影总能够找到正确的主导 UEP。这是因为故障中轨迹投影的逸出点与故障中轨迹的逸出点可能无法通过投影联系起来。

尽管稳定边界性质不是一般电力系统模型的通有性质,并且 BCU 法不能对这个第 2 摆失稳的轻阻尼 3 母线系统给出正确的稳定估计,大量数值仿真结果仍然可以表明:①BCU 法对首摆稳定/不稳定有阻尼电力系统总是可靠的;②稳定边界性质取决于系统的阻尼水平;③BCU 法对多摆失稳系统可能会给出不正确的稳定估计;④即使不满足稳定边界性质,依据故障清除时间,BCU 法仍可能对多摆稳定/不稳定电力系统给出正确的稳定估计。

后面将看到,所开发的 BCU-逸出点法,以及群 BCU 法将弥补这些问题,并给出可靠的稳定估计。第 20 章提出 BCU-逸出点法,而群 BCU 法将在第 24 章提出。

19.3　稳定边界性质的分析研究

本节对简单低维电力系统模型横截性条件的检验提出一些分析结论,应用自索引能量函数(self-indexing energy function)、模型中的对称性质、结构稳定性等工具来分析稳定边界上 UEP 的不变性质,以及低维简单电力系统模型的稳定边界性质。

考虑以下的单机无限大(one-machine infinite bus,OMIB)系统:

$$\dot{\delta} = \omega$$
$$M\dot{\omega} = -D\omega + P_m - B\sin\delta$$

(19.3)

式中, $P_m \geqslant 0, M > 0, D > 0, B > 0$。相应的降阶模型定义为

$$\dot{\delta} = -P_m - B\sin\delta$$

(19.4)

相应的单参数动态模型 $d(\lambda)$ 定义为

$$\dot{\delta} = \lambda(P_m - B\sin\delta) + (1-\lambda)\omega$$
$$M\dot{\omega} = -D\omega + (1-\lambda)(P_m - B\sin\delta)$$

(19.5)

首先分析机械注入功率为零的 OMIB 系统（即 $P_m = 0$）。检验平衡点位置。令 E 为所有平衡点的集合，易知单参数动力模型 $d(\lambda)$ 的所有平衡点均为双曲平衡点，并位于 $(n\pi, 0)$，n 为整数，此外可得：① $(\delta_s, 0) = (2k\pi, 0)$ 均为 SEP；② $(\delta_u, 0) = ((2k+1)\pi, 0)$ 均为 1 型 UEP；③ 没有更高类型的 UEP。

下列函数是该系统的一个能量函数：

$$W(\delta, \omega) = \frac{1}{2} M\omega^2 - B\cos\delta \tag{19.6}$$

可以看到，

(1) 对 SEP $(\delta_s, 0) = (2k\pi, 0)$，$W(\delta_s, 0) = -B$。

(2) 对 UEP $(\delta_u, 0) = ((2k+1)\pi, 0)$，$W(\delta_u, 0) = B$。

(3) 对于所有 $(\delta_s, 0)$，$(\delta_u, 0) \in E$，$W(\delta_u, 0) > W(\delta_s, 0)$。

(4) $W(\delta, \omega)$ 是自索引的（self-indexing），它关于状态变量对称。

命题 19.1：单参数动态模型 $d(\lambda)$ 稳定边界上 UEP 的不变性。

如果 OMIB 系统[式(19.3)]机械注入功率 P_m 为零，则

(1) 稳定边界 $\partial A(0, 0)$ 上只有两个 UEP $(\pi, 0)$ 和 $(-\pi, 0)$。

(2) 对所有 $\lambda \in [0, 1]$，单参数系统 $\sum(\lambda)$ 稳定边界上的 UEP $(2k\pi, 0)$，$k = 0, \pm 1$ 保持不变。

下面证明机械注入功率为零的 OMIB 系统[式(19.3)]的横截性条件和稳定边界性质成立。

命题 19.2：横截性条件和稳定边界性质。

如果 OMIB 系统[式(19.3)]机械注入功率为零，则

(1) 对于任意 $\lambda \in [0, 1]$，对应的单参数动态模型 $d(\lambda)$ UEP 的稳定流形和不稳定流形横截相交。

(2) UEP $(\pi, 0)$ 和 $(-\pi, 0)$ 在原模型[式(19.3)]的稳定边界 $\partial A(0, 0)$ 上。UEP (π) 和 $(-\pi)$ 位于降阶模型[式(19.4)]的稳定边界 $\partial A(0)$ 上。

命题 19.2 的结论可以推广到小机械注入功率和小转移电导的 OMIB 系统中。为实现该推广，需要研究结构稳定性质。非线性动力系统的结构稳定性能够保证，与其"相邻的"系统（即摄动系统）是与其拓扑等价的。检验给定的非线性系统是否结构稳定是个具有挑战性的问题。结构稳定的一个充分条件是，给定的非线性系统是莫尔斯-斯梅尔系统。

命题 19.3：结构稳定。

如果 OMIB 系统[式(19.3)]机械注入功率为零，则相应的单参数动态模型 $d(\lambda)$ 结构稳定。

机械注入功率为零的 OMIB 系统[式(19.3)]的结构稳定性可以推广到小机械注入功率和小转移电导的 OMIB 系统,为此考虑以下有转移电导的 OMIB 系统:

$$
\begin{cases}
\dot{\delta} = \omega \\
M\dot{\omega} = -D\omega + P_m - B\sin\delta - G\cos\delta
\end{cases}
\tag{19.7}
$$

式中,$G \geqslant 0$ 表示转移电导,相应的降阶模型定义为

$$
\dot{\delta} = P_m - B\sin\delta - G\cos\delta
\tag{19.8}
$$

相应的单参数动态模型 $d(\lambda)$ 定义为

$$
\dot{\delta} = \lambda(P_m - B\sin\delta - G\cos\delta) + (1-\lambda)\omega
$$
$$
M\dot{\omega} = -D\omega + (1-\lambda)(P_m - B\sin\delta - G\cos\delta)
\tag{19.9}
$$

命题 19.4：稳定边界性质。

如果 OMIB 系统[式(19.7)]的机械注入功率和转移电导 G 足够小,记 $(\delta_s, 0)$ 为一个 SEP,则

(1) 对于任意 $\lambda \in [0,1]$,相应的单参数动态模型 $d(\lambda)$ [式(19.9)]中,UEP 的稳定流形和不稳定流形横截相交。

(2) $(\delta_i, 0)$ 为一个位于原模型[式(19.7)]稳定边界 $\partial A(\delta_s, 0)$ 上的 UEP,当且仅当 (δ_i) 为一个位于降阶模型[式(19.8)]稳定边界 $\partial A(\delta_s)$ 上的 UEP。

由此可知,命题 19.4 说明,具有小机械注入功率和小转移电导的 OMIB 系统满足稳定边界性质。

19.4　双机无限大母线系统

考虑以下的双机无限大(two-machine infinite bus, TMIB)系统:

$$
\dot{\delta}_1 = \omega_1
$$
$$
\dot{\delta}_2 = \omega_2
$$
$$
M_1\dot{\omega}_1 = -D_1\omega_1 - B_{12}\sin(\delta_1 - \delta_2) - B_{13}\sin(\delta_1 - \delta_3) + P_{m1}
$$
$$
M_2\dot{\omega}_2 = -D_2\omega_2 - B_{21}\sin(\delta_2 - \delta_1) - B_{23}\sin(\delta_2 - \delta_3) + P_{m2}
\tag{19.10}
$$

式中,$M_i > 0, D_i > 0, B_{ij} \geqslant 0, P_{mi} \geqslant 0$。相应的降阶模型定义为

$$
\dot{\delta}_1 = -B_{12}\sin(\delta_1 - \delta_2) - B_{13}\sin(\delta_1 - \delta_3) + P_{m1}
$$
$$
\dot{\delta}_2 = -B_{21}\sin(\delta_2 - \delta_1) - B_{23}\sin(\delta_2 - \delta_3) + P_{m2}
\tag{19.11}
$$

相应的单参数动态模型 $d(\lambda)$ 定义为

$$\dot{\delta}_1 = -\lambda(B_{12}\sin(\delta_1-\delta_2) + B_{13}\sin(\delta_1-\delta_3) - P_{m1}) + (1-\lambda)\omega_1$$

$$\dot{\delta}_2 = -\lambda(B_{21}\sin(\delta_2-\delta_1) + B_{23}\sin(\delta_2-\delta_3) - P_{m2}) + (1-\lambda)\omega_2$$

$$M_1\dot{\omega}_1 = -D_1\omega_1 - (1-\lambda)(B_{12}\sin(\delta_1-\delta_2) + B_{13}\sin(\delta_1-\delta_3) - P_{m1})$$

$$M_2\dot{\omega}_2 = -D_2\omega_2 - (1-\lambda)(B_{21}\sin(\delta_2-\delta_1) + B_{23}\sin(\delta_2-\delta_3) - P_{m2})$$

$$(19.12)$$

首先检验机械注入功率为零的 TMIB 系统[式(19.10)]的平衡点位置。除了基本的平衡点 $E_e = (k_1\pi, k_2\pi, 0, 0)$ 以外,系统可能还有其他的平衡点。

定义

$$L(B_{12}, B_{13}, B_{23}) = B_{12}^4 B_{13}^4 + B_{12}^4 B_{23}^4 + B_{13}^4 B_{23}^4 - 2B_{12}^4 B_{13}^2 B_{23}^2 - 2B_{12}^2 B_{13}^4 B_{23}^2 - 2B_{12}^2 B_{13}^2 B_{23}^4$$

可以证明,如果 $L(B_{12}, B_{13}, B_{23}) < 0$,则单参数系统[式(19.12)]还包含以下平衡点:

$$E_x = \{e_x(k_1, k_2) = (\delta_1 \pm 2k_1\pi, \delta_2 \pm 2k_2\pi, 0, 0) \mid k_i \in Z\},$$

式中,

$$\delta_1 = \arctan\frac{\sqrt{-L(B_{12}, B_{13}, B_{23})}}{B_{13}^2 B_{23}^2 - B_{12}^2 B_{23}^2 + B_{12}^2 + B_{13}^2}$$

$$\delta_2 = \arccos\frac{-B_{13}^2 B_{23}^2 - B_{12}^2 B_{23}^2 + B_{12}^2 B_{13}^2}{2B_{12}B_{13}B_{23}^2}$$

根据它们的位置和能量函数值,TMIB 系统[式(19.10)]的所有平衡点可以分成 5 类,如表 19.2 所示,不失一般性,其中参数 B_{12} 归一化为 1。

表 19.2　平衡点分类及其相应能量值

类别	平衡点位置	能量值
I	$(2k_1\pi, 2k_2\pi)$	$-1 - B_{13} - B_{23}$
II	$((2k_1+1)\pi, 2k_2\pi)$	$1 + B_{13} - B_{23}$
III	$(2k_1\pi, (2k_2+1)\pi)$	$1 - B_{13} + B_{23}$
IV	$((2k_1+1)\pi, (2k_2+1)\pi)$	$-1 + B_{13} + B_{23}$
V	$e_x(k_1, k_2)$	$-\dfrac{3B_{12}^2 B_{23}^2 - B_{13}^2 - B_{23}^2}{2B_{13}B_{23}}$

五类平衡点的位置见图 19.5。注意:$(2k_1\pi, 2k_2\pi)$ 为 SEP,而 $e_x(k_1, k_2)$ 为与参数值 B_{ij} 无关的 2 型平衡点。其他三类平衡点的类型不能在给定参数 B_{ij} 之前确定。不同的参数值 B_{13} 和 B_{23} 将使另三类平衡点的类型不同。注意:如果

$L(B_{12},B_{13},B_{23})\neq 0$，则所有的平衡点都是双曲的；反之，$L(B_{12},B_{13},B_{23})=0$ 表明线性化系统至少有一个零特征值。下面以 B_{13} 和 B_{23} 为参数，则当 $L(B_{12},B_{13},B_{23})=0$ 时，系统将会发生鞍结点分岔。因为 $L(B_{12},B_{13},B_{23})$ 中参数 B_{13} 和 B_{23} 可以交换，所以只需考虑 $B_{23}>B_{13}$ 的情况。根据 B_{23} 和 B_{13} 的取值，Ⅱ～Ⅳ类平衡点可能是 1 型或者 2 型平衡点。

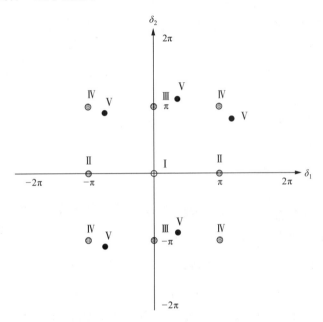

图 19.5　5 类平衡点在角度空间 $\mathbf{R}^2$ 中的位置

用符号 Ⅱ(2) 表示第 Ⅱ 类的 2 型平衡点，符号 Ⅲ(1) 表示第 Ⅲ 类的 1 型平衡点。注意：如果 $L(B_{12},B_{13},B_{23})\neq 0$，第 Ⅰ 类平衡点总是稳定的，记为 Ⅰ(0)；而第 Ⅴ 类平衡点总是 2 型的，记为 Ⅴ(2)，可以证明以下结论成立。

(1) 如果 $B_{23}>\dfrac{B_{13}}{1-B_{13}}$ 且 $B_{23}>1$，则：①第 Ⅱ 类平衡点是 1 型的；②第 Ⅲ 类平衡点是 2 型的；③第 Ⅳ 类平衡点是 1 型的。此外，

$$W(Ⅲ(2))\geqslant W(Ⅳ(1))\geqslant W(Ⅱ(1))\geqslant W(Ⅰ(0))$$

(2) 如果 $B_{23}>\dfrac{B_{13}}{1-B_{13}}$ 且 $B_{23}<1$，则：①第 Ⅱ 类平衡点是 1 型的；②第 Ⅲ 类平衡点是 2 型的；③第 Ⅳ 类平衡点是 1 型的。此外，

$$W(Ⅲ(2))\geqslant W(Ⅱ(1))\geqslant W(Ⅳ(1))\geqslant W(Ⅰ(0))$$

（3）如果 $B_{13}<1,B_{23}>1$ 且 $L(1,B_{13},B_{23})<0$，则：①第Ⅱ类平衡点是 1 型的；②第Ⅲ类平衡点是 1 型的；③第Ⅳ类平衡点是 1 型的；④第Ⅴ类平衡点是 2 型的。此外，

$$W(Ⅴ(2))\geqslant W(Ⅲ(1))\geqslant W(Ⅳ(1))\geqslant W(Ⅱ(1))\geqslant W(Ⅰ(0))$$

（4）如果 $B_{23}>B_{13},B_{13}<1,B_{23}<1,L(1,B_{13},B_{23})<0$，则：①第Ⅱ类平衡点是 1 型的；②第Ⅲ类平衡点是 1 型的；③第Ⅳ类平衡点是 1 型的；④第Ⅴ类平衡点是 2 型的。此外，

$$W(Ⅴ(2))\geqslant W(Ⅲ(1))\geqslant W(Ⅱ(1))\geqslant W(Ⅳ(1))\geqslant W(Ⅰ(0))$$

（5）如果 $B_{13}>1,B_{23}>1,B_{23}>B_{13},L(1,B_{13},B_{23})<0$，则：①第Ⅱ类平衡点是 1 型的；②第Ⅲ类平衡点是 1 型的；③第Ⅳ类平衡点是 1 型的；④第Ⅴ类平衡点是 2 型的。此外，

$$W(Ⅴ(2))\geqslant W(Ⅳ(1))\geqslant W(Ⅲ(1))\geqslant W(Ⅱ(1))\geqslant W(Ⅰ(0))$$

（6）如果 $B_{23}>\dfrac{B_{13}}{B_{13}-1},B_{23}>B_{13}$，则：①第Ⅱ类平衡点是 1 型的；②第Ⅲ类平衡点是 1 型的；③第Ⅳ类平衡点是 2 型的。此外，

$$W(Ⅳ(2))\geqslant W(Ⅲ(1))\geqslant W(Ⅱ(1))\geqslant W(Ⅰ(0))$$

这些结果见表 19.3，参数空间 B_{13}-B_{23} 中相应的分类见图 19.6。表 19.3 中的一个重要发现是，平衡点的类型按照能量值对平衡点进行了以下有趣的线性排序：

$$W(\text{type-2})\geqslant W(\text{type-1})\geqslant W(\text{SEP})$$

注意这个结论与最近 UEP 的理论分析是一致的，即在稳定边界上，最近 UEP 的能量值最低，且必为 1 型 UEP。

表 19.3　参数区间的区域划分以及不同类平衡点能量值排序

区域编号	特性	平衡点处的能量值(类别(平衡点类型))
1,7	$B_{23}>\dfrac{B_{13}}{1-B_{13}}$ 且 $B_{23}>1$	$W(Ⅲ(2))\geqslant W(Ⅳ(1))\geqslant W(Ⅱ(1))\geqslant W(Ⅰ(0))$
2,8	$B_{23}>\dfrac{B_{13}}{1-B_{13}}$ 且 $B_{23}<1$	$W(Ⅲ(2))\geqslant W(Ⅱ(1))\geqslant W(Ⅳ(1))\geqslant W(Ⅰ(0))$
3,9	$B_{13}<1,B_{23}>1$ 且 $L(1,B_{13},B_{23})<0$	$W(Ⅴ(2))\geqslant W(Ⅲ(1))\geqslant W(Ⅳ(1))\geqslant W(Ⅱ(1))\geqslant W(Ⅰ(0))$

续表

区域编号	特性	平衡点处的能量值(类别(平衡点类型))
4,10	$B_{23} > B_{13}, B_{13} < 1, B_{23} < 1$，且 $L(1, B_{13}, B_{23}) < 0$	$W(\mathrm{V}(2)) \geqslant W(\mathrm{III}(1)) \geqslant W(\mathrm{II}(1)) \geqslant W(\mathrm{IV}(1)) \geqslant W(\mathrm{I}(0))$
5,11	$B_{13} > 1, B_{23} > 1, B_{23} > B_{13}$，且 $L(1, B_{13}, B_{23}) < 0$	$W(\mathrm{V}(2)) \geqslant W(\mathrm{IV}(1)) \geqslant W(\mathrm{III}(1)) \geqslant W(\mathrm{II}(1)) \geqslant W(\mathrm{I}(0))$
6,12	$B_{23} > \dfrac{B_{13}}{B_{13}-1}$ 且 $B_{23} > B_{13}$	$W(\mathrm{IV}(2)) \geqslant W(\mathrm{III}(1)) \geqslant W(\mathrm{II}(1)) \geqslant W(\mathrm{I}(0))$

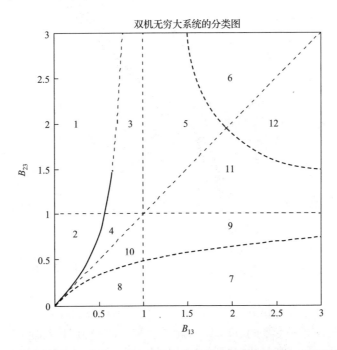

图 19.6　参数空间 B_{13}-B_{23} 共有 12 个区域,每个区域由参数空间的一个代数关系式刻画

下面对 TMIB 系统[式(19.10)]进行动态分析。第一个目标是证明单参数动力系统[式[19.12]]稳定边界 $\partial A(0,0,0,0)$ 上的 UEP 的不变性。

从最近 UEP 开始,继而对其他 1 型平衡点分析,最后对稳定边界上的 2 型平衡点进行分析,研究 UEP 能量值的线性排序性质。根据表 19.3 中不同区域的分类,分析包括以下几个阶段。

阶段 1：对区域 1 和 3 进行动态分析。

阶段 2：对区域 5 和 6 进行动态分析。

阶段 3：对区域 2 和 4 进行动态分析。

每个分析阶段包括 4 个步骤。

第 1 步：确定 SEP(0,0,0,0) 的最近 UEP 的位置。

第 2 步：确定第二个最近 UEP 的位置，该 UEP 在稳定边界 $\partial A(0,0,0,0)$ 上能量值第二低。

第 3 步：证明稳定边界 $\partial A(0,0,0,0)$ 上其他 1 型 UEP 的不变性。

第 4 步：证明稳定边界 $\partial A(0,0,0,0)$ 上 2 型 UEP 的不变性。

将主要结论总结为以下命题。

命题 19.5：不变性质和稳定边界性质。

如果 TMIB 系统[式(19.10)]的机械注入功率为零，则对任意 $M_i > 0, D_i > 0, i = 1,2, B_{ij} \geqslant 0, i,j = 1,2,3$，以下结论成立。

(1) 当 λ 从 $\lambda = 0$ 变为 $\lambda = 1$ 时，单参数系统[式(19.12)]稳定边界 $\partial A(0,0,0,0)$ 上 UEP 的位置和数目保持不变。

(2) $(\delta_1'', \delta_2'', 0, 0)$ 为一个位于系统[式(19.10)]稳定边界 $\partial A(0,0,0,0)$ 上的 UEP，当且仅当 (δ_1'', δ_2'') 为一个位于系统[式(19.11)]稳定边界 $\partial A(0,0)$ 上的 UEP。

命题 19.5 的分析结果可以推广到小机械注入功率和小转移电导的 TMIB 系统中。为此，需要研究系统的结构稳定性。

命题 19.6：结构稳定。

如果 TMIB 系统[式(19.10)]机械注入功率为零，并同时满足以下条件：

(C19.1) $L(B_{12}, B_{13}, B_{23}) \neq 0$，

(C19.2) 稳定流形和不稳定流形的交集满足横截性条件，

则机械注入功率为零的 TMIB 系统[式(19.10)]是结构稳定的。此外，如果降阶 TMIB 系统[式(19.11)]满足(C19.2)，则它同样是结构稳定的。

条件(C19.1)等价于 TMIB 系统[式(19.10)]所有平衡点都是双曲的。因为 TMIB 系统是 4 维的，因此检验 TMIB 系统[式(19.10)]的横截性条件(C19.2)可能很复杂，而降阶 TMIB 系统是 2 维的，因此降阶 TMIB 系统[式(19.11)]的横截性条件(C19.2)是容易检验的。

机械注入功率为零的 TMIB 系统[式(19.10)]的结构稳定性可以推广到带有小机械注入功率和小转移电导的 TMIB 系统。为此考虑以下转移电导的 TMIB 系统：

$$\dot{\delta}_1 = \omega_1$$

$$\dot{\delta}_2 = \omega_2$$

$$M_1\dot{\omega}_1 = -D_1\omega_1 - B_{12}\sin(\delta_1 - \delta_2) - G_{12}\cos(\delta_1 - \delta_2)$$
$$- B_{13}\sin(\delta_1 - \delta_3) - G_{13}\cos(\delta_1 - \delta_3) + P_{m1} \tag{19.13}$$

$$M_2\dot{\omega}_2 = -D_2\omega_2 - B_{21}\sin(\delta_2 - \delta_1) - G_{21}\cos(\delta_2 - \delta_1)$$
$$- B_{23}\sin(\delta_2 - \delta_3) - G_{23}\cos(\delta_2 - \delta_3) + P_{m2}$$

式中，$G \geqslant 0$ 为转移电导，相应的降阶模型定义为

$$\dot{\delta}_1 = -B_{12}\sin(\delta_1 - \delta_2) - G_{12}\cos(\delta_1 - \delta_2)$$
$$- B_{13}\sin(\delta_1 - \delta_3) - G_{13}\cos(\delta_1 - \delta_3) + P_{m1} \tag{19.14}$$

$$\dot{\delta}_2 = -B_{21}\sin(\delta_2 - \delta_1) - G_{21}\cos(\delta_2 - \delta_1)$$
$$- B_{23}\sin(\delta_2 - \delta_3) - G_{23}\cos(\delta_2 - \delta_3) + P_{m2}$$

相应的单参数系统定义为

$$\dot{\delta}_1 = -\lambda(B_{12}\sin(\delta_1 - \delta_2) + B_{13}\sin(\delta_1 - \delta_3) + G_{12}\cos(\delta_1 - \delta_2)$$
$$+ G_{13}\cos(\delta_1 - \delta_3) - P_{m1}) + (1 - \lambda)\omega_1$$

$$\dot{\delta}_2 = -\lambda(B_{21}\sin(\delta_2 - \delta_1) + B_{23}\sin(\delta_2 - \delta_3) + G_{21}\cos(\delta_2 - \delta_1)$$
$$+ G_{23}\cos(\delta_2 - \delta_3) - P_{m2}) + (1 - \lambda)\omega_2 \tag{19.15}$$

$$M_1\dot{\omega}_1 = -D_1\omega_1 - (1 - \lambda)(B_{12}\sin(\delta_1 - \delta_2) + B_{13}\sin(\delta_1 - \delta_3)$$
$$+ G_{12}\cos(\delta_1 - \delta_2) + G_{13}\cos(\delta_1 - \delta_3) - P_{m1})$$

$$M_2\dot{\omega}_2 = -D_2\omega_2 - (1 - \lambda)(B_{21}\sin(\delta_2 - \delta_1) + B_{23}\sin(\delta_2 - \delta_3)$$
$$+ G_{21}\cos(\delta_2 - \delta_1) + G_{23}\cos(\delta_2 - \delta_3) - P_{m2})$$

命题 19.7：不变性和稳定边界性质。

如果机械注入功率为零的 TMIB 系统[式(19.10)]满足命题 19.6 中的条件 (C19.1) 和 (C19.2)，并且降阶 TMIB 系统[式(19.11)]满足条件 (C19.2)，则对任意的 $M_i > 0, D_i > 0, i = 1, 2, B_{ij} \geqslant 0, i, j = 1, 2, 3$，对于具有充分小的机械注入功率和充分小转移电导的 TMIB 系统(式 19.13)，以下结论成立。

(1) 当 λ 从 $\lambda = 0$ 变为 $\lambda = 1$ 时，单参数系统[式(19.15)]稳定边界 $\partial A(\delta_1^s, \delta_2^s, 0, 0)$ 上 UEP 的位置和数目保持不变。

(2) $(\delta_1^u, \delta_2^u, 0, 0)$ 为一个位于系统[式(19.13)]稳定边界 $\partial A(\delta_1^s, \delta_2^s, 0, 0)$ 上的 UEP，当且仅当 (δ_1^u, δ_2^u) 为一个位于系统[式(19.14)]稳定边界 $\partial A(\delta_1^s, \delta_2^s)$ 上的 UEP。

19.5 数 值 研 究

如果原模型和降阶模型稳定边界上的平衡点相同,则满足稳定边界性质。前面章节已经证明,阻尼系数足够大时,稳定边界性质成立。本节对9母线测试系统结构保留模型进行数值研究,阐明阻尼系数与稳定边界性质的关系。9母线结构保留模型状态空间的维数是21。首先考虑事故4,其中母线5故障,切除母线5和4之间的线路以清除故障。与上一章中的数值仿真相比较,这里考虑的是重载情况,负荷为正常情况的150%。

考虑3种不同的阻尼与惯量之比:

$$\frac{D_i}{M_i} = 1.0$$

$$\frac{D_i}{M_i} = 2.0$$

$$\frac{D_i}{M_i} = 5.0$$

在3个不同的阻尼比下,原模型稳定域的截面见图19.7～图19.9。数值研究证实,当阻尼系数增大时,原模型稳定域增大。这是通过对稳定域截面的观察得到的结果,稳定域截面是原模型稳定域与角度空间的交集。如图所示,随着阻尼系数增大,原模型稳定域的截面也增大。此外,随着阻尼系数增大,边界条件也得到更好的满足,如图19.10和图19.11所示。边界条件满足程度的提高证实了本章提出的理论分析。

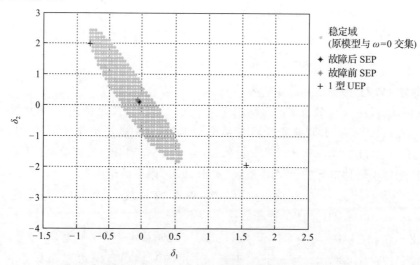

图 19.7 阻尼/惯量比为1.0时的原模型稳定域截面(事故4)

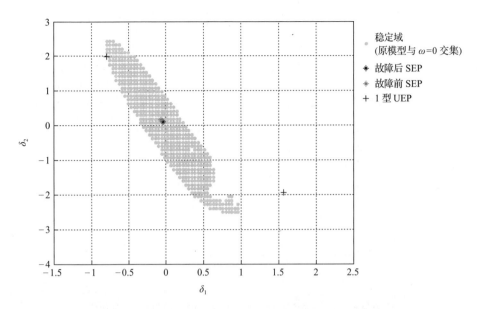

图 19.8　阻尼/惯量比为 2.0 时的原模型稳定域截面(事故 4)

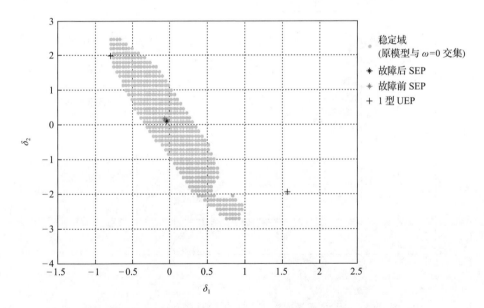

图 19.9　阻尼/惯量比为 5.0 时的原模型稳定域截面(事故 4)

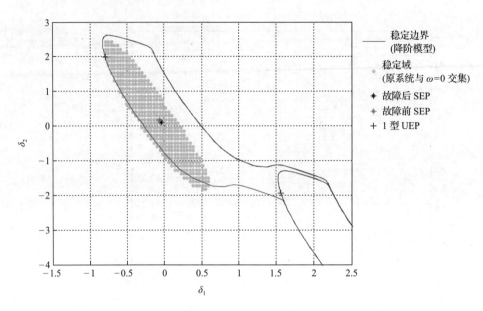

图 19.10　阻尼/惯量比为 1.0 时的降阶模型稳定边界（事故 4）

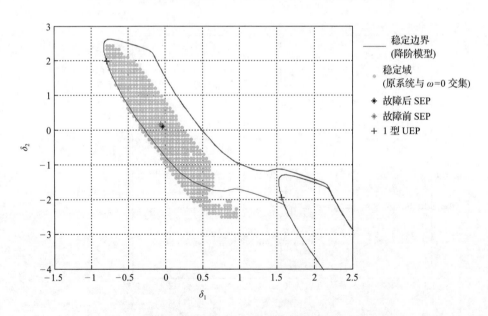

图 19.11　阻尼/惯量比为 2.0 时的降阶模型稳定边界（事故 4）

19.6　本 章 小 结

本章用自索引能量函数、模型中的对称性质、结构稳定等工具分析了低维简单电力系统稳定模型稳定边界上 UEP 的稳定边界性质。具体而言,对 OMIB 和 TMIB 系统,证明了在较宽松的条件下,原模型与降阶模型的稳定边界上包含相同的 UEP。并且,这两个简单的电力系统模型满足稳定边界性质。

从理论上讲,一方面,系统阻尼不够时将使 BCU 法研究的参数化动力系统产生全局分岔;另一方面,已经发现,当边界条件成立时,BCU 法性能很好。而且当系统阻尼足够大时,稳定边界性质(D2)是成立的。需要注意的是,当无法满足稳定边界性质(D2)时,只要动态性质(D2′)成立,BCU 法的性能依然良好。

随着电力系统暂态稳定模型规模的增大,稳定边界上 UEP 的个数增加,相应的分类图更加繁杂。进一步的研究需要更多的定性和定量的研究工具。我们相信,本章所使用的工具能为大规模稳定模型的定性分析提供一些理论上的帮助。

第 20 章　BCU-逸出点法

20.1　引　　言

本章提出一种 BCU 的扩展方法,称为 BCU-逸出点法,用于 BCU 法失效时计算出准确的临界能量值以供直接法稳定分析使用。BCU-逸出点法建立在 BCU 法之上。我们曾说,如果 BCU 法计算出的主导 UEP 位于原模型的稳定边界上,则满足稳定边界性质。如果稳定边界性质成立,则可将该主导 UEP 的能量值用做临界能量;如果稳定边界性质不成立,那么计算出的主导 UEP 是有误的,这时主导 UEP 的能量值不能用做临界能量。

本章首先提出一种验证方法,不需要检验单参数横截性条件,就能够检查计算出的主导 UEP 是否满足稳定边界性质。当稳定边界性质不成立时,将该验证方法结合 BCU-逸出点法,以计算出准确的临界能量值,因此 BCU-逸出点法的作用是在 BCU 法失效时确定准确的临界能量值以用于直接稳定分析。当 BCU 法计算出的主导 UEP 满足稳定边界性质时,BCU-逸出点法"退化"为 BCU 法。如果边界条件不成立,BCU 法得到的计算结果不能采用,因为它可能会给出有误的临界能量值。这种情况下,BCU-逸出点法可以得到准确的临界能量值。

20.2　稳定边界性质

给定一个电力系统暂态稳定模型、要研究的事故以及一个故障序列,由 BCU 法计算出与事故对应的主导 UEP,然后将计算出的主导 UEP 的能量值作为事故的临界能量。在单参数横截性条件下,已经证明,计算出的主导 UEP 是原暂态稳定模型稳定边界上的一个 UEP。由于难以检验单参数横截性条件是否成立,这里提出一个直接检验稳定边界性质的方法,而稳定边界性质等价于以下动态性质(D2′)。

动态性质(D2′):降阶主导 UEP 位于降阶模型稳定边界上,当且仅当相应的主导 UEP 位于原模型的稳定边界上。

下面定义一些与 BCU 法计算过程相关的术语。

定义 20.1:BCU-逸出点

对于由 BCU 法计算出的与事故对应的 UEP,连接故障后 SEP 与计算得到的 UEP 的射线穿过原模型的稳定边界,交点称为 BCU-逸出点。

　　注意,如果计算出的 UEP 位于原模型的稳定边界上,则 BCU-逸出点就是计算出的 UEP;否则,BCU-逸出点位于故障后 SEP 与计算出的 UEP 之间。BCU-逸出点位于原模型的稳定边界上。

　　定义 20.2: BCU-逸出点距离

　　对于一个计算出的与事故对应的 UEP,BCU-逸出点距离是指 BCU-逸出点与故障后 SEP 的欧氏距离。

　　定义 20.3: UEP 距离

　　对于一个计算出的与事故对应的 UEP,UEP 距离是指该 UEP 与故障后 SEP 的欧氏距离。

　　注意,如果计算出的 UEP 位于原模型的稳定边界上,则 BCU-逸出点距离等于 UEP 距离。

　　定义 20.4: 边界距离

　　对于一个计算出的与事故对应的 UEP,边界距离是指 BCU-逸出点距离除以 UEP 距离得到的标量,即

$$边界距离 = BCU\text{-}逸出点距离 / UEP 距离$$

　　注意,UEP 永远不会位于稳定域内部,因此边界距离不会大于 1.0。BCU-逸出点可以用时域仿真程序来计算。根据定义,边界距离是个标量,它等于 BCU-逸出点和故障后 SEP 间的欧氏距离与计算出的 UEP 和故障后 SEP 间的欧氏距离的商(图 20.1)。如果某个 UEP 的边界距离小于 1.0,则计算出的 UEP 位于稳定边界之外;否则,位于稳定边界上(图 20.2)。

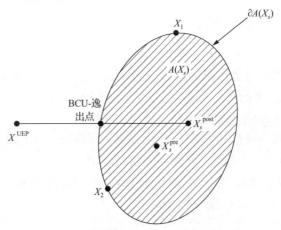

图 20.1　边界距离小于 1 的情况图示

给定一个计算出的 UEP,可以做出它与故障后 SEP 间的一条连线,它与稳定边界的交点
为 BCU-逸出点,如果一个 UEP 的边界距离小于 1.0,则该 UEP 在稳定边界之外

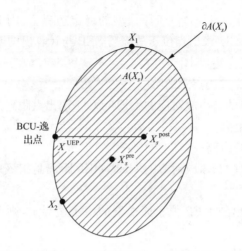

图 20.2　如果某 UEP 的边界距离等于 1.0,则该 UEP 位于稳定边界上

定义 20.5: 稳定边界性质

如果计算出的与事故对应的 UEP 位于原故障后模型的稳定边界上,则称它满足稳定边界性质,即该 UEP 的边界距离等于 1.0。

注意计算出的 UEP 的边界距离不可能大于 1.0,计算出的满足稳定边界性质的 UEP 的边界距离等于 1.0。UEP 的边界距离越小,它距离稳定边界就越远。根据引入的稳定边界性质,检验 BCU 法计算出的主导 UEP 是否正确,可以通过检验其稳定边界性质是否成立来实现。通过求取计算出的主导 UEP 边界距离,可以检验计算出的主导 UEP 是否位于原模型的稳定边界上。

20.2.1　稳定边界性质的验证方案

对一个计算出的 UEP,本节提出检验其稳定边界性质的数值验证方法。通过求取计算出的 UEP 的边界距离,可以检验稳定边界性质是否成立,即计算出的 UEP 是否位于原模型的稳定边界上。如果计算出的 UEP 的边界距离为 1.0,则 UEP 位于原故障后模型的稳定边界上;否则不在。

对于一个一般非线性动力系统,下面提出一种检验一个 UEP(如 X^{UEP})是否位于一个 SEP(如 X_s^{post})的稳定边界上的方法。

第 1 步:选择。选取一个点(测试向量)。在实际计算中,为每一个得到的 UEP(记为 X^{UEP})用下式计算一个测试向量:

$$X^{\mathrm{test}} = X_s^{\mathrm{post}} + 0.99(X^{\mathrm{UEP}} - X_s^{\mathrm{post}})$$

式中,X_s^{post} 为相应的 SEP。

　　第 2 步：检验。从 X^{test} 出发，通过仿真系统轨迹，检验 X^{UEP} 的稳定边界性质。如果随后的系统轨迹收敛到 X_s^{post}，则 X^{UEP} 位于 X_s^{post} 的稳定边界上；否则不在稳定边界上。

　　如果测试向量 X^{test} 位于 X_s^{post} 的稳定域内（在第 2 步中检验），则计算出的 UEP X^{UEP} 必然在稳定边界 $\partial A(X_s^{\text{post}})$ 上。如果测试向量 X^{test} 位于 X_s^{post} 的稳定域之外，则 X^{UEP} 必然在稳定边界 $\partial A(X_s^{\text{post}})$ 之外。这种情况下 X_s^{post} 与 X^{UEP} 的连线必与稳定边界 $\partial A(X_s^{\text{post}})$ 相交于一个点，该交点即为 BCU-逸出点。如果 X^{UEP} 满足稳定边界性质，则 X^{UEP} 本身就是 BCU-逸出点；否则，BCU-逸出点由 X_s^{post}、X^{UEP} 和稳定边界 $\partial A(X_s^{\text{post}})$ 唯一确定。BCU-逸出点的一个重要作用是，该点的能量值可以用做临界能量。

　　不需要检验单参数横截性条件，R 通过检验稳定边界性质，就可以确定 BCU 法计算得到的 UEP 是否位于原（故障后）系统的稳定边界上。上述步骤的理论基础建立在稳定边界的以下性质之上：如果 X^{UEP} 位于稳定边界上，则测试向量 X^{test} 必在稳定域内（图 20.3）；否则，X^{UEP} 必在稳定边界之外（图 20.4）。

　　验证过程的计算量大致等于为 BCU 法得到的每一个 UEP 进行一次时域轨迹仿真的计算量。为提高该步骤的计算效率，我们将识别出事故列表中的同调事故群(group of coherent contingency)以及群性质，还将研究这些群的性质，从而改进每一个同调事故群的验证过程。特别地，我们开发了群验证方法，以便快速准确地验证出同调事故群中每个计算得到的与故障对应的 UEP 的稳定边界性质，具体内容将在后面的章节中详细讨论。

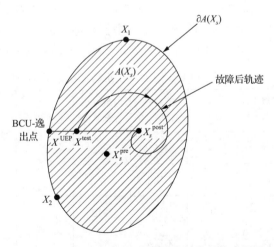

图 20.3　测试向量 X^{test} 位于稳定域内的轨迹图示

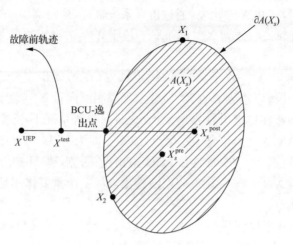

图 20.4　测试向量 X^{test} 位于稳定域外的轨迹图示

　　为评估上述的验证方法,应用 BCU 法来分析一个 29 机测试系统的事故集和一个 134 机测试系统的事故集。结果可见,BCU 法对大多数事故分析表现良好,但在一些情况下不能找到正确的主导 UEP。下面列出几个 BCU 法没有找到正确主导 UEP 的例子,并应用稳定边界性质指出失效的原因。

　　表 20.1 中列出了一些 BCU 法给出正确稳定估计的例子,这些例子都出现了多摆现象,并且每个例子中稳定边界性质都成立。表 20.2 列出了 BCU 法不能正确稳定估计的例子,这些例子都出现了多摆现象,但由于不满足稳定边界性质使得 BCU 法不能找到正确的主导 UEP。有趣的是,表 20.2 中这些例子的边界距离近似相等。事实上,后面会证明边界距离是一个群特性。表 20.1 中的所有事故属于一个同调事故群,而表 20.2 中的所有事故属于另一个同调事故群。

表 20.1　事故中 BCU 法找出了正确主导 UEP 的事故

事故情况	故障清除时间/s	能量裕度	BCU法评估结论	时域方法评估结论	失稳模式	边界距离	稳定边界性质
故障母线 709,跳闸线路 104-709	0.07	1.948	稳定	稳定	多摆	1.0	满足
	0.10	−0.225	不稳定	不稳定		1.0	满足
故障母线 38,跳闸线路 38-55	0.07	0.468	稳定	稳定	多摆	1.0	满足
	0.10	−0.551	不稳定	不稳定		1.0	满足

表 20.2　事故中 BCU 法未找出正确主导 UEP 的事故

事故情况	故障清除 时间/s	能量 裕度	BCU 法 评估结论	时域方法 评估结论	失稳 模式	边界 距离	稳定边 界性质
故障母线 536， 跳闸线路 536-537	0.0700	1.1127	稳定	稳定	多摆	0.2340	不满足
	0.1000	0.9830	稳定	不稳定		0.2340	不满足
故障母线 707， 跳闸线路 707-708	0.0700	1.1700	稳定	稳定	多摆	0.2340	不满足
	0.1000	0.9433	稳定	不稳定		0.2340	不满足
故障母线 521， 跳闸线路 521-522	0.0500	0.3587	稳定	不稳定	多摆	0.2320	不满足
	0.0700	0.2387	稳定	不稳定		0.2320	不满足

20.2.2　稳定边界性质与系统阻尼

稳定边界性质是一个重要性质,它能够保证 BCU 法计算出的降阶主导 UEP 位于原模型的稳定边界上。如果计算出的降阶主导 UEP 满足稳定边界性质,则对应的主导 UEP 位于原模型的稳定边界上,之后 BCU 法计算得到的主导 UEP 的能量值可作为所研究事故的临界能量值。因此稳定边界性质保证了 BCU 法在主导 UEP 计算中的准确性。而稳定边界性质取决于电网的多种因素,高阻尼往往能保证稳定边界性质成立。这与第 19 章中推导出的分析结论是相符的。

稳定边界性质是否成立与系统阻尼存在着密切的联系。随着系统阻尼增加,稳定边界性质成立的事故比例相应增加。对这种关系的证明是很有难度的工作。第 19 章给出的分析结论指出了这种联系。在此,我们通过数值研究来揭示这种关系。

对于无阻尼的 134 机测试系统,BCU 法给出错误稳定评估的事故见表 20.3。这些事故再次表现出多摆现象,并且不满足稳定边界性质。表 20.4 列出了 BCU 法给出正确稳定估计的事故,这些事故均满足稳定边界性质。

表 20.3　BCU 法失效算例(无阻尼)

事故情况	故障清除 时间/s	能量 裕度	BCU 法 评估结论	时域方法 评估结论	失稳 模式	边界距离 /UEP 群编号	稳定边 界性质
故障母线 3036， 跳闸线路 3036-3037	0.0500	0.0211	稳定	不稳定	多摆	0.200/27	不满足
	0.0700	−0.0695	不稳定	不稳定		0.200/27	不满足
故障母线 4021， 跳闸线路 4021-4022	0.0500	1.9706	稳定	不稳定	多摆	0.310/39	不满足
	0.0700	1.9420	稳定	不稳定		0.310/39	不满足

事故情况	故障清除时间/s	能量裕度	BCU法评估结论	时域方法评估结论	失稳模式	边界距离/UEP群编号	稳定边界性质
故障母线 4029，跳闸线路 4026-4029	0.0700	0.5595	稳定	不稳定	多摆	0.289/35	不满足
	0.2700	−0.3527	不稳定	不稳定		0.289/35	不满足
故障母线 107，跳闸线路 107-4124	0.0700	0.4302	稳定	不稳定	多摆	0.234/52	不满足
	0.1500	−0.1049	不稳定	不稳定		0.234/52	不满足

表 20.4　BCU 法成功算例(无阻尼)

事故情况	故障清除时间/s	能量裕度	BCU法评估结论	时域方法评估结论	失稳模式	边界距离/UEP群编号	稳定边界性质
故障母线 204，跳闸线路 204-4005	0.07	0.706	稳定	稳定	单摆	1.00/50	满足
	0.15	−0.392	不稳定	不稳定		1.00/50	满足
故障母线 5169，跳闸线路 4123-5169	0.07	0.345	稳定	稳定	多摆	1.00/21	满足
	0.15	−0.738	不稳定	不稳定		1.00/21	满足

随着系统阻尼增大，BCU 法的性能提升，表现为满足边界条件的事故比率增大。例如，当系统阻尼因数增加时，BCU 法在表 20.3 列出的事故中的表现得到了改善。当 134 机系统具有小的非零阻尼因数时 BCU 法的效果见表 20.5。从表中可以看出，随着阻尼因数增加，各个事故的边界距离逐渐接近 1.0。计算的主导 UEP 在状态空间中逐步接近原模型的稳定边界。此外，事故(母线 107 处故障)满足稳定边界性质，被判断为多摆稳定事故。

表 20.5　随阻尼增加，稳定边界性质与边界距离的改善

事故情况	故障清除时间/s	能量裕度	BCU法评估结论	时域方法评估结论	失稳模式	边界距离/UEP群编号	稳定边界性质
故障母线 3036，跳闸线路 3036-3037	0.0700	0.1770	稳定	稳定	多摆	0.701/29	不满足
	0.1700	−0.3030	不稳定	不稳定		0.701/29	不满足
故障母线 4021，跳闸线路 4021-4022	0.0700	2.7270	稳定	稳定	多摆	0.824/34	不满足
	0.7700	−0.1570	不稳定	不稳定		0.824/34	不满足

续表

事故情况	故障清除时间/s	能量裕度	BCU 法评估结论	时域方法评估结论	失稳模式	边界距离/UEP 群编号	稳定边界性质
故障母线 4029，跳闸线路 4026-4029	0.0700	0.5630	稳定	稳定	多摆	0.867/36	不满足
	0.3700	−0.0480	不稳定	不稳定		0.867/36	不满足
故障母线 107，跳闸线路 107-4124	0.0700	1.0810	稳定	稳定	多摆	1.00/48	满足
	0.3000	−0.2450	不稳定	不稳定		1.00/48	满足

注：阻尼增大的情况

当继续增大阻尼作用时，BCU 法的性能得到进一步提升。当阻尼因数加倍时，BCU 法对表 20.5 中的事故的判断可见表 20.6。在稳定估计的准确性方面，BCU 法的直接稳定估计与时域仿真方法的评估完全相同。但是，在稳定边界性质方面，四个事故的主导 UEP 中，BCU 法仅计算正确了其中的三个。

表 20.6　随系统阻尼增加，BCU 法在失效事故中的改善

事故情况	故障清除时间/s	能量裕度	BCU 法评估结论	时域方法评估结论	失稳模式	边界距离/UEP 群编号	稳定边界性质
故障母线 3036，跳闸线路 3036-3037	0.0700	0.9340	稳定	稳定	多摆	1.00/35	满足
	0.1700	0.5250	稳定	稳定		1.00/35	满足
故障母线 4021，跳闸线路 4021-4022	0.0700	2.8130	稳定	稳定	多摆	1.00/7	满足
	0.7700	1.7500	稳定	稳定		1.00/7	满足
故障母线 4029，跳闸线路 4026-4029	0.0700	0.5880	稳定	稳定	多摆	0.948/9	不满足
	0.3700	0.2790	稳定	稳定		0.948/9	不满足
故障母线 107，跳闸线路 107-4124	0.0700	1.1820	稳定	稳定	多摆	1.00/1	满足
	0.3000	0.3060	稳定	稳定		1.00/1	满足

注：在四个多摆失稳的情况中，BCU 法正确计算出了其中三个的主导 UEP

这些数值实验显示，随着阻尼因数增大，BCU 法计算出的主导 UEP 的边界距离也增加，并向 1.0 移动。因此，随着阻尼因数增大，BCU 法计算出的主导 UEP 趋向于满足边界条件。

20.3　BCU-逸出点的计算

计算 BCU-逸出点需要在计算得到的 UEP 和故障后 SEP 之间作迭代时域仿真。为加速计算过程,我们提出用黄金分割法快速计算逸出点。

黄金分割法是一种用于求解单峰实函数最优解的一维搜索算法。单峰函数 $F(x)$ 具有以下性质,给定区间 $[a,b]$ 上存在唯一的 x^* 使得 $F(x^*)$ 为该区间上 $F(x)$ 唯一的最小值,而且当 $x \leqslant x^*$ 时,函数 $F(x)$ 严格递减,而当 $x \geqslant x^*$ 时,函数 $F(x)$ 严格递增。这个性质的重要性是能够通过计算区间内解的采样值,并根据得到的函数值来舍弃部分区间,从而确定出含有最优解的区间。

假设 x_1 和 x_2 为区间 $[a,b]$ 中的两点,且 $x_1 \leqslant x_2$。比较函数值 $F(x_1)$ 与 $F(x_2)$,利用单模性质可以舍弃其中的一段子区间,(x_2,b) 或者 (a,x_1),并且知道最小值在余下的子区间中。具体而言,如果 $F(x_1) < F(x_2)$,则最小值不可能在区间 (x_2,b) 中;如果 $F(x_1) > F(x_2)$,则最小值不可能在区间 (a,x_1) 中。因此留下较小的区间 $[a,x_2]$ 或 $[x_1,b]$,而且在它们中已经计算出了一个函数值,分别为 $F(x_1)$ 或 $F(x_2)$。因此重复上述过程时只需要重新计算一个新的函数值。

为使包含最小值的区间长度能够按一致的速度缩短,我们希望新的一对点与新的区间的联系能够保持前一对点与之前的区间的联系而不发生改变。这样的设计能使区间在每次迭代中以固定的比例缩短。为此选择这两个点的相对位置为 λ 和 $1-\lambda$,可得

$$x_1 = \lambda a + (1-\lambda)b$$
$$x_2 = (1-\lambda)a + \lambda b$$

新区间与原区间的长度关系可描述为

$$\frac{x_1-a}{x_2-a} = \frac{x_2-a}{b-a}$$

因此可得

$$\frac{(1-\lambda)(b-a)}{\lambda(b-a)} = \frac{\lambda(b-a)}{b-a}$$

可得 $\lambda = (\sqrt{5}-1)/2 \approx 0.618$ 和 $1-\lambda = 0.382$。这种情况下,无论保留哪个区间,其长度总能够保持与上一个区间呈 λ 倍的关系,保留下来的内部点则位于新区间的 λ 或者 $1-\lambda$ 处。因此只需要再计算一个新增点处的函数值,就可以继续迭代。这种选取临时点的方法叫做黄金分割搜索,完整的算法如下。

第 0 步:初始化输入函数 $F(x)$,$F(x)$ 的单峰区间 $[a,b]$,以及容许误差 ε。

第 1 步：如果 $|b-a| \leqslant \varepsilon$，则找到最优解，停止计算。

第 2 步：计算两个内部点及其函数值

$$x_1 = \lambda a + (1-\lambda)b \quad F_1 = F(x_1)$$

$$x_2 = (1-\lambda)a + \lambda b \quad F_2 = F(x_2)$$

第 3 步：如果 $F_1 > F_2$，则令

$$a = x_1 \qquad\qquad\qquad F_1 = F_2$$

$$x_1 = x_2 \qquad\qquad\qquad F_2 = F(x_2)$$

$$x_2 = (1-\lambda)a + \lambda b$$

然后返回第 1 步；否则转下一步。

第 4 步：如果 $F_1 < F_2$ 则令

$$b = x_2 \qquad\qquad\qquad F_2 = F_1$$

$$x_2 = x_1 \qquad\qquad\qquad F_1 = F(x_1)$$

$$x_1 = \lambda a + (1-\lambda)b$$

然后返回第 1 步。

黄金分割法具有出色的可靠性和快速的收敛性，并在很多商业软件包中的一维最优搜索中得到广泛应用。下面应用黄金分割法来计算故障的 CCT，在该时刻，能量裕度为零。

黄金分割法确定 CCT 的步骤如下。

第 1 步：设置初始故障清除时间区间 $[t_1, t_2]$，其中，故障清除时间 t_1 对应于一个稳定情况，故障清除时间 t_2 对应于一个不稳定情况。

第 2 步：在区间 $[t_1, t_2]$ 中，应用黄金分割插值方法得到两个故障清除时间点：$t_0^{(1)} = 0.618t_1 + 0.382t_2, t_0^{(2)} = 0.618t_2 + 0.382t_1$

第 3 步：设置计数器 $k = 1$。

第 4 步：根据故障清除时间为 $t_0^{(k)}$ 进行时域仿真。如果故障后模型稳定，置 $t_1 = t_0^{(k)}$；如果故障后模型不稳定，置 $t_2 = t_0^{(k)}$。

第 5 步：检验是否收敛，如果 $\| t_1 - t_2 \| \leqslant \varepsilon$，转第 8 步，否则转第 6 步。

第 6 步：若 $k = 1$，转第 7 步；若 $k = 2$，则转第 8 步。

第 7 步：设置计数器 $k = 2$，转第 4 步。

第 8 步：CCT 设置为 t_1，计算该时刻注入系统中的能量作为临界能量。

因为黄金分割法要应用于一定的区间，应用黄金分割法计算能量裕度时，第一

项工作是设置故障清除时间区间上下限的初值。区间越短,所需的计算量越小。上述方法同样可以将计算得到的 UEP 和故障后 SEP 作为两个端点计算 BCU-逸出点。

20.4　BCU-逸出点和临界能量

BCU 法中,计算得到的主导 UEP 如果稳定边界性质不成立,则会有一个共同的特点:它们不在原稳定模型的稳定边界上,而是在相应故障后 SEP 的稳定域之外。此类 UEP 的能量值不能用做临界能量。当稳定边界性质不成立时,相应的 BCU-逸出点与 BCU 法计算出的 UEP 是不同的。在这种情况下,需要发展补救的方法使其能够在不满足边界条件时确定出准确的临界能量,为此将出现以下问题。

(1) 怎样利用 BCU-逸出点来计算临界能量?

(2) 计算得到的 UEP 与相应的 BCU-逸出点可能存在怎样的联系?

(3) 计算得到的 UEP 与相应的 BCU-逸出点的能量值存在怎样的联系?

(4) 从 BCU-逸出点出发,能否计算出各事故的正确主导 UEP?

(5) 怎样快速计算 BCU-逸出点?

如果关于某个事故,计算出的 UEP 不满足稳定边界性质,则该 UEP 的能量值不能用做该事故的临界能量值。为了计算出不满足稳定边界性质的事故的准确临界能量值,如果满足以下条件,则将 BCU-逸出点的能量作为临界能量。

(C20.1) BCU-逸出点的能量一定不能大于准确的临界能量。

为保持主导 UEP 法的保守特性,该条件必须成立。下面在一个电力系统算例上用数值仿真方法指出上述条件(C20.1)总是满足的。评估使用 BCU-逸出点能量作为临界能量进行直接稳定估计的准确性和可靠性。为了便于比较,我们用时域仿真计算 CCT,并以该时刻能量作为准确的临界能量,并计算基于 BCU-逸出点的临界能量,通过对临界能量与准确临界能量值进行比较来检验(C20.1)是否成立。

数值仿真结果见表 20.7,表中列出了算例编号、边界距离、稳定边界性质、时域仿真法计算出的临界能量和基于 BCU-逸出点的临界能量。表中可见,BCU-逸出点能量总是小于临界能量准确值,而且相差很小。例如,事故 1174 的边界距离为 0.964,表明计算出的 UEP 不满足稳定边界性质。使用时域仿真方法寻找逸出点,得到该事故的准确临界能量值(临界切除时刻)为 0.351,而基于 BCU-逸出点法的临界能量为 0.35,可知,临界能量准确值与基于 BCU-逸出点的临界能量相差很小,条件(C20.1)是成立的。因此,如果 BCU 法计算出的主导 UEP 违反了稳定边界性质,那么 BCU-逸出点的能量可以用做临界能量。

表 20.7　BCU-逸出点法确定临界能量值的评估

算例编号	边界距离	稳定边界性质	临界能量计算方法	
			精确时域方法	BCU-逸出点法
1174	0.964	不满足	0.351	0.350
1173	0.964	不满足	0.351	0.350
642	0.814	不满足	0.358	0.357
31	0.814	不满足	0.358	0.356
730	0.711	不满足	0.277	0.271
729	0.711	不满足	0.277	0.271
595	0.948	不满足	0.609	0.592
1353	0.948	不满足	0.610	0.591
715	0.880	不满足	0.764	0.755
1220	0.88	不满足	0.763	0.754
1357	0.948	不满足	0.802	0.800
174	0.948	不满足	0.886	0.852
357	0.969	不满足	0.835	0.820
356	0.969	不满足	0.838	0.821
419	0.804	不满足	0.279	0.269

20.5　BCU-逸出点法

我们提出以下的 BCU-逸出点法计算 BCU-逸出点。

已知：一个电力系统暂态稳定模型，所要研究的事故，以及故障后电力系统模型的能量函数。

功能：计算 BCU-逸出点。

第 1 步：应用 BCU 法计算与事故对应的主导 UEP。

第 2 步：验证第 1 步中计算出的主导 UEP。如果稳定边界性质成立，则事故的临界能量为计算出的主导 UEP 的能量值，转第 5 步；否则转下一步。

第 3 步：应用高效的时域方法，如黄金分割法，计算出相应的 BCU-逸出点。

第 4 步：BCU-逸出点能量值即为所研究事故的临界能量值。

第 5 步：基于临界能量值，进行直接稳定估计，并计算出所研究事故的能量裕度。

BCU-逸出点法是应用 BCU 法计算出的主导 UEP 违反稳定边界性质时的一种校正方法。为说明 BCU-逸出点法的准确性，用一个实际电力系统的大量事故在数值实验上显示 BCU-逸出点法满足条件(C20.1)。为了提供基准评价,基于黄金分割的时域仿真方法用来确定出准确的逸出点(即原模型稳定边界与故障中轨迹的交点),并以该点的能量值作为准确的临界能量。

数值仿真结果见表 20.8 和表 20.9,表中第 1 列为事故编号,第 2 列列出了与计算出的第 1 列中事故对应的 UEP 的边界距离,第 3 列说明稳定边界性质是否成立,第 4 列为准确的临界能量值,而第 5 列为 BCU-逸出点的能量值。表中这些事故属于同一个同调事故群。

表 20.8　BCU-逸出点法确定一个边界距离约为 0.948 的同调事故群临界能量的评估

算例编号	边界距离	稳定边界性质	临界能量计算方法	
			精确时域方法	BCU-逸出点法
1293	0.948	不满足	0.611	0.568
1295	0.948	不满足	0.611	0.568
1291	0.948	不满足	0.611	0.568
512	0.948	不满足	0.561	0.563
1355	0.948	不满足	0.611	0.594
595	0.948	不满足	0.609	0.592
1353	0.948	不满足	0.610	0.591
1210	0.948	不满足	0.608	0.590
1351	0.948	不满足	0.610	0.587
1329	0.948	不满足	0.611	0.588
1429	0.948	不满足	0.557	0.555
601	0.948	不满足	0.607	0.584
405	0.948	不满足	0.608	0.584
394	0.948	不满足	0.604	0.579
396	0.948	不满足	0.604	0.579
398	0.948	不满足	0.605	0.580
245	0.948	不满足	0.601	0.576
247	0.948	不满足	0.599	0.572
1248	0.948	不满足	0.526	0.524
1247	0.948	不满足	0.528	0.525
1244	0.948	不满足	0.526	0.524
1243	0.948	不满足	0.528	0.525
1246	0.948	不满足	0.526	0.525
1245	0.948	不满足	0.528	0.525
742	0.948	不满足	0.523	0.522

续表

算例编号	边界距离	稳定边界性质	临界能量计算方法	
			精确时域方法	BCU-逸出点法
741	0.948	不满足	0.524	0.523
740	0.948	不满足	0.523	0.522
739	0.948	不满足	0.524	0.523
744	0.948	不满足	0.523	0.522
743	0.948	不满足	0.524	0.522

表 20.9　BCU-逸出点法确定同调事故群临界能量的评估

算例编号	边界距离	稳定边界性质	临界能量计算方法	
			精确时域方法	BCU-逸出点法
1216	0.880	不满足	0.763	0.742
1214	0.880	不满足	0.763	0.742
1218	0.880	不满足	0.763	0.754
712	0.880	不满足	0.758	0.751
710	0.880	不满足	0.758	0.751
711	0.880	不满足	0.763	0.754
709	0.880	不满足	0.763	0.754
715	0.880	不满足	0.764	0.755
1220	0.880	不满足	0.763	0.754
716	0.880	不满足	0.759	0.752
1237	0.880	不满足	0.758	0.751
714	0.880	不满足	0.758	0.751
713	0.880	不满足	0.758	0.751

　　从表 20.8 和表 20.9 中的边界距离可以清楚地看到,这些计算出的 UEP 都不满足稳定边界性质。因此,计算出的 UEP 能量值不能用做临界能量。然而,BCU-逸出点的能量值可以用做临界能量。将基于 BCU-逸出点的临界能量值与基于时域仿真法的临界能量准确值进行比较,并对这两种方法计算出的能量裕度进行分析。准确的时域仿真得到的临界能量值列于表中第 4 列,而应用 BCU-逸出点法得到的临界能量值列于第 5 列。

　　数值实验可以观察到一个重要的结论,就是 BCU-逸出点的能量值总是小于 CCT 的能量值(即准确临界能量),因此条件(C20.1)成立。这表明 BCU-逸出点法保持了主导 UEP 法的精髓,给出准确而保守的稳定估计。

20.6　本章小结

对给定所要研究的事故,BCU 法计算出与事故对应的主导 UEP。这就自然地产生了一个问题,计算出的 UEP 是否位于原故障后模型的稳定边界上。为阐述并解决这一问题,本章提出了一种数值验证方法,检验计算出的主导 UEP 是否满足稳定边界性质。该验证方法克服了检验单参数横截性条件的困难。

当稳定边界性质不成立时,计算出的主导 UEP 的能量不能用做该事故的临界能量。此时,所提出的 BCU-逸出点法能够计算出所研究事故的准确临界能量。BCU-逸出点法也可以看做 BCU 法的一个扩展,其包括一个检验稳定边界性质的高效验证过程。无论事故是否满足稳定边界性质,该方法均能够给出准确的稳定估计和能量裕度。

BCU-逸出点法的计算量比 BCU 法大得多。BCU-逸出点法大致包括以下计算步骤。

(1) 主导 UEP 的计算,计算量与 BCU 法相同。

(2) 检验边界条件是否成立,需要作一次时域仿真。

(3) 如必要,则计算 BCU-逸出点,需要三到四次时域仿真(应用 BCU-指导的时域仿真过程)。

BCU 法与 BCU-逸出点法计算量的比较显示,BCU-逸出点法所需的计算量比BCU 法大约多一至四或五次时域仿真(表 20.10)。

表 20.10　BCU 法与 BCU-逸出点法计算功能和计算量的比较

方法/计算	BCU 法	BCU-逸出点法
计算主导 UEP	需要	需要
检验过程	不需要	需要(进行一次时域仿真)
计算 BCU-逸出点	不需要	如若不满足稳定边界性质则需要(四至五次时域仿真)

需要注意的是,BCU-逸出点法在探究事故的群性质时是富有成效的。为改进验证过程,提出一种基于群的验证过程,对每个同调事故群仅需要一到二次时域仿真,而并非对每个同调事故群中的每个事故都进行仿真。通过探究事故的群性质,开发出群 BCU-逸出点法来显著降低计算量。群 BCU-逸出点法将在第 22 章详加阐述。

第 21 章　电力系统事故的群特性

21.1　引　言

本章探讨一般电力系统中的群特性,对同调事故群的概念进行阐释(Chiang et al. ,2007,2009;Tada and Chiang,2008),并提出与每个事故群对应的群特性。其中,群特性包括静态群特性和动态群特性。本章已将这些群特性纳入群 BCU 法之中,具体内容将在后续章节加以阐释。

群特性是针对包含多个个体的群定义的,它是指群中各个成员共同具有的性质。要考察群特性,就必须首先由个体构成群。我们证明,如果适当地选择某类事故群的构造方法,那么边界特性是一个群特性。应用群特性,在一个同调事故群中,没有必要为每一个得出的 UEP 的边界距离进行计算,仅需计算一个 UEP 的边界距离,就足以检验该群中所有事故的稳定边界性质。这项研究成果显著降低了计算量,并发展出了针对成组不安全事故的预防控制措施以及成组临界事故的增强控制措施。

同调事故群概念与同调发电机(Podmore,1978;Wu and Murlhi,1983)概念无关。发电机的同调性是电力系统中观察到的一种现象,即扰动后某些机组往往一同振荡。"扰动"可能是切除发电机、线路切换、切负荷以及发出或吸收功率的剧烈变化。这些发电机称为同调发电机群。一个同调机群可以进行聚合,成为一台等值发电机模型,它对系统动态模式的影响与原发电机群是等价的。聚合过程将高频的发电机间的动态模式从聚合模型中去掉,并且同群发电机组的控制必须互相兼容。为此,同调群在必要时可分裂成多个子群,以满足控制的兼容性。此后,每个子群用一个详细的等值发电机模型表示。

数学上,发电机群 $I \subset \{1,2,\cdots,n\}$ 称为在 $x^0 = x(t_0)$ 关于 t_0 时刻的摄动(扰动)同调,如果任意一对发电机 $\{p,q\} \in I$ 的转子角满足以下条件之一:

$$\delta_p(t) - \delta_q(t) = \delta_p(t_0) - \delta_q(t_0), t \geqslant t_0$$

$$\delta_p(t) - \delta_q(t) = \varepsilon + \delta_p(t_0) - \delta_q(t_0), t \geqslant t_0$$

式中,ε 为一个很小的数。一旦得到同调发电机的集合,余下的问题就是推导出外部系统的降阶近似模型,称为"动态等值"。首先,需要计算出聚合发电机模型,置于系统中,并除去相应群中所包含的发电机,其次,调整网络使得同调群所见外部系统的潮流保持不变。应用动态网络化简的方法对外部系统动态响应进行近似，可以减少时域稳定分析中的计算负担、数据需求和存储要求。动态网络化简过程包括以下3个步骤：①识别同调发电机群；②同调发电机聚合；③进行网络化简。

同调发电机群的应用是从模型方面（即得出动态等值）出发的，而同调事故群则起源于计算和控制方面。按照所提出的同调事故群的概念，无须为暂态稳定模型进行简化，却能极大地减少需要检验的事故数目。此外，群特性为设计所需的控制措施提供了便利，如预防控制（防范不安全事故）与增强控制（防范临界事故）。

本章对同调事故群及其相关的群特性展开讨论，目的是：①以高效的计算方式检验BCU法计算出的主导UEP是否位于原模型的稳定边界上；②当某群不满足稳定边界性质时，能够计算出准确且略为保守的临界能量值。本章所探讨的群特性将纳入到基于群的BCU法中，并在后续两章中加以阐述。本章着重介绍同调事故群的概念、群特性的发掘及其应用，而群特性包括静态群特性和动态群特性。

21.2　同调事故群

本节提出一些关于同调事故群的定义。给定一个事故，相应的故障后模型是适定的，故障后SEP以及与该事故故障中轨迹对应的主导UEP是唯一的，故障后SEP的稳定域包含了故障前SEP。给定一个事故，将该事故与相应的故障后SEP以及BCU法计算出的主导UEP之间建立起联系是有意义的。换言之，对某一事故，相应的故障后SEP是唯一的，且BCU法计算出的对应的主导UEP也是唯一的。因此，同调事故群的概念可以由相应的故障后SEP和/或主导UEP来定义。

定义21.1：事故列表。

对于一个给定的电力系统动态模型，程序在一次执行中所研究的事故群整体（如为L）构成一个事故列表。

定义21.2：SEP间距。

对于一个给定的事故，事故的SEP间距为故障前SEP（δ_s^{pre}）与故障后SEP（δ_s^{post}）之间的无穷范数，即

$$\text{SEP间距} = \| \delta_s^{\text{pre}} - \delta_s^{\text{post}} \|_\infty$$

定义21.3：同调事故。

如果在相应的SEP以及计算得出的主导UEP处发电机转子角都相互接近，则称两个事故是同调的。在数学上，称事故i与事故j为同调事故，如果同时满足以下条件：

$$\| \delta_i^{\text{cuep}} - \delta_j^{\text{cuep}} \|_\infty < \varepsilon^{\text{cuep}}$$

$$\| \delta_i^{\text{sep}} - \delta_j^{\text{sep}} \|_\infty < \varepsilon^{\text{sep}}$$

式中，δ_i^{sep} 和 δ_j^{sep} 分别为事故 i 和事故 j 故障后 SEP 的发电机转子角向量；ε^{sep} 为给定的角度允许误差；δ_i^{cuep} 和 δ_j^{cuep} 分别为事故 i 和事故 j 故障后主导 UEP 的发电机转子角向量；ε^{cuep} 为给定的角度容许误差。

注意定义中使用的是无穷范数，因此这个定义对大规模和小规模系统都是有效的。上述定义是基于以下的分析结果形成的：SEP 间距可以看做一个事故静态严重程度的测度；计算出的 UEP 与故障后 SEP 的距离可以看做一个事故动态严重程度的测度。因而定义这两个量度，用于开发将事故列表分为同调事故群的方法。

21.3　同调事故群的识别

对给定的事故列表，根据主导 UEP 的坐标以及 SEP 间距的差异，将事故列表中的事故分成同调事故群，分群采用以下步骤进行。

第 1 步：计算事故列表中每个事故的 SEP 间距。

第 2 步：用 BCU 法计算事故列表中每个事故的主导 UEP。

第 3 步：（分群）根据计算出的与各个事故对应的主导 UEP 坐标的接近程度，将所有事故分成同调事故群。

第 4 步：（再次分群）根据与每个事故下的 SEP 间距将（第 3 步得到的）每个事故群分成子群，直到不能再分出新的子群。

下面显示同调事故群的存在性，并在后面两节中提出群的静态和动态性质。将提出的同调事故群的概念用于两个测试系统的潜在事故列表，以表明这个概念的实用性。这两个测试系统分别为 IEEE 50 机测试系统和 29 机测试系统。IEEE 50 机测试系统有 67 个同调事故群，某些群中事故数目很大，如群 1 中包含有 305 个同调事故，而其他一些群中事故数量较少。表 21.1 列出了位于前 10 的同调事故群。29 机测试系统有 19 个同调事故群，某些群中事故数目较大，如群 1 中包含有 180 个同调事故，而其他一些群中事故数量较少。表 21.2 列出了位于前 10 的同调事故群。

表 21.1　IEEE 50 机测试系统的同调事故群

群编号	同调事故数目
1	305
2	83
3	54
4	17
5	16

群编号	同调事故数目
6	15
7	11
8	11
9	10
10	10

表 21.2　29 机测试系统前 10 个同调事故群的事故数量

群编号	同调事故数目
1	180
2	37
3	19
4	11
5	8
6	7
7	7
8	7
9	7
10	6

在各同调事故群中已经发现了一些群性质,这些群性质可以分为静态群性质和动态群性质。后面两节将对这两类性质展开讨论。

21.4　静态群性质

在各个同调事故群中,SEP 间距最大的 UEP 和 SEP 间距最小的 UEP 决定了群中所有 UEP 的稳定边界性质。此外,各个同调事故群还具有以下一些有趣的性质。

群性质 1:位置关系。

各个同调事故群中的故障位置常常在地理上构成一个簇群。为了举例说明该静态群性质,首先使用表格形式列出 IEEE 50 机测试系统中的一个同调事故群所计算出的主导 UEP 的坐标,其次在单线图上展示它们的地理关系。由于同调事故的数目很大,只列出了该群中某些事故下计算出的主导 UEP 坐标,在单线图中展示了所有同调事故的位置。例如,表 21.3 列出了事故群 4 中 12 个事故计算出的主导 UEP 坐标,而图 21.1 中标示出了群中所有 17 个事故的位置。显然,群中同调事故计算出的主导 UEP 的坐标确实位置相近。

表 21.3　群 7 中 12 个同调事故计算出的主导 UEP 的坐标

算例/发电机	算例 450	算例 460	算例 154	算例 434	算例 481	算例 468	算例 507	算例 483	算例 501	算例 150	算例 505	算例 493
1	87.6	87.5	87.6	87.5	87.6	87.4	87.4	87.7	87.1	87.5	87.5	87.6
2	130.8	130.8	130.8	130.8	130.8	130.7	130.7	130.9	130.5	130.8	130.8	130.8
3	117.0	116.9	117.0	116.9	116.9	116.8	116.8	117.1	116.5	116.9	116.9	117.0
4	117.3	117.3	117.3	117.3	117.3	117.2	117.2	117.4	116.9	117.2	117.3	117.3
5	131.7	131.7	131.7	131.8	131.7	131.9	131.7	131.7	131.7	131.8	131.7	131.7
6	146.0	146.0	146.0	146.0	146.0	145.9	145.8	146.1	145.5	145.8	146.0	146.0
7	108.6	108.6	108.6	108.6	108.6	108.5	108.4	108.7	108.1	108.5	108.6	108.6
8	134.6	134.6	134.6	134.7	134.7	134.9	134.6	134.7	134.5	134.9	134.6	134.6
9	129.0	128.9	129.0	128.9	128.9	128.9	128.8	129.0	128.5	128.9	128.9	129.0
10	97.5	97.5	97.5	97.5	97.5	97.4	97.3	97.6	97.0	97.4	97.5	97.5
11	91.8	91.8	91.8	91.8	91.8	91.7	91.7	91.9	91.4	91.8	91.8	91.8
12	267.2	267.2	267.1	267.3	267.2	267.6	267.0	267.2	266.8	267.1	267.1	267.1
13	134.4	134.4	134.4	134.4	134.4	134.3	134.3	134.5	134.1	134.4	134.4	134.4
14	150.9	150.9	150.9	150.9	150.9	150.8	150.8	151	150.5	150.8	150.9	150.9
15	136.5	136.5	136.5	136.5	136.5	136.4	136.4	136.6	136.1	136.5	136.5	136.5
16	136.3	136.3	136.3	136.3	136.3	136.2	136.2	136.4	135.9	136.2	136.3	136.3
17	132.2	132.2	132.2	132.2	132.2	132.0	132.0	132.3	131.7	132.3	132.2	132.5

续表

算例/发电机	算例 450	算例 460	算例 154	算例 434	算例 481	算例 468	算例 507	算例 483	算例 501	算例 150	算例 505	算例 493
18	56.0	56.0	56.0	56.0	56.0	56.0	56.0	56.1	56.0	56.1	56.0	56.1
19	132.7	132.7	132.7	132.7	132.7	132.6	132.5	132.8	132.2	132.6	132.7	132.7
20	152.2	152.2	152.2	152.2	152.2	152.1	152.0	152.3	151.7	152.1	152.2	152.2
21	140.9	140.9	140.9	141	141.1	141.4	140.7	141.1	140.4	141.7	140.8	140.8
22	140.7	140.7	140.7	140.7	140.5	140.8	140.6	140.8	140.3	140.8	140.7	140.7
23	130.9	130.9	130.9	130.9	130.9	131.0	130.9	130.8	131.3	130.9	130.9	130.9
24	119.2	119.2	119.2	119.2	119.2	119.3	119.1	119.1	119.1	119.3	119.2	119.2
25	128.8	128.8	128.8	128.7	128.8	128.7	128.6	128.9	128.3	128.7	128.8	128.8
26	145.5	145.5	145.6	145.5	145.5	145.4	145.4	145.7	145.1	145.4	145.5	145.6
27	131.6	131.6	131.6	131.6	131.6	131.5	131.5	131.7	131.2	131.7	132	131.7
28	−3.2	−3.2	−3.2	−3.2	−3.2	−3.2	−3.2	−3.2	−3.1	−3.2	−3.2	−3.2
29	5.9	5.9	5.9	5.9	5.9	5.9	6.0	5.9	6.0	6.0	5.9	5.9
30	16.6	16.6	16.6	16.6	16.6	16.6	16.6	16.6	16.7	16.7	16.6	16.6
31	9.1	9.1	9.1	9.1	9.1	9.1	9.1	9.1	9.2	9.2	9.1	9.1
32	−40.2	−40.2	−40.2	−40.2	−40.2	−40.2	−40.2	−40.1	−40.3	−40.1	−40.2	−40.2
33	120.5	120.5	120.5	120.5	120.5	120.5	120.6	120.4	120.8	120.4	120.5	120.5
34	121.3	121.3	121.3	121.3	121.3	121.2	121.3	121.3	121.2	121.3	121.3	121.3

续表

算例/发电机	算例450	算例460	算例154	算例434	算例481	算例468	算例507	算例483	算例501	算例150	算例505	算例493
35	122.3	122.3	122.3	122.2	122.3	122.2	122.2	122.3	122	122.2	122.3	122.3
36	-9.1	-9.1	-9.1	-9.1	-9.1	-9.1	-9.2	-9.1	-9.3	-9.1	-9.1	-9.1
37	-33.5	-33.5	-33.5	-33.5	-33.5	-33.5	-33.5	-33.5	-33.5	-33.5	-33.5	-33.5
38	-9.4	-9.4	-9.4	-9.4	-9.4	-9.4	-9.4	-9.4	-9.4	-9.4	-9.4	-9.4
39	27.3	27.3	27.3	27.3	27.3	27.3	27.3	27.3	27.4	27.3	27.3	27.3
40	-10.6	-10.6	-10.6	-10.6	-10.6	-10.6	-10.6	-10.6	-10.5	-10.6	-10.6	-10.6
41	28.6	28.6	28.6	28.6	28.6	28.6	28.6	28.6	28.7	28.6	28.6	28.6
42	2.9	2.9	2.9	2.9	2.9	2.9	2.9	2.9	3	2.9	2.9	2.9
43	-100	-100	-99.9	-99.9	-100	-100	-99.9	-100	-99.8	-100	-99.9	-100
44	-37.4	-37.4	-37.4	-37.4	-37.4	-37.4	-37.4	-37.4	-37.4	-37.4	-37.4	-37.4
45	-4.0	-4.0	-4.0	-4.0	-4.0	-4.0	-4.0	-4.0	-4.0	-4.0	-4.0	-4.0
46	2.0	2.0	2.0	2.0	2.0	2.0	2.0	2.0	2.0	2.0	2.0	2.0
47	10.0	10.0	10.0	10.0	10.0	10.0	10.0	10.0	10.0	10.0	10.0	10.0
48	2.5	2.5	2.5	2.5	2.5	2.5	2.5	2.5	2.5	2.5	2.5	2.5
49	11.1	11.1	11.1	11.1	11.1	11.1	11.2	11.1	11.2	11.1	11.1	11.1
50	-16.6	-16.5	-16.6	-16.6	-16.5	-16.5	-16.5	-16.6	-16.5	-16.6	-16.5	-16.6

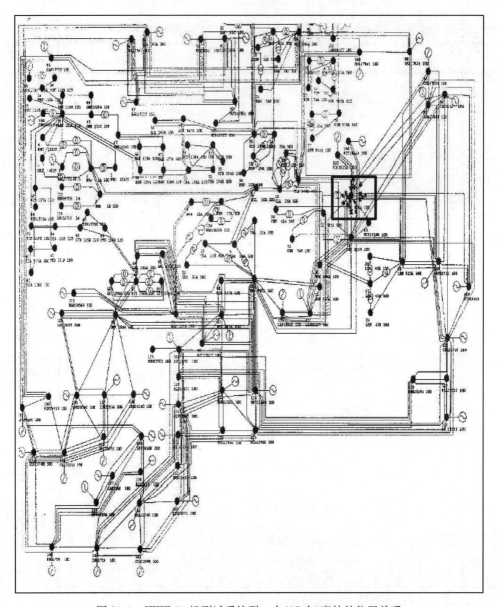

图 21.1　IEEE 50 机测试系统群 4 中(17 个)事故的位置关系

　　可以发现,同一群中的同调事故的故障位置通常在地理上距离较近。但这些位置也可能并不存在地理上的连接,而在电气意义上是互相"连接"的。例如,单线图 21.2 展示了事故群 16 中所有 10 个同调事故的位置。这 10 个事故的位置分为两个区域,值得注意的是这两个区域的电气距离较近,而地理距离很远。表 21.4 列出了事故群 16 中这 10 个事故计算出的主导 UEP 的坐标。同样可见,同一个群中各同调事故计算出的主导 UEP 的坐标十分接近。

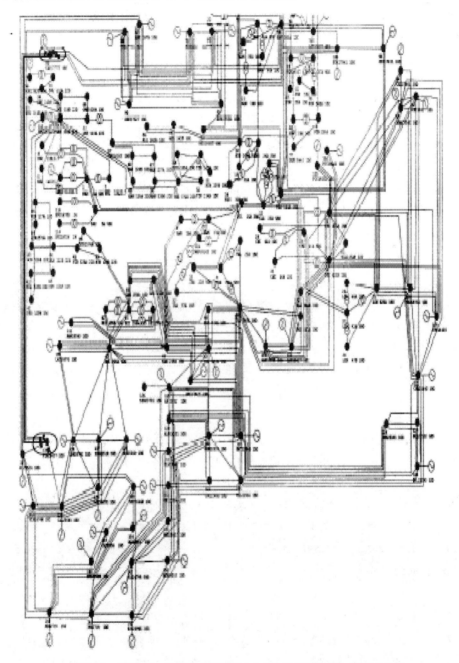

图 21.2　IEEE 50 机测试系统群 16 中(10 个)同调事故的地理关系

表 21.4　群 16 中 10 个同调事故计算出的主导 UEP 的坐标

算例/ 发电机	算例 822	算例 806	算例 558	算例 598	算例 316	算例 596	算例 314	算例 600	算例 599	算例 810
1	33.5	33.4	31.4	31.9	30.1	22.2	14.1	35.6	35.6	29.2
2	19.6	19.6	19.4	19.5	19.4	19.0	18.6	20.0	20.0	19.2
3	27.1	27.1	25.1	26.4	25.6	21.7	18.5	28.5	28.5	25.1
4	29.1	29.1	27.1	28.3	27.5	23.3	19.9	30.5	30.5	26.9
5	12.1	12.2	11.9	12.0	11.9	11.4	11.0	12.6	12.7	11.7
6	34.4	34.4	33.8	34.2	33.9	32.9	32.0	35.0	35.1	33.6
7	44.8	44.7	42.6	43.4	41.9	33.6	27.8	46.7	46.6	41.2
8	15.5	15.6	15.2	15.4	15.3	14.7	14.3	16.0	16.0	15.0
9	18.3	18.4	18.0	18.2	18.1	17.5	17.0	18.8	18.9	17.8
10	44.2	44.0	42.0	42.5	40.9	30.9	25.6	46.3	46.2	39.9
11	169.1	164.2	165.7	166.6	165.9	152.8	155.0	155.0	155.0	152.8
12	17.2	17.3	16.9	17.1	16.9	16.4	15.9	17.7	17.7	16.7
13	22.8	22.9	22.6	22.7	22.6	22.2	21.8	23.2	23.3	22.3
14	37.6	37.6	37.1	37.4	37.1	36.4	35.7	38.1	38.2	36.9
15	25.6	25.7	25.3	25.5	25.3	24.8	24.2	26.1	26.2	25.1
16	25.2	25.3	24.7	25.0	24.8	23.8	23.0	25.8	25.9	24.5
17	18.7	18.8	18.4	18.6	18.4	17.9	17.3	19.2	19.2	18.2
18	19.8	19.8	19.7	19.7	19.7	19.5	19.3	20.0	20.0	19.5
19	22.3	22.4	21.8	22.1	21.9	20.8	20.0	22.9	23	21.6
20	37.9	38.0	37.6	37.8	37.7	37.1	36.6	38.4	38.4	37.4
21	25.8	25.9	25.5	25.7	25.5	25.0	24.4	26.3	26.4	25.3
22	26.2	26.2	25.8	26	25.9	25.3	24.8	26.6	26.7	25.6
23	7.7	7.8	7.5	7.6	7.5	7.1	6.7	8.1	8.2	7.2
24	0.2	0.3	0.0	0.1	0.0	−0.5	−0.9	0.7	0.7	−0.3
25	18.6	18.7	18.3	18.5	18.4	17.8	17.3	19.1	19.2	18.1
26	32.2	32.2	31.9	32.1	31.9	31.4	31.0	32.6	32.7	31.7
27	18.2	18.3	17.9	18.1	17.9	17.4	16.8	18.7	18.7	17.7
28	−2.4	−2.4	−2.4	−2.4	−2.4	−2.3	−2.3	−2.4	−2.4	−2.4
29	−3.5	−3.5	−3.6	−3.5	−3.6	−3.6	−3.6	−3.4	−3.4	−3.6

续表

算例/发电机	算例 822	算例 806	算例 558	算例 598	算例 316	算例 596	算例 314	算例 600	算例 599	算例 810
30	−2.6	−2.5	−2.6	−2.6	−2.6	−2.7	−2.8	−2.4	−2.4	−2.7
31	−4.2	−4.2	−4.3	−4.3	−4.3	−4.3	−4.4	−4.1	−4.1	−4.4
32	−48.4	−48.3	−48.4	−48.4	−48.4	−48.4	−48.5	−48.1	−48.0	−48.6
33	−6.9	−6.8	−7.0	−6.9	−7.0	−7.2	−7.5	−6.5	−6.4	−7.2
34	13.0	13.0	12.8	12.9	12.8	12.6	12.3	13.3	13.4	12.6
35	11.9	12.0	11.7	11.9	11.8	11.4	11.1	12.3	12.4	11.5
36	−28.9	−28.8	−29.0	−28.9	−29.0	−29.0	−29.1	−28.6	−28.5	−29.2
37	−38.9	−38.8	−38.9	−38.9	−38.9	−38.9	−38.9	−38.6	−38.6	−39.1
38	−12.9	−12.8	−12.9	−12.9	−12.9	−12.8	−12.9	−12.7	−12.6	−13.0
39	5.5	5.5	5.5	5.5	5.5	5.4	5.3	5.7	5.8	5.3
40	2.1	2.2	2.2	2.2	2.2	2.3	2.4	2.2	2.2	2.1
41	43.3	42.7	43.0	42.9	43.0	43.0	43.0	41.6	41.6	44.4
42	17.3	17.3	17.4	17.4	17.4	17.5	17.5	16.9	16.9	17.7
43	−61.2	−61.2	−61.1	−61.2	−61.1	−60.9	−60.7	−61.0	−61.0	−61.3
44	−13.1	−13.1	−13.1	−13.1	−13.1	−12.9	−12.8	−13.1	−13.1	−13.1
45	2.8	2.9	2.9	2.9	2.9	2.9	3.0	2.8	2.8	2.9
46	2.4	2.4	2.4	2.4	2.4	2.4	2.4	2.5	2.5	2.3
47	2.6	2.7	2.6	2.6	2.6	2.6	2.6	2.8	2.8	2.5
48	3.9	4.0	3.9	3.9	3.9	4.0	4.0	4.1	4.1	3.8
49	27.2	27.2	27.2	27.2	27.3	27.3	27.4	27.2	27.1	27.3
50	2.2	2.1	2.2	2.2	2.2	2.3	2.4	2.1	2.1	2.3

　　同一个群中同调事故的位置关系同样出现在 29 机测试系统中。全部同调事故的位置集中在一个区域或者两个不相连的区域中。如图 21.3 所示，一个群中同调事故的位置集中在一个区域中，而图 21.4 表明一个群中同调事故的位置可以集中在两个区域。

　　群性质 2：稳定边界性质。

　　回顾定义，如果某一事故计算出的 UEP 位于原故障后模型稳定边界上，则称该 UEP 满足稳定边界性质。因此，如果计算出的 UEP 的边界距离为 1.0，则稳定边界性质成立，而如果边界距离小于 1.0，则稳定边界性质不成立。一个 UEP 的边界距离越小，它离原模型的稳定边界就越远。

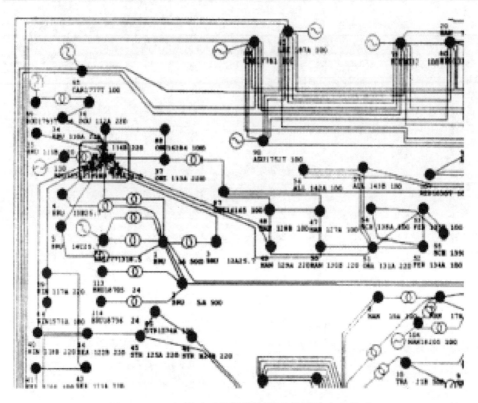

图 21.3　29 机测试系统某个同调事故群的地理关系

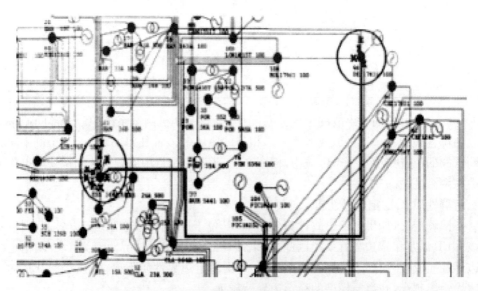

图 21.4　29 机测试系统某个同调事故群的地理关系

　　下面用数值实验说明稳定边界性质是一个群性质。表 21.5～表 21.8 列出了一些同调事故群及其边界距离。可以看出稳定边界性质是一个群性质。例如,群 1 中每个事故都不具备稳定边界性质(即边界距离小于 1.0),而群 5、11、32 中各个事故都具备稳定边界性质。

表 21.5　同调事故群 1 中某些同调事故的边界距离

算例编号	537	530	529	294	293	10	9	541	578	533	130	6
边界距离	0.612	0.612	0.612	0.612	0.612	0.612	0.612	0.612	0.612	0.612	0.612	0.612

表 21.6　同调事故群 5 中所有同调事故的稳定边界性质

算例编号	513	286	285	61	510	509	406	405	230	229
稳定边界性质	准确	准确	准确	准确	准确	准确	准确	准确	准确	准确

表 21.7　同调事故群 11 中所有同调事故的稳定边界性质

算例编号	597	86	85	605	82	90	89	434	433
稳定边界性质	准确	准确	准确	准确	准确	准确	准确	准确	准确

表 21.8　同调事故群 32 中所有同调事故的稳定边界性质

算例编号	382	381	706	705	702
稳定边界性质	准确	准确	准确	准确	准确

　　同一个群中事故的边界距离是十分接近的。例如,群 1 中各事故的边界距离都接近 0.612,而群 5、11、32 中各个事故的边界距离都等于 1.0。由同调事故组成的群就将稳定边界性质纳入群性质。

　　群性质 3:边界距离。

　　下面阐述另一个静态群性质:边界距离。同调事故群中,一个事故的边界距离与其余任意事故的边界距离是十分接近的。这个群性质将通过下面的数值实验加以阐释。表 21.9～表 21.11 列出了一些同调事故群及其边界距离。可以注意到,同一个群中各事故的边界距离是十分接近的。由于任意两个同调事故的边界距离幅值相近,因此边界距离是一个群性质。例如,同调群 1 的边界距离约为 0.612,而群 12 约为 0.378。

表 21.9　同调事故群 2 中某些同调事故的边界距离

算例编号	714	690	689	682	554	553	306	305	202	201	194	198
边界距离	0.310	0.310	0.310	0.310	0.310	0.310	0.310	0.310	0.310	0.310	0.309	0.309

表 21.10　同调事故群 5 中所有同调事故的边界距离

算例编号	513	286	285	61	510	509	406	405	230	229
边界距离	1.0	1.0	1.0	1.0	1.0	1.0	1.0	1.0	1.0	1.0

表 21.11　同调事故群 12 中某些同调事故的边界距离

算例编号	545	302	301	138	137	222	221	166	165	134	150	149
边界距离	0.378	0.378	0.378	0.378	0.378	0.378	0.378	0.378	0.378	0.378	0.378	0.378

21.5　动态群特性

同调事故群具有一些共同的动态性质,本节展现了三项动态群性质,这些动态群性质与系统稳定性、系统临界能量,以及它们对系统失稳模式的影响密切相关,如下所示。

群性质 4:事故的稳定性/不稳定性(预先给定了故障清除时间)是一个群性质。

群性质 5:临界能量的精确值是一个群性质,即同调事故群中各事故的临界能量精确值是十分接近的。

群性质 6:多摆稳定/失稳现象是同调事故的群性质。

关于群性质 5,临界能量是与故障中轨迹对应的(原模型)逸出点的能量值。逸出点为故障中轨迹上 CCT 所对应的点,该点也是故障中轨迹与原模型故障后 SEP 稳定边界的交点。动态群性质 6 表明,多摆稳定/失稳是一个群性质。给定一个故障清除时间,单摆或多摆稳定/失稳模式是一个群性质。

下面使用 134 机测试系统对一些动态群性质进行说明。表 21.12 列出了一个同调事故群的稳定性、临界能量的精确值(即时域仿真得到的 CCT 时刻的能量)、边界距离以及 SEP 间距。从表中可以观察得到以下的动态特性:①群中各事故的稳定性相同;②群中各事故的临界能量相近;③群中各事故的稳定边界性质相同。

因而,在这个 134 机测试系统中观察到了动态群性质 4 和 5。下面我们用 29 机测试系统来说明动态群性质 6。表 21.13 列出了一个同调事故群的多摆稳定/失稳情况。表中只列出了两个事故。对于给定的故障清除时间(如 0.07s),该群整体表现出了相同的多摆失稳模式。需要注意的是,该群不满足稳定边界性质。

表 21.12　134 机测试系统的动态群性质 4 和 5

算例编号	事故母线	断线始末端	故障后系统稳定性	临界能量	边界距离	SEP 间距
1	3007	3007-107	稳定	0.509	准确	11.061
2	3016	3015-3016	稳定	0.508	准确	11.072
3	3015	3015-3016	稳定	0.508	准确	11.072
4	3524	3007-3524	稳定	0.508	准确	11.083
5	3007	3007-3524	稳定	0.508	准确	11.083
6	3024	3007-3024	稳定	0.508	准确	11.084
7	3007	3007-3024	稳定	0.508	准确	11.084
8	3007	3007-207	稳定	0.508	准确	11.109
9	3004	3004-404	稳定	0.504	准确	11.248
10	3004	3004-304	稳定	0.504	准确	11.25

表 21.13　动态群性质 6 的举例说明

事故情况	故障清除时间/s	能量裕度	BCU 法评估结论	时域方法评估结论	失稳模式	边界距离	稳定边界性质
故障母线 536，跳闸线路 536-537	0.07	1.1127	稳定	稳定	多摆	0.234	不满足
	0.10	0.983	稳定	不稳定		0.234	不满足
故障母线 707，跳闸线路 707-708	0.07	1.17	稳定	稳定	多摆	0.234	不满足
	0.10	0.9433	稳定	不稳定		0.234	不满足

注：这些算例中，BCU 方法无法找到正确的主导 UEP

21.6　本 章 小 结

　　本章介绍了同调事故和同调事故群的概念，得出了群的若干静态和动态性质。文中表明，事故列表可以分成多个同调事故群，这些群具有相同的静态和动态群性质。

　　给定一个事故列表，我们计算出表中各事故的主导 UEP 和故障后 SEP。然后，将事故列表中的所有事故按照计算出的 UEP 坐标和 SEP 间距进行分群。只要同调事故群具有相同的静态和动态群性质，除文中提出的分群方法之外，还可以开发其他的分群方法。

群性质可供实际应用,发掘新的群性质,并结合到实际应用算法中是值得期待的。同调事故的概念不仅可用于发展基于群的 BCU 法,从而计算准确的临界能量和精确的主导 UEP 及其临界能量,还可用于开发一些应用,如事故分析、电力系统静态和动态稳定的增强和预防控制等。

第 22 章　群 BCU-逸出点法

22.1　引　　言

BCU 法计算出的主导 UEP 是否正确可以通过检验稳定边界性质来进行验证,而不需要检验单参数横截性条件是否成立。而边界条件是否成立,可以通过计算出的 UEP 的边界距离进行判断。如果计算出的 UEP 的边界距离为 1.0,则稳定边界性质成立;否则不成立。已经证明,在稳定边界性质成立的情况下,BCU 法能计算出正确的主导 UEP。如果稳定边界性质不成立,则需要计算 BCU-逸出点,该点的能量值将给出准确的临界能量。由于稳定边界性质的验证过程以及 BCU-逸出点的计算过程非常耗时,因此对群性质的研究将对减小计算量有很大帮助。

稳定边界性质是一个群性质。因此对一个同调事故群,不必算出每个(关于某事故的)UEP 计算点的边界距离,而只需要计算某个选定的 UEP 的边界距离,就能够实现对群中所有事故稳定边界性质的检验。如果某个同调事故群不满足稳定边界性质,则该群中由 BCU 法计算出的 UEP 都不会位于各自对应的故障后 SEP 的稳定边界上。对该群而言,BCU 法无法计算出正确的主导 UEP。

本章研究稳定边界性质,并发展出群 BCU-逸出点法,当由于稳定边界性质不成立而造成 BCU 法不能计算出正确的主导 UEP 时,该方法可以提升 BCU 法的性能。具体而言:①开发一种基于群的稳定边界性质验证方案;②对准确的临界能量、SEP 间距以及 BCU-逸出点能量之间的线性和非线性关系进行探究;③开发一种能够快速得到整个同调事故群准确临界能量值的方法;④开发一种群 BCU-逸出点法,以便能在同调事故群不满足稳定边界性质时,确定准确的临界能量值。

相比于逐个事故验证 BCU 法结果的方式,基于群的验证方式更为高效。与BCU-逸出点法相比较,采用群 BCU-逸出点法会使速度得到显著提升。

22.2　基于群的验证方案

为改进稳定边界性质逐个事故进行验证的方法,我们研究稳定边界性质的群特性,从而为同调事故群的整体提出基于群的验证方案。由于基于群的验证方案仅需对同调事故群的整体做一次时域仿真,因此下面提出的基于群的验证方案效率很高。

基于群的主导 UEP 计算结果验证步骤如下。

第 1 步：选择。对每个同调事故群，提出以下准则来选取 1～2 个事故进行检验：如果同调事故群中每个故障的 SEP 间距很小，如小于 3 度，则选取群中 SEP 间距最大的 UEP 计算点进行计算；否则选取两个计算出的 UEP（分别具有群中 SEP 间距最大和最小值）进行计算。

第 2 步：检验。对上述所选事故，检验计算出的 UEP 的稳定边界性质。用以下表达式对每个选定的 UEP，如 X^{UEP}，计算测试向量：

$$X^{\mathrm{test}} = X_s^{\mathrm{post}} + 0.99(X^{\mathrm{UEP}} - X_s^{\mathrm{post}})$$

式中，X_s^{post} 为对应于 X^{UEP} 的故障后 SEP。对从 X^{test} 出发的故障后轨迹进行仿真，如果故障后轨迹收敛到 X_s^{post}，则 X^{UEP} 满足稳定边界性质；否则不满足。

第 3 步：评估。以第 2 步的结果为基础，得出以下结论：①如果选定的 UEP 满足稳定边界性质，则群中各同调事故计算出的 UEP 均位于原故障后模型的稳定边界上；②如果所选的 UEP 都不满足稳定边界性质，则群中的 UEP 均位于原故障后模型的稳定边界之外；③如果一个选定的 UEP 满足稳定边界性质，而其他的不满足，则该群中的一些 UEP 位于原模型的稳定边界上，而其他的位于原模型的稳定边界之外（注意，如果采用了正确的分群方法，不会出现此类情形）。

上述基于群的验证过程包括 3 个步骤，即选择、检验、评估。其中第 2 步要执行一次时域仿真，计算量最大。通过检验稳定边界性质，则不需要检验单参数横截性条件就可以验证 BCU 法计算出的 UEP 是否位于原故障后模型的稳定边界上。此外，上述验证方案避免了彻底检验同调事故群中每一个事故的稳定边界性质这一繁杂的步骤。

如前所述，当稳定边界性质不成立时，BCU-逸出点的能量可以用做临界能量，可是计算 BCU-逸出点非常耗时，因此，需要快速确定同调事故群中各个事故的准确的临界能量。为此，对不满足稳定边界性质的同调事故群，存在以下问题。

（1）计算出的 UEP 的能量与对应的 BCU-逸出点的能量之间存在怎样的联系？

（2）能否用同调事故群中某些特定事故的 BCU-逸出点的能量值作为整个同调事故群的临界能量值？如果可以，那么应选取哪个事故来计算 BCU-逸出点？如果不能，是否有办法能够对群中各个事故调整临界能量值？

（3）能否从 BCU-逸出点出发，计算出同调事故群中对应于各个事故的正确主导 UEP？

（4）同调事故群中 BCU-逸出点能量值与 SEP 间距存在怎样的联系？

22.3　线性和非线性关系

考虑无法满足稳定边界性质的一个同调事故群，我们的目标是确定该同调事故群中各个事故的准确临界能量。在群中选取具有最大 SEP 间距的 UEP 计算点 X_l^{UEP}，与其对应的事故记为 L_l，同样选取具有最小 SEP 间距的 UEP 计算点 X_s^{UEP}，与其对应的事故记为 L_s。将 X_l^{UEP} 和 X_s^{UEP} 的 BCU-逸出点分别记为 X_l^{bcu} 和 X_s^{bcu}。BCU-逸出点 X_l^{bcu} 的能量值可以用做事故 L_l 的临界能量值，而计算出的 UEP X_l^{UEP} 处的能量值不能用做事故 L_l 的临界能量值。同理可知，BCU-逸出点 X_s^{bcu} 的能量值可以用做事故 L_s 的临界能量值，而计算出的 UEP X_s^{UEP} 的能量值不能用做事故 L_l 的临界能量值。

进一步研究，各个同调事故群中可能存在着以下的联系（图 22.1）：①对同调事故群中的每个事故，准确的临界能量与 SEP 间距之间存在着怎样的联系？②对同调事故群中的每个事故，BCU-逸出点能量与 SEP 间距之间存在着怎样的联系？

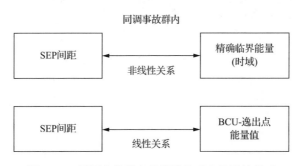

图 22.1　同调事故群中的线性关系和非线性关系

本节后面部分将给出用来验证上述线性和非线性关系的大量数值结果，通过一个实际电力系统模型的两个大型同调事故群来展示其中的线性和非线性关系。

表 22.1 和表 22.2 中展示了群 9 和群 34 中各同调事故的算例编号、边界距离、SEP 间距、基于时域仿真和 BCU-逸出点的临界能量。图 22.2 和图 22.3 中分别画出了群 9 和群 34 中的以下关系：群中所有事故的准确（用时域仿真法获得）临界能量与 SEP 间距之间的关系；群中所有事故的 BCU-逸出点能量与 SEP 间距之间的关系。

表 22.1   同调事故群 9 的各事故参数值

算例编号	边界距离	SEP 间距	临界能量	
			精确时域方法	BCU-逸出点法
1303	0.948	10.815	0.884	0.799
1359	0.948	10.832	0.803	0.799
178	0.948	10.838	0.891	0.855
177	0.948	10.838	0.898	0.860
186	0.948	10.838	0.896	0.858
185	0.948	10.838	0.890	0.855
1305	0.948	10.840	0.880	0.849
1357	0.948	10.840	0.802	0.800
174	0.948	10.842	0.886	0.852
166	0.948	10.842	0.801	0.800
165	0.948	10.842	0.884	0.851
1361	0.948	10.844	0.803	0.801
180	0.948	10.849	0.883	0.850
179	0.948	10.849	0.883	0.850
1194	0.948	10.858	0.801	0.800
1193	0.948	10.858	0.898	0.860
1197	0.948	10.859	0.877	0.847
1318	0.948	10.867	0.838	0.823
1195	0.948	10.868	0.878	0.847
1107	0.948	10.868	0.895	0.858
1446	0.948	10.869	0.861	0.837
176	0.948	10.869	0.892	0.856
175	0.948	10.869	0.891	0.855
1472	0.948	10.869	0.882	0.850
1471	0.948	10.869	0.880	0.849
1191	0.948	10.869	0.880	0.849
1135	0.948	10.870	0.887	0.853
184	0.948	10.871	0.891	0.855
183	0.948	10.871	0.880	0.849
161	0.948	10.872	0.874	0.845
1129	0.948	10.873	0.890	0.855
1131	0.948	10.873	0.891	0.855
1315	0.948	10.874	0.802	0.800

续表

算例编号	边界距离	SEP 间距	临界能量	
			精确时域方法	BCU-逸出点法
182	0.948	10.875	0.891	0.855
181	0.948	10.875	0.890	0.855
1473	0.948	10.876	0.880	0.849
1125	0.948	10.877	0.896	0.858
649	0.948	10.878	0.875	0.845
1313	0.948	10.880	0.800	0.799
698	0.948	10.882	0.879	0.848
697	0.948	10.882	0.883	0.850
1127	0.948	10.883	0.895	0.858
686	0.948	10.883	0.891	0.855
684	0.948	10.883	0.891	0.855
696	0.948	10.884	0.877	0.847
695	0.948	10.884	0.879	0.848
648	0.948	10.886	0.885	0.852
692	0.948	10.887	0.877	0.847
691	0.948	10.887	0.879	0.848
1186	0.948	10.887	0.879	0.848
1188	0.948	10.887	0.879	0.848
694	0.948	10.893	0.877	0.847
693	0.948	10.893	0.878	0.847
678	0.948	10.893	0.892	0.856
1190	0.948	10.894	0.879	0.848
217	0.948	10.894	0.876	0.846
1178	0.948	10.895	0.882	0.850
702	0.948	10.895	0.878	0.847
701	0.948	10.895	0.882	0.850
1180	0.948	10.896	0.882	0.850
700	0.948	10.896	0.878	0.847
699	0.948	10.896	0.882	0.850
200	0.948	10.898	0.876	0.846
199	0.948	10.898	0.877	0.847
219	0.948	10.899	0.876	0.846
206	0.948	10.899	0.876	0.846
205	0.948	10.899	0.877	0.847

续表

算例编号	边界距离	SEP 间距	临界能量	
			精确时域方法	BCU-逸出点法
204	0.948	10.900	0.876	0.846
203	0.948	10.900	0.877	0.847
1176	0.948	10.900	0.882	0.850
202	0.948	10.902	0.876	0.846
201	0.948	10.902	0.877	0.847
682	0.948	10.904	0.892	0.856
680	0.948	10.904	0.892	0.856
704	0.949	10.912	0.874	0.845
703	0.949	10.912	0.876	0.846
706	0.949	10.912	0.874	0.845
705	0.949	10.912	0.876	0.846
1182	0.949	10.914	0.876	0.846
1184	0.949	10.915	0.876	0.846
1476	0.949	10.940	0.857	0.834
1475	0.949	10.940	0.861	0.837
252	0.949	10.943	0.863	0.838
237	0.949	10.959	0.862	0.837
64	0.949	11.022	0.870	0.842
63	0.949	11.022	0.871	0.843
66	0.949	11.025	0.87	0.842
65	0.949	11.025	0.871	0.843
38	0.950	11.091	0.872	0.843
40	0.950	11.093	0.872	0.843
352	0.967	13.478	0.826	0.814
351	0.967	13.478	0.825	0.814
350	0.967	13.493	0.825	0.814
349	0.967	13.493	0.825	0.814
348	0.967	13.513	0.825	0.814
347	0.967	13.513	0.825	0.814
364	0.968	13.571	0.832	0.818
363	0.968	13.571	0.832	0.818
362	0.968	13.579	0.832	0.818
361	0.968	13.579	0.832	0.818
360	0.968	13.592	0.831	0.818

续表

算例编号	边界距离	SEP 间距	临界能量	
			精确时域方法	BCU-逸出点法
359	0.968	13.592	0.831	0.818
235	0.969	13.775	0.814	0.807
239	0.969	13.822	0.859	0.834
358	0.969	14.337	0.839	0.822
357	0.969	14.337	0.835	0.820
356	0.969	14.341	0.838	0.821
355	0.969	14.341	0.834	0.819
354	0.969	14.364	0.838	0.801
353	0.969	14.364	0.833	0.796

表 22.2　同调事故群 34 中各事故参数值

算例编号	边界距离	SEP 间距	临界能量	
			精确时域方法	BCU-逸出点法
1236	0.803	10.863	0.282	0.253
1235	0.803	10.863	0.284	0.255
430	0.803	10.864	0.282	0.270
429	0.803	10.864	0.282	0.270
1347	0.803	10.865	0.283	0.271
432	0.804	10.869	0.282	0.270
431	0.804	10.869	0.282	0.270
1221	0.804	10.871	0.283	0.271
404	0.804	10.871	0.283	0.271
403	0.804	10.871	0.283	0.271
1371	0.804	10.872	0.283	0.271
460	0.804	10.872	0.279	0.269
459	0.804	10.872	0.280	0.269
434	0.804	10.873	0.283	0.271
433	0.804	10.873	0.282	0.270
428	0.804	10.874	0.280	0.269
427	0.804	10.874	0.279	0.269
424	0.804	10.874	0.280	0.269

算例编号	边界距离	SEP 间距	临界能量	
			精确时域方法	BCU-逸出点法
423	0.804	10.874	0.279	0.269
437	0.804	10.875	0.278	0.268
1209	0.804	10.875	0.282	0.270
1329	0.804	10.876	0.285	0.272
422	0.804	10.878	0.280	0.269
421	0.804	10.878	0.279	0.269
440	0.804	10.881	0.278	0.268
426	0.804	10.882	0.280	0.269
425	0.804	10.882	0.279	0.269
420	0.804	10.887	0.277	0.267
419	0.804	10.887	0.279	0.269
406	0.804	10.888	0.281	0.270
405	0.804	10.888	0.283	0.271
1204	0.805	10.926	0.275	0.266
1203	0.805	10.926	0.279	0.268
1206	0.805	10.926	0.275	0.266
1205	0.805	10.926	0.279	0.268
1208	0.805	10.927	0.275	0.266
1207	0.805	10.927	0.279	0.268
738	0.807	10.985	0.274	0.265
737	0.807	10.985	0.274	0.265
736	0.807	10.988	0.274	0.265
735	0.807	10.988	0.274	0.265
734	0.807	10.988	0.274	0.265
733	0.807	10.988	0.274	0.265
108	0.823	11.556	0.269	0.259
416	0.844	17.363	0.177	0.177
415	0.844	17.363	0.177	0.177

这些数值仿真清晰地展现了群中所有事故的 BCU-逸出点能量与 SEP 间距之间存在近似的线性关系，群中所有事故的准确（用时域仿真法获得）临界能量与 SEP 间距之间存在很强的非线性关系。

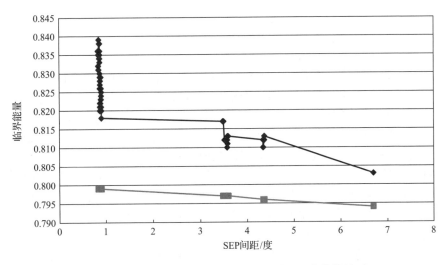

图 22.2　群 9 中所有同调事故的线性关系和非线性关系

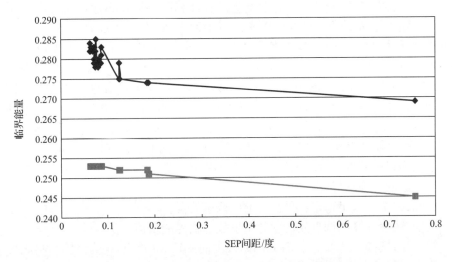

图 22.3　群 34 中所有同调事故的线性和非线性关系

　　稳定边界性质不成立时,可采用基于 BCU-逸出点的临界能量与 SEP 间距之间的线性关系确定准确临界能量值的快速计算方法。但计算 BCU-逸出点很费时,因此实际应用中不建议使用 BCU-逸出点能量作为临界能量。为了解决这个问题,下面我们提出一种快速的群 BCU-逸出点法,利用上述的线性关系确定稳定边界性质不成立时同调事故群中各个事故的准确临界能量值。

22.4　群 BCU-逸出点法

直接法通过比较故障清除时刻系统能量与临界能量,确定故障后电力系统是否保持稳定。不准确的临界能量值导致以下问题。

(P22.1)计算出的能量裕度过大,从而将一些不稳定事故判别为稳定事故。

(P22.2)计算出的能量裕度过于保守,从而将一些稳定事故判别为不稳定事故。

因此,必须计算出事故的准确临界能量值。

对于满足稳定边界性质的事故,可以使用 BCU 法计算出的 UEP 的能量值作为临界能量。本节的目标是针对 BCU 法计算出的 UEP 不满足稳定边界性质的事故,提出一种快速计算准确临界能量的方法。问题在于如何确定稳定边界性质不成立时事故的临界能量值。

针对这一问题,我们开发一种群快速 BCU-逸出点法,它具有以下性质。

(S22.1) 不会高估能量裕度,即不会将不稳定事故判别为稳定事故。

为提高计算效率,群 BCU-逸出点法没有计算同一同调事故群中每一个事故的 BCU-逸出点,而是只计算各同调事故群中两个事故的 BCU-逸出点,并利用它们的近似线性关系。为此,我们将重点置于各同调事故群中的两个特殊事故。这两个事故为:群中具有最大 SEP 间距的一个事故,记为 L_l,其计算出的 UEP 记为 X_l^{UEP};群中具有最小 SEP 间距的另一个事故,记为 L_s,其计算出的 UEP 记为 X_s^{UEP}。

随后,利用这两个事故 BCU-逸出点的能量及其近似线性关系开发一种快速方法。将 X_l^{UEP} 和 X_s^{UEP} 的 BCU-逸出点分别记为 X_l^{ray} 和 X_s^{ray}。如前所述,同调事故群中在以各个事故临界能量与 SEP 间距所构成的坐标平面上存在着线性关系。

下面提出一种群 BCU-逸出点法,确定稳定边界性质不成立时的同调事故群中各个事故的准确临界能量值。

已知:一个不满足稳定边界性质的同调事故群。

功能:快速计算同调事故群中各个事故的临界能量值。

第 1 步:选择。选取群中 SEP 间距最大的 UEP 计算点,记为 X_l^{UEP},将相应事故记为 L_l。与此类似,选取群中 SEP 间距最小的 UEP 计算点,记为 X_s^{UEP},将相应事故记为 L_s。

第 2 步:计算 BCU-逸出点。计算 X_l^{UEP} 和 X_s^{UEP} 的 BCU-逸出点,分别记为 X_l^{ray} 和 X_s^{ray}。

第 3 步:确定临界能量。将 X_l^{ray} 的势能作为事故 L_l 的临界能量,记为 V_l^{ray}。与此类似,将 X_s^{ray} 的势能作为事故 L_s 的临界能量,记为 V_s^{ray}。

第 4 步:确定群中其他事故的临界能量。将同调事故群中事故 L_i 的 SEP 间距记为 SEP_i,则事故 L_i 的临界能量为

$$V_i^{\mathrm{cr}} = a \times \mathrm{SEP}_i + b$$

式中,

$$a = \frac{V_l^{\text{ray}} - V_s^{\text{ray}}}{\text{SEP}_l - \text{SEP}_s}$$

$$b = \frac{V_s^{\text{ray}} \times \text{SEP}_l - V_l^{\text{ray}} \times \text{SEP}_s}{\text{SEP}_l - \text{SEP}_s}$$

注:①第 4 步中利用了同调事故群中临界能量与 SEP 间距之间的近似线性关系;②由于实际中 BCU-逸出点能量总是小于准确临界能量,第 4 步中的线性运算使得上述群 BCU-逸出点法确定出的临界能量略为保守,这种保守性符合主导 UEP 法的精髓;③上述方法中第 2 步用时最多,需要计算出两个 BCU-逸出点,而其他步骤仅涉及简单的代数计算;④图 22.4 给出了群 BCU-逸出点法的流程。

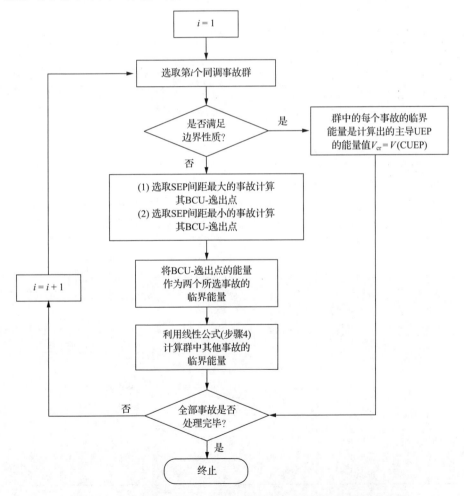

图 22.4　群 BCU-逸出点法确定同调事故群临界能量的流程图

22.5　数 值 研 究

用 134 机测试系统来评估群 BCU-逸出点法。为了评估实验结果,我们比较了三种不同的临界能量计算方法:①通过时域仿真计算 CCT,得到(原模型)逸出点处准确的临界能量;②基于 BCU-逸出点能量值的临界能量;③群 BCU-逸出点法的临界能量。

将群 BCU-逸出点法应用于一些同调事故群。我们给出群 9 和群 34 这两个同调事故群的数值结果。表 22.3 给出了同调事故群 9 的数值结果,包括算例编号、边界距离、SEP 间距、时域仿真法得出的临界能量、基于 BCU-逸出点能量的临界能量和群 BCU-逸出点法的临界能量。

表 22.3　同调事故群 9 的临界能量比较结果

算例编号	边界距离	SEP 间距	临界能量		
			精确时域方法	BCU-逸出点法	快速补救方法
1303	0.948	10.815	0.884	0.799	0.799
1359	0.948	10.832	0.803	0.799	0.799
178	0.948	10.838	0.891	0.855	0.799
177	0.948	10.838	0.898	0.860	0.799
186	0.948	10.838	0.896	0.858	0.799
185	0.948	10.838	0.890	0.855	0.799
1305	0.948	10.840	0.880	0.849	0.799
1357	0.948	10.840	0.802	0.800	0.799
174	0.948	10.842	0.886	0.852	0.799
166	0.948	10.842	0.801	0.800	0.799
165	0.948	10.842	0.884	0.851	0.799
1361	0.948	10.844	0.803	0.801	0.799
180	0.948	10.849	0.883	0.850	0.799
179	0.948	10.849	0.883	0.850	0.799
1194	0.948	10.858	0.801	0.800	0.799
1193	0.948	10.858	0.898	0.860	0.799
1197	0.948	10.859	0.877	0.847	0.799
1318	0.948	10.867	0.838	0.823	0.799
1195	0.948	10.868	0.878	0.847	0.799
1107	0.948	10.868	0.895	0.858	0.799
1446	0.948	10.869	0.861	0.837	0.799
176	0.948	10.869	0.892	0.856	0.799

续表

算例编号	边界距离	SEP 间距	临界能量		
			精确时域方法	BCU-逸出点法	快速补救方法
175	0.948	10.869	0.891	0.855	0.799
1472	0.948	10.869	0.882	0.850	0.799
1471	0.948	10.869	0.880	0.849	0.799
1191	0.948	10.869	0.880	0.849	0.799
1135	0.948	10.870	0.887	0.853	0.799
184	0.948	10.871	0.891	0.855	0.799
183	0.948	10.871	0.88	0.849	0.799
161	0.948	10.872	0.874	0.845	0.799
1129	0.948	10.873	0.890	0.855	0.799
1131	0.948	10.873	0.891	0.855	0.799
1315	0.948	10.874	0.802	0.800	0.799
182	0.948	10.875	0.891	0.855	0.799
181	0.948	10.875	0.890	0.855	0.799
1473	0.948	10.876	0.880	0.849	0.799
1125	0.948	10.877	0.896	0.858	0.799
649	0.948	10.878	0.875	0.845	0.799
1313	0.948	10.88	0.800	0.799	0.799
698	0.948	10.882	0.879	0.848	0.799
697	0.948	10.882	0.883	0.850	0.799
1127	0.948	10.883	0.895	0.858	0.799
686	0.948	10.883	0.891	0.855	0.799
684	0.948	10.883	0.891	0.855	0.799
696	0.948	10.884	0.877	0.847	0.799
695	0.948	10.884	0.879	0.848	0.799
648	0.948	10.886	0.885	0.852	0.799
692	0.948	10.887	0.877	0.847	0.799
691	0.948	10.887	0.879	0.848	0.799
1186	0.948	10.887	0.879	0.848	0.799
1188	0.948	10.887	0.879	0.848	0.799
694	0.948	10.893	0.877	0.847	0.799
693	0.948	10.893	0.878	0.847	0.799
678	0.948	10.893	0.892	0.856	0.799
1190	0.948	10.894	0.879	0.848	0.799
217	0.948	10.894	0.876	0.846	0.799
1178	0.948	10.895	0.882	0.850	0.799
702	0.948	10.895	0.878	0.847	0.799

算例编号	边界距离	SEP 间距	临界能量		
			精确时域方法	BCU-逸出点法	快速补救方法
701	0.948	10.895	0.882	0.850	0.799
1180	0.948	10.896	0.882	0.850	0.799
700	0.948	10.896	0.878	0.847	0.799
699	0.948	10.896	0.882	0.850	0.799
200	0.948	10.898	0.876	0.846	0.799
199	0.948	10.898	0.877	0.847	0.799
219	0.948	10.899	0.876	0.846	0.799
206	0.948	10.899	0.876	0.846	0.799
205	0.948	10.899	0.877	0.847	0.799
204	0.948	10.900	0.876	0.846	0.799
203	0.948	10.900	0.877	0.847	0.799
1176	0.948	10.900	0.882	0.850	0.799
202	0.948	10.902	0.876	0.846	0.799
201	0.948	10.902	0.877	0.847	0.799
682	0.948	10.904	0.892	0.856	0.799
680	0.948	10.904	0.892	0.856	0.799
704	0.949	10.912	0.874	0.845	0.799
703	0.949	10.912	0.876	0.846	0.799
706	0.949	10.912	0.874	0.845	0.799
705	0.949	10.912	0.876	0.846	0.799
1182	0.949	10.914	0.876	0.846	0.799
1184	0.949	10.915	0.876	0.846	0.799
1476	0.949	10.940	0.857	0.834	0.799
1475	0.949	10.940	0.861	0.837	0.799
252	0.949	10.943	0.863	0.838	0.799
237	0.949	10.959	0.862	0.837	0.799
64	0.949	11.022	0.870	0.842	0.798
63	0.949	11.022	0.871	0.843	0.798
66	0.949	11.025	0.870	0.842	0.798
65	0.949	11.025	0.871	0.843	0.798
38	0.950	11.091	0.872	0.843	0.798
40	0.950	11.093	0.872	0.843	0.798
352	0.967	13.478	0.826	0.814	0.797
351	0.967	13.478	0.825	0.814	0.797
350	0.967	13.493	0.825	0.814	0.797
349	0.967	13.493	0.825	0.814	0.797

续表

算例编号	边界距离	SEP 间距	临界能量		
			精确时域方法	BCU-逸出点法	快速补救方法
348	0.967	13.513	0.825	0.814	0.797
347	0.967	13.513	0.825	0.814	0.797
364	0.968	13.571	0.832	0.818	0.797
363	0.968	13.571	0.832	0.818	0.797
362	0.968	13.579	0.832	0.818	0.797
361	0.968	13.579	0.832	0.818	0.797
360	0.968	13.592	0.831	0.818	0.797
359	0.968	13.592	0.831	0.818	0.797
235	0.969	13.775	0.814	0.807	0.796
239	0.969	13.822	0.859	0.834	0.796
358	0.969	14.337	0.839	0.822	0.796
357	0.969	14.337	0.835	0.820	0.796
356	0.969	14.341	0.838	0.821	0.796
355	0.969	14.341	0.834	0.819	0.796
354	0.969	14.364	0.838	0.801	0.796
353	0.969	14.364	0.833	0.796	0.796

图 22.5 中展示了(原模型)逸出点处的准确临界能量与 SEP 间距的非线性关系,以及基于 BCU-逸出点能量的临界能量与 SEP 间距的线性关系。表 22.4 总结了同调事故群 34 的数值结果,图 22.6 中展示了相关的线性和非线性关系。这些数值实验证实了基于 BCU-逸出点能量的临界能量与 SEP 间距之间存在着线性关系。

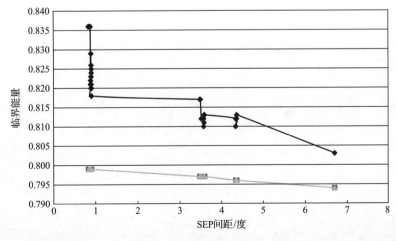

图 22.5　准确临界能量与 SEP 间距之间的非线性关系、BCU-逸出点能量与 SEP 间距之间的线性关系,以及群 BCU-逸出点法确定的临界能量与 SEP 间距之间的线性关系(群 9)

表 22.4　同调事故群 34 的临界能量比较结果

算例编号	边界距离	SEP 间距	临界能量		
			精确时域方法	BCU-逸出点法	快速补救方法
1236	0.803	10.863	0.282	0.253	0.253
1235	0.803	10.863	0.284	0.255	0.253
430	0.803	10.864	0.282	0.270	0.253
429	0.803	10.864	0.282	0.270	0.253
1347	0.803	10.865	0.283	0.271	0.253
432	0.804	10.869	0.282	0.270	0.253
431	0.804	10.869	0.282	0.270	0.253
1221	0.804	10.871	0.283	0.271	0.253
404	0.804	10.871	0.283	0.271	0.253
403	0.804	10.871	0.283	0.271	0.253
1371	0.804	10.872	0.283	0.271	0.253
460	0.804	10.872	0.279	0.269	0.253
459	0.804	10.872	0.280	0.269	0.253
434	0.804	10.873	0.283	0.271	0.253
433	0.804	10.873	0.282	0.270	0.253
428	0.804	10.874	0.280	0.269	0.253
427	0.804	10.874	0.279	0.269	0.253
424	0.804	10.874	0.280	0.269	0.253
423	0.804	10.874	0.279	0.269	0.253
437	0.804	10.875	0.278	0.268	0.253
1209	0.804	10.875	0.282	0.270	0.253
1329	0.804	10.876	0.285	0.272	0.253
422	0.804	10.878	0.280	0.269	0.253
421	0.804	10.878	0.279	0.269	0.253
440	0.804	10.881	0.278	0.268	0.253
426	0.804	10.882	0.280	0.269	0.253
425	0.804	10.882	0.279	0.269	0.253
420	0.804	10.887	0.277	0.267	0.253
419	0.804	10.887	0.279	0.269	0.253
406	0.804	10.888	0.281	0.270	0.253
405	0.804	10.888	0.283	0.271	0.253
1204	0.805	10.926	0.275	0.266	0.252

续表

算例编号	边界距离	SEP 间距	临界能量		
			精确时域方法	BCU-逸出点法	快速补救方法
1203	0.805	10.926	0.279	0.268	0.252
1206	0.805	10.926	0.275	0.266	0.252
1205	0.805	10.926	0.279	0.268	0.252
1208	0.805	10.927	0.275	0.266	0.252
1207	0.805	10.927	0.279	0.268	0.252
738	0.807	10.985	0.274	0.265	0.252
737	0.807	10.985	0.274	0.265	0.252
736	0.807	10.988	0.274	0.265	0.251
735	0.807	10.988	0.274	0.265	0.251
734	0.807	10.988	0.274	0.265	0.251
733	0.807	10.988	0.274	0.265	0.251

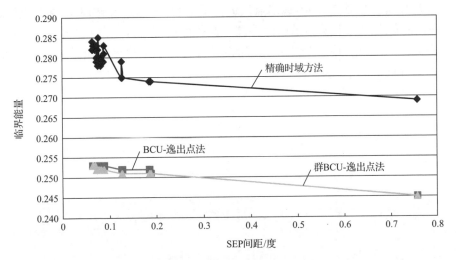

图 22.6　三种方法得到的临界能量与 SEP 间距之间的线性关系(群 34)

从这些仿真中可以得出以下一些有趣的结论。

(1) 群 BCU-逸出点法的临界能量总是小于 BCU-逸出点处的临界能量。

(2) BCU-逸出点处的临界能量总是小于准确临界能量。这表明群 BCU-逸出点法的临界能量在稳定评估和 CCT 估计中是保守的。

(3) 群 BCU-逸出点法的计算量相比于 BCU-逸出点法对群中每一事故所做计算量的总和得到了显著地降低。

(4) 可以根据 SEP 间距将群 9 再次进行分群。再次分群后,SEP 间距大于

11.2 的事故将被分为一个新群,使得表 22.3 中最后 20 个事故重组为另外一个同调事故群。形成新群后,群 BCU-逸出点法对群 9 中剩余事故进行重新计算,新的临界能量值将更接近于准确临界能量,从而降低了保守性。

22.6　本章小结

本章利用稳定边界性质是一项群性质的特点,发展出了基于群的针对同调事故群整体的验证方案。由于仅需对整个同调事故群作一次时域仿真,因此基于群的验证方案的效率很高。该方案还避免了全部检验各同调事故群中每一个事故的稳定边界性质这一繁杂的步骤。

群中各个事故的 BCU-逸出点能量与 SEP 间距之间存在着近似的线性关系。此外,群中各个事故的准确临界能量与 SEP 间距之间存在着很强的非线性关系。利用这一线性关系,我们开发出了群 BCU-逸出点法,为稳定边界性质不成立的同调事故群中各个事故确定准确的临界能量值。

大量数值研究对群 BCU-逸出点法进行了检验,结果显示群 BCU-逸出点法具有可靠、准确、保守和计算量适中的特性。这些性质使得群 BCU-逸出点法被并入基于群的 BCU 法中,用于为所有类型的事故(无论稳定边界性质是否成立)计算准确的临界能量值。

第 23 章　群 BCU-CUEP 法

23.1　引　　言

在许多应用中,主导 UEP 均起到了关键作用,如确定临界能量,由此可以获取 CCT 估计值;得出防止暂态失稳的预防控制措施;得出用于暂态稳定的增强控制措施;系统解列模式(即失稳模式)以及相关保护系统的诊断,等等。然而,计算出每一个电力系统事故的主导 UEP 是个非常有挑战性的任务,第 12 章中对此进行了阐述。

BCU 法通过计算降阶模型的主导 UEP 来计算原模型的主导 UEP。已经证明,满足稳定边界性质或单参数横截性条件时,BCU 法计算出的 UEP 位于原模型的稳定边界上。为了检验稳定边界性质,需要通过一些时域仿真进行边界距离的计算。

由于稳定边界性质是一种群性质。针对一个同调事故群,可以选定一个事故,并计算其边界距离作为代表。对于一个事故,如果 BCU 法计算出的 UEP 的边界距离为 1.0,则该 UEP 位于原故障后模型的稳定边界上;否则该 UEP 不满足稳定边界性质,且不是与该事故对应的主导 UEP。因此需要一种方法,在稳定边界性质不成立时,能够计算出(准确的)与事故对应的主导 UEP。

本章提出了群 BCU-主导 UEP 法,针对不满足稳定边界性质的同调事故群,计算各个事故的准确主导 UEP。首先提出一种基于时域的计算准确主导 UEP 的方法。其次研究同调事故主导 UEP 的群性质,并将该群性质结合到基于时域的方法中,从而开发出群 BCU-主导 UEP 法。开发群 BCU-主导 UEP 法的目的是当 BCU 法计算出的 UEP 不满足稳定边界性质时,能够重新计算同调事故群的 UEP,每个重新计算的 UEP 均为群中各事故的准确主导 UEP。因此,群 BCU-主导 UEP 法实现了对各个事故满足稳定边界性质的主导 UEP 的计算。主导 UEP 的坐标将是群 BCU-主导 UEP 法中研究的群性质(即同调事故群中任意两个事故的主导 UEP 位置相近)。

在继续本章之前,有必要回顾一些术语:原模型的逸出点是故障中轨迹与故障后 SEP 稳定边界的交点;关于某事故,如果计算出的 UEP 位于原故障后模型的稳定边界上,则称该 UEP 满足稳定边界性质;为了计算 UEP 的边界距离,我们构造出连接故障后 SEP 和 UEP 的射线,并确定出射线与故障后 SEP 稳定边界的交点,该交点和故障后 SEP 的距离与计算出的 UEP 和故障后 SEP 的距离的商即为边界距离。

23.2　计算主导 UEP 的正确方法

基于时域方法可以计算出与任意事故对应的准确主导 UEP。对于一般的原模型,以下基于时域迭代的方法能够计算其逸出点,即故障中轨迹与原故障后模型稳定边界的交点。该法可作为计算准确主导 UEP 的基准。

1) 计算原模型逸出点的方法

第 1 步:从故障中轨迹 $X_f(t)$ 上一点出发,对故障后模型进行积分。如果所得故障后轨迹不收敛到故障后 SEP,则该点[即 $X_f(k_1T)$]位于稳定域外,转第 2 步。否则,从故障中轨迹(沿正向时间)的下一点出发,重复对故障后模型进行积分,直到到达故障后轨迹不收敛到故障后 SEP 的第一个点,将该点记为 $X_f(k_1T)$,它在故障中轨迹上的前一个点为 $X_f(k_2T)$,从这一点出发的故障后轨迹将收敛到故障后 SEP,转第 3 步。

第 2 步:从 $X_f((k_1-1)T)$ 出发,对故障后模型进行积分。如果所得故障后轨迹不收敛到故障后 SEP,则置 $k_1=k_1-1$,并重复第 2 步;否则,置 $k_2=k_1-1$,并转第 3 步。

第 3 步:逸出点 x_{ex} 位于点 $X_f(k_1T)$ 和 $X_f(k_2T)$ 之间。在这两点间应用黄金分割法,得到准确的逸出点。

注:①上述方法是在状态空间中确定 CCT 的“标准”时域方法。该方法可用于一般的电力系统稳定模型;②在数值 BCU 法中,应用线性插值法能够快速计算降阶模型的逸出点。降阶模型是一个拟梯度系统,该方法利用了降阶模型稳定边界的特殊性质。但对于一般的非线性系统,这个特殊性质并不成立;③由于缺乏像降阶模型中点积那种能够描述原模型稳定边界的优良性能指标,因此很难开发出与 BCU 法相似的准确检测出原模型逸出点的算法,但可以通过如黄金分割法的一维搜索方法实现。

下面提出通过原模型逸出点确定与某事故对应的准确主导 UEP 的方法。该法可用于一般的电力系统暂态稳定模型,它不要求故障后电力系统存在能量函数,而只要求对所研究的事故存在对应的主导 UEP。回顾以下用于计算准确主导 UEP 的时域方法。

2) 计算准确主导 UEP 的方法

第 1 步:应用时域方法计算原模型中一条故障中轨迹的逸出点。

第 2 步:以逸出点为初值,对故障后模型积分几个时间步长得到一个“终”点。如果终点向量的范数小于一个阈值,转第 4 步;否则转第 3 步。

第 3 步:做出一条连接故障后 SEP 与终点的射线,应用时域方法,计算原模型沿射线的逸出点,即射线与原模型稳定边界的交点。使用射线的逸出点代替当前逸出点,转第 2 步。

第 4 步：以终点为初值，求解故障后模型的平衡点，将解记为 X_∞。X_∞ 即为与故障中轨迹对应的准确主导 UEP。

注：①上述方法的理论基础如下：准确主导 UEP 是其稳定流形与故障中轨迹相交于原模型逸出点的 UEP，而逸出点即为故障中轨迹上 CCT 时刻的点，它也是故障中轨迹与故障后 SEP 稳定边界的交点；②在计算方面，由于仿真轨迹是由整条轨迹上的点列构成，因此很难计算出准确的逸出点，因此上述方法的第 1 步通常给出的是一个与逸出点十分接近的点，如果第 1 步计算出的点离准确的逸出点不够近，则第 4 步就可能出现发散问题，如果出现这种情况，建议减小第 1 步的步长 T；③由于计算原模型准确逸出点的计算量非常大，因此第 1 步和第 3 步用时最长。

23.3　群 BCU-CUEP 法

群 BCU-主导 UEP 法用于计算稳定边界性质不成立的同调事故群中各个事故的准确主导 UEP，主要包括两个步骤。

第 1 步：应用时域方法计算同调事故群中选定的一个事故的准确主导 UEP。

第 2 步：以第 1 步计算出的准确主导 UEP 作为初值，对同调事故群中的其余事故，应用非线性算法求解相应的故障后的扩展潮流方程，计算出准确主导 UEP。

第 1 步直接应用基于时域的方法计算主导 UEP；第 2 步利用了同调事故的主导 UEP 坐标位置相近这一群性质计算群中其他事故的主导 UEP。

下面提出群 BCU-主导 UEP 数值方法，用以计算稳定边界性质不成立的同调事故群的主导 UEP(Chiang et al.，2007，2009；Tada and Chiang，2008)。

输入：一个不满足稳定边界性质的同调事故群。

输出：同调事故群中各个事故对应的(准确)主导 UEP。

第 1 步：从同调事故群中选取一个事故，如 SEP 间距最大的事故。

第 2 步：用精确的时域方法计算第 1 步所选事故的准确主导 UEP。

第 3 步：以第 2 步算出的主导 UEP 作为初值，按如下步骤，计算群中其余事故的主导 UEP：

第 3.1 步：更新故障后模型的 Y 矩阵，得到群中其余各事故在故障后的扩展潮流方程。

第 3.2 步：以第 2 步计算出的主导 UEP 为初值，使用高效的非线性代数方程求解算法求解故障后的扩展潮流方程。

第 3.3 步：记解为 X_∞，则 X_∞ 即为相应事故的准确主导 UEP。

上述方法的第 3 步利用了群性质计算群中其余事故的准确主导 UEP。分割牛顿法(partitioned Newton method)或其各种改良形式可以用做第 3.2 步中的非线性代数方程求解方法。由于同调事故群中任意两个事故的主导 UEP 十分接近,上述方法通常能很好地运行,不会在第 3 步中出现收敛问题。群 BCU-主导 UEP 法的计算步骤如图 23.1 所示。

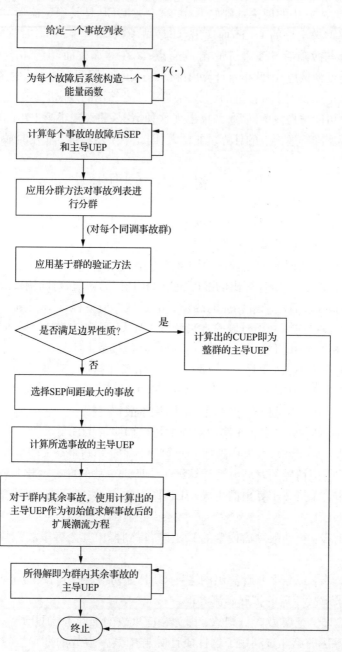

图 23.1　群 BCU-主导 UEP 法计算群中各个事故准确主导 UEP 的流程图

　　下面提出一种用以计算潜在事故列表的准确主导 UEP 的架构。图 23.2 以流程图的形式对该架构进行了展示，它结合了 BCU 法、分群方法、基于群的验证方法以及群 BCU-主导 UEP 法。该群 BCU-主导 UEP 综合方法可以为事故列表中各个事故计算准确的主导 UEP。

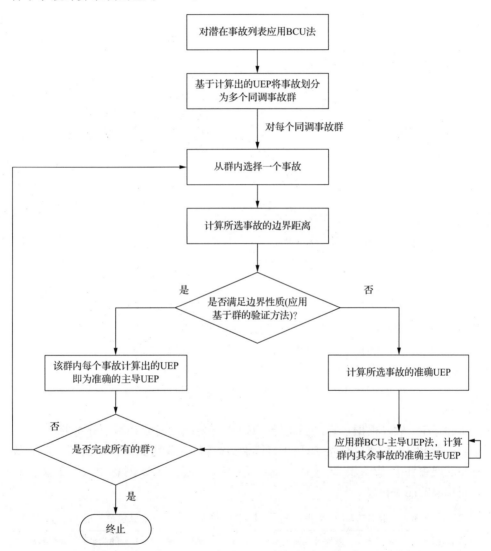

图 23.2　根据潜在事故列表计算准确主导 UEP 的架构

23.4　数值研究

将群 BCU-主导 UEP 法应用于 134 机电力系统的一个潜在事故列表。使用 BCU 法将潜在事故列表分为若干个同调事故群。其中，两个同调事故群用于示例：第一个群由 4 个事故组成，而第二个群由 12 个事故组成。故障清除时间设为 0.07 秒。

表 23.1 列出了较小同调事故群的数值结果。表中列出了 4 个事故及其相应的能量裕度和边界距离。边界距离小于 1.0，表明 BCU 法计算出的 UEP 不是主导 UEP。实际上，每个与计算出的 UEP 对应的 BCU-逸出点均位于计算出的 UEP 与 SEP 连线的中间。表 23.1 中的能量裕度是根据 BCU 法求得的 UEP 计算得出的。

表 23.1　同调事故群中的事故、BCU 法计算出的能量裕度及其相应的边界距离

算例编号	故障母线	线路开断情况/首端-末端	计算出的 UEP 处的能量	边界距离
0001	3010	3005-3010	1.90	0.785
0002	3007	3007-207	1.36	0.784
0003	3010	3010-3012	1.21	0.790
0004	3012	3010-3012	1.37	0.783

注：这些计算出的 UEP 并不在原模型的稳定边界上

从表 23.1 中可以观察到以下结果。

（1）各个事故的边界距离均小于 1.0，表明 BCU 法计算出的主导 UEP 不在原电力系统模型的稳定边界上。

（2）计算出的主导 UEP 处的能量不能用做临界能量，因此计算出的能量裕度不准确。

（3）各个故障根据计算出的主导 UEP 得到的能量裕度并不十分接近。

将群 BCU-主导 UEP 法应用于该同调事故群，计算得到同调事故群中所有故障的准确主导 UEP。表 23.2 列出了基于（准确）主导 UEP 的各个故障的边界距离和相应的能量裕度。

表 23.2　同调事故群中的事故、群 BCU-主导 UEP 法计算出的 UEP 的能量值及其相应的边界距离

算例编号	故障母线	线路开断情况/首端-末端	计算出的主导 UEP 处的能量	边界距离
0001	3010	3005-3010	0.845	1.0
0002	3007	3007-207	0.834	1.0
0003	3010	3010-3012	0.832	1.0
0004	3012	3010-3012	0.845	1.0

注：这些计算出的 UEP 全部位于原模型的稳定边界上

从表 23.2 中可以得到如下结果。

(1) 各个事故的边界距离为 1.0,表明群 BCU-主导 UEP 法计算出的主导 UEP 位于原电力系统稳定模型的稳定边界上。

(2) 基于准确主导 UEP 计算出的各个事故的能量裕度相近,表明准确主导 UEP 处的能量裕度是一个群性质。

(3) 计算出的主导 UEP 坐标位置相近,证实了主导 UEP 位置相近是一个群性质。

(4) 主导 UEP 坐标的群性质值得进一步研究。

对于由 12 个事故组成的中等规模的同调事故群,基于 BCU 法计算出的 UEP 所得的能量裕度及其边界距离见表 23.3。UEP 边界距离计算结果显示,计算出的 UEP 不是准确的主导 UEP。事实上,相应的 BCU-逸出点均位于计算出的 UEP 与故障后 SEP 连线之间。这些同调事故计算出的能量裕度并不相近。

表 23.3　同调事故群中的事故、BCU 法计算出的 UEP 能量值及其相应的边界距离

算例编号	故障母线	线路开断情况/首端-末端	计算出的 UEP 处的能量	边界距离
1	3036	3036-136	0.75	0.539
2	136	3036-136	0.82	0.536
3	3036	3036-236	0.75	0.539
4	236	3036-236	0.82	0.537
5	3036	3036-336	0.75	0.539
6	336	3036-336	0.82	0.536
7	136	136-4110	0.82	0.538
8	4110	4110-136	0.83	0.537
9	236	236-4110	0.82	0.537
10	4110	4110-236	0.83	0.537
11	336	4110-336	0.82	0.537
12	4110	4110-336	0.83	0.537

将群 BCU-主导 UEP 法应用于这个中等规模的同调事故群。首先,计算一个选定事故的准确主导 UEP,其次,使用群 BCU-主导 UEP 法计算群中其他事故的准确主导 UEP,重新计算各个事故的主导 UEP,并得到相应的边界距离和能量裕度,结果见表 23.4。

表 23.4　同调事故群中的事故、群 BCU-主导 UEP 法计算出的 UEP 的能量值及其相应的边界距离

算例编号	故障母线	线路开断情况/首端-末端	计算出的精确主导 UEP 处的能量	边界距离
1	3036	3036-136	0.28	1.0
2	136	3036-136	0.28	1.0
3	3036	3036-236	0.28	1.0
4	236	3036-236	0.28	1.0
5	3036	3036-336	0.28	1.0
6	336	3036-336	0.28	1.0
7	136	136-4110	0.28	1.0
8	4110	4110-136	0.28	1.0
9	236	236-4110	0.28	1.0
10	4110	4110-236	0.28	1.0
11	336	4110-336	0.28	1.0
12	4110	4110-336	0.28	1.0

注：这些计算出的 UEP 全部位于原模型的稳定边界上

从表 23.4 中可以观察到以下结果。

（1）各个事故的边界距离为 1.0，表明重新计算出的 UEP 位于原电力系统稳定模型的稳定边界上。

（2）该同调事故群中准确主导 UEP 的能量值相近。

（3）计算出的主导 UEP 坐标位置相近，证实了同调事故群中主导 UEP 位置相近是一个群性质。

23.5　本章小结

本章提出了群 BCU-主导 UEP 法计算稳定边界性质不成立的同调事故群中各个事故的准确主导 UEP。利用同调事故群中各个事故的主导 UEP 位置相近这个群性质，群 BCU-主导 UEP 法高效地计算出了群中各个事故的准确主导 UEP；此外，还提出了基于群的 BCU-主导 UEP 综合方法，该方法结合了 BCU 法、分群方法、基于群的验证方法和群 BCU-主导 UEP 法，其显著特征是，它能够计算出大规模电力系统事故列表中所有事故的准确主导 UEP。

　　主导 UEP 位置相近是一个群性质。这一群性质不仅可用于发展群 BCU 法，还可以用于如临界稳定事故的增强控制、不安全事故的预防控制等应用中。此外，同调事故群各事故的主导 UEP 的坐标还能为其他应用提供有益的信息，如针对某一事故集为保障电力系统稳定或增强其稳定性进行控制设计、确定关于某一事故集的主、次旋转备用等。事实上，主导 UEP 位置相近这一群性质值得进行更为深入的研究。

第 24 章　群 BCU 法

24.1　引　　言

本章提出基于群的 BCU 综合方法。该综合方法由前面各章提出的 BCU 法、基于群的验证方法、群 BCU-逸出点法和群 BCU-主导 UEP 法组成。与 BCU 法相比,群 BCU 综合法具有以下特点。

(1) 不要求满足单参数横截性条件。

(2) 不要求满足稳定边界性质。

(3) 群 BCU 法能够为每个事故计算出正确的主导 UEP。

(4) 群 BCU 法能够保证临界能量计算的可靠性和准确性。

(5) 群 BCU 法降低了 BCU 法的保守性。

(6) 群 BCU 法捕捉并利用了同调事故的内在性质,它将需要检验 UEP 稳定边界性质的事故数目减少到了很小的数量。

(7) 对于给定的事故列表,群 BCU 法的显著特点是能够为增强暂态稳定性提供一种有效的控制器设计方法。

(8) 群 BCU 法提供了关于系统阻尼对电力系统暂态稳定域以及能量裕度影响的有益信息。

本章将提出两版群 BCU 法,一个版本用于计算事故列表中每一个事故的准确临界能量值。另一个版本用于计算事故列表中每一个事故的主导 UEP。

24.2　用于计算准确临界能量的群 BCU 法

这种基于群的 BCU 综合方法用于计算事故列表中每一个事故的准确临界能量值。它由前面各章所述的下列方法构成:①能量函数法;②BCU 法;③分群方法;④基于群的验证方法;⑤群 BCU-逸出点法。

给定所研究的基本电力系统以及潜在事故列表,该版本的群 BCU 法按以下步骤计算准确的临界能量,并进行直接稳定估计。

第 1 步:计算各个事故的故障后 SEP,构造相应故障后模型的能量函数。

第 2 步:应用 BCU 法计算每个事故的主导 UEP。

第 3 步：重复第 1 步和第 2 步，直到所有事故均完成计算。

第 4 步：将所有事故划分成同调事故群。

对每个同调事故群，进行以下步骤。

第 5 步：使用基于群的验证方法验证稳定边界性质。如果稳定边界性质成立，则计算出的 UEP 处的能量值是群中各事故的准确临界能量值，转第 7 步；否则转下一步。

第 6 步：使用群 BCU-逸出点法计算各个事故的准确临界能量值，直到所有事故均完成计算。

第 7 步：进行能量裕度计算和直接稳定估计，对下一个群继续进行计算。

注意：第 2 步为 BCU 法，第 4 步进行分群，第 5 步为基于群的验证方法，第 6 步应用群 BCU-逸出点法，第 7 步同时完成了直接稳定估计和能量裕度计算。用于计算准确临界能量的群 BCU 法各步骤如图 24.1 所示。

下面对群 BCU-逸出点法的数值实现进行阐述。

对故障列表中的每个事故，执行第 1 步到第 3 步。

第 1 步：使用分块牛顿法或其各种改良方法，以故障前 SEP 为初值，计算每个事故的故障后 SEP。如果未找到故障后 SEP，则用时域仿真程序对该事故进行稳定分析，进入下一个事故。

第 2 步：为故障后模型构造一个数值能量函数。

第 3 步：使用 BCU 法计算各个事故的主导 UEP。

第 4 步：根据计算出的主导 UEP 和故障后 SEP，将所有事故划分为同调事故群。

对每个同调事故群，进行以下步骤。

第 5 步：检验每个群的稳定边界性质。

第 5.1 步：选择。选取计算出的 UEP 中 SEP 间距最大者，记为 X^{UEP}。

第 5.2 步：检查。计算以下测试向量：

$$X^{\text{test}} = X_s^{\text{post}} + 0.99(X^{\text{UEP}} - X_s^{\text{post}})$$

式中，X_s^{post} 为对应于 X^{UEP} 的故障后 SEP。从 X^{test} 出发，对故障后轨迹进行仿真和评估，如果故障后轨迹收敛到 X_s^{post}，则 X^{UEP} 满足稳定边界性质；否则不满足。

第 5.3 步：稳定边界性质。如果稳定边界性质成立，则各个事故的临界能量值为计算出的 UEP 处的能量值，转第 7 步；否则转第 6 步。

第 6 步：使用群 BCU-逸出点法确定临界能量。

第 6.1 步：选择。选取计算出的 UEP 中 SEP 间距最大和最小者，分别记为 X_l^{UEP} 和 X_s^{UEP}；将相应的事故分别记为 L_l 和 L_s。

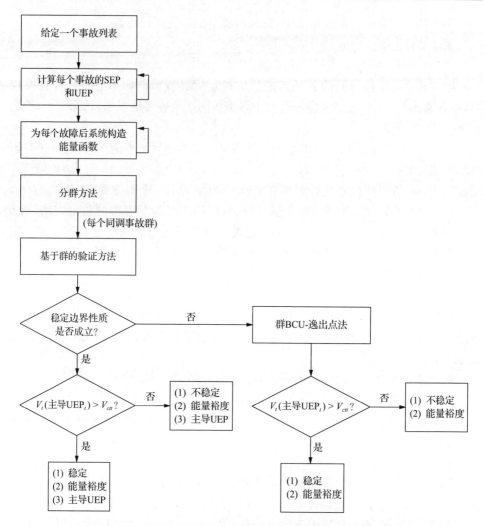

图 24.1　群 BCU 法计算准确能量裕度并进行直接稳定分析的流程图

第 6.2 步：计算 BCU-逸出点。应用基于黄金分割的时域方法分别计算 X_l^{UEP} 和 X_s^{UEP} 的 BCU-逸出点，将其分别记为 X_l^{ray} 和 X_s^{ray}。

第 6.3 步：确定临界能量。使用 X_l^{ray} 处的能量作为事故 L_l 的临界能量，X_s^{ray} 处的能量作为事故 L_s 的临界能量，记其值分别为 V_l^{ray} 和 V_s^{ray}。

第 6.4 步：确定其他事故的临界能量。令同调事故群中事故 L_i 的 SEP 间距为 SEP_i，则事故 L_i 的临界能量为

$$V_i^{\mathrm{cr}} = a \times \mathrm{SEP}_i + b$$

式中，$a = \dfrac{V_l^{\mathrm{ray}} - V_s^{\mathrm{ray}}}{\mathrm{SEP}_l - \mathrm{SEP}_s}$；$b = \dfrac{V_s^{\mathrm{ray}} \times \mathrm{SEP}_l - V_l^{\mathrm{ray}} \times \mathrm{SEP}_s}{\mathrm{SEP}_l - \mathrm{SEP}_s}$。

　　第 7 步：基于计算出的临界能量值对群中每个事故进行直接稳定估计和能量裕度计算，进入下一个群。

　　第 5 步为基于群的稳定边界性质验证方法，第 6 步为用于计算准确的临界能量的群 BCU-逸出点法。图 24.2 给出了用于计算准确临界能量的群 BCU 法流程图。

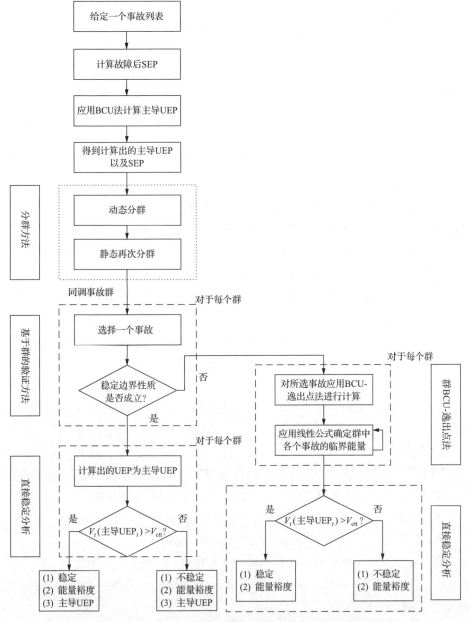

图 24.2　群 BCU 法计算准确临界能量的总体计算步骤

上述版本的群 BCU 综合方法可用于大规模电力系统进行直接稳定评估中的准确临界能量的计算,但它不计算各个事故的主导 UEP。当需要事故列表中每个事故的主导 UEP 时,下一节提出的另一个版本的群 BCU 综合方法可以满足需求。

24.3　用于计算 CUEP 的群 BCU 法

该版本的群 BCU 法由前面各章所述的下列方法构成:①能量函数法;②BCU 法;③分群方法;④基于群的验证方法;⑤群 BCU-主导 UEP 法。

给定所研究的基态电力系统以及潜在事故列表,该版本群 BCU 法计算准确主导 UEP 的步骤可总结如下。

第 1 步:计算各个事故的故障后 SEP,构造相应故障后模型的能量函数。

第 2 步:应用 BCU 法计算各个事故的主导 UEP。

第 3 步:重复第 1 步和第 2 步,直到所有事故均完成计算。

第 4 步:将所有事故划分成同调事故群。

对每个同调事故群,进行以下步骤。

第 5 步:使用基于群的验证方法验证稳定边界性质。如果稳定边界性质成立,则计算出的 UEP 处的能量值是群中各事故的准确临界能量,转第 7 步;否则转下一步。

第 6 步:使用群 BCU-主导 UEP 法计算各个事故的准确主导 UEP,直到所有事故均完成计算。计算出的 UEP 处的能量值是群中各个事故的准确临界能量,转第 7 步。

第 7 步:进行能量裕度计算和直接稳定估计。对下一个同调事故群继续进行计算。

注意:第 2 步应用 BCU 法,第 4 步进行分群,第 5 步为基于群的验证方法,第 6 步为群 BCU-主导 UEP 法,第 7 步同时完成了直接稳定估计和能量裕度计算。从功能上看,用于计算准确主导 UEP 的群 BCU 法如图 24.3 所示。

下面对群 BCU-主导 UEP 法的数值实现进行阐释。

对故障列表中的每个事故,执行第 1 步到第 3 步。

第 1 步:使用分块牛顿法或其各种改良方法,以故障前 SEP 为初值,计算每个事故的故障后 SEP。如果未找到故障后 SEP,则用时域仿真程序对该事故进行稳定分析,进入下一个事故。

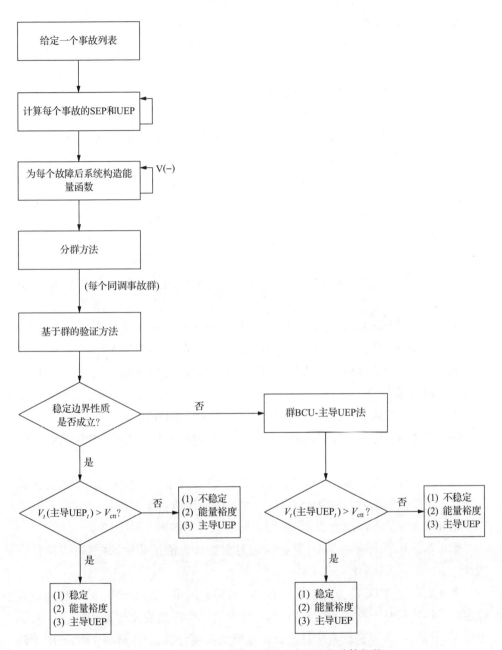

图 24.3　群 BCU 法计算准确主导 UEP 的总体架构

第 2 步：为故障后模型构造一个数值能量函数。

第 3 步：使用 BCU 法计算各个事故的主导 UEP。

第 4 步：根据计算出的主导 UEP 和故障后 SEP，将所有事故划分为同调事故群。

对每个同调事故群，进行以下步骤。

第 5 步：检验每个群的稳定边界性质。

第 5.1 步：选择。选取计算出的 UEP 中 SEP 间距最大者，记为 X^{UEP}。

第 5.2 步：检查。计算以下测试向量：

$$X^{\mathrm{test}} = X_s^{\mathrm{post}} + 0.99(X^{\mathrm{UEP}} - X_s^{\mathrm{post}})$$

式中，X_s^{post} 为对应于 X^{UEP} 的故障后 SEP。从 X^{test} 出发，对故障后轨迹进行仿真和评估，如果故障后轨迹收敛到 X_s^{post}，则 X^{UEP} 满足稳定边界性质；否则不满足。

第 5.3 步：稳定边界性质。如果稳定边界性质成立，则各个事故由 BCU 法计算出的 UEP 位于原模型的稳定边界上，被视为准确的主导 UEP，转第 7 步；否则转第 6 步。

第 6 步：使用群 BCU-主导 UEP 法计算群中各个事故的准确主导 UEP。

第 6.1 步：选择。从同调事故群中选取一个事故，如 SEP 间距最大的事故。

第 6.2 步：计算准确主导 UEP。对选定的事故，使用精确的时域主导 UEP 法计算准确主导 UEP。

第 6.3 步：按如下步骤，计算群中其他事故的主导 UEP。

第 6.3.1 步：更新故障后模型的 **Y** 矩阵，得到群中其他事故的故障后扩展潮流方程。

第 6.3.2 步：以第 6.2 步计算出的主导 UEP 为初值，应用高效的非线性代数方程算法求解故障后的扩展潮流方程，计算其他事故的主导 UEP。

第 6.3.3 步：将解记为 X_∞，X_∞ 即为其他事故的准确主导 UEP。

第 7 步：基于准确主导 UEP 处的临界能量计算能量裕度，并进行直接稳定估计。

上述版本的群 BCU 方法能够计算每个故障的准确主导 UEP。第 5 步为检验稳定边界性质的基于群的验证方法，第 6 步为用于计算准确主导 UEP 的群 BCU-主导 UEP 法，第 7 步进行直接稳定分析和能量裕度计算。图 24.4 给出了用于计算准确主导 UEP 的群 BCU 数值方法流程图。

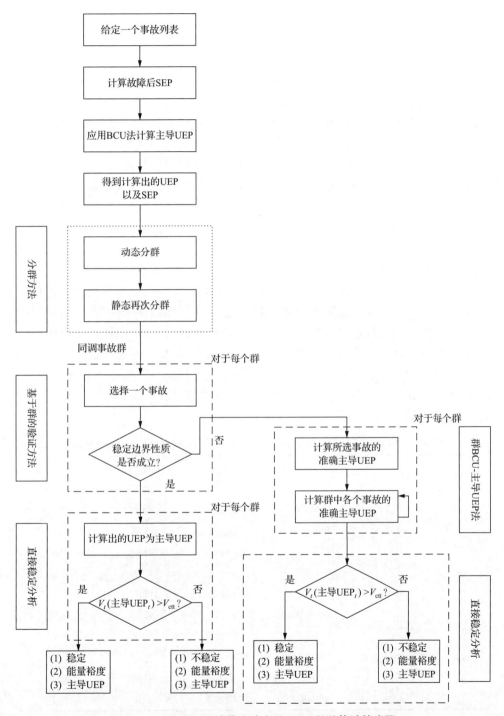

图 24.4　群 BCU 法计算准确主导 UEP 的总体计算步骤

24.4　数值研究

将群 BCU 法应用于一个 134 机测试电力系统的潜在事故列表。这些数值实验的目的是表明当 BCU 法可能在某些事故中计算出错误的主导 UEP 时，群 BCU 法能够计算出每个事故的准确主导 UEP。此外在稳定性估计上，群 BCU 法比 BCU 法保守性更低。本节给出了多个同调事故群的详细仿真结果。

在以下表格中展示了不同方法得到的稳定评估结果和临界能量值，这些表格包含了下列信息：①事故描述（前 3 列为事故编号、故障母线以及清除故障时跳闸的支路位置）；②动态安全评估（DSA）的结果（BCU 法评估结果、详细时域方法的评估结果、群 BCU 法评估结果）；③故障清除点的能量值；④PEBS 法计算出的逸出点的能量值；⑤BCU 法计算出的主导 UEP 处的能量值；⑥群 BCU 法计算出的临界能量值；⑦计算出的 UEP 的稳定边界性质和边界距离。

对包含 10 个同调事故的第一个群，表 24.1 总结了动态安全评估结果。根据时域仿真，这些事故都是稳定的。可是 BCU 法给出了相当保守的估计，将所有事故都判别为不稳定事故。有趣的是，BCU 法计算出的这 10 个不稳定事故的主导 UEP 都不满足稳定边界性质。群 BCU 法给出了所有事故的正确稳定估计。显然，群 BCU 法能够将这 10 个事故的 DSA 结果从不稳定校正为稳定。表 24.2 总结了 BCU 法的临界能量值、群 BCU 法的临界能量值以及故障清除时（在 0.07s 清除）的能量函数值。

表 24.1　BCU 法、时域仿真法和群 BCU 法的某同调事故群动态安全分析结果

算例编号	故障母线	线路开断情况 首端-末端	BCU 法 评估结论	时域方法 评估结论	群 BCU 法 评估结论
3	3007	3007-107	不稳定	稳定	稳定
4	3016	3015-3016	不稳定	稳定	稳定
5	3015	3015-3016	不稳定	稳定	稳定
6	3524	3007-3524	不稳定	稳定	稳定
7	3007	3007-3524	不稳定	稳定	稳定
8	3024	3007-3024	不稳定	稳定	稳定
9	3007	3007-3024	不稳定	稳定	稳定
10	3007	3007-207	不稳定	稳定	稳定
11	3004	3004-404	不稳定	稳定	稳定
12	3004	3004-304	不稳定	稳定	稳定

表 24.2　每个事故中故障清除时刻的能量值,以及边界距离

算例编号	故障母线	线路开断情况首端-末端	故障清除时的能量	BCU 法得到的临界能量	群 BCU 法得到的临界能量	边界距离
3	3007	3007-107	0.407	0.362	0.509	不准确
4	3016	3015-3016	0.306	0.360	0.508	不准确
5	3015	3015-3016	0.388	0.375	0.508	不准确
6	3524	3007-3524	0.405	0.373	0.508	不准确
7	3007	3007-3524	0.428	0.332	0.508	不准确
8	3024	3007-3024	0.405	0.373	0.508	不准确
9	3007	3007-3024	0.428	0.332	0.508	不准确
10	3007	3007-207	0.413	0.355	0.508	不准确
11	3004	3004-404	0.494	0.355	0.504	不准确
12	3004	3004-304	0.494	0.355	0.504	不准确

从表 24.2 中可以看到,对这些事故,由于其不满足稳定边界性质,BCU 法确定的临界能量值过于保守,而群 BCU 法显著地降低了保守性。BCU 法给出的临界能量值在 0.332(算例 7)和 0.375(算例 5)之间,而基于群的 BCU 综合方法给出的临界能量值在 0.504 和 0.509 之间。

研究另一个含 156 个同调事故的同调事故群。分别用 BCU 法、基于群的 BCU 综合方法以及时域仿真法分析这些事故,并计算群中每个事故的边界距离。由于边界距离都在 0.894 附近,故该同调事故群不满足稳定边界性质。这表明,BCU 法计算出的主导 UEP 是不正确的,因此 BCU 法提供的临界能量值也是不准确的。虽然 BCU 法对这个同调事故群给出了正确的稳定估计,但仍有必要使用群 BCU 法对临界能量值进行校正。该群共计 156 个同调事故,临界能量校正结果可参见表 24.3。

表 24.3　156 个同调事故的大同调事故群的动态安全分析结果

算例编号	故障母线	线路开断情况首端-末端	BCU 法评估结论	时域方法评估结论	群 BCU 法评估结论	边界距离
1	3020	3016-3020	稳定	稳定	稳定	0.893
2	316	3016-316	稳定	稳定	稳定	0.894
3	3016	3016-316	稳定	稳定	稳定	0.894
4	4139	116-4139	稳定	稳定	稳定	0.894
5	116	116-4139	稳定	稳定	稳定	0.894

续表

算例编号	故障母线	线路开断情况首端-末端	BCU法评估结论	时域方法评估结论	群BCU法评估结论	边界距离
6	4139	316-4139	稳定	稳定	稳定	0.894
7	316	316-4139	稳定	稳定	稳定	0.894
8	4525	4021-4525	稳定	稳定	稳定	0.894
9	4026	4026-4027	稳定	稳定	稳定	0.894
10	4033	4031-4033	稳定	稳定	稳定	0.894
11	4525	4024-4525	稳定	稳定	稳定	0.894
12	4026	4026-4029	稳定	稳定	稳定	0.894
13	4032	421-4032	稳定	稳定	稳定	0.894
14	116	3016-116	稳定	稳定	稳定	0.894
15	3016	3016-116	稳定	稳定	稳定	0.894
16	3021	3021-421	稳定	稳定	稳定	0.894
17	4139	216-4139	稳定	稳定	稳定	0.894
18	216	216-4139	稳定	稳定	稳定	0.894
19	216	3016-216	稳定	稳定	稳定	0.894
20	3016	3016-216	稳定	稳定	稳定	0.894
⋮	⋮	⋮	⋮	⋮	⋮	⋮
141	4050	4547-4050	稳定	稳定	稳定	0.895
142	4547	4547-4050	稳定	稳定	稳定	0.895
143	4898	4047-4898	稳定	稳定	稳定	0.896
144	4047	4047-4898	稳定	稳定	稳定	0.896
145	3522	3524-3522	稳定	稳定	稳定	0.896
146	3524	3524-3522	稳定	稳定	稳定	0.896
147	3022	3024-3022	稳定	稳定	稳定	0.896
148	3024	3024-3022	稳定	稳定	稳定	0.896
149	3022	3020-3022	稳定	稳定	稳定	0.896
150	3020	3020-3022	稳定	稳定	稳定	0.896
151	3522	3020-3522	稳定	稳定	稳定	0.896
152	3020	3020-3522	稳定	稳定	稳定	0.896
153	3524	3015-3524	稳定	稳定	稳定	0.896
154	3015	3015-3524	稳定	稳定	稳定	0.896
155	3024	3015-3024	稳定	稳定	稳定	0.896
156	3015	3015-3024	稳定	稳定	稳定	0.896

　　表 24.4 中列出了故障清除时刻的能量值、BCU 法计算出的临界能量值、群 BCU 法计算出的临界能量值。由于该同调事故群很大,我们只在表中列出了 36 个事故。值得注意的是对于这个同调事故群,群 BCU 法计算出的临界能量值比 BCU 法计算值小。

表 24.4　156 个同调事故对应的能量值

算例编号	故障母线	线路开断情况首端-末端	故障清除时的能量	BCU 法得到的临界能量	群 BCU 法得到的临界能量
1	3020	3016-3020	0.377	0.601	0.574
2	316	3016-316	0.203	0.698	0.579
3	3016	3016-316	0.274	0.697	0.579
4	4139	116-4139	0.193	0.706	0.579
5	116	116-4139	0.207	0.706	0.579
6	4139	316-4139	0.197	0.698	0.579
7	316	316-4139	0.203	0.698	0.579
8	4525	4021-4525	0.175	0.698	0.579
9	4026	4026-4027	0.198	0.712	0.579
10	4033	4031-4033	0.185	0.708	0.579
11	4525	4024-4525	0.172	0.705	0.579
12	4026	4026-4029	0.198	0.709	0.579
13	4032	421-4032	0.182	0.69	0.579
14	116	3016-116	0.207	0.703	0.579
15	3016	3016-116	0.270	0.703	0.579
16	3021	3021-421	0.220	0.688	0.579
17	4139	216-4139	0.193	0.703	0.579
18	216	216-4139	0.207	0.703	0.579
19	216	3016-216	0.207	0.703	0.579
20	3016	3016-216	0.270	0.703	0.579
⋮	⋮	⋮	⋮	⋮	⋮
141	4050	4547-4050	0.169	0.685	0.583
142	4547	4547-4050	0.174	0.688	0.583
143	4898	4047-4898	0.170	0.683	0.583
144	4047	4047-4898	0.175	0.684	0.583
145	3522	3524-3522	0.291	0.680	0.583
146	3524	3524-3522	0.379	0.681	0.583
147	3022	3024-3022	0.291	0.680	0.584

续表

算例编号	故障母线	线路开断情况首端-末端	故障清除时的能量	BCU 法得到的临界能量	群 BCU 法得到的临界能量
148	3024	3024-3022	0.379	0.681	0.584
149	3022	3020-3022	0.291	0.669	0.584
150	3020	3020-3022	0.278	0.668	0.584
151	3522	3020-3522	0.291	0.669	0.584
152	3020	3020-3522	0.278	0.668	0.584
153	3524	3015-3524	0.387	0.683	0.585
154	3015	3015-3524	0.357	0.682	0.585
155	3024	3015-3024	0.387	0.682	0.585
156	3015	3015-3024	0.357	0.682	0.585

　　下面对另一个包含 19 个事故的同调事故群进行检验,它们都满足稳定边界性质,因此,BCU 法计算出的临界能量与群 BCU 法的计算结果完全相同。根据时域仿真方法、BCU 法和群 BCU 法,所有 19 个事故都是稳定的。PEBS 法将这些事故判别为稳定的,可是 PEBS 法给出的临界能量却比 BCU 法和群 BCU 法大很多。进一步的数值研究显示,PEBS 法确定出的临界能量值比时域仿真法确定出的精确的临界能量值大很多。这就证实了 PEBS 法可能会过高估计临界能量这一结论,这意味着 PEBS 法会将不稳定事故判为稳定的,使其不适于实际应用。

　　表 24.5 列出了全部的 DSA 结果。故障清除时刻的能量值以及 PEBS 法、BCU 法和群 BCU 法计算出的临界能量值见表 24.6。

表 24.5　同调事故群 17 动态安全分析结果

算例编号	故障母线	线路开断情况首端-末端	BCU 法	时域方法	群 BCU 法	PEBS 法	稳定边界性质
1	3028	3028-3029	稳定	稳定	稳定	稳定	准确
2	4134	4134-5108	稳定	稳定	稳定	稳定	准确
3	4134	4134-5607	稳定	稳定	稳定	稳定	准确
4	3028	3028-5607	稳定	稳定	稳定	稳定	准确
5	4134	4133-4134	稳定	稳定	稳定	稳定	准确
6	4134	4134-5107	稳定	稳定	稳定	稳定	准确
7	3028	3028-5107	稳定	稳定	稳定	稳定	准确
8	4055	4055-7084	稳定	稳定	稳定	稳定	准确
9	4055	4055-4056	稳定	稳定	稳定	稳定	准确

续表

算例编号	故障母线	线路开断情况首端-末端	BCU 法	时域方法	群 BCU 法	PEBS 法	稳定边界性质
10	3028	3028-3030	稳定	稳定	稳定	稳定	准确
11	4558	4056-4558	稳定	稳定	稳定	稳定	准确
12	4134	228-4134	稳定	稳定	稳定	稳定	准确
13	228	228-4134	稳定	稳定	稳定	稳定	准确
14	4134	128-4134	稳定	稳定	稳定	稳定	准确
15	128	128-4134	稳定	稳定	稳定	稳定	准确
16	128	3028-128	稳定	稳定	稳定	稳定	准确
17	3028	3028-128	稳定	稳定	稳定	稳定	准确
18	228	3028-228	稳定	稳定	稳定	稳定	准确
19	3028	3028-228	稳定	稳定	稳定	稳定	准确

表 24.6　同调事故群 17 对应的能量值

算例编号	故障母线	线路开断情况首端-末端	故障清除时刻的能量	PEBS 法得到的临界能量	BCU 法得到的临界能量	群 BCU 法得到的临界能量
1	3028	3028-3029	0.242	1.569	0.310	0.310
2	4134	4134-5108	0.188	0.991	0.310	0.310
3	4134	4134-5607	0.188	0.989	0.307	0.307
4	3028	3028-5607	0.242	1.594	0.308	0.308
5	4134	4133-4134	0.188	0.987	0.308	0.308
6	4134	4134-5107	0.188	0.988	0.308	0.308
7	3028	3028-5107	0.242	1.585	0.304	0.304
8	4055	4055-7084	0.176	3.466	0.316	0.316
9	4055	4055-4056	0.177	3.449	0.314	0.314
10	3028	3028-3030	0.244	1.543	0.305	0.305
11	4558	4056-4558	0.181	3.353	0.302	0.302
12	4134	228-4134	0.189	0.960	0.276	0.276
13	228	228-4134	0.193	0.932	0.276	0.276
14	4134	128-4134	0.189	0.960	0.275	0.275
15	128	128-4134	0.193	0.932	0.275	0.275
16	128	3028-128	0.193	0.930	0.271	0.271
17	3028	3028-128	0.243	1.565	0.271	0.271
18	228	3028-228	0.193	0.930	0.271	0.271
19	3028	3028-228	0.243	1.565	0.271	0.271

24.5　本 章 小 结

本章提出了群BCU综合方法,它由BCU法、基于群的验证方法、群BCU-逸出点法和群BCU-主导UEP法组成。群BCU法无需满足单参数横截性条件或稳定边界性质,并能够计算出每个事故的正确主导UEP。简单地说,群BCU法是对BCU法计算出的主导UEP或临界能量值进行了改良。此外,群BCU法还能降低BCU法的保守性。

群BCU综合方法有两个主要特点:它不仅计算出每个事故的正确的主导UEP,同时也计算出准确但略保守的临界能量。基于群的BCU综合方法计算出的临界能量总是小于结合时域方法确定出的准确临界能量。因此,在大规模电力系统的直接稳定估计中,基于群的BCU综合方法比BCU法更加可靠,且保守性更低。与BCU法相比较,群BCU法的计算量只是稍有增加。

群BCU法解决了验证DSA结果正确的问题。过去,出于计算量和难度方面的考量,这个问题总被忽视。与现有的一些直接稳定分析方法相比较,群BCU法有一些优点:与用于稳定控制的传统方法不同,群BCU法为增强稳定性的控制设计提供了更多信息。这些优点可总结为以下几点。

(1) 传统的稳定分析是以算例为单位逐例提供信息,而群BCU法以群为单位逐群提供信息,群BCU法为稳定增强控制设计提供了一种有效的方法。

(2) 同调事故群的识别可参与到校正控制和预防控制等应用之中。每个同调事故群的主导UEP的坐标可以为保障电力系统稳定的控制措施设计以及给定事故集的稳定性提升提供有益的信息。

(3) 同调事故群通常位于同一个地理区域,这个性质具有一些实际的应用价值。利用该性质,可以通过调整相关地理区域中的发电机与负荷的控制设备,对多个同调事故集进行稳定增强控制设计。

第 25 章　远景和未来方向展望

25.1　目前的进展

　　基于能量函数的直接法在经过了几十年发展后,研究表明,主导 UEP 法与时域仿真法具有互补性。当前的发展方向是将以 BCU 法为基础的主导 UEP 法与时域仿真程序结合到在线 TSA 系统中(Chiang et al.,1995,2007;Chiang,1999;Ernst et al.,2001;IEEE Committee Report,1988;Kaye and Wu,1982;Morison et al.,2004;Tada et al.,2002;Yu et al.,2002)。在线 TSA 可以为电力系统运行人员提供以下关键信息:①评估电力系统在给定事故列表下的暂态稳定性;②基于暂态稳定约束下关键断面的(功率)传输极限。

　　在线 TSA 和控制的完整架构如图 25.1 所示。在该架构中,在线 TSA 模块包含两个主要的部分:快速动态事故筛选以及进行详细稳定分析的时域稳定程序。当在线 TSA 新一周期开始时,事故列表以及来自状态估计和拓扑分析的信息被送往动态事故筛选程序,它的基本功能是筛选出高度稳定或者可能失稳的事故。判为高度稳定的事故不再作进一步分析,判为可能失稳的事故执行快速时域仿真进行详细分析。由于在线 TSA 能够对大量事故进行动态筛选,而只过滤出很少的事故作进一步分析,因此它是现实可行的。无法分类的或者识别为不稳定的事故则被送往时域暂态稳定仿真程序,作详细的稳定分析。

　　控制决策模块用以确定及时的校正措施(如故障后自动补救措施)能否指导系统脱离无法接受的工作状态,而使其趋于一个可接受的状态(Li and Bose,1998;Ota et al.,1996)。如果没有适当的校正措施,预防措施模块就用于确定事故发生情况下所需的事故前预防控制措施(Faucon and Dousset,1997;Kaba et al.,2001;Matsuzawa et al.,1995;Scala et al.,1998)。这些控制措施包括重新调度有功功率或者切换线路,以保持系统稳定。如果系统是略微稳定(即临界稳定)的,增强措施模块就用于确定事故发生情况下所需的事故前增强控制措施,从而提升系统的稳定程度。在这个在线 TSA 体系中,快速且可靠的动态筛选方法在整个在线 TSA 过程中起着至关重要的作用。

　　假设一个完整的在线 TSA 评估周期是 15 分钟。这一周期起始于系统获得所有必需的数据,终止于系统已为下一周期做好准备。根据目标电力系统的大小,如 15 000 母线这样的大规模电力系统,事故列表中的事故数目在 1 000 到 3 000 之间。事故类型包括主保护清除的三相故障,以及后备保护清除的单相接地故障。

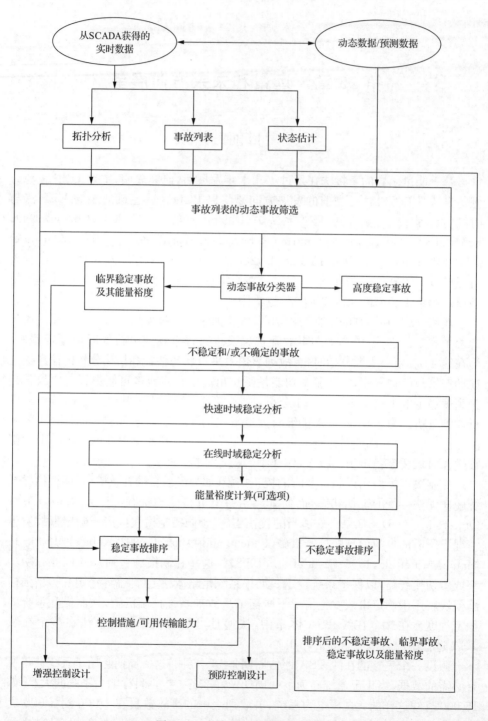

图 25.1　在线 TSA 与控制架构图

现已开发出的一些在线 TSA 系统(El-kady et al. ,1986;Mansour et al. ,1995;Riverin and Valette,1998;Takazawa et al. ,2006;Vaahedi et al. ,1998;Wang and Morison, 2006)尚无法满足上述应用。这些系统的速度及控制方案需作进一步的改善。

在线 TSA 在给定周期中的输出包括:①系统的整体状态(安全或不安全,以及运行裕度);②不稳定事故(如故障类型、故障位置以及切除线路等事故详情);③各个不稳定事故的能量裕度表示的不稳定裕度;④可能不稳定的事故中的用户指定参量的详细时域响应(摇摆曲线);⑤临界事故(如故障类型、故障位置以及切除线路等事故详情);⑥各个临界事故的能量裕度表示的稳定裕度,用 MW、MVar 表示的运行裕度;⑦临界事故中的用户指定参量的详细的时域响应(摇摆曲线);⑧基于暂态稳定约束下的关键断面的功率传输极限及对其产生约束的事故。

除了上述的主要功能,在线 TSA 系统还需有以下功能:①用户能够用实时系统模型的存档数据或者运行规划研究中产生的数据进行不同场景分析;②软件和硬件的故障转移保护;③与能量管理系统(energy managment system,EMS)功能的接口;④事故列表的定义,稳定分析所需数据的生成,数据的检验与校正,以及可视化输出。

25.2　在线动态事故筛选

一个重要的策略:采取有效筛选方法剔除大量的稳定事故,捕获临界事故及潜在不稳定事故,仅对潜在的不稳定事故进行详细仿真。该策略已经在在线 SSA 中成功实现(Balu et al. ,1992)。从几百个事故中捕获几十个临界事故的能力已经使得在线 SSA 成为可能。这个策略同样可以应用于在线 TSA。给定一组事故列表,该策略将在线 TSA 的工作分成两个评估阶段。

阶段 1:进行动态事故筛选,从事故列表中快速剔除确定稳定的事故。

阶段 2:对阶段 1 中余留的每个事故,进行动态性能的详细评估。

动态事故筛选是在线 TSA 系统的基本功能。在线 TSA 系统整体的计算速度很大程度上取决于动态事故筛选的效率,筛选的目的是识别出高度稳定的事故,以避免对这些事故作进一步的稳定分析。正是由于对稳定事故的确定识别,TSA 的速度才能得到大幅提升。未确定的事故或者判为临界稳定或不稳定的事故则送往时域暂态稳定仿真程序,作进一步稳定分析。

因此,动态事故筛选程序必须满足以下五方面的要求 (Chiang and Wang, 1998;Chiang et al. ,1999)。

(1) 可靠性。快速捕获全部不稳定事故,即不稳定(单摆或多摆)事故无一遗漏。换言之,捕获的不稳定事故的数量与实际不稳定事故的数量之比为 1。

(2) 有效性。有效地大量滤除稳定事故,即识别出的稳定事故的数量与实际稳定事故的数量之比尽可能接近 1。

(3) 在线计算。几乎不需离线计算和/或调整,能够适应不断变化和不确定的运行条件。

（4）速度。快速，即对每个事故的快速分类。

（5）性能。对电力系统运行条件变化的鲁棒性。

做到对不稳定事故的绝对捕获是动态事故筛选的可靠性量度。这个要求对在线 TSA 是极其重要的。但由于动态事故筛选问题是非线性的，须具有很强理论基础的可靠方法才能够很好地满足这项要求。要求（3）表明所希望的动态事故分类器很少依赖或不依赖离线信息、计算和/或调整。产生这个要求的原因是，在目前或不远的未来电力系统运行环境下，在线运行数据点与假定的离线分析点之间相关性很小，甚至在极端情况下不存在关联。换言之，在不太极端的情况下，假定的离线分析点可能与在线运行点不相关。解除管制导致的大宗电力交易部分上造成了这种不相关的情况。正如鲁棒性所要求的，在任何运行条件下都必须保证满足前四项需求。

文献中公布了一些在线动态事故筛选方法。这些方法可以分为以下几类：能量函数方法（Chadalavada et al. , 1997；Chiang and Wang, 1998；Chiang et al. , 1999，2002，2005），时域方法以及人工智能（AI）方法（Djukanovic et al. , 1994；Jensen et al. , 2001；Mansour et al. , 1997b；Sobajic and Pao, 1989）。时域方法需要对每个事故逐点仿真若干秒，如 2~3s，以筛选出极稳定或极不稳定的事故。该方法在进行多摆稳定或不稳定事故判别时准确性会存在问题。AI 方法，如模式识别技术、专家系统技术、决策树技术以及人工神经网络方法，都首先做大量的离线数值仿真，以捕捉系统动态行为的基本稳定性特征；其次构造出分类器，尝试对新的未出现过的在线事故进行正确分类。因而，如果在线运行数据与假设的离线分析数据的相关性较小，将 AI 方法在线应用于当前或未来近期电力系统时有可能失效。不幸的是，现有的基于 AI 的方法尚不能满足在线计算的要求，并难以保证可靠性要求。

本书提出的基于 BCU 的主导 UEP 法是进行动态事故筛选的理想选择，它具有以下优点：①快速识别出高度稳定事故、检测出可能失稳的事故；②能够计算出反映每个事故稳定/不稳定程度的能量裕度；③基于能量裕度快速计算出暂态稳定约束下的可用传输容量（avaliable trans mission capability，ATC）；④计算出主导 UEP 及其相关信息，指导不稳定事故的预防控制方案的设计；⑤计算出主导 UEP 及其相关信息，指导针对临界稳定事故的增强控制方案的设计。

需要注意的是，放开管制的电力市场已经造成运行状态的快速变化。系统运行人员正面临比以前更多的新的、未知的潮流模式（McCalley et al. , 1997）。与此同时，电力市场与电网运行人员面临的经济方面的压力，以及对新的发电和输电网的有限投资，使得电力系统的运行状态接近它的稳定极限。传统的离线动态安全评估工具不够完备，不能有效地满足在线要求。随着社会对可靠电力供应的日益依赖，大停电的代价将更加高昂。因此，任何不稳定事故都会对社会造成巨大的冲击。

25.3　建模的改进

直接法的建模能力是值得进一步改进的,如计入适当的动态负荷模型,可再生能源,以及现代控制设备(Hiskens and Hill,1992;Jing et al.,1995;Ni and Fouad,1987;Nunes et al.,2004;Tada et al.,2000)。需要发展用于 AC/DC 电力系统的主导 UEP 法和 BCU 法(DeMarco and Canizares,1992;Susuki and Hikihara,2005;Susuki et al.,2004,2008;Vovos and Galanos,1985)。众所周知,不准确的负荷建模可能导致电力系统运行在使实际系统崩溃或解列的模式下。因此,能够捕获扰动下负荷行为的准确负荷模型对更准确的电力系统稳定评估和电力系统稳定极限的计算都是必要的。直接法中所用的大多数负荷模型限于所谓的静态负荷模型。这些静态负荷模型不能充分捕获负荷暂态行为。因此,对直接法进行扩展以应对足够详细的负荷模型(更准确的静态负荷模型,或是充分动态的负荷模型)是有价值的(Chiang et al.,1997;Davy and Hiskens,1997;Hill,1993;Lesieutre et al.,1995;Sauer and Lesieutre,1995)。

近年来,实际运行经验显示,电力系统即使是暂时稳定的,也可能在扰动后 10~30s 失去稳定。换言之,电力系统是暂态(即短期)稳定而中期不稳定的。解释这种现象的一种机理是故障后模型的初始状态位于电力系统暂态稳定模型的稳定域之内,但位于电力系统中期稳定模型的稳定域之外。这提出了进行电力系统中期稳定分析的需求,并强调将主导 UEP 法推广到电力系统中期稳定模型是十分必要的。在这一点上,需要中期稳定模型的广义能量函数,并探索相关的广义能量函数理论。研究广义能量函数(相比于能量函数更具一般性)是正确的,它使得任何具有这种函数的非线性系统具有以下动态性质:①任一有界轨迹的 ω 极限集只包含平衡点和极限环;②沿轨迹函数是非增的。这样的研究将使扩展后的主导 UEP 法能够用于详细的电力系统中期稳定模型,而中期稳定模型的稳定边界包含有平衡点和极限环(Alberto and Chiang,2008,2009)。

可靠性和效率是电力系统运行和规划中的两个关键因素。只有有效地利用电网,才能使电网的高额投资得到适当的回报。而只有准确了解电网的稳定裕度,才能达到最佳的运行效率。为确保电网的可靠运行,必须重视电网的稳定性。下一节阐述在线 TSA 在 ATC 在线计算中的应用。

25.4　同步相量测量装置辅助的 ATC 在线计算

经由长距离输电系统传输大量绿色电力势在必行,电力公司更为关注跨边界的电力传输极限,或者某一电站送出有功的极限。此外,电网公司均要充分地分享使用电网,以便实现电力的经济传输。这些均使得实时计算暂态稳定约束下功率传输极限成为一个紧迫的议题,确定电网不同区域和地区间的功率传输极限变得愈加重要。我们将 BCU 系列方法、传统时域仿真方法以及连续潮流方法相组合，开发了一种工具，称为在线暂态稳定约束下传输极限计算器（transfer limiter）。该工具将更加及时、方便地提供跨边界的功率传输极限信息。

ATC 已在电力系统运行中用于指导输电走廊和关键联络线的传输极限设置（Sauer et al.，1983；Wang and Morison，2006）。目前，大多数的 ATC 计算仍基于离线规划研究。ATC 与系统运行条件密切相关，为保证运行的安全性和可靠性，目前根据最恶劣的场景计算 ATC，这导致计算出的传输功率极限过于保守，因此，迫切需要根据实际运行状态来进行 ATC 计算。

由于互联电力系统的本质是非线性的，以及对潜在事故进行稳定分析所需的计算量非常大，动态安全约束下计算 ATC 的任务非常有挑战性。此处需要考虑的动态安全限制是暂态稳定极限。为了将动态安全限制放入 ATC 体系内，下面我们来定义暂态稳定约束下的负荷裕度。

定义：暂态稳定约束下的负荷裕度为从当前运行点到暂态失稳事故 P-V 曲线的状态向量的（最小）距离（用 MW 和/或 Mvar 表示）。此处的电力系统动态模型考虑了负荷与发电量的情况，而负荷裕度即为该动态模型在一个事故下的一项性能指标。

需要注意的是，暂态稳定约束下的负荷裕度应当小于基态电力系统鼻点处的负荷裕度，其原因是当暂态稳定约束下的负荷裕度大于基态电力系统鼻点处的负荷裕度时，它是没有定义的。计入潜在事故集的暂态稳定约束下的负荷裕度的研究十分具有挑战性。

我们提出一种工具，称为 BCU 传输极限计算器（BCU-limiter），它能够快速计算出潜在事故集暂态稳定约束下的 ATC。给定一项电力交易计划，这个工具能够计算出电力系统在达到暂态稳定极限前所能承受的功率传输量。此外，BCU 传输极限计算器将事故列表按照距离暂态稳定极限的负荷裕度进行排序，并计算出相应的 ATC。BCU 传输极限计算器对 BCU 方法、连续潮流方法和时域仿真方法进行了综合。给定一个运行点，BCU 传输极限计算器不仅能进行电力系统动态安全评估和排序，并且能够计算出计入潜在事故集的暂态稳定约束下的 ATC。

为提供实时的 ATC，获得一些与系统运行状态相关的实时信息是非常必要的。十几年来，电力工程师和研究人员尝试将同步相量测量装置（phasor measurement unit，PMU）部署到电力系统中去，并建立广域测量和监控设施。安装 PMU 需大量投资，东部和西部两个互联系统的广域测量系统正在形成。在广域测量领域，这种新型测量元件（相对于传统的 SCADA 测量元件）的应用是一个中心课题。相量数据、高数据速率下精确的时间同步数据在广域范围内提供了当前电力系统的运行状态。我们提出开发一种工具，对相量测量与运行应用进行结合，将广域观察结果结合到 ATC 计算技术中去，实现实际运行状态下在线 ATC 的准确计算。这样的在线 ATC 评估将在保证安全性和可靠性的同时，更好地利用电力系统设施，从而带来更高的经济效益。

给定一组预先确定的断面以及与各断面相关的事故列表，我们提出一种 PMU 辅助、基于 BCU 的实时断面 ATC 计算系统，如图 25.2 所示。该架构中包含

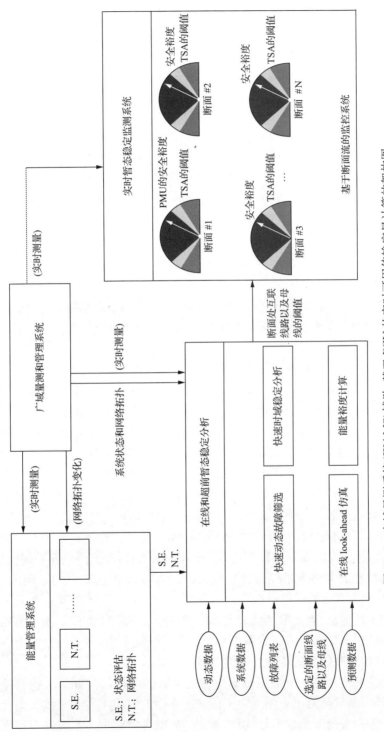

图 25. 2   广域量测系统（WAMS）辅助，基于 BCU 的实时可用传输容量计算的架构图

两个主要部分：BCU 传输极限计算器和实时量测单元 PMU。在计入与各断面相关的事故列表时，BCU 传输极限计算器工具确定各断面处的暂态稳定约束下的功率传输极限。从安装的 PMU 获得各断面处的有功潮流的实时量测数据，则各断面处的功率传输极限值与当前功率传输值的差即为系统的 ATC。

25.5　新的应用

在大扰动清除后的暂态期间，电压和电流会出现显著偏移，可能导致突然开断情况的发生。例如，大扰动后发电机间的大幅转子摇摆会导致距离继电器的跳闸，可能产生系统解列和孤岛运行。因此，在线动态安全评估中需要包含保护动作和运行的可行性（viablity limits）。这就要求对引起保护动作或者不可行暂态的条件进行估计，需要开发各种快速并且可靠的技术：①评估扰动是否会触发继保系统的意外动作；②调整保护与控制的方案，从而避免这种事件发生。继电裕度是继电器接近发出切除指令的测度，该概念已用于评估沿故障后轨迹系统的脆弱性（Dobraca et al.，1990）。文献 Singh 和 Hiskens（2001）曾使用能量裕度评估失步保护动作。该方法是基于发电机群解列的最大角度偏差与失步继电器所观测的最小视在阻抗之间的启发式关系。

虽然现在的电网不能完全避免灾难性的连锁故障，但是应对电力系统扰动的能力已经大幅增强。电力系统主要依靠保护系统、特殊保护系统，以及离散辅助控制方案，以应对扰动、防止灾难性的连锁故障。这些系统与方案常常根据被动的、静态的情况进行设计；它们的参数设定也不能适应系统的运行状态与网络结构的变化，此外，它们的设计和参数设置没有考虑系统的动态行为。因此，在保护系统和离散辅助控制系统中曾出现过一些错误的动作，导致电力服务中断和系统大规模停电的发生。这些动作包括不必要的保护跳闸（稳定摇摆下继保的过度动作），系统低电压和重负载情况下不必要的距离保护跳闸。

传统上，EMS、保护系统和/或离散辅助控制系统之间并不存在协调。通过在线量测，EMS 所获得的在线静态和动态安全评估结果，再加上一些开发层次化、自适应保护系统和自适应离散控制器的必要技术，可以建立起它们之间的联系。EMS 周期性地向选定的保护系统和离散控制器所在的位置传送静态和动态安全评估结果的最新信息，就能够调整继电器中的规则和离散辅助控制器中的控制方案。建立这种层次化和自适应的保护系统和离散控制系统，将帮助整个电力系统更好地应对扰动，并防止灾难性的连锁故障。

在线安全评估的另一个应用是确定考虑可靠性的检修方案。人们已经认识到，电力系统设备故障对电力系统安全性和可靠性的影响不一。某些关键设备故障可能导致电力系统安全性不足，而其他元件故障可能对电力系统安全裕度的影响很小。根据状态进行检修仍然是个难题,这些情况的出现催生了基于可靠性的检修方案(Beehler,1997)。实现可靠性检修的一个重要问题是电力系统设备对电力系统安全性影响的恰当排序方法。在线动态安全筛选和排序功能能够提供此类关键信息。

25.6　本 章 小 结

本书通过解释直接法、BCU 系列方法以及群 BCU 法的理论基础,表明了理论工作能够为解决实际问题发展可靠而高效的求解方法。分析了稳定边界性质不成立所造成的 BCU 法偶尔失效的情况,并据此为 BCU 法开发出了综合的验证和补充方案,称为 BCU-逸出点法,从而解决了这个问题。为减小 BCU-逸出点法所需的巨大计算量,开发出了基于群的 BCU 系列方法,它能够可靠地计算出事故列表中每个事故的主导 UEP 和准确的临界能量。这进一步坚定了作者的信念,即通过对基本理论的透彻理解,结合对实际问题特殊性质的深入探索,能够开发出方法论,从而有效地解决实际中具有挑战性的问题。

作者相信,沿着下列步骤进行研究和发展,能够得到丰硕而实际的应用。

阶段 1:发展理论基础

阶段 2:发展方法论

阶段 3:发展方法论的可靠数值方法

阶段 4:软件实现与评估

阶段 5:工业用户互动与反馈

阶段 6:实际系统安装与持续改良

前三个阶段适合大学和研究机构,而后四个阶段更适合在商业机构中完成。学术机构与商业机构的研究准则存在显著的差异。例如,求解非线性代数方程时牛顿法的发散情况在学术环境中是可以接受的。但是在实际应用中,不能接受发散的情况,需要更可靠的数值方法来为牛顿法提供保障。本书着墨于阶段 1 和阶段 2,并涉及部分阶段 3。下一卷中,将对阶段 3 作更为深入的剖析,并对阶段 4~6 进行阐述。

参 考 文 献

Abed E H, Varaiya P P. 1984. Nonlinear oscillations in power systems. International Journal of Electrical Power & Energy Systems, 6: 37-43

Alberto L F C. 1997. Transient Stability Analysis: Studies of the BCU method; Damping Estimation Approach for Absolute Stability in SMIB Systems (In portuguese). Escola de Eng. de So Carlos - Universidade de So Paulo

Alberto L F C, Chiang H D. 2007. Uniform approach for stability analysis of fast subsystem of two-time scale nonlinear systems. International Journal of Bifurcation and Chaos, 17(11): 4195-4203

Alberto L F C, Chiang H D. 2008. Controlling unstable equilibrium point theory for stability assessment of two-time scale power system models. IEEE Power & Energy Society General Meeting

Alberto L F C, Chiang H D. 2009. Theoretical foundation of CUEP method for two-time scale power system models. IEEE Power & Energy Society General Meeting

Alexander J C. 1986. Oscillatory solutions of a model system of nonlinear swing equations. International Journal of Electric Power & Energy Systems, 8: 130-136

Anderson P M, Fouad A A. 2003. Power System Stability and Control. 2nd ed. IEEE Press

Arapostathis A, Sastry S S, Varaiya P. 1982. Global analysis of swing dynamics. IEEE Transactions on Circuits and Systems, CAS-29: 673-679

Athay T, et al. 1984. Contribution to power system state estimation and transient stability analysis. U. S. Department of Energy, DOE/et/29362-1

Athay T, Podmore R, Virmani S. 1979. A practical method for the direct analysis of transient stability. IEEE Transactions on Power Apparatus and Systems, PAS-98(2): 573-584

Aylett P D. 1958. The energy integral-criterion of transient stability limits of power systems. Proceedings of IEE, 105c (8): 527-536

Balu N, Bertram T, Bose A, et al. 1992. On-line power system security analysis Proceedings of the IEEE, 80(2): 262-280

Beehler M E. 1997. Reliability centered maintenance for transmission systems. IEEE Transactions on Power Delivery, 12: 1023-1028

Bergen A R, Hill D J. 1981. A structure preserving model for power system stability analysis. IEEE Transactions on Power Apparatus and Systems, PAS-100: 25-35

Bergen A R, Hill D J, DeMarco C L. 1986. Lyapunov function for multimachine power systems with generator flux decay and voltage dependent loads. International Journal of Electrical Power & Energy Systems, 8(1): 2-10

Brenan K E, Campbell S L, Petzold L R. 1989. Numerical Solution of Initial-Value Problems in Differential-Algebraic Equations. Amsterdam: Elsevier Science Publishers

Caprio U D. 1986. Accounting for transfer conductance effects in Lyapunov transient stability analysis of a multimachine power system. International Journal of Electric Power &. Energy Systems, 8: 27-41

Cate E G, Hemmaplardh K, Manke J W, et al. 1984. Time frame notion and time response of the models in transient, mid-term and long -term stability programs. IEEE Transactions on Power Apparatus and Systems, PAS-103(1): 143-151

Chadalavada V, Vittal V, Ejebe G C, et al. 1997. An on-line contingency filtering scheme for dynamic security assessment. IEEE Transactions On Power Systems, 12(1): 153-161

Chen L, Aihara K. 2001. Stability and bifurcation analysis of differential-difference-algebraic equations, IEEE Transactions on Circuits and Systems - I: Fundamental Theory and Applications, 48(3): 308-326

Cheng D Z, Ma J. 2003. Calculation of stability region. Proceedings of 2003 (42nd) IEEE Conference on Decision and Control, 6: 5615-5620

Chiang H D. 1989. Study of the existence of energy functions for power systems with losses. IEEE Transactions on Circuits and Systems, CAS-36(11): 1423-1429

Chiang H D. 1991. Analytical results on the direct methods for power system transient stability analysis. in Control and Dynamic Systems: Advances in Theory and Application, 43: 275-334. Academic Press, New York

Chiang H D. 1995. The BCU method for direct stability analysis of electric power systems: pp. theory and applications. In: Chow J, Kokotovic P V, Thomas R J. Systems Control Theory for Power Systems, 64 of IMA Volumes in Mathematics and Its Applications. New York: Springer-Verlag. 39-94

Chiang H D. 1996. On-Line Method for Determining Power System Transient Stability. 5483462

Chiang H D. 1999. Power System Stability. In: Webster J G. Wiley Encyclopedia of Electrical and Electronics Engineering. New York: John Wiley &. Sons: 104-137

Chiang H D, Chu C C. 1995. Theoretical Foundation of the BCU method for direct stability analysis of network-reduction power system model with small transfer conductances. IEEE Transactions on Circuits and Systems I: Fundamental Theoryand Application, 42(5): 252-265

Chiang H D, Chu C C. 1996. A systematic search method for obtaining multiple local optimal solutions of nonlinear programming problems. IEEE Transactions on Circuits and Systems-I: Fundamental Theory and Applications, 43(2): 99-109

Chiang H D, Fekih-Ahmed L. 1992. On the direct method for transient stability analysis of power system structure preserving models. IEEE International Symposium on Circuits and Systems: 2545-2548

Chiang H D, Fekih-Ahmed L. 1996a. Qausi-stability regions of nonlinear dynamical systems: Theory. IEEE Transactions on Circuits and Systems I: Fundamental Theory and Applications, 43(8): 627-635

Chiang H D, Fekih-Ahmed L. 1996b. Quasistability regions of nonlinear dynamical systems: optimal estimation. IEEE Transactions on Circuits and Systems: I Fundamental Theory and

Applications, 43(8): 636-642

Chiang H D, Chu C C, Cauley G. 1995. Direct stability analysis of electric power systems using energy functions: theory, applications and perspective. Proceedings of the IEEE, 83(11): 1497-1529

Chiang H D, Hirsch M W, Wu F F. 1988. Stability region of nonlinear autonomous dynamical systems. IEEE Transactions on Automatic Control, 33(1): 16-27

Chiang H D, Kurita A, Okamoto H, et al. 2005. Method and System for On-Line Dynamical Screening of Electric Power System. 6868311

Chiang H D, Li H, Tada Y, et al. 2009. Group-Based BCU Methods for On-Line Dynamical Security Assessments and Energy Margin Calculations of Practical Power Systems. 7483826

Chiang H D, Tada Y, Li H, et al. 2009. TEPCO-BCU for online dynamic security assessments of 12, 000-bus power systems//X SEPOPE, Florianopolis: 1-14

Chiang H D, Tada Y, Li H. 2007. Power System On-Line Transient Stability Assessment. Wiley Encyclopedia of Electrical and Electronics Engineering. New York: John Wiley & Sons

Chiang H D, Thorp J S. 1989. Stability regions of nonlinear dynamical systems: a constructive methodology. IEEE Transactions on Automatic Control, 34(12): 1229-1241

Chiang H D, Thorp J S. 1989. The closest unstable equilibrium point method for power system dynamic security assessment. IEEE Transactions on Circuits and Systems, 36(9):

Chiang H D, Wang C S, Li H. 1999. Development of BCU Classifiers for On-Line Dynamic Contingency Screening of Electric Power Systems. IEEE Transactions On Power Systems, 14(2): 660-666

Chiang H D, Wang C S. 1998. Method for On-Line Dynamic Contingency Screening of Electric Power Systems. US. US, 5719787

Chiang H D, Wang J C, Huang C T, et al. 1997. Development of a dynamic ZIP-motor load model from on-line field measurements. International Journal of Electrical Power & Energy Systems, 19(7): 459-468

Chiang H D, Wu F F, Varaiya P P. 1987. Foundations of direct methods for power system transient stability analysis. IEEE Transactions on Circuits and Systems, 34(2): 160-173

Chiang H D, Wu F F, Varaiya P P. 1988. Foundations of the potential energy boundary surface method for power system transient stability analysis. IEEE Transactions on Circuits and Systems, CAS-35: 712-728

Chiang H D, Wu F F, Varaiya P. 1994. A BCU method for direct analysis of power system transient stability. IEEE Transactions on Power Systems, 8(3): 1194-1208

Chiang H D, Wu F F. 1988. Stability of nonlinear systems described by a second-order vector differential equation. Transactions on Circuits and Systems, 35: 703-711

Chiang H D, Zheng Y, Tada Y, et al. 2002. Development of an On-Line BCU Dynamic Contingency Classifiers for practical Power Systems. 14-th Power System Computation Conference (PSCC)

Choi B K, Chiang H D, Li Y H, et al. 2006. Measurement-based dynamic load models: derivation, comparison and validation. IEEE Transactions on Power Systems, 21(3): 1276-1283

Chow J. 1982. Time-Scale Modeling of Dynamic Networks with Applications to Power Systems. Berlin: Springer-Verlag

Chua L O, Deng A C. 1989. Impasse points-part II: analytic aspects. International Journal of Circuit Theory, 17(3): 271-289

Chu C C, Chiang H D. 1998. Constructing analytical energy functions for network-reduction power systems with models: framework and developments. Circuits Systems and Signal Process. , 18(1): 1-16

Chu C C, Chiang H D. 2005. Constructing Analytical Energy Functions for Network-Preserving Power System Models. Circuits Systems and Signal Processing, 24(4): 363-383

CIGRE Task Force 38. 02. 05. 1990. Load modeling and dynamics. Electra

CIGRE Task Force Rep. 1992. Assessment of practical fast transient stability methods. Convener S. Geeves

Cook P A, Eskicioglu A M. 1983. Transient stability analysis of electric power systems by the method of tangent hypersurface. IEE Proceedings C-Generation Transmission and Dis tribu-tion, 130(4): 183-193

Craven R H, Michael M R. 1983. Load characteristic measurements and representation of loads in the dynamic simulation of the queensland power system. CIGRE and IFAC symposium, Florence

Davy R J, Hiskens I A. 1997. Lyapunov functions for multimachine power systems with dynamic loads. IEEE Transactions on Circuits and Systems I: Fundamental Theory and Applications, 44(9): 796-812

DeCarlo R A, Branicky M S, Pettersson S, et al. 2000. Perspectives and results on the stability and stabilizability of hybrid systems. Proceedings of the IEEE, 88(7): 1069-1082

DeMarco C L, Bergen A R. 1984. Application of singular perturbation techniques to power system transient stability analysis. IEEE International Symposium on Circuits and Systems

DeMarco C L, Bergen A R. 1987. A security measure for random load disturbances in nonlinear power system models. IEEE Transactions on Circuits and Systems, 34(12), 1546-1557

DeMarco C L, Canizares C A. 1992. A vector energy function approach for security analysis of ac/dc systems. IEEE Transactions on Power Systems, 7(3): 1001-1011

De Mello F P, Feltes J W, Laskowski T F, et al. 1992. Simulating fast and slow dynamic effects in power systems. IEEE Computer Applications in Power, 5(3): 33-38

Djukanovic M, Sobajic D, Pao Y H. 1994. Neural-net based tangent hypersurfaces for transient security assessment of electric power systems. International Journal of Electrical Power & Energy Systems, 16(6): 399-408

Dobraca F, Pai M A, Sauer P W. 1990. Relay margins as a tool for dynamical security analysis. International Journal of Electrical Power & Energy Systems, 12: 226-234

Ejebe G C, Jing C, Gao B, et al. 1999. On-Line Implementation of Dynamic Security Assessment at Northern States Power Company. IEEE PES Summer Meeting, Edmonton, Alberta

Ejebe G C, Tong J. 1995. Discussion of clarifications on the BCU method for transient stability analysis. IEEE Transaction on Power Systems, 10: 218-219

El-Abiad A H, Nagappan K. 1996. Transient stability regions for multi-machine power systems. IEEE Transactions on Power Apparatus and Systems, 85(2): 169-179

Electric Power Research Institute. 1992. Extended Transient/Midterm Stability Program package (ETMSP Version 3.0), Palo Alto, CA

Electric Power Research Institute. 1995. User's Manual for DIRECT 4.0, EPRI TR-105886s, Palo Alto, CA

El-kady M A, Tang C K, Carvalho V F, et al. 1986. Dynamic security assessment utilizing the transient energy function method. IEEE Transactions on Power Systems, 1(3): 284-291

Ernst D, Ruiz-Vega D, Pavella M, et al. 2001. A Unified approach to transient stability contingency filtering, ranking and assessment. IEEE Transactions on Power Systems, 16(3): 435-443

Ewart D N. 1978. Whys and wherefores of power system blackouts. IEEE Spectrum, 15: 36-41

Fallside F, Patel M R. Step-response behavior of a speed-control system with a back-e. m. f. nonlinearity. Proc. IEE. (London), 112: 1979-1984

Faucon O, Dousset L. 1997. Cooridnated defense plan protects against transient instabilities. IEEE Computer Applications in Power, 10(1): 22-26

Fekih-Ahmed L. 1991. Theoretical Results on the Stability Regions and Bifurcations of Nonlinear Dynamical Systems and Their Applications to Electric Power System Analysis. Ph. D. Dissertation, Cornell University

Fouad A A, Stanton S E. 1981. Transient stability of a multimachine power systems. part i: investigation of system trajectories. IEEE Transactions on Power Apparatus and Systems, 100 (7): 3408-3414

Fouad A A, Vittal V. 1988. The transient energy function method. International Journal of Electrical Power & Energy Systems, 10(4): 233-246

Fouad A A, Vittal V, Ni Y X, et al. 1989. Direct transient stability assessment with excitation control. IEEE Transactions on Power Systems, 4(1): 75-82

Fouad A A, Vittal V. 1991. Power System Transient Stability Analysis: Using the Transient Energy Function Method. Englewood Cliffs: Prentice-Hall

Franks J M. 1980. Homology and dynamical systems//CBMS Regional Conference Series in Mathematics. Providence: Providence

Genesio R, Tartaglia M, Vicino A. 1985. On the estimation of asymptotic stability regions: state of the art and new proposals. IEEE Transactions on Automatic Control, AC-30, 747-755

Genesio R, Vicino A. 1984a. New techniques for constructing asymptotic stability regions for nonlinear systems. IEEE Transactions on Circuits and Systems, 31(6), 574-581

Genesio R, Vicino A. 1984b. Some results on the asymptotic stability of second-order nonlinear systems. IEEE Transactions on Automatic Control, 29(9), 857-861

Gibescu M, Liu C C, Hashimoto H, et al. 2005. Energy-based stability margin computation incorporating effects of ULTCs. IEEE Transactions on Power Systems, 20(2): 843-851

Gless G E. 1966. Direct method of Lyapunov applied to transient power system stability. IEEE Transactions on Power Apparatus and Systems, 85(2): 164-179

Groom G G, Chan K W, Dunn R W, et al. 1996. Real-Time security assessment of electric power systems. IEEE Transactions on Power Systems, 11(2): 1112-1117

Guadra U. 1975. A general Liapunov function for multi-machine power systems with transfer conductances. International Journal of Control, 21(2): 333-343

Guckenheimer J, Holmes P. 1983. Nonlinear Oscillations, Dynamical Systems, and Bifurcation of Vector Fields. New York: Springer-Verlag

Guillemin V, Pollack A. 1974. Differential Topology. Englewood Cliffs: Prentice-Hall

Guindi M E, Mansour M. 1982. Transient stability of a power system by the Lyapunov function considering the transfer conductances. IEEE Transactions on Power Apparatus and Systems, 101(2), 1088-1094

Hahn W. 1967. Stability of Motion. New York: Springer-Verlag

Hannett L N, Jee G, Fardanesh B. 1995. A governor/turbine model for a twin-shaft combustion turbine. IEEE Transactions on Power Systems, 110(1): 133-140

Hartman P. 1973. Ordinary Differential Equations. New York: Wiley

Henner V E. 1976. Comments on a general Lyapunov function for multimachine power systems with transfer conductance. International Journal of Control, 23: 143

He R, Ma J, Hill D J. 2006. Composite Load Modeling via Measurement Approach. IEEE Transactions on Power Systems, 21(2): 663-672

Hill D J. 1993. Nonlinear dynamic load models with recovery for voltage stability analysis. IEEE Transactions on Power Systems, 8(1): 166-176

Hill D J, Mareels I M Y. 1990. Stability theory for differential/algebraic systems with application to power systems. IEEE Transactions on Circuits and Systems, 37(11): 1416-1422

Hirsch M W. 1976. Differential Topology. New York: Springer-Verlag

Hirsch M W, Pugh C C. 1970. Stable manifolds and hyperbolic sets. in Proc. Symp. Pure Math. , 14: 133-163

Hirsch M W, Smale S. 1974. Differential Equations, Dynamical Systems and Linear Algebra. New York: Academic Press

Hiskens I A. 2001. Nonlinear dynamic model evaluation from disturbance measurement. IEEE Transactions on Power Systems, 16(4): 702-710

Hiskens I A, Hill D J. 1989. Energy functions, transient stability and voltage behaviour in power systems with nonlinear loads. IEEE Transactions on Power Systems. 4(4): 1525-1533

Hiskens I A, Hill D J. 1992. Incorporation of SVCs into energy function methods. IEEE Transactions on Power Syst. 7(1): 133-140

Hoppensteadt F. 1974. Asymptotic stability in singular perturbation problems II: problems have matched asymptotic expansion solutions. Journal of Differential Equation, 15: 510-521

Hurewicz W, Wallman H. 1948. Dimension Theory. Princeton: Princeton University Press

IEEE Recommended Practice for Excitation System Models for Power system Stability Studies 1992. IEEE Standeard 421. 5

IEEE Standard Definitions for Excitation Systems and Synchronous Machines, 1986 IEEE Standard 421. 1

IEEE Task Force on Load Representation for Dynamic Performance. 1993. Load Representation for Dynamic Performance Analysis. IEEE Transactions on Power Systems, 8(2): 472-482

IEEE TF Report. 1982. Proposed terms and definitions for power system stability. IEEE Transactions on Power Apparatus and Systems, 101(7), 1894-1897

Jardim J L, Neto C S, Kwasnicki W T. 2004. Design Features of a Dynamic Security Assessment System. IEEE Power System Conference and Exhibition, New York

Jensen C A, El-Sharkawi M, Marks R J. 2001. Power system security assessment using neural networks: feature selection using Fisher discrimination. IEEE Transactions on Power Systems, 16: 757-763

Jing C, Vittal V, Ejebe G C, et al. 1995. Incorporation of HVDC and SVC models in the Northern State Power Co. (NSP) network: for on-line implementation of direct transient stability assessment. IEEE Transactions on Power Systems, 10(2): 898-906

Ju P, Handschin E, Karlsson D. 1996. Nonlinear dynamic load modeling: model and parameter estimation. IEEE Transactions on Power Systems, 11(4): 1689-1697

Kaba M, Karlsson D, McDaniel J, et al. 2001. Wide Area Protection and Optimization. International Conference on Bulk Power System Dynamics and Control at Onomichi, 26-31, 85-90

Kakimoto N, Ohsawa N Y, Hayashi M. Transient stability analysis of large-scale power systems by Lyapunov's direct method. IEEE Transactions on Power Apparatus and Systems, Vol. PAS-103, 160-167

Kakimoto N, Ohsawa N Y, Hayashi M. 1978. Transient stability analysis of electric power system via lure-type Lyapunov function. Trans. IEE of Japan, 98: 566-604

Kaye R J, Wu F F. 1982. Dynamic security regions for power systems. IEEE Transactions on Circuits and Systems, 29(9): 612-623

Khalil H K. 2002. Nonlinear Systems. New York: Macmillian

Kim J. 1994. On-line transient stability calculator. Final Report RP2206-1, Electric Power Research Institute, Palo Alto, CA

Kundur P. 1994. Power System Stability and Control. New York: McGraw Hill

Kuo D H, Bose A. 1995. A generation rescheduling method to increase the dynamics security of power systems. IEEE Transactions on Power Systems, 10(1): 68-76

Kurita A, Okubo H, Oki K, et al. 1993. Multiple time-scale power system dynamic simulation. IEEE Transactions on Power Systems, 8: 216-223

La Salle J P, Lefschetz S. 1961. Stability by Lyapunov's Direct Method. New York: Academic Press

Lee J. 2003. Dynamic gradient approaches to compute the closest unstable equilbrium point for stability region estimate and their computation limitations. IEEE Transactions on Automatic Control, 48(2): 321-324

Lee J, Chiang H D. 2001. Convergent regions of the Newton homotopy method for nonlinear systems: theory and computational applications. IEEE Transactions on Circuits and Systems - I : Fundamental Theory and Applications, 48(1): 51-66

Lee J, Chiang H D. 2004. A singular fixed-point homotopy method to locate the closest unstable equilibrium point for transient stability region estimate. IEEE Transactions on Circuits and Systems - II : Express Briefs, 51(4): 185-189

Lemmon W W, Mamandur K R C, Barcelo W R. 1989. Transient stability prediction and control in real-time by QUEP. IEEE Transactions Power Systems, 4(2): 627-642

Lesieutre B C, Sauer P W, Pai M A. 1995. Development and comparative study of induction machine based dynamic P, Q load models. IEEE Transactions on Power Systems, 10(1): 182-191

Liang Y, Nwankpa C O, Fischl R, et al. 1998. Dynamic reactive load model. IEEE Transactions on Power Systems, 13(4): 1365-1372

Li W P, Bose A. 1998. A coherency based rescheduling method for dynamic security. IEEE Transactions on Power Systems, 13: 810-815

Llamas A, De La Ree Lopez J, Mili L, et al. 1995. Clarifications on the BCU method for transient stability analysis. IEEE Transactions on Power Systems, 10: 210-219

Loccufier M, Noldus E. 2000. A new trajectory reversing method for estimating stability regions of autonomous dynamic systems. Nonlinear Dynamics, 21: 265-288

Loparo K A, Blankenship G L. 1978. Estimating the domain of attraction of nonlinear feedback systems. IEEE Transactions on Automatic Control, 23(4): 602-608

Luyckx L, Loccufier M, Noldus E. 2004. Computational methods in nonlinear stability analysis: stability boundary calculations. J. Comput. Appl. Math. , 168(1~2): 289-297

Machias A V. 1986. Analysis of transient stability of a multimachine power system using a variable gradient Lyapunov function. IEE Proceedings C-Generation, Transmission and Distribution, 133(2): 81-86

Magnusson P C. 1947. Transient energy method of calculating stability. AIEE Trans. , 66: 747-755

Mansour Y, Vaahedi E, Chang A Y, et al. 1995. B. C. Hydro's on-line transient stability assessment (TSA): model development, analysis and post-processing. IEEE Transactions on Power Systems, 10(1): 241-253

Mansour Y, Vaahedi E, Chang A Y, et al. 1997. Large scale dynamic security screening and ranking using neural networks. IEEE Transactions on Power Systems, 12(2): 954-960

Mansour Y, Vaahedi E, El-Sharkawi M. 1997. Dynamic security contingency screening and ranking using neural networks. IEEE Trans Neural Networks, 8(4): 942-950

Massey W S. 1967. Algebraic Topology: An introduction. New York: Harcourt Brace Jovanovich

Matsuzawa K, Yanagihashi K, Tsukita J, et al. 1995. Stabilizing control system preventing loss of synchronism from extension and its actual operating experience. IEEE Transactions on Power Systems, 10: 1606-1613

May R M. 1973. Stability and Complexity in Model Ecosystems. Princeton: Princeton University Press

McCalley J D, Wang S, Zhao Q, et al. 1997. Security boundary visualization for systems operation. IEEE Transactions on Power Systems, 12(2): 940-947

Michel A N, Nam B H, Vittal V. 1984. Computer generated Lyapunov functions of interconnected systems: improve results with applications to power systems. IEEE Transactions on Circuits and Systems, 31(2): 189-198

Michel A N, Sarabudla N R, Miller R K. 1982. Stability analysis of complex dynamical systems some computational methods. Circuits Syst. Signal Processing, 1: 171-202

Milnor J. 1973. Morse theory. Annals Math. Studies. , No. 51 Princeton: Princeton University Press

Milnor J. 1965. Topology from the Differential Viewpoint. University of Virginia Press

Miyagi H, Yamashita K. 1986. Stability studies of control systems using a non-lure type Lyapunov function. IEEE Transactions on Automatic Control, 31(10): 970-972

Mokhtari S, et al. 1994. Analytical methods for contingency selection and ranking for dynamic security assessment. Final Report RP3103-3, Electric Power Research Institute, Palo Alto, CA

Moon Y H, Cho B H, Rho T H, et al. 1999. The development of equivalent system technique for deriving an energy function reflecting transfer conductances. IEEE Transactions on Power Systems, 14(4): 1335-1341

Morison K, Wang L, Kundur P. 2004. Power system security assessment. IEEE Power & Energy Magazine, 2(5): 30-39

Munkres J R. 1975. Topology-a First Course. Englewood Cliffs: Prentice-Hall

Narasimhamurthi N, Musavi M R. 1984. A general energy function for transient stability analysis of power systems. IEEE Transactions on Circuits and Systems, 31(7): 637-645

Nguyen T B, Pai M A, Hiskens I A. 2002. Sensitivity approaches for direct computation of critical parameters in a power system. International Journal of Electrical Power & Energy Systems, 24: 337-343

Nitecki Z, Shub M. 1975. Filtration, decompositions, and explosions. Amer. J. Math. , 107: 1029

Ni Y X, Fouad A A. 1987. A simplified two-terminal hvdc model and its use in direct transient stability assessment. IEEE Transactions on Power Systems, 2(4): 1006-1012

Nunes M V A, Lopes J A P, Zurn H H, et al. 2004. Influence of the variable-speed wind generators in transient stability margin of the convertional generators integrated in electrical grids. IEEE Transactions on Energy Conversion, 19(4): 692-701

Ota H, Kitayama Y, Ito H, et al. 1996. Development of transient stability control system based on on-line stability calculation. IEEE Transactions on Power Systems, 11: 1463-1472

Padiyar K R, Ghosh K K. 1989. Direct stability evaluation of power systems with detailed generator models using structure-preserving energy functions. International Journal of Electrical Power and Systems, 11(1): 47-56

Padiyar K R, Sastry H S Y. 1987. Topological energy function analysis of stability of power systems. International Journal of Electrical Power and Systems, 9(1): 9-16

Paganini F, Lesieutre B C. 1997. A critical review of the theoretical foundations of the BCU method. MIT Laboratory Electromagnetic and Electronic Systems

Paganini F, Lesieutre B C. 1999. Generic properties, one-parameter deformations, and the BCU method. IEEE Transactions on Circuits and Systems, 46(6): 760-763

Pai M A. 1989. Energy Function Analysis for Power System Stability. Boston: Kluwer Academic Publishers

Pai M A, Murthy P G. 1973. On lyapunov functions for power systems with transfer conductances. IEEE Transactions on Automatic Control, 18(2): 181-183

Pai M A, Varwandkar S D. 1977. On the inclusion of transfer conductances in Lyapunov functions for multimachine power systems. IEEE Transactions on Automatic Control, 22: 983-985

Palis J. 1969. On morse-smale dynamical systems. Topology, 8: 385-405

Palis J, de Melo J W. 1981. Geometric Theory of Dynamical Systems: An introduction. New York: Springer-Verlag

Pavella M, Ernst D, Ruiz-Vega D. 2000. Transient Stability of Power Systems - A Unified Approach to Assessment and Control. Kluwer Academic Publishers

Pavella M, Murthy P G. 1994. Transient Stability of Power Systems: Theory and Practice. New York: Wiley

Podmore R. 1978. Identification of coherent generators for dynamic equivalents. IEEE Transaction on Power Apparatus and Systems, 97(4): 1344-1354

Prabhakara F S, El-Abiad A H. 1975. A simplified determination of stability regions for Lyapunov method. IEEE Transactions on Power Apparatus and Systems, 94(2): 672-689

Praprost K L, Loparo K A. 1996. A stability theory for constrained dynamic systems with applications to electric power systems. IEEE Transactions on Automatic Control, 41: 1605-1617

Price W W, Wirgau K A, Murdoch A, et al. 1988. Load modeling for power flow and transient stability computer studies. IEEE Transactions on Power Systems, 3(1): 180-187

Pugh C C, Shub M. 1970. -stability theorem for flows," Inv. Math., 11: 150

Qiang J N, Zhong S W. 2005. Clarifications of the integration path of transient energy function. IEEE Transactions on Power Systems, 20(2): 883-887

Qiu J, Shahidehpour S M, Schuss Z. 1989. Effect of small random perturbations on power systems dynamics and its reliability evaluation. IEEE Transactions on Power Systems, 4: 197-204

Rahimi F A. 1990. Evaluation of transient energy function method software for dynamic security analysis. Final Report RP 4000-18, EPRI, Palo Alto, Canada

Rahimi F A, Lauby M G, Wrubel J N. 1993. Evaluation of the transient energy function method for on-line dynamic security assessment. IEEE Transaction on Power Systems, 8(2): 497-507

Ribbens-Pavella M, Evans F J. 1985. Direct methods for studying dynamics of large-scale electric power systems - a survey. Automatica, 32: 1-21

Ribbens-Pavella M, Lemal B. 1976. Fast determination of stability regions for on-line power system studies. Proc. IEE, 123: 689-969

Ribbens-Pavella M, Murthy P G, Horward J L. 1981. The acceleration approach to practical transient stability domain estimation in power systems. IEEE Control and Decision Conference, 1: 471-476

Riverin L, Valette A. 1998. Automation of Security Assessment for Hydro-Quebec's Power System in Short-Term and Real-Time Modes. CIGRE-1998: 39-103

Rodrigues H M, Alberto L F C, Bretas N G. 2000. On the invariance principle, generalizations and applications to synchronization. IEEE Transactions on Circuits and Systems I: Fundamental Theory and Applications, 47(5): 730-739

Rodrigues H M, Alberto L F C, Bretas N G. 2001. Uniform invariance principle and synchroni-zation: robustness with respect to parameter variation. Journal of Differential Equations, 169 (1): 228-254

Saeki M, Araki M, Kondo B. 1983. A lure-type Lyapunov function for multimachine power systems with transfer conductances. International Journal of Control, 42(3): 607-619

Saha S, Fouad A A, Kliemann W H, et al. 1997. Stability boundary approximation of a power system using the real normal form of vector fields. IEEE Transactions on Power Systems, 12(2): 797-802

Sasaki H. 1979. An approximate incorporation of fields flux decay into transient stability analysis of multi-machine power systems by the second method of Lyapunov. IEEE Transactions on Power Apparatus and Systems, 98(2): 473-483

Sastry S, Desoer C A. 1981. Jump behavior of circuits and systems. IEEE Transactions on Circuits and Systems, 28(12): 1109-1124

Sastry S S. 1999. Nonlinear Systems: Analysis, Stability, and Control. New York: Springer-Verlag

Sastry S, Varaiya P P. 1980. Hierarchical stability and alert state steering control of intercon-nected power systems. IEEE Transactions on Circuits and Systems, 27(11): 1102-1112

Sauer P W, Behera A K, Pai M A, et al. 1989. Trajectory approximation for direct energy methods that use sustained faults with detailed power system models. IEEE Transactions on Power Systems, PWRS-4(2): 499-506

Sauer P W, Demaree K D, Pai M A. 1983. Stability limited load supply and interchange capability.

IEEE Transactions. on Power Apparatus and Systems，102(11)：3637-3643

Sauer P W, Lesieutre B C. 1995. Power system load modeling//Chow J, Kokotovic P V, Thomas R T. Systems Control Theory for Power Systems，Vol. 64 of IMA Volumes in Mathematics and Its Applications，New York：Springer-Verlag：283-314

Sauer P W, Pai M A. 1998. Power System Dynamics and Stability. Prentice-Hall

Scala M L, Trovato M, Antonelli C. 1998. On-line dynamic preventive control：an algorithm for transient security dispatch. IEEE Transactions on Power Systems，13：601-610

Seydel R. 1988. From Equilibrium to Chaos：Practical Bifurcation and Stability. New York：Elsevier

Shub M. 1987. Global Stability of Dynamical Systems. New York：Springer-Verlag

Silva F H J R, Alberto L F C, London J B A, et al. 2005. Smooth perturbation on a classical energy function for lossy power system stability analysis. IEEE Transactions on Circuits and Systems，52(1)：222-229

Singh C, Hiskens A. 2001. Direct assessment of protection operation and non-viable transients. IEEE Transactions on Power Systems，16：427-434

Smale S. 1967. Differentiable dynamical systems. Bull. Amer. Math. Soc.，73：747-817

Sobajic D, Pao Y. 1989. Artificial neural-net based dynamic security assessment for electric power systems. IEEE Transactions on Power Systems，4：220-228

Stott B. 1979. Power system dynamic response calculations. Proceedings of the IEEE，67：219-241

Stubbe M, Bihain A, Deuse J, et al. 1989. Euro-Stag - A new unified software program for the study of the dynamic behavior of electrical power systems. IEEE Transactions on Power Systems，4：129-138

Susuki Y, Hikihara T. 2005. Transient dynamics of electric power system with dc transmission：fractal growth in stability boundary. IEE Proc. Circ. Dev. Syst.，152(2)：159-164

Susuki Y, Hikihara T, Chiang H D. 2004. Stability boundaries analysis of electric power system with dc transmission based on differential algebraic equation system. IEICE Transactions on Fundamentals of Electronics Communications and Computer Sciences，E87-A(9)：2339-2346

Susuki Y, Hikihara T, Chiang H D. 2008. Discontinuous dynamics of electric power system with DC transmission：a study on DAE system. IEEE Transactions on Circuits and Systems，55(2)：697-707

Tada Y, Chiang H D. 2008. Design and implementation of on-line dynamic security assessment. IEEJ Trans. on Electrical and Electronic Engineering，4(3)：313-321

Tada Y, Kurita A, Masuko M, et al. 2000. Development of an integrated power system analysis package. Power System Technology，Perth Australia

Tada Y, Kurita A, Zhou Y C, et al. 2002. BCU-guided time-domain method for energy margin calculation to improve BCU-DSA system. IEEE/PES Transmission and Distribution Conference and Exhibition，Asia Pacific

Tada Y, Ono A, Kurita A, et al. 2004. Development of analysis function for separated power system data based on linear reduction techniques on integrated power system analysis package. 15th Conference of the Electric Power Supply, Shanghai

Tada Y, Takazawa T, Chiang H D, et al. 2005. Transient stability evaluation of a 12, 000-bus power system data using TEPCO-BCU. 15th Power System Computation Conference (PSCC), Liège

Takazawa T, Tada Y, Chiang H D, et al. 2006. Development of parallel TEPCO-BCU and BCU screening classifiers for on-line dynamic security assessment. The 16th Conference of the Electric Power Supply Industry, Mumbai India

Tanaka T, Nagao T, Takahashi K. 1994. Integrated analysis software for bulk power system stability, Ⅳ Symposium of Specialists in Electric Operational and Expansion Planning, Brazil

Tang C K, Graham C E, El-Kady M, et al. 1994. Transient stability index from conventional time domain simulatin. IEEE Transactions on Power Systems, 9(3): 1524-1530

Tang C W, Varghese M, Varaiya P, et al. 1995. Bifurcation, chaos, and voltage collapse in power Systems. (Invited Paper) Proceedings of the IEEE, 83(11): 1484-1496

Thorp J S, Naqavi S A. 1989. Load flow fractals. Proc. 28th IEEE Conference on Control and Decision, Tampa FL

Tong J, Chiang H D, Conneen T P. 1993. A sensitivity-based BCU method for fast derivation of stability limits in electric power systems. IEEE Transactions on Power Systems, 8(4): 1418-1437

Treinen R T, Vittal V, Klienman W. 1996. An improved technique to determine the controlling unstable equilibrium point in a power system. IEEE Transactions on Circuits and Systems-I: pp. Fundamental Theory and Applications, 43(4): 313-323

Tsolas N, Arapostathis A, Varaiya P P. 1985. A structure preserving energy function for power system transient stability analysis. IEEE Transactions on Circuits and Systems, 32 (10): 1040-1049

Uemura K, Matuski J, Yamada J, et al. 1972. Approximation of an energy function in transient stability analysis of power systems. Electrical Engineering in Japan, 92(6): 96-100

Ushiki S. 1980. Analytic expressions of the unstable manifolds. Proc. Japan Acad. , 56(16): 239-243

Vaahedi E, Mansou Y, Tse E K. 1998. A general purpose method for on-line dynamic security assessment. IEEE Transactions on Power Systems, 13: 243-249

Varaiya P P, Wu F F, Chen R L. 1985. Direct methods for transient stability analysis of power systems: recent results. Proceedings of the IEEE, 73: 1703-1715

Varghese M, Thorp J S. 1988. An analysis of truncated fractal growths in the stability boundaries of three-node swing equations. IEEE Transactions on Circuits and Systems, 35(7): 825-834

Venkatasubramanian V, Schattler H, Zaborszky J. 1991. A taxonomy of the dynamics of the large power system with emphasis on its voltage stability//Proceedings, Bulk Power System Voltage Phenomena Ⅱ: Voltage Stability and Security: an International Seminar, Deep Lake, Maryland: 9-25

Venkatasubramanian V, Schattler H, Zaborsky J. 1995. Dynamic of large constrained nonlinear systems-a taxonomy theory. Proceedings of the IEEE, 83(11): 1530-1560

Venkatasubramanian V, Schattler H, Zaborszky J. 1995. Local bifurcations and feasibility regions in differential-algebraic systems. IEEE Transactions on Automatic Control, AC-40 (12): 1992-2013

Vidyasagar M. 2002. Nonlinear Systems Analysis. 2nd edition. Classics in Applied Math. (No. 42), Philadelphia: Society for Industrial and Applied Mathematics

Vittal V, Michel A N. 1986. Stability and security assessment of a class of systems governed by Lagrange's equation with application to multi-machine power systems. IEEE Transactions on Circuits and Systems, 33(6): 623-636

Vovos N A, Galanos G D. 1985. Enhancement of the transient stability of integrated ac/dc systems using active and reactive power modulation. IEEE Transactions on Power Apparatus and Systems, 104(7): 1696-1702

Vu K T, Liu C C. 1992. Shrinking stability regions and voltage collapse in power systems. IEEE Transactions on Circuits and Systems, 39(4): 271-289

Wang L, Morison K. 2006. Implementation of on-line security assessment. IEEE Power & Energy Magazine, 4(5):

Wimmer H K. 1974. Inertia theorems for matrices, controllability, and linear vibrations. Linear Algebra and its Applications, 8: 337-343

Wu F F, Murlhi N N. 1983. Coherency identification for power system dynamic equivalents. IEEE Trans. Circuits Syst. , 30(3): 140-147

Xu W, Mansour Y. 1994. Voltage stability analysis using generic dynamic load models. IEEE Transactions on Power Systems, 9(1): 479-493

Xue Y, et al. 1992. Extended equal area criterion revised. IEEE Transactions on Power Systems, 7(3): 1012-1022

Yee H, Spading B D. 1997. Transient stability analysis of multi-machine systems by the method of hyperplances. IEEE Transactions on PAS, 96(1): 276-284

Yu Y X, Zeng Y, Feng F. 2002. Differential topological characteristics of the DSR on injection space of electrical power system. Science in China, 45(6): 576-584

Zaborszky J, Huang G, Zheng B, et al. 1988. On the phase portrait of a class of large nonlinear dynamic systems such as the power system. IEEE Transactions on Automatic Control, 33(1): 4-15

Zaborszky J, Huang G, Zheng B. 1988. A counterexample on a theorem by Tsolas et al. and an independent result by Zaborszky et al. , IEEE Transactions on. Automatic Control, 33(3): 316-317

Zou Y, Yin M H, Chiang H D. 2003. Theoretical foundation of controlling UEP method for direct transient stability analysis of network-preserving power system models. IEEE Transactions on Circuits and Systems I: Fundamental Theory and Applications, 50(10): 1324-1356

附　　录

A1.1　数 学 基 础

本书需要用到一些集合论中的定义和符号,其中大多数问题是在 d 维欧氏空间 $\mathbf{R}^d$ 中提出的。例如:$\mathbf{R}^1 = \mathbf{R}$ 为实数集或实线,$\mathbf{R}^2$ 为(欧氏)平面,$\mathbf{R}^3$ 为通常的(欧氏)空间。$\mathbf{R}^d$ 中的点将使用粗体的 $\boldsymbol{x}$、$\boldsymbol{y}$ 等等表示,有时会使用坐标形式 $\boldsymbol{x} = (x_1, \cdots, x_d)$。如果 x 和 y 为 $\mathbf{R}^d$ 中的点,则它们的距离为 $|\boldsymbol{x} - \boldsymbol{y}| = \left(\sum_{i=1}^{d} |x_i - y_i|^2 \right)^{1/2}$。

本书中的集合一般为 $\mathbf{R}^d$ 的子集,使用大写字母表示(例如 E、F 和 K)。一般地,$x \in E$ 表示点 x 是集合 E 的一个元素,$E \subset F$ 表示 E 是 F 的子集。$\{x:$ 条件 $\}$ 表示所有满足条件的点 x 构成的集合。空集不包含任何元素,记为 $\varnothing$。有时用上标 $^+$ 表示集合中的正元素,如 $\mathbf{R}^+$ 为正实数集合。

中心为 x 半径为 r 的闭球定义为:$B_r(x) = \{\boldsymbol{y} : |\boldsymbol{y} - \boldsymbol{x}| \leqslant r\}$。同样,开球定义为 $\{\boldsymbol{y} : |\boldsymbol{y} - \boldsymbol{x}| < r\}$。因此,闭球包含球面,而开球不包含球面。当然,$\mathbf{R}^2$ 中的球为一个圆盘,$\mathbf{R}^1$ 中的球是一个区间。如果 $a < b$,我们用 $[a, b]$ 表示闭区间 $\{x : a \leqslant x \leqslant b\}$,$(a, b)$ 表示开区间 $\{x : a < x < b\}$。

$E \bigcup F$ 表示集合 E 和 F 的并集(即集合中的点属于集合 E 或属于集合 F)。同样 $E \bigcap F$ 表示它们的交集(即所有属于 E 且属于 F 的点构成的集合)。更一般地,$\bigcup_i E_i$ 表示任意一组集合的并集 $\{E_i\}$(即至少在某一 E_i 中的 x),$\bigcap_i E_i$ 表示它们的交集,包含属于所有集合 E_i 的点。如果任意两个集合的交集为空集,则称一组集合是不相交的。$E \backslash F$ 表示差集,为所有属于 E 且不属于 F 的点构成的集合,$R^d \backslash E$ 称为 E 的补集。

如果 E 为任一实数集,上确界 $\sup E$ 为使得 E 中任意 x 满足 $x \leqslant m$ 的最小的数 m。同样,下确界 $\inf E$ 为使得 E 中任意 x 满足 $x \geqslant m$ 的最大的数 m。粗略地讲,可以将 $\inf E$ 和 $\sup E$ 看作 E 中最小值与最大值,需要强调的是,$\inf E$ 和 $\sup E$ 不一定属于 E。

$\mathbf{R}^d$ 的子集 E 的直径 $\mathrm{diam} E$,为 E 中两点的最大距离,因此 $\mathrm{diam} E = \sup\{|\boldsymbol{x} - \boldsymbol{y}| : \boldsymbol{x}, \boldsymbol{y} \in E\}$。如果一个集合的直径是有限的,则称其为有界的。一个集合是有界的,当且仅当它可以包含于某个充分大的球。

我们已经将开和闭的概念,与区间和球建立起了联系,而这些概念能够推广到更一般的集合之中。直观上如果一个集合包含它的边界,则它是一个闭集,如果它不包含边界上任意一点,则它是一个开集。更准确地讲,$\mathbf{R}^d$ 的子集 E 为开集,如果对 E 中任意一点 x,存在 E 中以 x 为球心半径为 r 的某个球 $B_r(x)$。如果一个集合的补集是开集,则它为闭集,与此等价的是,对 E 中任何收敛于 $\mathbf{R}^d$ 中某点 x 的序列 x_r,x 均属于 E。空集 $\varnothing$ 和 $\mathbf{R}^d$ 既是开集也是闭集。任意多个开集的并集仍为开集,有限多个开集的交集也是开集。任意多个闭集的交集仍为闭集,有限多个闭集的并集也是闭集。

包含集合 E 的最小闭集,或更准确地表述为,包含集合 E 的所有闭集的交集,称为 E 的闭包。同样,集合 E 的内部是包含在 E 中的最大开集,即 E 的所有开子集的并集。E 的边界定义为属于 E 的闭包,但不属于 E 的内部的点的集合。

如果 $\mathbf{R}^d$ 的子集是一个有界闭集,则称其为紧集。集合 E 称为连通集,如果它是由一"块"组成;准确地讲,E 是连通集,如果不存在开集 U 和 V,使得 $U \bigcup V$ 包含 E,并且 $E \bigcap U$ 和 $E \bigcap V$ 非空且不相交。若 $\mathbf{R}^2$ 的子集 E 和 $R^2 \backslash E$ 都是连通集,则称 E 为单连通的。

有时需要标示出曲线或曲面的光滑程度。称集合是 C^k($k=1,2...$)的,如果能够关于适当的坐标系,用局部定义的带有 k 次连续导数的 k 次可微函数表示。曲线或曲面是 C^∞ 的,如果对任意的正数 k,它是 C^k 的。

定义:令 $(x, \|\cdot\|)$ 为一个赋范向量空间。下述的点和集合为 x 的元素和子集。

1. 点 p 的邻域定义为集合 $B_r(\boldsymbol{p}) = \{x \in X \mid \|x-p\| < r\}$。

2. 点 p 为集合 E 的极限点,如果 p 的每个邻域包含点 $\boldsymbol{q} \in E$ 使得 $\boldsymbol{q} \neq \boldsymbol{p}$。

3. 如果 E 的所有极限点都属于 E,则 E 为闭集。

4. 如果对 E 中任意一点 p,存在 p 的邻域 N 使得 $N \subset E$,则 E 为开集。

5. 如果对所有 $p \in E$,总存在实数 M 和点 $\boldsymbol{q} \in X$,使得 $\|\boldsymbol{q}-\boldsymbol{p}\| < M$ 成立,则称 E 是有界的。

A1.2　第 9 章定理证明

附录 9A: 定理 9.12 的证明

令 $S_c(r)$ 为包含 $(\delta_s, 0)$ 的集合 $\{(\delta, \omega): V(\delta, \omega) < r\}$,$S_P(r)$ 为集合 $\{\delta: V_P(\delta) < r\}$ 包含 δ_s 的连通分支。

定理 9.12 的证明: "⇒" 观察式 9.10 中 $V(\cdot)$ 和 $V_P(\cdot)$,可得 $V(\delta, \omega) = V_P(\delta) + V_k(\omega)$,$V_k(\omega) = \frac{1}{2}\omega_g^T M_g \omega_g$,易证

$$S_c(V(\hat{\delta}, 0)) \bigcap \{(\delta, \omega): \omega = 0, \delta \in R^n\} = S_P(V_P(\hat{\delta})) \tag{A1.1}$$

由于 $(\hat{\delta},0)$ 是 $d(M_g,D)$ 中最近不稳定平衡点（UEP），能量函数的条件(iii)蕴涵着，$S(V(\hat{\delta},0))$ 是只包含稳定平衡点 $(\delta_s,0)$，而不包含其他平衡点的有界集合。注意 $(\hat{\delta},0)$ 是 $d(M_g,D)$ 的平衡点，当且仅当 (δ) 是 $d(I)$ 的平衡点。因此，由式 A1.1，$S_p(V_p(\delta))$ 是只包含稳定平衡点 $(\delta_s,0)$，而不包含其他平衡点的有界集合。另一方面，能量函数的条件(i)保证 $S_p(V_p(\hat{\delta}))$ 是系统 $d(I_p)$ 的正向不变集。能量函数的条件(i)和(ii)蕴涵着模型 $d(I)$ 的 ω 极限集完全由平衡点组成。根据这两点，以及任意有界轨迹的 ω 极限集都是存在的这一性质，可以得出结论，集合 $S_P(V_P(\hat{\delta}))$ 中的任意轨迹都将收敛到 δ_s（$S_P(V_P(\hat{\delta}))$ 中唯一的 ω 极限集）。因此，$S_P(V_P(\hat{\delta}))\subseteq A(\delta_s)$。由能量函数的连续性，$S_P(V_P(\hat{\delta}))\subseteq A(\delta_s)$ 蕴涵着 $\hat{\delta}$ 在 δ_s 稳定域的闭包中。但 $A(x_s)$ 不能包含 x_s 以外的平衡点，因此 $\hat{\delta}$ 必位于 δ_s 的稳定边界上，并在稳定边界上的所有平衡点中具有最小的能量函数值 $V_p(\cdot)$。

"$\Leftarrow$"假设 $\hat{\delta}$ 是 $d(I)$ 中最近 UEP。由命题 9.3 和能量函数的条件(iii)，可得集合 $S_P(V_P(\hat{\delta}))$ 有界且不包含除稳定平衡点 δ_s 之外的其他平衡点。并且下式成立：

$$\overline{S_c}(V(\hat{\delta},0)):=\text{集合}\{(\delta,\omega):$$
$$=V(\delta_s,0)\leqslant V(\delta,\omega)\leqslant V(\hat{\delta},0)\}\text{ 中包含}(\delta_s,0)\text{的连通分支}$$
$$=\text{包含}(\delta_s,0)\text{的集合}\{(\delta,\omega)\mid V(\delta_s,0)\leqslant V_P(\delta)+V_k(\omega)\leqslant V(\hat{\delta},0)\}$$
$$\subseteq\{(\delta,\omega)\mid \delta\in S_P(V_P(\hat{\delta})),V(\delta_s,0)-V_P(\hat{\delta})$$
$$\leqslant V_k(\omega)\leqslant V_P(\hat{\delta})+V(\hat{\delta},0)\}\tag{A1.2}$$

由于 $V_k(\omega):=\omega^T M_g\omega:\mathbf{R}^n\to\mathbf{R}$ 是一个逆紧映射（对于映射 $f:X\to Y$，如果 Y 中每个紧集的原象为 X 中的一个紧集，则映射 $f:X\to Y$ 称为一个逆紧映射）；因此集合 $\{\omega\mid V(\delta_s,0)-V_p(\hat{\delta})<V_k(\omega)<V_P(\hat{\delta})+V(\hat{\delta},0)\}$ 是有界的。紧空间的交集仍然是紧的，由式 A1.2 可知，集合 $S_c(V(\hat{\delta},0))$ 也是有界的。由于 δ_s 是集合 $S_P(V_P(\hat{\delta}))$ 中唯一的平衡点，由式 A1.1 可知，集合 $S_c(V(\hat{\delta},0))$ 只包含稳定平衡点 $(\delta_s,0)$，而不包含其他平衡点。由于系统 $d(M_g,D)$ 的 ω 极限集完全由平衡点构成，且任意有界轨迹的 ω 极限集都是存在的，集合 $S_c(V(\hat{\delta},0))$ 中的任意轨迹都将收敛到 $(\delta_s,0)$，即 $S_c(V(\hat{\delta},0))\subseteq A(\delta_s,0)$。由于平衡点不可能在稳定域内，

$(\hat{\delta},0)$ 必位于 $(\delta_s,0)$ 的稳定边界上,并在稳定边界上的所有平衡点中具有最小的能量函数值 $V(\cdot)$。证毕。

附录 9B:定理 9.13 的证明

以下引理将用于定理证明。

引理 B1: 令 $\hat{\delta}$ 为模型 $d(I)$ 的稳定平衡点 δ_s 关于 $V_P(\delta)$ 的最近 UEP。则对任意 ε' 满足 $V_P(\hat{\delta})-V_P(\delta_s)>\varepsilon'>0$,存在 $\eta>0$,使得对满足 $|P-\overline{P}|<\eta$ 的模型(式 9.17),$S_P(V_P(\hat{\delta})-\varepsilon')\subseteq A(\hat{\delta}_s)$ 成立。其中 $\hat{\delta}_s\in S_P(V_P(\hat{\delta})-\varepsilon')$ 为模型(式 9.17)的一个稳定平衡点。

证明:因为 $\hat{\delta}$ 为 $d(I)$ 的最近 UEP,由命题 9.3 可得 $S_P(V_P(\hat{\delta}))\subseteq A(\delta_s)$。显然对于 $V_P(\hat{\delta})-V_P(\delta_s)>\varepsilon'>0$,$S_P(V_P(\hat{\delta})-\varepsilon')\subset S_P(V_P(\hat{\delta}))$。因此,可得 $S_P(V_P(\hat{\delta})-\varepsilon')\subseteq A(\delta_s)$。

考虑等值面 $\partial S_P(V_P(\hat{\delta}-\varepsilon'))$,它是集合 $S_P(V_P(\hat{\delta})-\varepsilon')$ 的边界。在等值面 $\partial S_P(V_P(\hat{\delta})-\varepsilon')$ 上的各点,对所有 $\delta\in\partial S_P(V_P(\hat{\delta})-\varepsilon')$

$$\frac{\mathrm{d}}{\mathrm{d}t}(V_P(\delta))=\langle\nabla V_P(\delta),\dot{\delta}\rangle<0 \tag{A1.3}$$

其中 $<.,.>$ 为一般形式的内积。$\nabla V_P(\delta)$ 表示 $V_P(\cdot)$ 在 δ 处的梯度。由于等值面 $\partial S_P(V_P(\hat{\delta})-\varepsilon')$ 是一个紧集(因为任何开集的边界是闭集,所以它是闭集。此外由命题 9.3 和能量函数的条件(iii),它是一个有界集),可得对所有 $\delta\in\partial S_P(V_P(\hat{\delta})-\varepsilon')$

$$\langle\nabla V_P(\delta),\dot{\delta}\rangle\leqslant a<0 \tag{A1.4}$$

式中,$a=\max_{\delta\in\partial S_P(V_P(\hat{\delta})-\varepsilon')}\langle\nabla V_P(\delta),\dot{\delta}\rangle$。注意到系统 $d(I)$ 的描述为 $\dot{\delta}=-\nabla V_P(\delta)$,这意味着在 δ 处向量场 $d(I)$ 垂直于等值面。因此式 A1.4 得出,$d(I)$ 中从等值面 $\partial S_P(V_P(\hat{\delta})-\varepsilon')$ 出发的任意轨迹沿 $V_P(\delta)$ 下降的方向垂直离开等值面。

下面令 $|\cdot|$ 为 $\mathbf{R}^n$ 中的一种范数,$s=\max_{\delta\in\partial S_P(V_P(\hat{\delta})-\varepsilon')}|\nabla V_P(\delta)|$;可得对所有 $\delta_1\in\partial S_P(V_P(\hat{\delta})-\varepsilon')$ 下式成立:

$$\langle\nabla V_P(\delta_1),\dot{\delta}_1\rangle=\langle\nabla V_P(\delta_1),\dot{\delta}-(P-\overline{P})\rangle$$

$$= \langle \nabla V_P(\delta_1), \dot{\delta} \rangle - \langle \nabla V_P(\delta_1), P - \overline{P} \rangle$$

$$\leqslant \langle \nabla V_P(\delta_1), \dot{\delta} + \langle \nabla V_P(\delta_1), P - \overline{P} \rangle$$

$$\leqslant \langle \nabla V_P(\delta_1), \dot{\delta} + |\nabla V_P(\delta_1)| |P - \overline{P}| \ (若 |P - \overline{P}| < r_1) \tag{A1.5}$$

$$\leqslant \alpha + sr_1, 若 r_1 < -\frac{\alpha}{s}$$

式 A1.5 说明模型(式 9.17)的向量场也是指向等值面 $\partial S_P(V_P(\hat{\delta}) - \varepsilon')$ 内部的 (但可能不垂直于等值面),因此系统(式 9.17)从等值面出发的所有轨迹沿 $V_P(\delta)$ 下降的方向横截地离开等值面。这意味着集合 $S_P(V_P(\hat{\delta}) - \varepsilon')$ 也是模型 (式 9.17)满足 $|P - \overline{P}| < r_1$ 的一个正向不变集。另一方面,由于 $d(I)$ 平衡点的 双曲性,对 δ_s 的任意邻域 u,存在正数 r_2,使得当 $|P - \overline{P}| < r_2$ 时,u 中只包含一 个平衡点 δ_s',且 $\delta_s' \in u$ 为系统(式 9.17)的一个稳定平衡点。由于模型(式 9.17)的 任意有界轨迹都将收敛到一个相应的平衡点,令 $\eta = \min\{r_1, r_2\}$,若 $|P - \overline{P}| < \eta$, 则集合 $S_P(V_P(\hat{\delta}) - \varepsilon')$ 中的轨迹将收敛到稳定平衡点 δ_s'。因此集合 $S_P(V_P(\hat{\delta}) - \varepsilon')$ 属于稳定域 $A(\delta_s')$。

引理 B2:令 $\hat{\delta}$ 为模型 $d(I)$ 的最近 UEP,则对 $\hat{\delta}$ 的任意邻域 u_1,存在实数 $r_3 > 0$,当模型(式 9.17)满足 $|P - \overline{P}| < r_3$ 时,模型(式 9.17)的唯一平衡点 $\hat{p} \in u_1$ 也在稳定边界 $\partial A(\delta_s')$ 上,其中 $\delta_s' \in S_P(V_P(\hat{\delta}))$ 为系统(式 9.17)的一个稳定平 衡点。

证明:首先,根据定理 9.5 可得 $W^u(\hat{\delta}) \cap S_P(V_P(\hat{\delta}) - \varepsilon') \neq \varnothing$。其次,由于 $\hat{\delta}$ 的 双曲性,对任意邻域 u_1,存在实数 $c_1 > 0$,当 $|P - \overline{P}| < c_1$ 时,模型(式 9.17)存在唯 一的平衡点 $\hat{p} \in u_1$ (Cate 等,1984)。之后,利用局部不稳定流形的连续性,它表明在 C^* 拓扑中,平衡点的局部不稳定流形连续依赖于向量场,对于平衡点 $\hat{\delta}$,已经证明,存 在实数 $c_2 > 0$,其中 $c_2 < c_1$,使得对满足 $|P - \overline{P}| < c_2$ 的模型(式 9.17),不稳定流形 $W^u(\hat{p}) \cap S_P(V_P(\hat{\delta}) - \varepsilon') \neq \varnothing$。此外,引理 B1 表明,如果模型(式 9.17)满足 $|P - \overline{P}| < \eta$,则 $S_P(V_P(\hat{\delta}) - \varepsilon') \subseteq A(\hat{\delta_s})$,其中 $\hat{\delta_s} \in S_P(V_P(\hat{\delta}))$ 为模型(式 9.17) 的一个稳定平衡点。综上可得,令 $r_3 = \min\{c_2, \eta\}$,若模型(式 9.17)满足 $|P - \overline{P}| < r_3$,则 $W^u(\hat{p}) \cap A(\hat{\delta_s}) \neq \varnothing$,并且 $\hat{p} \in u$ 在模型(式 9.17)的稳定边界 $\partial A(\hat{\delta_s})$ 上。

现在返回到定理 9.13 的证明。为证明 $\hat{p}$ 为模型(式 9.17)中 $\hat{\delta}_s$ 关于式 9.18 中能量函数 $\overline{V}(.)$ 的最近 UEP,我们需要证明:(i) $\hat{p} \in \partial A(\hat{\delta}_s)$;(ii) $\hat{V}(\hat{p}) = \min\limits_{x \in \partial A(\hat{\delta}_s) \cap \hat{E}} \overline{V}(x)$,其中 $\hat{E}$ 为模型(式 9.17)平衡点的集合。在引理 B2 中已经证明,如果模型(式 9.17)满足 $|P - \overline{P}| < r_3$,且 $\hat{p}$ 在 δ 的邻域 u_1 中,则 $\hat{p} \in \partial A(\hat{\delta}_s)$。后面要用到,设 $\overline{c} := V(\hat{\delta}) + \max_{\delta \in \overline{u}_1} \langle P - \overline{P}, \delta \rangle$,其中 $|P - \overline{P}| < r_3$,且 $\overline{u}_1$ 为 u_1 的闭包。下面证明(ii),首先,考虑模型 $d(I)$ 满足 $\delta_i \in \{\partial A(\delta_s) - \hat{\delta}\}$ 的所有平衡点。由平衡点的双曲性可得,存在正数 $r' > 0$,当 $|P - \overline{P}| < r'$ 时,在 δ_i 给定的邻域 u 内,系统(式 9.17)存在唯一的平衡点 $\overline{\delta}_i$。因此通过适当地选择邻域 u,存在 $r_4 > 0$,当 $|P - \overline{P}| < r_4$ 时,有 $\overline{V}(\overline{\delta}_i) > \overline{c}$,如果有必要可以减小 r_3。之后,考虑系统 $d(I)$ 满足 $\delta_i \notin \{\partial A(\delta_s) - \hat{\delta}\}$ 的平衡点。令 $c = \overline{c} + 1$。由命题 9.11 和能量函数条件(iii),已经证明,水平集 $\{\delta : V_P(\delta) \leqslant c\}$ 与 $\partial A(\delta_s)$ 的交集是有界闭集。因此集合 $v_1 := \{\delta : V_P(\delta) \leqslant c\} \cap \partial A(\delta_s)$ 以及 $v_2 := \{\delta : V_P(\delta) = c\} \cap \overline{A}(\delta_s)$ 都是紧集。根据紧性,存在 $r_5 > 0$,当 $|P - \overline{P}| < r_5$ 时,对于 $\delta \in v_2$,式 9.18 中函数 $\overline{V}_P(\bullet)$ 满足 $\overline{V}_P(\delta) > \overline{c}$。另一方面,在集合 $\{\delta \mid V_P(\delta) \leqslant c\}$ 中存在 v_1 的邻域 $v_3 := \{\delta \mid V_P(\delta) \leqslant c, |\delta - v_1| < \varepsilon\}$ 使得 v_3 不包含除稳定边界 $\partial A(\delta_s)$ 上的平衡点之外的其他平衡点。由于 $d(I)$ 的每一条有界轨迹都收敛到平衡点,可得 $\bigcap_{t \in R^+} \Phi(v_3, t) = v_1$。因此根据文献 Chiang 和 Thorp (1989a) 以及 Chiang 和 Chu (1995) 可知,$\{\delta \mid V_P(\delta) \leqslant c\}$ 中存在 v_1 的邻域 v_4,使得对每个 $\delta \in \partial v_4$,

$$\langle -(f(\delta) - P), n_\delta \rangle > 0 \tag{A1.6}$$

其中 ∂v_4 为 v_4 的边界,n_δ 为 ∂v_4 在 δ 处向外的法向量。由式 A1.6 以及向量场 $f(\delta) - P$ 的连续性,使用与式 A1.5 中所做的相同的步骤,可得 $r_6 > 0$,当 $\delta \in \partial v_4$,$|P - \overline{P}| < r_6$ 时,

$$\langle -(f(\delta) - \overline{P}), n_\delta \rangle > 0 \tag{A1.7}$$

式 A1.7 蕴涵着,对系统 $d(I)$ 的任意平衡点 $\delta_i \notin \partial A(\delta_s)$,如果系统(式 9.17)中满足 $|P - \overline{P}| < r_6$ 的相应平衡点 $\overline{\delta}_i$ 的不稳定流形 $W^u(\overline{\delta}_i)$ 收敛到 $S_P(V_P(\hat{\delta}) - \varepsilon')$,则 $W^u(\overline{\delta}_i)$ 不可能与 v_1 相交,必须与 v_2 相交,故 $\overline{V}(\overline{\delta}_i) > \overline{c}$。因此 $\overline{\delta}_i$ 不可能是满足 $|P - \overline{P}| < \min\{r_3, r_5, r_6\}$ 的模型(式 9.17)的最近 UEP。因

此,取 $r=\min\{r_3,r_4,r_5,r_6\}$ 可得 $\hat{p}$ 为模型(式 9.17)稳定平衡点 $\delta_s \in S_P(V_P(\hat{\delta}))$ 的最近 UEP。现在,将定理 9.12 应用于最近 UEP $\hat{p}$,可得 $p:=(\hat{p},0)$ 为满足 $|P-\bar{P}|<r$ 时,系统(式 9.16)的稳定平衡点 $(\hat{\delta}_s,0) \in S(V_P(\hat{\delta}))$ 的最近 UEP。定理证毕。

A1.3　第 10 章定理证明

定理 10.3 的证明

首先,证明以下引理。

引理 A1:

设 x_s 为 $d(D)$ 的一个稳定平衡点(D 非奇异,但不要求是对角矩阵,且元素均为正值)。则存在 $r>0$ 和 $\varepsilon_1>0$ 使得 $B_r(x_s) \subset A_D(x_s)$,且对任何满足 $\|D-\bar{D}\|<\varepsilon_1$ 的矩阵 $\bar{D}$,可得 $B_r(x_s) \subset A_{\bar{D}}(x_s)$。

证明: 由于 x_s 为 $d(D)$ 的稳定平衡点,可得线性化向量场在 x_s 处的所有特征值的实部均小于某一负数:

$$\sigma(-DJ_{x_s})<-c \tag{A1.8}$$

其中 $\sigma(A)$ 表示 A 特征值的实部,

$$J_{x_s}=\left[\frac{\partial f}{\partial x}\right]\Big|_{x_s},c>0$$

文献 Beehler(1997)已经证明,存在一个基 F,对应的范数为 $|\cdot|_F$,内积满足对于任意 $x \in \mathbf{R}^n$,有

$$\langle -DJ_{x_s}x,x\rangle \leqslant -c\,|x|^2 \tag{A1.9}$$

(注意下面的推导中将省略下标 F)根据导数的定义,

$$\lim_{x \to x_s} \frac{|-Df(x)+DJ_{x_s}(x-x_s)|}{|x-x_s|}=0 \tag{A1.10}$$

或根据柯西不等式,

$$\lim_{x \to x_s} \frac{\langle -Df(x)+DJ_{x_s}(x-x_s),x-x_s\rangle}{|x-x_s|^2}=0 \tag{A1.11}$$

则对任意小的正数 $\varepsilon_2>0$,存在 $r_1>0$,使得当 $|x-x_s| \leqslant r_1$(或 $x \in B_{r_1}(x_s)$)时,下式成立:

$$\langle -Df(x)+DJ_{x_s}(x-x_s),x-x_s\rangle \leqslant \varepsilon_2 \,|x-x_s|^2 \qquad (A1.12)$$

$$\langle -Df(x),x-x_s\rangle \leqslant \langle -DJ_{x_s}(x-x_s),x-x_s\rangle +\varepsilon_2 \,|x-x_s|^2$$

$$\leqslant -(c-\varepsilon_2)\,|x-x_s|^2$$

$$=-b_2 \,|x-x_s|^2 \qquad \qquad (A1.13)$$

其中选取 $\varepsilon_2 < c$, 使 $b_2 > 0$。

由式 A1.13 可得, 存在 D 的"邻域"使得对邻域中的每个矩阵 $\overline{D}$, 以下不等式成立:

$$\langle -\overline{D}f(x),x-x_s\rangle \leqslant -b_3\,|x-x_s|^2,x\in B_{r_1}(x_s) \qquad (A1.14)$$

其中 $b_3 > 0$, $|D-\overline{D}|_E < \varepsilon_1$, $|\cdot|_E$ 为与欧氏基对应的范数。

定义以下的正定函数:

$$V(x)=\langle x-x_s,x-x_s\rangle \qquad (A1.15)$$

则 $V(x)$ 沿 $\dot{x}=-\overline{D}f(x)$ 轨迹的导数为

$$\dot{V}_{\overline{D}}(x)=2\langle -\overline{D}f(x),x-x_s\rangle \leqslant 0,x\in B_{r_1}(x_s) \qquad (A1.16)$$

现在, 考虑水平集

$$S(r_1)=\{x\in \mathbf{R}^n \mid V(x)\leqslant r_1^2\} \qquad (A1.17)$$

显然 r_1 有界时集合 $S(r_1)$ 有界。由式 A1.16 可得, $S(r_1)$ 是 $d(D)$ 的一个不变集, $B_{r_1}(x_s)$ 是 $S(r_1)$ 中 $d(D)$ 的最大不变集。因此, 当 $t\to \infty$ 时, 对于 $\dot{x}=-\overline{D}f(x)$, 任意从 $x\in S(r_1)$ 出发的轨迹都将收敛到 x_s。因此, $B_{r_1}(x_s)\subseteq A_{\overline{D}}(x_s)$。注意到 $B_{r_1}(x_s)$ 是用基 F 相应的范数定义的, 可能与欧氏基不同。但 $\mathbf{R}^n$ 是一个赋范空间, 可得存在 $r>0$, 使得 $B_{r_1}(x_s)\subseteq B_r(x_s)$, 其中 $B_r(x_s)$ 是用欧氏基上的欧氏范数来定义的。

定理 10.3 的证明

令 $U\subset \mathbf{R}^n$ 为 $d(D)$ 中 UEP x_i 的邻域, 定义 $d(D)$ 的局部稳定与不稳定流形分别为

$$\hat{W}^s_D(x_i)=\{x\in U \mid \varphi_D(x,t)\to x_i, \text{当} t\to \infty\}, \text{且} t\geqslant 0 \text{时}, \phi_D(x,t)\in U$$

$$\hat{W}^u_D(x_i)=\{x\in U \mid \varphi_D(x,t)\to x_i, \text{当} t\to -\infty\}, \text{且} t\geqslant 0 \text{时}, \phi_D(x,t)\in U$$

根据稳定边界上 UEP 的性质, 对稳定边界 $\partial A(D)$ 上的每个 UEP x_i, 以及任意 $r>0$, 若 $B_r(x_s)\subseteq A_D(x_s)$ 时, 则 $\hat{W}^u_D(x_i)\bigcap B_r(x_s)\neq \varnothing, i=1,2,\cdots,N$。根据

引理 A1,存在 $r>0$ 和 $\hat{\varepsilon}_1>0$,使得 $\|D-\overline{D}\|<\hat{\varepsilon}_1$ 时,$B_r(x_s)\subseteq A_{\overline{D}}(x_s)$ 成立。

由于在 C^k 拓扑中,局部不稳定和稳定流形连续依赖于向量场 $Df(x)$,我们已经证明,对每个 UEP $x_i \in \partial A(D)$,都存在 $\varepsilon_i>0$,使得对任何满足 $\|D_i-D\|<\varepsilon_i$ 的矩阵 D_i,下式成立:

$$\hat{W}_{D_i}^u(x_i)\bigcap B_r(x_s)\neq \varnothing \qquad (A1.18)$$

令 $\hat{\varepsilon}_2=\min\{\varepsilon_1,\varepsilon_2,\cdots,\varepsilon_N\}$。则对满足 $\|\hat{D}-D\|<\hat{\varepsilon}_2$ 的矩阵 $\hat{D}$,可得

$$\hat{W}_{\hat{D}}^u(x_i)\bigcap B_r(x_s)\neq \varnothing,i=1,2,\cdots,N \qquad (A1.19)$$

取 $\varepsilon_D=\min\{\hat{\varepsilon}_1,\hat{\varepsilon}_2\}$ 则对满足 $\|D-\overline{D}\|\leqslant\varepsilon_D$ 的矩阵 $\overline{D}$,可得

$$\hat{W}_{\overline{D}}^u(x_i)\bigcap B_r(x_s)\neq \varnothing,i=1,2,\cdots,N$$

特别地,

$$\hat{W}_{\overline{D}}^u(x_i)\bigcap A_{\overline{D}}(x_s)\neq \varnothing,i=1,2,\cdots,N$$

由定理 3.12,可得平衡点 $x_1,x_2,\cdots,x_N$ 也在稳定边界 $\partial A(\overline{D})$ 上。

定理 10.4 的证明

这个定理通过一系列的引理来证明。

引理 B1:令 $\hat{u}$ 为 $d(D_n)$ 中 UEP $\hat{x}$ 的一个邻域,$D(n)\in D(\lambda)$。令 $\Phi_{D(n)}(p,t)$ 表示系统 $d(D_n)$ 从 $p \in \hat{u}$ 出发并收敛到稳定平衡点 x_s 的轨迹。则 $\Phi_{D(n)}(p,t)$ 对所有 n 一致有界。

证明:沿轨迹 $\Phi_{D(n)}(p,t)$ 我们定义

$$T_{\eta_1}^n=\{t:\Phi_{D(n)}(p,t)\notin B_{\eta_1}(x_i),x_i\in E\}$$

令 $L(T_{\eta_1}^n)$ 表示 $T_{\eta_1}^n$ 的勒贝格测度。可得,对给定的 $\eta_1>0$,存在 $\eta_2>0$,使得对 $x \notin B_{\eta_1}(x_i),x_i\in E$,有 $|f(x)|>\eta_2$。因 $f(x)$ 为梯度向量,令 $f(x)=\nabla V(x)$,则 $V(x)$ 沿轨迹 $\Phi_{D(n)}(p,t)$ 的导数为

$$\dot{V}(x)\big|_{d\langle D_n\rangle}=\langle f(x),-D(n)f(x)\rangle\leqslant 0 \qquad (A1.20)$$

可得

$$\int_{T_{\eta_1}^n}\langle f(x),D(n)f(x)\rangle\mathrm{d}t<\int_0^{\infty}\langle f(x),D(n)f(x)\rangle\mathrm{d}t<V_{\max}-V(x_s)$$

$$(A1.21)$$

其中 $V_{\max}$ 为 $V(\cdot)$ 在 $\hat{u}$ 上的最大值。

但

$$\int_{T_{\eta_1}^n} \langle f(x), D(n)f(x) \rangle \mathrm{d}t \geqslant d_n \eta_2^2 L(T_{\eta_1}^n) \tag{A1.22}$$

其中 $d_n = \min\{D^1(n), D^2(n), \cdots, D^r(n)\}$，且 $D(n) = \mathrm{diag}\{D^1(n), D^2(n), \cdots, D^r(n)\}$。

由于 $D(n) \in D(\lambda)$，可得

$$d_n \geqslant d := \min\{D_1^1, D_1^2, \cdots, D_1^n, D_2^1, D_2^2, \cdots, D_2^n\} \tag{A1.23}$$

$$\int_{T_{\eta_1}^n} \langle f(x), D(n)f(x) \rangle \mathrm{d}t > d\eta_2^2 L(T_{\eta_1}^n) \tag{A1.24}$$

其中矩阵 $\boldsymbol{D}_1 := \mathrm{diag}\{D_1^1, D_1^2, \cdots, D_1^n\}$，$\boldsymbol{D}_2 := \mathrm{diag}\{D_2^1, D_2^2, \cdots, D_2^n\}$。因此

$$L(T_{\eta_1}^n) < \frac{V_{\max} - V(x_s)}{d\eta_2^2} := T \tag{A1.25}$$

回想一下，$D(n)f(x)$ 是一致有界的。由式（A1.25）可得，轨迹 $\Phi_{D(n)}(p,t)$ 位于集合 $\{B_{\eta_1}(x_j), x_j \in E\}$ 之外的时间区间是一致有界的。因此对于所有 $D(n) \in D(\lambda)$，轨迹 $\Phi_{D(n)}(p,t)$ 一致有界。

下面的引理 B2 可由引理 B1 推出。

引理 B2： 令 p 为 $d(D(n))$ 轨迹的 ω 极限集，则 p 只包含 $d(D(n))$ 的平衡点。

引理 B3： 令 C 为一个具有非空内部的紧集，且 $C \cap \partial A_D(x_s) \neq \varnothing$。令 N 为 $\partial A_D(x_s)$ 的闭邻域且 $N - \partial A_D(x_s)$ 不含其他平衡点。令 $C_p \equiv C \cap N$，则 $\bigcap_{t \in \mathbf{R}^+} \Phi_D(C_p, t) = \partial A_D(x_s) \cap C_p$。

证明： 使用反证法。如果命题不成立，则存在点 $x \in c_p - \partial A_D(x_s)$ 使得 $\bigcap_{t \in \mathbf{R}^+} \Phi_D(x,t) \subset C_p$。我们想要证明这是不可能的。由于 C_p 是紧的，由引理 B2，轨迹 $\Phi_D(x,t)$ 必须收敛到平衡点。但是构造出的集合 $C_p - \partial A_D(x_s)$ 不含平衡点。这样 $\Phi_D(x,t)$ 必须收敛到平衡点 $\hat{x}$，且 $\hat{x} \in \partial A_D(x_s)$。即 $x \in W_D^s(\hat{x})$。根据定理 3.12，产生矛盾。

引理 B4： 令 $\hat{x} \in \partial A_D(x_s)$ 为一个平衡点。令 $\{D(n); n = 1,2,\ldots\} \subseteq \{D_\lambda : \lambda \in [0,1]\}$ 并同时满足：

(1) $\|D(n) - D\| < \varepsilon_D$

(2) $D(n) \to \bar{D}$，$\|\bar{D} - D\| = \varepsilon_D$

若 $\hat{x} \in \partial A_{D(n)}(x_s)$，$n = 1, 2, \cdots$，则 $\hat{x} \in \partial A_{\bar{D}}(x_s)$。

证明：假设 $\hat{x} \notin \partial A_{\bar{D}}(x_s)$，因为 UEP 不可能位于稳定域内，所以 $\hat{x} \in [A_{\bar{D}}(x_s)]^c$。引理 B1 已经证明，$d(D(n))$ 从 $\hat{x}$ 的邻域 $\hat{u}$ 出发并收敛到 x_s 的任意轨迹是一致有界的；即对于任意 $x \in \hat{u} \bigcap A_{D(n)}(x_s)$，$B_b(\hat{x})$：$= \{x \mid \|x - \hat{x}\| < b\}$，其中 $b > 0$ 为常数，命题 $\bigcup\limits_{t \in \mathbf{R}^+} \Phi_{D(n)}(x, t) \subset B_b(\hat{x})$ 成立。引理 B3 已经证明，对于任意具有非空内部的紧集 C，且 $C \bigcap \partial A_{\bar{D}}(x_s) \neq \varnothing$，存在 $\partial A_{\bar{D}}(x_s)$ 的一个邻域 u，使得 $\bigcap\limits_{t \in \mathbf{R}^+} \Phi(c_p, t) = \partial A_{\bar{D}}(x_s) \bigcap C_p$，其中 $C_p : C \bigcap u$。因此由 Cheng 和 Ma（2003）可知，存在 $\partial A_{\bar{D}}(x_s)$ 的一个邻域 $\tilde{u}$，使得对任意的 $x \in \partial \tilde{u} \bigcap C$，有 $\langle -\bar{D} f(x), n_x \rangle > 0$，其中 $\partial \tilde{u}$ 表示 $\tilde{u}$ 的边界，n_x 表示 $\partial \tilde{u}$ 上点 x 处以 $\partial A_{\bar{D}}(x_s)$ 为内部向外的法向量。因此，由 $-\bar{D} f(x)$ 的连续性可得，存在 $\varepsilon > 0$ 使得 $\|D^* - \bar{D}\| < \varepsilon$ 时，对于 $x \in \partial \tilde{u} \bigcap C$，有 $\langle -D^* f(x), n_x \rangle > 0$。现在，取 $C = B_b(\hat{x})$，可得存在 $\varepsilon_1 > 0$，若 $\|\hat{D} - \bar{D}\| < \varepsilon_1$ 且 $\hat{D} \in D(n)$，则从 $p \in \hat{u}$ 出发的轨迹 $\Phi_{\hat{D}}(p, t)$ 不可能与集合 $\partial \tilde{u} \bigcap C$ 相交。因此对于 $p \in \hat{u}$，$\Phi_{\hat{D}}(p, t)$ 不能收敛到 x_s。这与假设 $\hat{x} \in \partial A_{D(n)}(x_s)$ 矛盾。因此引理为真。

定理 10.4 的证明：由于 $d(D_1)$（或 $d(D_2)$）满足假设（C1）和（C2），由定理 10.3 可知，存在 $\varepsilon_{D_1} > 0$（或 $\varepsilon_{D_2} > 0$）对满足 $\|D - D_1\| < \varepsilon_{D_1}$（或 $\|D - D_2\| < \varepsilon_{D_2}$）的任意矩阵 D，位于 $\partial A(D_1)$（或 $\partial A(D_2)$）上的每一个平衡点也在 $\partial A(D)$ 上。因此，如果 $\|D_1 - D_2\| < \min\{\varepsilon_{D_1}, \varepsilon_{D_2}\}$ 则

$$\{x \mid x \in \partial A(D_1) \bigcap E\} = \{x \mid x \in \partial A(D_2) \bigcap E\} \qquad (A1.26)$$

此时定理得证。因此，不失一般性，假定 $\|D_1 - D_2\| > \varepsilon_{D_1}$。由引理 B4，如果 $\|D' - D_1\| = \varepsilon_{D_1}$ 且 $D' \in D_\lambda$，$\partial A(D_1)$ 上的每个平衡点也在 $\partial A(D')$ 上。同样，因为 $d(D')$ 满足假设（C1）和（C2），可得存在 $\varepsilon_{D'} > 0$ 使得对满足 $\|D'' - D'\| < \varepsilon_{D'}$ 的任意系统 $d(D'')$，$\partial A(D'')$ 上的每个平衡点也在 $\partial A(D')$ 上。由 D_1 和 D_2 产生的凸包 $c_0(D_1, D_2)$ 是紧集，则存在 $c_0(D_1, D_2)$ 的有限多个开覆盖。因此，重复上述步骤，我们得出结论，$\partial A(D_1)$ 上的每个平衡点也在 $\partial A(D_2)$ 上；即

$$\{x \mid x \in \partial A(D_1) \bigcap E\} \subseteq \{x \mid x \in \partial A(D_2) \bigcap E\} \qquad (A1.27)$$

下面，从动力系统 $d(D_2)$ 出发，与上述类似，可证 $\partial A(D_2)$ 上的平衡点都在 $\partial A(D_1)$ 上，即

$$\{x \mid x \in \partial A(D_2) \bigcap E\} \subseteq \{x \mid x \in \partial A(D_1) \bigcap E\} \qquad (A1.28)$$

合并式（A1.27）与式（A1.28），可知命题成立，证毕。

定理 10.8 的证明

首先陈述以下引理,其证明与引理 A1 相似。

引理 C1: 设 $(x_s,0)$ 为 $d(M,D)$ 的一个稳定平衡点。则存在 $r_1 > 0$ 和 $\varepsilon_1 > 0$ 使得 $B_{r_1}(x_s,0) \subset A_{(M,D)}(x_s,0)$。并且若 $d(\overline{M},\overline{D})$ 在 $d(M,D)$ 的 ε_1 球邻域内,则 $B_{r_1}(x_s,0) \subset A_{(\overline{M},\overline{D})}(x_s,0)$。

可以用与定理 10.3 的证明相同的方法得出该定理,不再详述。

定理 10.9 的证明

证明中将会用到以下引理。

引理 D1: 令 $\Phi_{(M(n),D)}(p,t)$ 为系统 $d(M(n),D)$ 中从 $p \in \hat{u}$ 出发收敛到稳定平衡点 $(x_s,0)$ 的轨迹,其中 $\hat{u}$ 为平衡点 $(\hat{x},0)$ 的一个邻域,则对所有 $M(n) \in M_\lambda$,$\Phi_{(M(n),D)}(p,t)$ 一致有界。

证明:记轨迹 $\Phi_{(M(n),D)}(p,t)$ 为 $(x_n(t),y_n(t))$。由定理 10.7 可得,$y_n(t)$ 分量一致有界。因此由式 10.27 以及 Brenan 等(1989)可知,分量 $x_n(t)$ 离开球 $B_\varepsilon(\hat{x}_i)$ 并进入另一个球 $B_\varepsilon(\hat{x}_1)$ 的时间有下界 $\hat{c},\hat{c} = c_1\delta/m\alpha$,其中 $c_1 > 0$,$\hat{x}_i,\hat{x}_1 \in E$:

$$m = \max\{M_1^1 + M_2^1, M_1^2 + M_2^2, \cdots, M_1^n + M_2^n\}$$
$$\boldsymbol{M} = \operatorname{diag}\{M_i^1, M_i^2, \cdots, M_i^n\}$$

α 为 $\hat{x}(t)$ 在动力系统 $d(M_\lambda,D)$ 中的最大值。由 (M_1,D) 与 (M_2,D) 产生的凸包的紧性保证了最大值的存在性。

不失一般性,假设 $x_n(t)$ 经过一个球的序列 $B_\varepsilon(\hat{x}_i)$。定义一个递增序列 $\{s'_{i(n)}\}$,其中 $s'_{i(n)}$ 是 $x_n(t)$ 离开球 $B_\varepsilon(\hat{x}_i)$ 的时刻。同样,定义另一个递增序列 $\{t'_{i(n)}\}$,其中 $t'_{i<n>-1}$ 为 $x_n(t)$ 进入球 $B_\varepsilon(\hat{x}_{i(n)})$ 的时刻。可能出现两种情况:

(1) $t'_{i(n)} - s'_{i(n)} < \hat{c}$,这表明 $x_n(t)$ 在经过了小于 ε 距离的运动后,回到了同一个球。

(2) $t'_{i(n)} - s'_{i(n)} \geqslant \hat{c}$,这表明 $x_n(t)$ 在离开一个球后,运动进入到另一个球,或返回到同一个球。

由于感兴趣的是确定 $x_n(t)$ 是否有界,只需要考虑第 2 种情况。取两个子序列,$\{s_{i(n)}\} \subset \{s'_{i(n)}\}$ 和 $\{t_{i(n)}\} \subset \{t'_{i(n)}\}$,使得 $t_{i(n)} - s_{i(n)} \geqslant \hat{c}$,即 $t_{i(n)} - s_{i(n)} = n_{i(n)}\hat{c} + \alpha_{i(n)}\hat{c}$。其中 $n_{i(n)} \geqslant 1$ 为整数,且 $0 \leqslant \alpha_{i(n)} < 1$。我们设

$$T_\varepsilon^n \equiv \{t: t \in [s_{i(n)}, t_{i(n)}], i(n) = 1, 2, \cdots\}$$

令 $L(T_\varepsilon^n)$ 表示 T_ε^n 的勒贝格测度,可以证明(Brenan,1989),

$$\text{若 } c_1 \geqslant 2, \text{则 } L(T_\varepsilon^n) \leqslant \frac{4}{d} \frac{\left[V_{\max} - V(x_s, 0)\right]}{\left[\frac{1}{2\alpha}\left(\frac{\delta}{m}\right)^2\right]^2}$$

或

$$0 < c_1 \leqslant 2, \text{则 } L(T_\varepsilon^n) \leqslant \frac{4}{d} \frac{\left[V_{\max} - V(x_s, 0)\right]}{\left[\frac{c_1(4-c_1)}{8\alpha}\left(\frac{\delta}{m}\right)^2\right]^2}$$

式中，$d = \min\{D^1, D^2, \cdots, D^n\}$，$\boldsymbol{D} = \mathrm{diag}\{D^1, D^2, \cdots, D^n\}$，$V_{\max} = \max\{V(x, y) : (x, y) \in \hat{u}\}$。

现在，因为向量场 $y_n(t)$ 一致有界，且 $L(L(T_\varepsilon^n))$ 一致有界，可得 $x_n(t)$ 一致有界。因此引理成立。

引理 D2：系统(式(10.27))的任意一条有界轨迹都将收敛到一个平衡点。

证明：应用 Brenan 等(1989)中定理 3.1 得到该结果。

应用引理 B3、D2 相同的证明方法，可得以下引理 D3。

引理 D3：令 $\widetilde{C}$ 为一个具有非空内部的紧集，$\widetilde{C} \cap \partial A_{(\widetilde{M}, D)}(x_s, 0) \neq \varnothing$。令 $\widetilde{N}$ 为 $\partial A_{(\widetilde{M}, D)}(x_s, 0)$ 的一个闭邻域。假设 $\widetilde{N} - \partial A_{(\widetilde{M}, D)}(x_s, 0)$ 不含其他平衡点。令 $\widetilde{C}_p \equiv \widetilde{C} \cap \widetilde{N}$，则 $\bigcap_{t \in \mathbf{R}^+} \Phi(\widetilde{C}_p, t) = \partial A_{(\widetilde{M}, D)} \cap \widetilde{C}_p$。

引理 D4：已知 $(\widetilde{x}, 0) \in \partial A_{(M, D)}(x_s, 0)$ 为一个平衡点。令 $\{M(n) \mid n = 1, 2, \cdots\} \subseteq \{M_\lambda \mid \lambda \in [0, 1]\}$ 并同时满足以下条件：

(1) $d(M(n), D)$ 在 $d(M, D)$ 的 ε 球邻域内。

(2) $M(n) \rightarrow \widetilde{M}$ 且 $d(\widetilde{M}, D)$ 在 $d(M, D)$ 的 ε 球邻域上。

若 $(\widetilde{x}, 0) \in \partial A_{(M(n), D)}(x_s, 0)$，$n = 1, 2, \ldots$，则 $(\widetilde{x}, 0) \in \partial A_{(\widetilde{M}, D)}(x_s, 0)$。

证明：该引理可由引理 D1 和 D3 得到，论据与引理 B4 相似。

定理 10.8 表明，存在 $\varepsilon_{M_1} > 0$(或 $\varepsilon_{M_2} > 0$)，使得对满足 $\|M - M_1\| < \varepsilon_{M_1}$(或 $\|M - M_2\| < \varepsilon_{M_2}$)的任一矩阵 M，$\partial A(M_1, D)$(或 $\partial A(M_2, D)$)上的每个平衡点也在 $\partial A(M, D)$ 上。因此，如果 $\|M_1 - M_2\| < \min\{\varepsilon_{M_1}, \varepsilon_{M_2}\}$，则

$$\{x \mid x \in \partial A(M_1, D) \cap E\} = \{x \mid x \in \partial A(M_2, D) \cap E\} \quad (A1.29)$$

则证明完成。因此，不失一般性，假定 $\|M_1 - M_2\| > \varepsilon_{M_1}$。由引理 D4，如果 $\|M' - M_1\| = \varepsilon_{M_1}$ 且 $M' \in M_\lambda$，$\partial A(M_1, D)$ 上的每个平衡点也在 $\partial A(M', D)$ 上。同样，因为 $d(M', D)$ 满足假设(C1)和(C2)，由定理 10.8 可得，存在 $\varepsilon_M > 0$，使得对于满足 $\|M'' - M'\| < \varepsilon_M$ 的系统 $d(M'', D)$，$\partial A(M', D)$ 上的每个平衡点也在 $\partial A(M'', D)$ 上。由于 M_1 与 M_2 产生的凸包 $c_0(M_1, M_2)$ 为紧集，存在 $c_0(M_1, M_2)$

的有限多个开覆盖。因此,重复上述过程,我们得出结论, $\partial A(M_1,D)$ 上的每个平衡点也在 $\partial A(M_2,D)$ 上;即

$$\{x \mid x \in \partial A(M_1,D) \bigcap E\} \subseteq \{x \mid x \in \partial A(M_2,D) \bigcap E\} \quad \text{(A1.30)}$$

下面,从动力系统 $\partial A(M_2,D)$ 出发,根据与上述相似的方法可得, $\partial A(M_2,D)$ 上的每个平衡点也在 $\partial A(M_1,D)$ 上;即

$$\{x \mid x \in \partial A(M_1,D) \bigcap E\} \supseteq \{x \mid x \in \partial A(M_2,D) \bigcap E\} \quad \text{(A1.31)}$$

合并式(A1.30)与式(A1.31),可知命题成立,证毕。

致　谢

在加州大学伯克利分校攻读博士研究生时,我开始研究电力系统稳定分析的直接法。期间得到了导师 Felix Wu 和 Pravin Varaiya 的建议,我铭记于心。Shankar Sastry 在非线性系统以及 Leon Chua 在非线性电路方面的指导对我的研究也非常重要。真诚感谢 Morris Hirsch 教授传授我非线性动态系统以及稳定域方面的知识,他经常花很多时间为我解释复杂的非线性现象。同时他也是一位激励人心的精神楷模。

康奈尔大学的几位博士生对本书做出了很大的贡献。特别致谢 Chia-Chi Chu 博士、Lazhar Fekih-Ahmed 博士、Matthew Varghese 博士、Ian Dobson 博士、Weimin Ma 博士、Rene Jean-Jumeau 博士、Alexander J. Flueck 博士、Karen Miu 博士、Chih-Wen Liu 博士、Jaewook Lee 博士、Tim Conneen 先生和 Warut Suampun 博士,没有他们的努力工作,就不会完成这本书。

以前工作在 BCU 研究团队的同事们对解法和 BCU 法原型的发展有非常大的贡献,为此特别感谢童建中博士、王成山博士、严正博士和魏萍博士。与童建中博士在电力系统动态安全评估和控制方面持续的交流和讨论非常有启发性。过去这些年与李华博士的合作对克服 BCU 法在实际运用方面的困难有极大的帮助,他对群-BCU 法的发展做出了极大的贡献。与 Byoung-Kon Choi 博士在发展能量函数新形式和 BCU 法新的数值实现上的合作富有成效。同样地,与 Bernie Lesieutre 博士、周云博士和 Yoshi Suzuki 博士的讨论富有见地,Lesieutre 博士和他的团队在 BCU 法的单参数横截条件方面的工作鼓舞人心,与陈洛南教授在 DAE 系统方面的讨论亦非常宝贵。最后,非常感谢 Luis Fernando Costa Alberto 博士每年的拜访以及与我在稳定域、BCU 法和直接法方面的共同工作,我相信他的深刻见解和建设性的观点,将引领该研究领域的新发展。

东京电力公司的研究同事对 TEPCO-BCU 的发展及其在实际电力系统中的应用做出了极大的贡献。向 Yasuyuki Tada 博士、Takeshi Yamada 博士、Ryuya Tanabe 博士、Hiroshi Okamoto 博士、Kaoru Koyanagi 博士、Yicheng Zhou 博士、Atsushi Kurita 先生和 Tsuyoshi Takazawa 先生表示感谢。与 TEPCO-BCU 团队的工作经历给我留下了深刻印象。特别感谢 Tada 博士这些年来给予我持续的支持、指导和建议。感谢 TEPCO 的 R&D 中心的总经理 Yoshiharu Tachibana 先生和 Kiyoshi Goto 先生给予我的建议以及对我工作的持续支持。

特别感谢我工业界的朋友和同事,他们教授我电力系统稳定问题方面的实用知识。通过合作研究,我从他们那里学到了很多。特别感谢 Gerry Cauley 先生、Neal Balu 博士、Peter Hirsch 博士、Tom Schneider 博士、Ron Chu 博士、Mani Subramanian 博士、Dan Sobajic 博士、Prabha Kundur 博士、Kip Morison 先生、Lei Wang 博士、Ebrahim Vaahedi 博士、Carson Taylor 先生、Dave Takash 先生、Tom Cane 先生、Martin Nelson 博士、Soumen Ghosh 博士、Jun Wu 博士、Chi Tang 先生和 William Price 先生。感谢 Yakout Mansour 先生在研究 12 000 母线电力系统上时的建议,这使我深入了解了实际电力系统的知识。他的建议在过去的 15 年里对我的研究具有极大的帮助。

非常感谢台湾电力公司系统计划部的 Chia-Jen Lin 主任和 Anthony Yuan-Tian Chen 主任对我的支持以及与我分享的实践经验。20 世纪 90 年代与中国电力科学研究院的合作研究非常愉快。感谢周孝信先生、张文涛先生、应永华先生和汤涌博士。与北京四方自动化研究所关于 BCU 法的实践应用方面的研究很有建设性。在此,向杨奇逊教授、王绪昭教授、周云先生、吴京涛教授、齐文斌博士和盛浩博士表达我诚挚的谢意。

学术上的同事也是支持和鼓励我的源泉。感谢康奈尔大学的同事。与 James S. Thorp 教授和 Robert J. Thomas 教授的工作富有成效。在电力系统的实践和理论方面的工作,他们鼓励我在非线性系统理论和非线性计算的实践应用上积极工作。感谢 Peter Sauer 教授多年来给予我的建议和指导。感谢 Chen-Ching Liu 教授,他是我研究生涯的启蒙导师,亦是我的好友。感谢 Anjan Bose 教授、Christ DeMarco 教授、Joe Chow 教授、Robert Fischl 教授、Frank Mercede 教授、David Hill 教授、Ian Hiskens 教授、Vijay Vittal 教授、Aziz Fouad 教授、Maria Pavella 教授、夏道止教授、韩祯祥教授、刘笙教授、薛禹胜博士、闵勇教授、甘德强教授、李银红教授、石东源教授和 M. A. Pai 教授,对于直接法在技术上的见解。

最后,感谢我的家人,特别是我的祖父江阿木,感谢他们给予我的爱、奉献以及坚定的支持。